☞新规范 V3.2 版

PKPM V3.2 结构软件应用与设计实例

李永康　马国祝　编著

本书是在第 1 版《PKPM2010 结构 CAD 软件应用与结构设计实例》的基础上，以PMCAD建立模型和SATWE结构计算这两个最常用的软件为主线，以全新的PKPM V3.2 版软件为基础，从体系正确选择、结构模型建立、参数合理选取、计算结果分析、施工图绘制五个方面，结合工程实例，对钢筋混凝土框架结构、框架—剪力墙结构、剪力墙结构、框架—核心筒结构、框筒结构设计深入浅出地阐述了工程从结构方案确定、建模计算到施工图绘制的全过程，对结构方案确定和优化、模型计算和调整中的一些疑难问题进行了适当分析并同时给出一些合理化建议，以帮助设计人员缩短调整建模时间，避免做大量的无用功，把主要精力用于施工图绘制上。从而使结构设计人员不但能在短期内快速掌握PMCAD软件的使用，而且能又快又好地做出结构设计。

本书可供建筑结构设计人员、施工图审查人员阅读使用，亦可作为土木建筑专业高等院校师生学习结构设计课程时的参考用书。

图书在版编目（CIP）数据

PKPM V3.2 结构软件应用与设计实例/李永康，马国祝编著．—2 版．—北京：机械工业出版社，2018.1（2020.1重印）

ISBN 978-7-111-58805-4

Ⅰ.①P…　Ⅱ.①李…②马…　Ⅲ.①建筑结构－计算机辅助设计－应用软件　Ⅳ.①TU311.41

中国版本图书馆 CIP 数据核字（2017）第 328961 号

机械工业出版社（北京市百万庄大街 22 号　邮政编码 100037）
策划编辑：薛俊高　责任编辑：薛俊高
封面设计：马精明　责任校对：刘时光
责任印制：郜　敏
北京中兴印刷有限公司印刷
2020 年 1 月第 2 版第 2 次印刷
210mm×285mm · 15.25 印张 · 445 千字
标准书号：ISBN 978-7-111-58805-4
定价：49.00 元

凡购本书，如有缺页、倒页、脱页，由本社发行部调换

电话服务
服务咨询热线：010-88361066
读者购书热线：010-68326294
010-88379203

网络服务
机 工 官 网：www.cmpbook.com
机 工 官 博：weibo.com/cmp1952
金 书 网：www.golden-book.com
教育服务网：www.cmpedu.com

前　　言

随着近十年来我国城市化进程的飞速发展和对外开放，国外许多建筑大师纷纷涌入中国建筑市场，打破了国内原有较为单一的建筑设计格局，各类新奇特建筑可以说是层出不穷，这不仅给结构设计人员带来了巨大挑战，同时也给结构软件行业提出了更高的要求。PKPM 结构 CAD 软件作为国内结构工程师的主要设计工具之一，为了适应国家标准的更新，及时满足用户在应用过程中提出的大量新的需求，同时也为了更好地与国际接轨，历经五年精心打造于 2017 年正式推出了全新的版本——PKPM V3.2 版。

2010 新规范版本设计软件 PKPM V3.2 版自正式发行以来，受到了结构设计人员的普遍好评，应该说其分析功能更加强大、模块内容更加丰富、运算速度更稳更快、参数选取更加开放、软件接口更加灵活、计算结果更加详尽。但由于采用了全新的 Ribbon 界面替代了经典的菜单栏和下拉菜单，许多设计人员觉得无法适应。为了能快速入门，及时熟练地掌握新版 PKPM 结构 CAD 系列软件，应出版社要求，特对原《PKPM2010 结构 CAD 软件应用与结构设计实例》一书进行了全面修订，所有实例全部采用 PKPM V3.2 版软件进行实例操作和讲解，设计人员可自己动手参照本书所讲的内容，一步一步完成常见的现浇钢筋混凝土结构体系的结构建模和分析计算，并最终完成施工图绘制工作。

本书选取实际工程中常见的不同结构体系的范例结合规范条文从**体系正确选择、结构模型建立、参数合理选取、计算结果分析、施工图样绘制**五个方面深入细致地阐述了工程项目从结构方案确定、建模分析计算到施工图绘制的全过程，并同时对结构方案确定和构件优化、模型计算和调整中一些常见疑难问题进行了适当分析并同时给出了一些合理化建议，帮助设计人员缩短调整建模时间，避免做大量的无用功，把主要精力用在施工图绘制上。

1. 体系正确选择

结构体系与布置应满足使用功能要求，尽可能地与建筑相一致，平面和立面形式规则、传力直接，有足够承载力、刚度和延性，施工简便，经济合理。

2. 结构模型建立

结构模型相当于一个人的骨架，也是结构设计最重要的部分，结构模型的建立、必要的简化计算与处理，应符合建筑的实际工作状况。

3. 参数合理选取

SATWE 结构模型计算与分析，参数的设定是关键，设计人员如果不明白这些参数的含义而随意选取或取软件默认值，其计算结果有可能严重失真，导致工程存在重大安全隐患。

4. 计算结果分析

结构设计必须强调对计算结果进行合理性、正确性的分析和判断，保证整体计算指标符合规范要求，构件计算无超筋现象，才能最终作为施工图绘制的依据。

5. 施工图绘制

施工图是结构工程师的“语言”，是设计者设计意图的体现，同时也是工程施工的重要依据。另一方面，施工图样签字盖章后将具有法律效力，设计人员对图样设计质量要终身负责。因此，出正式施工图前一定要仔细再仔细，认真再认真。

目前，为了顺应国家规范对建筑的不同要求，PKPM CAD 系列软件已发展成为一种多专业、多用途的综合性软件系统，本书介绍的只是其中的很少一部分内容，主要侧重于不同结构形式建模分析计算和对计算参数的理解掌握，但设计人员只要认真通过本书的学习，对于软件的其他功能模块可以做到触类旁通，并对后续 PKPM CAD 其他模块的学习和结构设计水平的提高相信会有极大帮助。

特别需要指出的是，中国建筑科学研究院北京构力科技有限公司对该软件拥有最终解释权。软件的版本是不断更新的，本书所采用的软件是以 2017 年发布的 PKPM V3.2 版为准，软件升级后相关参数和内容与本书不符部分，以 PKPM 官方网站的解释为准。

本书所有计算范例均取自《实用高层建筑结构设计》一书，这些范例都具有很强的实用性和可操作性，由参编人员根据范例提供的数据建立结构计算分析模型，并对原范例中一些不合新规范要求的内容进行了调整。这里要特别感谢机械工业出版社的编辑薛俊高先生在本书修编过程中帮助策划、定稿、鼓励和鞭策，感谢日照市建设工程施工图审查中心的领导及同事对本人在写书过程中的大力支持和帮助，感谢我的女儿李佳男利用暑假帮助编辑整理了本书中所有的插图。限于编著者的水平有限，加上 PKPM V3.2 新版软件发行时间不长，编写时间仓促，书中错误在所难免，恳请专家同行批评指正。

2017 年 8 月 1 日

目　　录

第1章　建筑结构设计步骤及绘图流程

建筑工程设计是由很多专业协同配合的集成化系统工程，一个完整的建筑工程施工图设计主要包括总平面、建筑、结构、建筑电气、给水排水、暖通空调、热能动力和预算等专业内容，而结构分析和设计是其中重要的一个环节。目前结构分析工作基本上都在计算机上进行，绝大多数图样也采用计算机辅助设计来完成，因此计算机程序的内容和功能直接影响结构设计水平。目前我国已经具有好几个水平相当高、功能比较强、得到广泛应用的建筑结构分析程序，这些程序已经成为结构设计工作的有力工具，在解决结构分析难度和速度、保证以至提高结构设计水平上起了很大的作用。作为一名结构工程师，需要读懂建筑图，研读勘察报告，并与水、暖、电等设备专业密切配合，根据建筑所在地区抗震设防烈度和建筑物抗震设防类别初步确定结构体系，利用专业软件建模，同时可以对计算结果进行分析判定。因此，设计人员在准备结构设计之初，首先需要明白结构设计的步骤和绘图流程。

1.1　建筑结构设计步骤及内容

1. 第一步，结构方案初定

结构方案设计是否合理至关重要，优秀的结构方案既可以保证结构的安全，又能使结构受力合理并且节约材料，同时使后续的结构设计过程比较顺利，节省时间。而不合理的结构方案通常会使后续的结构设计过程反反复复，计算往往无法通过，而调整模型又很难。因此，磨刀不误砍柴工，结构设计人员应多花时间和精力缜密思考，反复斟酌，确定出一个较合理的结构方案。

（1）基础资料收集

依据建筑专业提供的条件，收集项目所在地区气象资料，确定与地震作用有关的参数，包括抗震设防烈度，设计基本地震加速度、地震分组、基本风压、基本雪压等。研读勘察报告，了解地基情况，为后续设计做准备。

（2）结构体系选择

根据建筑的长、宽、高，地上与地下层数，各层层高，主要结构跨度，特殊结构及造型，工业厂房的吊车吨位等，初步确定结构体系及柱网的间距，柱、墙、梁的大体布置，采用手算预估主要构件（墙、梁、柱）的截面尺寸。对较复杂建筑，应建立简单模型进行估算，初步确定整体结构方案的可行性，如图1.1所示。以便建筑专业及时调整、深化，形成一个各专业都基本合理的建筑方案。

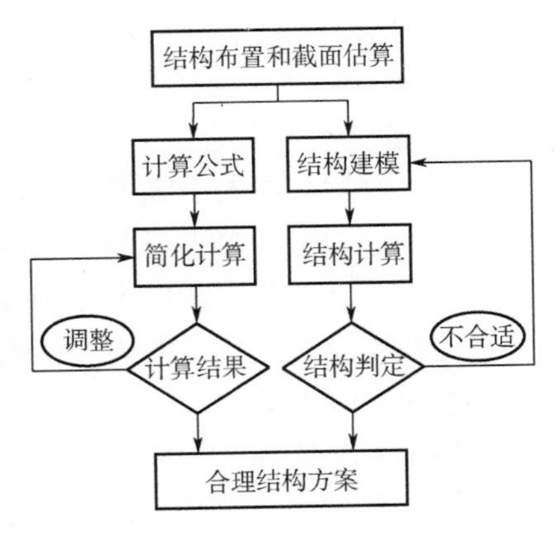

图1.1　结构布置和截面估算流程图

（3）特殊部位措施

对复杂的建筑，需要考虑是否设置结构缝（伸缩缝、沉降缝和防震缝），并确定防震缝的宽度，关键技术问题的解决方法，包括分析方法及构造措施或试验方法。

（4）结构材料确定

明确混凝土强度等级、钢筋种类、钢绞线或高强钢丝种类、钢材牌号、砌体材料和其他特殊材料或产品（如成品拉索、铸钢件、成品支座、消能或减震产品等）。

2. 第二步，结构分析计算

结构方案设计完成后，结构设计进入计算、分析阶段。结构计算分析是在结构方案设计的基础上，先尽量准确地简化荷载，并将简化后的荷载尽可能准确地作用到结构的相应部位，继而采用适合本结构体系的力学计算方法求解结构内力，然后对内力组合的控制截面进行构件的强度计算，以及必要时进行构件的刚度验算，经过这些主要步骤之后，所获得的计算与验算结果将作为设计结构施工图的依据。这个阶段需要结构设计人员具备严谨的工作素质、扎实的理论基础和丰富的设计经验。应该清楚的是，在真实的建筑结构计算分析中不存在精确解，只存在控制解。结构的计算分析有以下主要步骤：

（1）主要荷载取值

结构计算中需要的荷载包括：墙体荷载（包括外墙和内隔墙）、吊车荷载（最大轮压、最小轮压，水平荷载）、楼（屋）面活荷载、特殊设备荷载、风荷载（包括地面粗糙度、有条件时说明体型系数、风振系数等）、雪荷载（必要时提供积雪分布系数等）、地震作用（包括设计基本地震加速度、设计地震分组、场地类别、场地特征周期、结构阻尼比、水平地震影响系数最大值等）、温度作用及地下室水浮力的有关设计参数。

（2）计算参数选择

设计地震动参数、场地类别、周期折减系数、剪力调整系数、地震调整系数、梁端弯矩调整系数、梁跨中弯矩放大系数、梁刚度放大系数、扭矩折减系数、连梁刚度折减系数、地震作用方向、振型组合、偶然偏心、振型数的取值（平扭耦连时取≥15，多层取 $3n$，大底盘多塔楼时取≥$9n$，n 为楼层数）、结构嵌固端的选择、结构各部位抗震等级的确定等。

（3）结构建模计算

应用 SATWE 对结构进行建模计算，核对输入的主要参数，对计算结果进行必要的分析。在第一步的基础上调整、细化，以确定结构布置和构件截面的合理性和经济性，以此作为施工图设计实施的依据。

（4）计算结果分析判断

1）地面以上结构的单位面积重量是否在正常数值范围内，数值太小可能是漏了荷载或荷载取值偏小，数值太大则可能是荷载取值过大，或活荷载该折减的没折减，计算时建筑结构面积务必准确取值。

2）竖向构件（柱、墙）轴压比是否满足规范要求，在此阶段轴压比必须严加控制。

3）楼层层间位移角是否满足规范要求，理想结果是层间位移角略小于规范值，且两个主轴方向侧向位移值相近。

4）周期及周期比、剪重比和刚重比、扭转位移比的控制。

5）有转换层时，必须验算转换层上下刚度比及上下剪切承载力比。

（5）超限工程判定

利用工程整体指标计算汇总结果，并根据有关规定进行结构工程超限情况判定。确定超限项目（高度超限、平面不规则、竖向不连续、扭转不规则、复杂结构等）和超限程度是否需要进行抗震超限审查。需要注意的是，2017 年 5 月 1 日实施的《山东省超限建筑工程抗震设防专项审查实施细则》对单多层建筑符合细则规定的内容，也应纳入超限抗震设防专项审查之中。

（6）基础选型设计

依据工程地质和水文地质概况，确定基础形式。采用天然地基时应明确基础埋置深度和持力层情况；采用桩基时，应明确桩的类型、桩端持力层及进入持力层的深度、承台埋深；采用地基处理时，应明确地基处理要求。

（7）特殊结构处理

明确超长结构、大跨空间结构、带转换层结构、带加强层结构、错层结构、连体结构以及竖向体型收进、悬挑结构的加强措施及施工要求等。

3. 第三步，结构施工图绘制

结构施工图设计的工作内容，是将结构方案设计、结构计算分析的结果，用图形和文字表达出来，形成施工图设计文件。该阶段的工作内容，相对于结构方案设计与结构计算分析这两个阶段，并无很多创造性，有些设计人员不太重视。应该说施工图是设计的最终产品，无论前期结构模型建得如何的完美，计算结果如何的精确，如果施工图出现错误，将功亏一篑。

（1）图样目录编排主次明确

应按图样序号排列，先列新绘制图样，后列选用重复利用图和标准图。

（2）结构设计总说明无漏项

结构设计总说明主要包括：工程概况、设计依据、图样说明、建筑分类等级、主要荷载（作用）取值及设计参数、设计计算软件、主要结构材料、基础及地下室工程、钢筋混凝土工程、钢结构工程、砌体工程、检测（观测）要求、基坑设计技术要求、绿色建筑设计说明、装配式结构设计专项说明等内容。

（3）设计图样满足深度规定

结构设计图样主要包括：结构设计总说明、基础平面图、基础详图、结构平面图，构件详图、节点构造详图，最后是楼梯图、预埋件、特种结构和构筑物等。

（4）结构计算书内容应完整

作为技术文件归档的计算书，内容应完整、清楚。采用手算的结构计算书，应有构件平面布置简图和计算简图、荷载取值的计算或说明。采用计算机程序计算时，应在计算书中注明所采用的计算程序名称、代号、版本及编制单位，总体输入信息、计算模型、几何简图、荷载简图，输出结果应整理成册。所有计算书应校审，并由设计、校对、审核人（必要时包括审定人）在计算书封面上签字。

1.2　PKPM CAD 结构施工图绘制流程

1. 结构建模步骤

PKPM CAD 建模是逐层录入模型，再将所有楼层组装成工程整体的过程。其输入的大致步骤如下：

1）平面布置首先输入轴线。程序要求平面上布置的构件一定要放在轴线或网格线上，因此凡是有构件布置的地方一定先用【轴线网点】菜单布置它的轴线。轴线可用直线、圆弧等在屏幕上画出，对正交网格也可用对话框方式生成。程序会自动在轴线相交处计算生成节点（白色），两节点之间的一段轴线称为网格线。

2）构件布置需依据网格线。两节点之间的一段网格线上布置的梁、墙等构件就是一个构件。柱必须布置在节点上。比如一根轴线被其上的 4 个节点划分为三段，三段上都布满了墙，则程序就生成了三个墙构件。

3）用【构件布置】菜单定义构件的截面尺寸、输入各层平面的各种建筑构件，并输入荷载。构件可以设置对于网格和节点的偏心。

4）【荷载布置】菜单中程序可布置的构件有柱、梁、墙（应为结构承重墙）、墙上洞口、支撑、次梁、层间梁。输入的荷载有作用于楼面的均布恒载和活载，梁间、墙间、柱间和节点的恒载和活载。

5）完成一个标准层的布置后，可以使用【增加标准层】命令，把已有的楼层全部或局部复制下来，再在其上接着布置新的标准层，这样可保证各层组装在一起时，上下楼层的坐标系自动对位，从而实现上下楼层的自动对接。

6）依次录入各标准层的平面布置，最后使用【楼层组装】命令组装成全楼模型。

2. SATWE 分析设计与结果查看

SATWE 分析设计的 Ribbon 菜单主要包括设计模型前处理、分析模型及计算、计算结果等几个主要模块。其中设计模型前处理中“参数定义”中的参数信息是 SATWE 计算分析所必需的信息。新建工程必须执行此项菜单，确认参数正确后方可进行下一步的操作，此后如参数不再改动，则可略过此项菜单。分析模型及计算中必须执行“生成数据 + 全部计算”菜单，其余各项菜单不是每项工程必需的，可根据工程实际情况，有针对性地选择执行。SATWE 的计算结果很丰富，有图形和文字，可选择查看。

3. 基础设计

JCCAD 是 PKPM 系统中功能最为纷繁复杂的模块，也是被诟病最多的基础设计软件，新版基础设计软件 JCCAD 以基于二维、三维图形平台的人机交互技术建立模型，它接力上部结构模型建立基础模型、接力上部结构计算生成基础设计的上部荷载，充分发挥了系统协同工作、集成化的优势；它系统地建立了一套设计计算体系，科学严谨地遵照各种相关的设计规范，适应复杂多样的多种基础形式，提供全面的解决方案；它不仅为最终的基础模型提供完整的计算结果，还注重在交互设计过程中提供辅助计算工具，以保证设计方案的经济合理；它使设计计算结果与施工图设计密切集成，基于自主图形平台的施工图设计软件经历了十多年的用户实践，目前已经成熟实用。

4. 楼板设计

楼板设计软件，包含复杂楼板分析与设计软件 SLABCAD 与板施工图两个模块，不但可以按照传统方法进行楼板设计，也可完成例如板柱结构、厚板转换层结构、楼板局部开大洞结构以及大开间预应力板结构等复杂类型楼板的计算分析和设计。它接力 PMCAD 的模型数据和 SATWE 的全楼三维计算结果，可以实现结构楼板的设计。

5. 施工图绘制

混凝土结构施工图模块是 PKPM CAD 系统的主要组成部分之一，其主要功能是帮助用户完成上部结构各种混凝土构件的配筋设计，并绘制施工图。该模块包括梁、柱、墙、板及组合楼板、层间板等多个子模块，用于处理上部结构中最常用到的各大类构件。施工图绘制是本模块的重要功能。软件提供了多种施工图表示方法，如平面整体表示法，柱、墙的列表画法，传统的立剖面图画法等。其中最主要的表示方法为平面整体表示法，软件缺省输出平法图，钢筋修改等操作均在平法图上进行。软件绘制的平法图符合平法图集 16G101-1 的要求。

PKPM CAD 结构施工图绘制流程如图 1.2 所示。

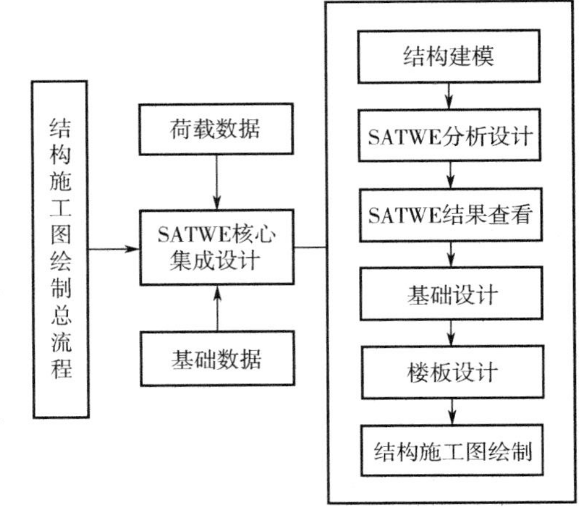

图 1.2　PKPM CAD 结构施工图绘制流程

1.3　建筑结构设计目标及基本原则

1. 建筑结构设计的目标

建筑结构设计的目的就是在现有技术基础上，用最经济的手段来获得预定条件下满足设计所预期的各种功能的要求，做到安全实用、经济合理、技术先进和确保质量。

1）满足耐久性和安全性要求。结构耐久性和安全性是住宅结构优化设计最基本的要求，选择的结构体系和选用的材料，必须有利于抗风、抗震、抗洪以及方便使用寿命期间的改造维修，在偶然事件发生仍能保持其结构的整体稳定性和耐用性。

2）满足使用性的要求。即进行结构方案设计时应以更好地满足人们对建筑使用性和舒适性的要求为目的，充分考虑结构中各类与之相关的问题，做到面面俱到。

3）满足经济性的要求。即结构设计时应根据建筑的建造地点、规模大小、高度多少等，在满足耐久性、安全性和使用性要求的前提下，精打细算采用经济又合理的优化结构体系，以起到节约成本的功效。

2. 建筑结构设计的基本原则

（1）结构体系经济合理、结构构件布置得当

抗震结构体系要通过综合分析，采用合理而经济的结构类型。结构的地震反应同场地的频谱特性有密切关系，场地的地面运动特性又同地震震源机制、震级大小、震中的远近有关；建筑的重要性、

装修的水准对结构的侧向变形大小有所限制，从而对结构选型提出要求；结构的选型又受结构材料和施工条件的制约以及经济条件的许可等。这是一个综合的技术经济问题，应周密加以考虑。抗震结构体系要求受力明确、传力途径合理且传力路线不间断，使结构的抗震分析更符合结构在地震时的实际表现，对提高结构的抗震性能十分有利，是结构选型与布置结构抗侧力体系时首先考虑的因素之一，结构方案对建筑物的安全有着决定性的影响，结构设计人员协调建筑方案时应考虑结构体型（高宽比、长宽比）适当，传力途径和构件布置能够保证结构的整体稳固性，避免因局部破坏引发结构连续倒塌。结构体系应符合下列各项要求：

1）应具有明确的计算简图和合理的地震作用传递途径。

2）应避免因部分结构或构件破坏而导致整个结构丧失抗震能力或对重力荷载的承载能力。

3）应具备必要的抗震承载力，良好的变形能力和消耗地震能量的能力。

4）对可能出现的薄弱部位，应采取措施提高其抗震能力。

结构构件应符合下列要求：

1）砌体结构应按规定设置钢筋混凝土圈梁和构造柱、芯柱，或采用约束砌体、配筋砌体等。

2）混凝土结构构件应控制截面尺寸和受力钢筋、箍筋的设置，防止剪切破坏先于弯曲破坏、混凝土的压溃先于钢筋的屈服、钢筋的锚固粘结破坏先于钢筋破坏。

3）预应力混凝土的构件，应配有足够的非预应力钢筋。

4）钢结构构件的尺寸应合理控制，避免局部失稳或整个构件失稳。

5）多、高层的混凝土楼、屋盖宜优先采用现浇混凝土板。当采用预制装配式混凝土楼、屋盖时，应从楼盖体系和构造上采取措施确保各预制板之间连接的整体性。

（2）结构平面简单规则，竖向构件贯通对齐

合理的建筑形体和布置在抗震设计中是头等重要的。规则的结构方案体现在体型（平面和立面的形状）简单，抗侧力体系的刚度和承载力上下变化连续、均匀，平面布置基本对称。即在平立面、竖向剖面或抗侧力体系上，没有明显的、实质的不连续（突变）。因为震害表明，简单、对称的建筑在地震时较不容易破坏。实际上引起建筑不规则的因素还有很多，特别是复杂的建筑体型，很难一一用若干简化的定量指标来划分不规则程度并规定限制范围，有经验的结构设计人员，要区分不规则、特别不规则和严重不规则等不规则程度，避免采用抗震性能差的严重不规则的设计方案。

（3）结构模型符合实际，计算结果合理有效

利用计算机软件进行结构计算分析，应符合下列要求：

1）计算模型的建立、必要的简化计算与处理，应符合结构的实际工作状况，计算中应考虑楼梯构件的影响。

2）计算软件的技术条件应符合规范及有关标准的规定，并应阐明其特殊处理的内容和依据。

3）复杂结构在多遇地震作用下的内力和变形分析时，应采用不少于两个合适的不同力学模型，并对其计算结果进行分析比较。

4）所有计算机计算结果，应经分析判断确认其合理、有效后方可用于工程设计。

（4）概念设计贯穿始终，抗震措施加强到位

在建筑结构设计中，概念设计与结构措施至关重要，结构构造是结构设计的保证，构造设计必须从概念设计入手，加强连接，保证结构的整体性、足够的强度和适当的刚度。结构概念设计是保证结构具有优良抗震性能的一种方法。概念设计包含的内容极为广泛，如选择对抗震有利的结构方案和布置，采取减少扭转和加强抗扭刚度的措施，设计延性结构和延性结构构件，分析结构薄弱部位，并采取相应的措施，避免薄弱层过早破坏，防止局部破坏引起连锁效应，避免设计静定结构，采取二道防线措施等。应该说，从结构方案、布置、计算到构件设计、构造措施每个设计步骤中都贯穿了抗震概念设计内容。利用概念设计可以在建筑方案阶段对结构体系进行迅速、有效的构思、比较与选择，这样从源头上保证了建筑方案的科学性和合理性，以避免后期设计阶段出现较大的改动，影响方案效果。

随着计算机技术在结构设计当中的应用，年轻的设计师们甩开了图板，进行着“高效率的出图”，给人的错觉好像设计很简单，一些结构设计师不重视结构的基本理论和基本概念的正确使用，不能有效地运用所学到的知识、精力和时间去考虑结构的整体设计、协同工作等一系列概念设计问题，过分依赖于计算机，多年后会逐渐缺乏结构设计的基本概念，对软件技术条件认识不清、对计算机的计算结果无法判断，对规范与软件之间的差异不甚了解，对如何加强结构的整体性、合理性、经济性没有概念，甚至一些设计人员过多地相信计算机分析结果而导致结构计算模型与实际建筑物存在较大差别，导致施工图样中出现了概念性错误，造成重大工程事故。因此为保证建筑结构的安全、适用、经济、可靠，对设计人员强调结构概念设计是非常必要的。

（5）设计文件满足深度，施工材料实际可行

施工图是工程师的“语言”，是设计者设计意图的体现，也是施工、监理、经济核算的重要依据。结构施工图在整个设计中具有举足轻重的作用，切不可草率从事。对结构施工图的基本要求是：图面清楚整洁、标注齐全、构造合理、符合国家制图标准及行业规范，能很好地表达设计意图，并与计算书一致。在施工图设计阶段，就是根据结构计算的结果来用结构语言表达在图纸上。首先表达的东西要符合结构计算的要求，同时还要符合规范中的构造要求，最后还要考虑选用的材料及施工的可操作性。这就要求结构设计人员对规范要很好地理解和把握。另外还要对施工的工艺和流程有一定的了解。这样设计出的结构，才会是合理的结构。在施工图设计阶段，结构专业设计文件应包含图样目录、设计说明、设计图样和计算书。施工图是设计人员的语言，是设计的最终产品，主要目的在于指导施工，必须表达清楚、全面，施工技术人员能看懂且不产生歧义。结构设计人员应根据现有技术条件（材料、工艺、机具等）考虑施工的可行性。对特殊结构，应提出控制关键技术的要求，以达到设计目标。

1.4 结构体系分类及选型原则

1. 建筑结构选型原则

（1）满足建筑空间和功能的要求

对于大型公共建筑，如体育馆比赛大厅无法设柱，必须采用大跨度结构，对大型超市应采用框架结构，对高层住宅应采用剪力墙结构等。

（2）满足建筑造型的需要

对造型复杂，平立面特别不规则的建筑结构选型，要按实际需要在适当部位设置抗震缝，把复杂平面划分为几个规则的单元，以便于计算且容易满足规范要求而不超限。

（3）充分发挥结构自身优势

不同结构形式都有各自的优点和缺点，有不同的使用范围，应结合建筑要求扬长避短，进行结构选型。

（4）考虑当地材料供应和施工条件

结构方案初定时，应结合当地实际施工技术的条件，采用不同的结构形式和材料。

（5）经济合理，降低造价

当几种结构形式都可能满足建筑要求时，应选用造价较低的结构形式，尽量就低不就高，可采用砌体结构时，就不要选用框架结构，可采用框架结构时，就不要选用框架—剪力墙结构。

2. 建筑结构体系及适用范围

结构体系应根据建筑的抗震设防类别、抗震设防烈度、建筑高度、场地条件、地基、结构材料和施工等因素，经技术、经济和使用条件综合比较确定。多高层房屋结构体系包括水平结构体系（楼、屋盖系统）和竖向结构体系（墙、柱）。竖向结构体系的墙、柱与水平结构体系中的梁板共同组成房屋的抗侧空间结构，共同抵抗侧向力作用。多高层建筑的结构体系主要有框架结构、剪力墙结构、框架—剪力墙结构、框支剪力墙结构，框架—核心筒结构、筒中筒结构以及其他复杂高层结构形式，各种体系特点、适用范围及结构布置要求详见表1.1。下面就常见的几种结构体系作一些阐述。

表1.1　建筑结构体系选择参考表

结构体系		框　架	剪力墙				框架—剪力墙		筒　体				板柱—抗震墙
			全部落地剪力墙		部分框支剪力墙				框架—核心筒		筒中筒		
最大适用高度/m	高度分级	A	A	B	A	B	A	B	A	B	A	B	A
	非抗震区	70	150	180	130	150	150	170	160	220	200	300	110
	6度	60	140	170	120	140	130	160	150	210	180	280	80
	7度	50	120	150	100	120	120	140	130	180	150	230	70
	8度0.2g	40	100	130	80	100	100	120	100	140	120	170	55
	8度0.3g	35	80	110	50	80	80	100	90	120	100	150	40
	9度	24	60	—	不应采用	—	50	—	70	—	80	—	不应采用
特点		优点：布置灵活，能适应各种建筑形式 缺点：抗侧刚度差，适应高度低、层数少	优点：抗侧刚度大，有较好的抗震性能。室内整齐，无梁柱暴露 缺点：布置不灵活，在底层布置大空间时需通过结构转换				既有框架结构布置灵活、方便使用的特点，又有较大的刚度，可以满足大多数建筑物的使用要求		抗侧刚度大，整体性好，具有较好的抗震性能		筒中筒结构具有抗侧刚度更大、适应高度更高的特点		优点：便于设备管道布置安装，可有效地减少层高，降低建筑造价等 缺点：抗震性能较差
适应建筑类型		多用于旅馆、住宅楼、办公楼、教学楼、综合楼、商场等多层建筑	多用于旅馆、公寓、住宅楼等无开阔视线要求的多层、中高层建筑；落地墙数量与全部剪力墙数量之比，在非抗震区≥1/3，地震区≥1/2				多用于酒店、住宅楼、办公楼教学楼、综合楼、商场等多层、中高层建筑		可用于层数多、高度大的写字楼、酒店等高层、超高层建筑。建筑平面多为方形、矩形、圆形、椭圆形等		筒中筒结构的结构受力合理，经济，适用于较高的高层建筑（≥50层），且十分符合建筑使用要求		适用于商场、图书馆的阅览室和书库、车库、饭店、写字楼、综合楼等
结构布置要求		常用柱网尺寸为6～9m（9m以内较经济）。抗震区的多层不宜采用单跨框架，高层不应采用单跨框架，楼梯间不宜设在边跨	剪力墙间距6～9m，沿轴线双向均匀、对称布置，上下对齐，贯通全高；需转换时最高位置：8度3层，7度5层，6度时其层数可适当增加。落地墙间距6、7度$L≤30m$及$2.5B$；8度$L≤24m$及$2B$（B为房屋总进深）				沿两个主轴方向分散、均匀、周边、对称设置剪力墙；剪力墙宜采用L、T、H、口形截面形式；剪力墙间距6、7度时$L≤50m$及$4B$；8度时$L≤40m$及$3B$		核心筒宜贯通建筑物全高。核心筒的宽度不宜小于筒体总高的1/12，框架—核心筒结构的周边柱间必须设置框架梁。当内筒偏置、长宽比大于2时，宜采用框架—双筒结构		内筒的宽度可为高度的1/15～1/12，外框筒柱距不宜大于4m，洞口面积不宜大于墙面面积的60%，外框筒梁的截面高度可取柱净距的1/4；角柱截面面积可取中柱的1～2倍		抗震墙厚度不应小于180mm，且不宜小于层高或无支长度的1/20；房屋高度大于12m时，墙厚不应小于200mm

注：超出A级或最大适应高度时需要申报安全性评价及超限高层抗震专项审查。

(1) 框架结构体系

框架结构是由梁和柱为主要构件组成的承受竖向和水平作用的结构体系。按照框架布置方向的不同，框架结构体系可分为横向布置、纵向布置和双向布置三种框架结构形式。框架结构的变形特征为剪切型。在抗震设防地区，要求框架必须纵横向布置，形成双向框架结构形式，以抵抗水平荷载及地震作用。双向框架作用结构布置形式具有较强的空间整体性，可以承受各个方向的侧向力，与纵、横向布置的单向框架比较，具有较好的抗震性能。框架结构的特点是柱网布置灵活，便于获得较大的使用空间。延性较好，但横向侧移刚度小，水平位移大。比较适用于大空间的多层及层数较少的高层建筑。

(2) 剪力墙结构体系

剪力墙结构是指竖向承重结构由剪力墙组成的一种房屋结构体系。剪力墙的主要作用除承受并传递竖向荷载作用外，还承担平行于墙体平面的水平剪力。剪力墙结构的变形特征是弯曲型。其特点是整体性好，侧向刚度大，水平力作用下侧移小，比框架更适合用于高层建筑的结构体系布置中。并且由于没有梁、柱等外露构件，可以不影响房屋的使用功能，所以比较适合用于宾馆、住宅等建筑类型。缺点是不能提供大空间房屋，结构延性较差。由于剪力墙结构提供的房屋空间一般较小，当在下部一层或几层需要更大空间时，往往在下部取消部分剪力墙，形成框支剪力墙结构。

(3) 框架—剪力墙结构体系

框架—剪力墙结构是指由框架和剪力墙共同承受竖向和水平作用的结构体系。由于框架的主要特点是能获得大空间房屋，房间布置灵活，而其主要缺点是侧向刚度小、侧移大。而剪力墙结构侧向刚度大、侧移小，但不能提供灵活的大空间房屋。框架—剪力墙结构体系则充分发挥他们各自的特点，既能获得大空间的灵活空间，又具有较强的侧向刚度。框架—剪力墙的变形特征为弯剪型。在框架—剪力墙结构体系中，框架往往只承受并传递竖向荷载，而水平荷载及地震作用主要由剪力墙承担。一般情况下，剪力墙可承受70%～90%的水平荷载作用。剪力墙在建筑平面上的布置，应按均匀、分散、对称周边的原则考虑，并宜沿纵横两个方向布置。剪力墙宜布置在建筑物的周边附近，恒载较大处及建筑平面变化处和楼梯间和电梯的周围；剪力墙宜贯穿建筑物的全高，宜避免刚度突变；剪力墙开洞时，洞口宜上下对齐。建筑物纵（横）向区段较长时，纵（横）向剪力墙不宜集中布置在端开间，不宜在变形缝两侧同时设置剪力墙。

(4) 筒体结构体系

筒体结构是由竖向筒体为主组成的承受竖向和水平作用的建筑结构。筒体结构的筒体分剪力墙围成的薄壁筒和由密柱框架或壁式框架围成的框筒等。由核心筒与外围的稀柱框架组成的筒体结构称为框架—核心筒结构，由核心筒与外围框筒组成的筒体结构称为筒中筒结构。一般将楼电梯间及一些服务用房集中在核心筒内；其他需要较大空间的办公用房、商业用房等布置在外框架部分。核心筒实体是由两个方向的剪力墙构成的封闭的空间结构，它具有很好的整体性与抗侧刚度，其水平截面为单孔或多孔的箱形截面。它既可以承担竖向荷载，又可以承担任意方向的水平侧向力作用。筒中筒结构是由实体的内筒与空腹的外筒组成，空腹外筒是由布置在建筑物四围的密集立柱与高跨比很大的横向窗间梁所构成的一个多孔筒体。筒中筒结构体系具有更大的整体性和抗侧刚度，因此适用于超高层建筑。

3. 建筑常用楼屋盖形式及适用范围

楼盖是建筑结构中的水平结构体系，它与竖向构件、抗侧力构件一起组成建筑结构的整体空间结构体系。它将楼面竖向荷载传递至竖直构件，并将水平荷载（风力、地震力）传到抗侧力构件。根据不同的分类方法，可将楼盖分为不同的类别。按施工方法可将楼盖分为现浇楼盖、装配式楼盖、装配整体式楼盖。现浇楼盖整体性好、刚度大，具有较好的抗震性能，并且结构布置灵活，适应性强。但现场浇筑和养护比较费工，工期也相应加长。我国规范要求在高层建筑中宜采用现浇楼盖。近年来由于商品混凝土、混凝土泵送和工具模板的广泛应用，现浇楼盖的应用逐渐普遍。按照梁板的布置不同，可将现浇楼盖分为：

(1) 肋梁楼盖

肋梁楼盖是由板及支撑板的梁组成。梁通常采用双向正交布置，将板划分为矩形区格，形成四边支撑的连续或单块板。肋梁楼盖结构布置灵活，施工方便，广泛应用于各类建筑中。

（2）井式楼盖

单向板梁板结构中，梁可分为次梁和主梁；双向板梁板结构中，梁既可分为次梁和主梁，又可为双向梁系。在双向梁系中，若两个方向的梁的截面相同，不分主次梁，方形或近似方形（也有采用三角形或六边形）的板格，此种结构称为井式楼盖，其特点是跨度较大，具有较强的装饰性，多用于公共建筑的门厅或大厅。

（3）无梁楼盖

不设梁，将板直接支撑在柱上，楼面荷载直接由板传给柱，称为无梁楼盖。无梁楼盖柱顶处的板承受较大的集中力，通常在柱顶设置柱帽以扩大板柱接触面积，提高柱顶处平板的冲切承载力、降低板中的弯矩。不设梁可以增大建筑的净高，而且模板简单，建筑物具有良好的自然通风、采光条件，多用于对空间利用率要求较高的厂房、仓库、藏书库、商场、水池顶、片筏基础等结构。

（4）密肋楼盖

密肋楼盖又分为单向和双向密肋楼盖。密肋楼盖可视为在实心板中挖凹槽，省去了受拉区混凝土，没有挖空的部分就是小梁或称为肋，而柱顶区域一般保持为实心，起到柱帽的作用，也有柱间板带都为实心的，这样在柱网轴线上就形成了暗梁。

（5）拱式结构

拱是一种有推力的结构，主要内力是压力，可利用抗压性能良好的混凝土建造大跨度的拱式结构。适用于体育馆、展览馆等建筑。

（6）薄壁空间结构

薄壁空间结构也称壳体结构，属于空间受力结构，主要承受曲面内的轴向压力。常用于大跨度的屋盖结构，如俱乐部、飞机库等。

不同屋盖特点及适用建筑类型详见表1.2。

表1.2　常用楼屋盖结构选型参考表

结构类型	肋梁楼盖	井字梁楼盖	无梁楼盖	拱式结构	薄壳结构
适应跨度 L	普通梁≤9m 预应力梁≤30m	8～24m	6～9m	40～60m	20～50m
截面高度 h	主梁(1/18～1/10)L 预应力主梁(1/25～1/15)L	(1/20～1/15)L	(1/30～1/25)L 且≥150mm	(1/40～1/30)L	截面厚度 t=(1/100～1/50)R(R 为中面的最小曲率半径)
截面宽度 b	(1/4～1/3)h	(1/4～1/3)h	—	≥h/2	—
矢高 f	—	—	—	(1/7～1/5)L 最小 L/10	(1/7～1/5)L 最小 L/10
特点	肋梁楼盖是指由主、次梁及板组成的使用最普遍的一种结构形式，一般采用全现浇。其特点是用钢量较低，楼板上留洞、埋设管线方便，但支模较复杂。荷载较大、跨度较大、刚度及裂缝控制要求较高时可采用密肋楼盖、预应力梁板楼盖等结构形式	两个方向梁的高度相等且一般等间距布置，无主次梁之分，共同工作，属于空间受力体系，依靠周边边梁、墙体支承或四角柱支承，可以解决较大跨度空间的设计要求	板直接支承于柱上，其传力途径是荷载由板直接传至柱或墙。无梁楼盖的结构高度小，净空大，支模简单，但用钢量较大，造价较高。荷载、跨度较大时宜设置柱帽。也可采用现浇空心无梁楼盖结构形式	主要特点：一是可满足建筑特殊功能及造型要求；二是可做成大跨度结构；三是可把承受的外部荷载大部分转化为构件轴力，充分发挥材料的受压性能；四是要解决好支座水平推力及整体稳定问题	薄壳属于空间薄壁结构，是一种强度高、刚度大、材料省、既经济又合理的结构形式。但同时也有费工、费时、模板及脚手架较多、高处作业施工困难等缺点。薄壳分为曲面壳和折板两种。对建筑而言，结构本身就形成了“面”，而且可以切削

（续）

结构类型	肋梁楼盖	井字梁楼盖	无梁楼盖	拱式结构	薄壳结构
适应建筑类型	广泛用于各种建筑的楼屋盖结构，普通梁跨度小于9m时比较经济	常用于24m跨度以下区格的楼盖，梁间距2~3m，区格长宽比在1~1.5之间比较经济	常用于仓库、商店等柱网布置接近方形的建筑。间距6m左右较为经济。屋面、地下一层顶板不宜采用	适用范围极广，不仅适合于大跨结构，也适用于中小跨度的房屋建筑。如展览馆、体育馆、商场等	可用于教堂、体育馆、天文馆等建筑。壳体形式有球面、椭球、抛物面、圆柱面、锥壳、双曲面等

1.5 结构专业与建筑、设备专业配合

建筑工程设计具有交叉作业、综合协调的特点。任何一项工程都是由多工种配合完成，独木不成林。专业之间的配合是工程设计过程中的重要环节，各专业之间及时，认真负责、正确地互提资料是减少错、漏、碰、缺，保证设计质量和进度的有效措施。

1. 方案设计阶段

方案设计阶段，结构设计文件主要为设计说明，此阶段结构专业设计人员要做到：确定建筑结构的安全等级、设计使用年限和建筑抗震设防类别等，并初步确定结构选型。

结构专业主要在接收建筑专业资料的基础上反提资料。如果工程复杂，根据实际工程需要接收给水排水、暖通、电气专业提供资料，如图1.3所示。

2. 初步设计阶段

初步设计阶段，结构设计文件应包括设计说明书，设计图样（较复杂的工程提供）。结构专业要确定结构设计原则、对方案设计阶段确定的结构体系的确认并提出基本构件的控制尺寸，设计文件应尽量考虑周到，为施工图设计打下一个好基础。初步设计阶段各专业一般分两个时段互提资料。第一时段结构专业接收建筑专业提供的资料后，通过各专业间的配合，对提供的资料进行复核和确认，及时提出调整补充意见反馈给建筑专业。第二时段结构专业接收建筑专业提供的资料后，接收给水排水、暖通、电气专业提供资料的同时，分批反提资料，反提资料可采用文字、图、表等形式，如图1.4所示。

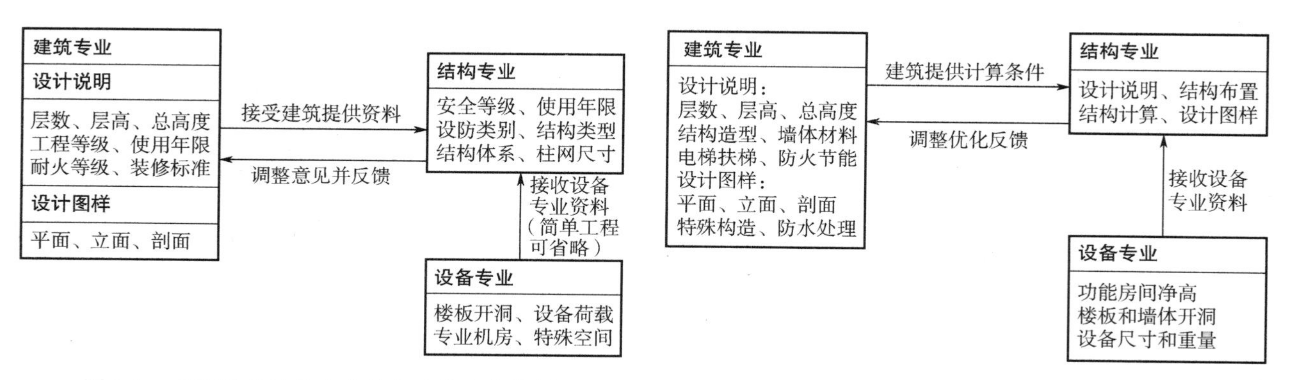

图1.3　方案阶段结构专业接收建筑专业资料　　图1.4　初步设计阶段结构专业接收建筑专业资料

3. 施工图设计阶段

施工图设计阶段，结构专业设计文件应包括图样目录、设计说明、设计图样，计算书。施工图设计阶段结构专业提出，接收资料的表达方式以图示为主，便于各专业在配合时查找、核对。施工图设计阶段的互提资料重点是结构专业与建筑、给水排水、暖通，电气专业之间的反复配合过程。施工图设计阶段各专业一般分三个时段互提资料，作为各专业在施工图设计过程中的依据。第一时段结构专

业接收建筑专业提供的资料后，通过各专业间的配合，对提供的资料进行复核和确认，及时提出调整补充意见反馈给建筑专业。第二时段结构专业接收建筑专业提供的资料后开始分批反提资料。第三时段结构专业接收建筑专业提供的资料后反提资料，与各专业间细微修改、调整及配合，如图 1.5 所示。

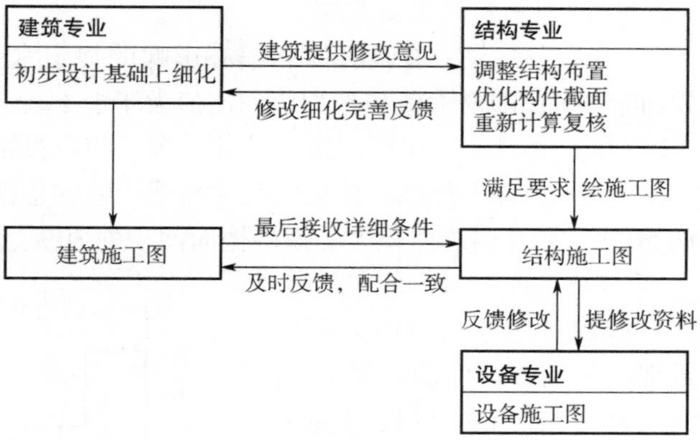

建筑专业
初步设计基础上细化
建筑提供修改意见
修改细化完善反馈
结构专业
调整结构布置
优化构件截面
重新计算复核
满足要求
绘施工图
最后接收详细条件
建筑施工图
结构施工图
及时反馈，配合一致
反馈修改
提修改资料
设备专业
设备施工图

图 1.5　施工图阶段结构专业接收建筑专业资料

1.6　结构方案规则性及超限判定

结构方案应重视其平面、立面和竖向剖面的规则性对抗震性能及经济合理性的影响，宜择优选用规则的形体，其抗侧力构件的平面布置宜规则对称、侧向刚度沿竖向宜均匀变化、竖向抗侧力构件的截面尺寸和材料强度宜自下而上逐渐减小、避免侧向刚度和承载力突变。对不规则的建筑应按规定采取加强措施，特别不规则的建筑应进行专门的研究和论证，采取特别的加强措施，严重不规则的结构方案不应采用。依据住建部发《超限高层建筑工程抗震设防专项审查技术要点》（建质［2015］67 号）规定，对建筑结构布置属于特别不规则、高度和屋盖超限的建筑必须按规定要求申报抗震设防专项审查。

1. 建筑平面布置规则性要求

抗震设计的高层建筑，其平面布置宜简单、规则、对称，减少偏心，平面长度不宜过长（图 1.6），平面尺寸及凸出部位尺寸的比值限值宜符合表 1.3 的要求。

B
L
a)
B
Bmax
l
b
b
L
b)
b
l
Bmax
c)
b
l
B
Bmax
L
d)
b
l
Bmax
L
e)

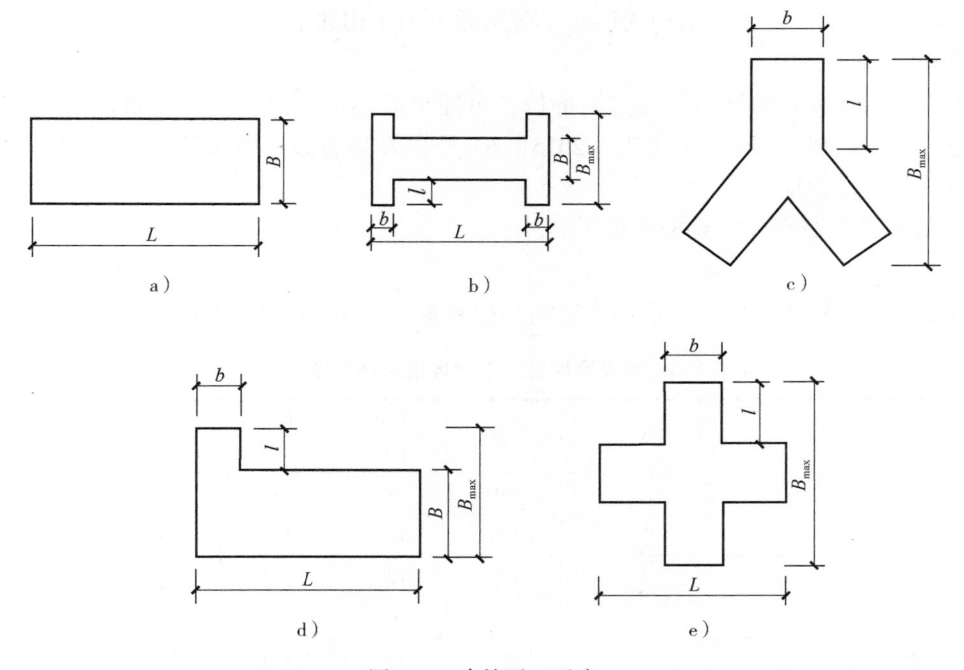

图 1.6　建筑平面示意

表 1.3　平面尺寸及凸出部位尺寸的比值限值

设防烈度	L/B	l/B_{max}	l/b
6 度、7 度	≤6.0	≤0.35	≤2.0
8 度、9 度	≤5.0	≤0.30	≤1.5

2. 平面不规则的主要类型

1）扭转不规则：在具有偶然偏心影响的规定水平力作用下，楼层两端抗侧力构件弹性水平位移（或层间位移）的最大值与平均值的比值大于1.2。

2）凹凸不规则：平面凹进的尺寸，大于相应投影方向总尺寸的30%。

3）楼板局部不连续：楼板的尺寸和平面刚度急剧变化，例如，有效楼板宽度小于该层楼板典型宽度的50%，或开洞总面积大于该层楼面面积的30%，或较大的楼层错层。

3. 建筑竖向布置规则性的要求

抗震设计时，当结构上部楼层收进部位到室外地面的高度 H_1 与房屋高度 H 之比大于0.2时，上部楼层收进后的水平尺寸 B_1 不宜小于下部楼层水平尺寸 B 的75%；当上部结构楼层相对于下部楼层外挑时，上部楼层水平尺寸 B_1 不宜大于下部楼层的水平尺寸 B 的1.1倍，且水平外挑尺寸 a 不宜大于4m，如图1.7所示。

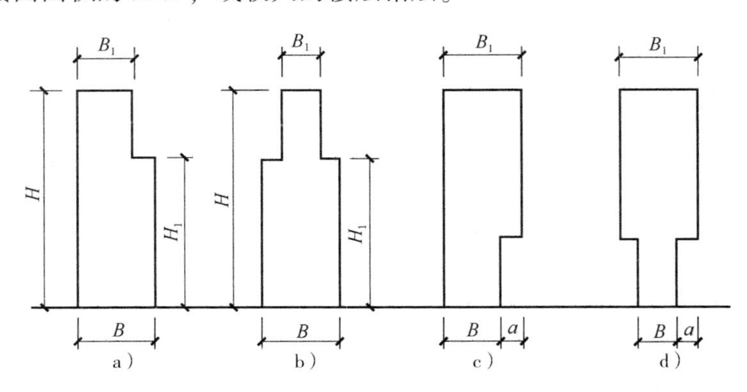

图1.7　结构竖向收进和外挑示意

4. 竖向不规则的主要类型

1）侧向刚度不规则：该层的侧向刚度小于相邻上一层的70%，或小于其上相邻三个楼层侧向刚度平均值的80%；除顶层或出屋面小建筑外，局部收进的水平向尺寸大于相邻下一层的25%。

2）竖向抗侧力构件不连续：竖向抗侧力构件（柱、抗震墙、抗震支撑）的内力由水平转换构件（梁、桁架等）向下传递。

3）楼层承载力突变：抗侧力结构的层间受剪承载力小于相邻上一楼层的80%。

5. 特别不规则类型

特别不规则，指具有较明显的抗震薄弱部位，可能引起不良后果者。其界限详见《超限高层建筑工程抗震设防专项审查技术要点》（建质［2015］67号）及地方政府有关规定。特别不规则高层建筑需要进行专门的研究及论证。

6. 需要进行超限抗震专项审查的主要类型

（1）高度超限

高度超过表1.4中所规定的最大适用高度的高层建筑（含B级高度的高层建筑）。

表1.4　房屋高度超过下列规定的高层建筑工程　　（单位：m）

结构类型		6度	7度(0.1g)	7度(0.15g)	8度(0.20g)	8度(0.30g)	9度
混凝土结构	框架	60	50	50	40	35	24
	框架—抗震墙	130	120	120	100	80	50
	抗震墙	140	120	120	100	80	60
	部分框支抗震墙	120	100	100	80	50	不应采用
	框架—核心筒	150	130	130	100	90	70
	筒中筒	180	150	150	120	100	80
	板柱—抗震墙	80	70	70	55	40	不应采用
	较多短肢墙	140	100	100	80	60	不应采用
	错层的抗震墙	140	80	80	60	60	不应采用
	错层的框架—抗震墙	130	80	80	60	60	不应采用

（续）

结构类型		6 度	7 度（0.1g）	7 度（0.15g）	8 度（0.20g）	8 度（0.30g）	9 度
混合结构	钢框架—钢筋混凝土筒	200	160	160	120	100	70
	型钢（钢管）混凝土框架—钢筋混凝土筒	220	190	190	150	130	70
	钢外筒—钢筋混凝土内筒	260	210	210	160	140	80
	型钢（钢管）混凝土外筒—钢筋混凝土内筒	280	230	230	170	150	90
钢结构	框架	110	110	110	90	70	50
	框架—中心支撑	220	220	200	180	150	120
	框架—偏心支撑（延性墙板）	240	240	220	200	180	160
	各类筒体和巨型结构	300	300	280	260	240	180

注：平面和竖向均不规则（部分框支结构指框支层以上的楼层不规则），其高度应比表内数值降低至少 10%。

（2）特别不规则结构

特别不规则结构通常包括 3 类：

1）≥3 项（表 1.5 所列）不规则的高层建筑工程。

2）2 项（表 1.6 所列）不规则的高层建筑工程。

3）1 项（表 1.6 所列）+1 项（表 1.5 所列）不规则的高层建筑工程。

4）1 项（表 1.7 所列）不规则的高层建筑工程。

表 1.5　不规则项一

序号	不规则类型	简要含义	备　注
1a	扭转不规则	考虑偶然偏心的扭转位移比大于 1.2	参见 GB 50011—3.4.3 条
1b	偏心布置	偏心率大于 0.15 或相邻层质心相差大于相应边长 15%	参见 JGJ 99—3.2.2 条
2a	凹凸不规则	平面凹凸尺寸大于相应边长 30% 等	参见 GB 50011—3.4.3 条
2b	组合平面	细腰形或角部重叠形	参见 JGJ 3—3.4.3 条
3	楼板不连续	有效宽度小于 50%，开洞面积大于 30%，错层大于梁高	参见 GB 50011—3.4.3 条
4a	刚度突变	相邻层刚度变化大于 70% ［按《高层建筑混凝土结构技术规程》（JGJ 3—2010）（以下简称《高规》）考虑层高修正时，数值相应调整］或连续三层变化大于 80%	参见 GB 50011—3.4.3 条，JGJ 3—3.5.2 条
4b	尺寸突变	竖向构件收进位置高于结构高度 20% 且收进大于 25%，或外挑大于 10% 和 4m，多塔	参见 JGJ 3—3.5.5 条
5	构件间断	上下墙、柱、支撑不连续，含加强层、连体类	参见 GB 50011—3.4.3 条
6	承载力突变	相邻层受剪承载力变化大于 80%	参见 GB 50011—3.4.3 条
7	局部不规则	如局部的穿层柱、斜柱、夹层、个别构件错层或转换，或个别楼层扭转位移比略大于 1.2 等	已计入 1 ~6 项者除外

注：深凹进平面在凹口设置连梁，当连梁刚度较小不足以协调两侧的变形时，仍视为凹凸不规则，不按楼板不连续的开洞对待；序号 a、b 不重复计算不规则项；局部的不规则，视其位置、数量等对整个结构影响的大小判断是否计入不规则的一项。

表 1.6　不规则项二

序号	不规则类型	简要含义	备　注
1	扭转偏大	裙房以上的较多楼层考虑偶然偏心的扭转位移比大于 1.4	表 1.5 之 1 项不重复计算
2	抗扭刚度弱	扭转周期比大于 0.9，超过 A 级高度的结构扭转周期比大于 0.85	

（续）

序号	不规则类型	简要含义	备　注
3	层刚度偏小	本层侧向刚度小于相邻上层的50%	表1.5之4a项不重复计算
4	塔楼偏置	单塔或多塔与大底盘的质心偏心距大于底盘相应边长20%	表1.5之4b项不重复计算

表1.7　不规则项三

序号	不规则类型	简要含义
1	高位转换	框支墙体的转换构件位置：7度超过5层，8度超过3层
2	厚板转换	7~9度设防的厚板转换结构
3	复杂连接	各部分层数、刚度、布置不同的错层，连体两端塔楼高度、体型或沿大底盘某个主轴方向的振动周期显著不同的结构
4	多重复杂	结构同时具有转换层、加强层、错层、连体和多塔等复杂类型的3种

注：仅前后错层或左右错层属于表1.5中的一项不规则，多数楼层同时前后、左右错层属于本表的复杂连接。

（3）大跨屋盖及特殊结构

表1.8所列为其他需进行超限抗震专项审查的高层建筑工程。

表1.8　其他高层建筑工程

序号	简　　称	简要含义
1	特殊类型高层建筑	抗震规范、高层混凝土结构规程和高层钢结构规程暂未列入的其他高层建筑结构，特殊形式的大型公共建筑及超长悬挑结构，特大跨度的连体结构等
2	大跨屋盖建筑	空间网格结构或索结构的跨度大于120m或悬挑长度大于40m，钢筋混凝土薄壳跨度大于60m，整体张拉式膜结构跨度大于60m，屋盖结构单元的长度大于300m，屋盖结构形式为常用空间结构形式的多重组合、杂交组合以及屋盖形体特别复杂的大型公共建筑

注：1. 表中大型公共建筑工程的范围，可参见《建筑工程抗震设防分类标准》（GB 50223—2008）。

2. 超长悬挑结构指主体结构悬挑长度大于15m的悬挑结构，特大跨度的连体结构指连体跨度大于36m的连体结构。

第2章　结构建模参数详解

随着经济的高速发展，我国多高层建筑发展迅速，设计思想也在不断更新。结构体系日趋多样化，建筑平面布置与竖向体型也越来越复杂，这就给高层结构分析和设计提出了更高的要求，如何高效、准确地对这些复杂结构体系进行内力分析与设计，已成为我国多、高层建筑研究领域亟待解决的重要课题之一。SATWE是专门为多、高层建筑结构分析与设计而研制的空间结构有限元分析软件，适用于各种复杂体型的高层钢筋混凝土框架、框剪、剪力墙、筒体结构等，以及钢—混凝土混合结构和高层钢结构。

2.1　结构建模之设计参数

在【设计参数】对话框中，共有5项菜单供用户设置，其内容包括了后期结构分析计算所必需的一些基本参数，分别是建筑物总信息、材料信息、地震信息、风荷载信息以及钢筋信息。

1. 总信息（图2.1）

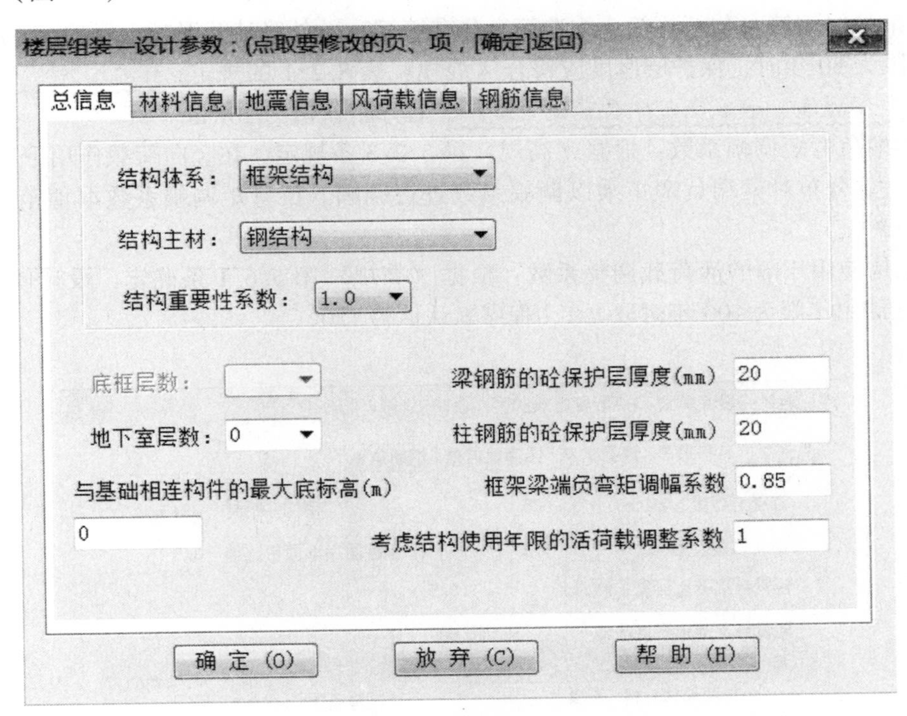

图2.1　总信息

1）结构体系：分为框架结构、框架—剪力墙结构、框筒结构、筒中筒结构、剪力墙结构、砌体结构、底框结构、配筋砌体、板柱剪力墙、异形柱框架、异形柱框剪、部分框支剪力墙结构、单层钢结构厂房、多层钢结构厂房、钢框架结构共15种。

2）结构主材：钢筋混凝土、钢和混凝土、钢结构、砌体共4种。

3）结构重要性系数γ_0：结构重要性系数与建筑结构的安全等级有关。依据《工程结构可靠性设计统一标准》（GB 50153—2008）（以下简称《可靠性标准》）附录A，房屋建筑结构的安全等级，应根据结构破坏可能产生后果的严重性划分为一级、二级和三级（表2.1）。

表 2.1　房屋建筑结构的安全等级

安全等级	破坏后果	示　　例
一级	很严重：对人的生命、经济、社会或环境影响很大	大型公共建筑等
二级	严重：对人的生命、经济、社会或环境影响较大	普通住宅和办公楼等
三级	不严重：对人的生命、经济、社会或环境影响较小	小型的或临时性储存建筑等

按照《混凝土结构设计规范》（GB 50010—2010）（以下简称《混规》）第 3.3.2 条确定，在持久设计状况和短暂设计状况下，对安全等级为一级的结构构件不应小于 1.1，对安全等级为二级的结构构件不应小于 1.0，对安全等级为三级的结构构件不应小于 0.9；对地震设计状况下应取 1.0。

4）地下室层数：进行 TAT、SATWE 计算时，对地震力作用、风力作用、地下人防等因素有影响。程序结合地下室层数和层底标高判断楼层是否为地下室，例如此处设置为 4，则层底标高最低的 4 层判断为地下室。

5）与基础相连构件的最大底标高：该标高是程序自动生成接基础支座信息的控制参数。当在【楼层组装】对话框中选中了“生成与基础相连的墙柱支座信息”，程序会自动根据此参数将各标准层上底标高低于此参数的构件所在的节点设置为支座。

6）梁、柱钢筋的混凝土保护层厚度：根据《混规》第 8.2.1 条确定，设计人员在确定梁柱钢筋的混凝土保护层厚度时需注意以下几点：

①应按照最外层钢筋（包括箍筋、构造筋、分布筋等）的外缘计算混凝土保护层厚度。

②使用年限为 50 年时，保护层厚度应符合《混规》表 8.2.1 的规定；使用年限为 100 年时，保护层厚度不应小于《混规》表 8.2.1 中数值的 1.4 倍。程序默认值为 20mm。

7）框架梁端负弯矩调幅系数：根据《高规》第 5.2.3 条规定，在竖向荷载作用下，可考虑框架梁端塑性变形内力重分布对梁端负弯矩乘以调幅系数进行调幅。负弯矩调幅系数取值范围是 0.7 ~ 1.0，一般工程取 0.85。

8）考虑结构使用年限的活荷载调整系数：根据《高规》第 5.6.1 条确定，设计使用年限为 50 年时取 1.0，设计使用年限为 100 年时取 1.1，程序默认值为 1.0。

2. 材料信息（图 2.2）

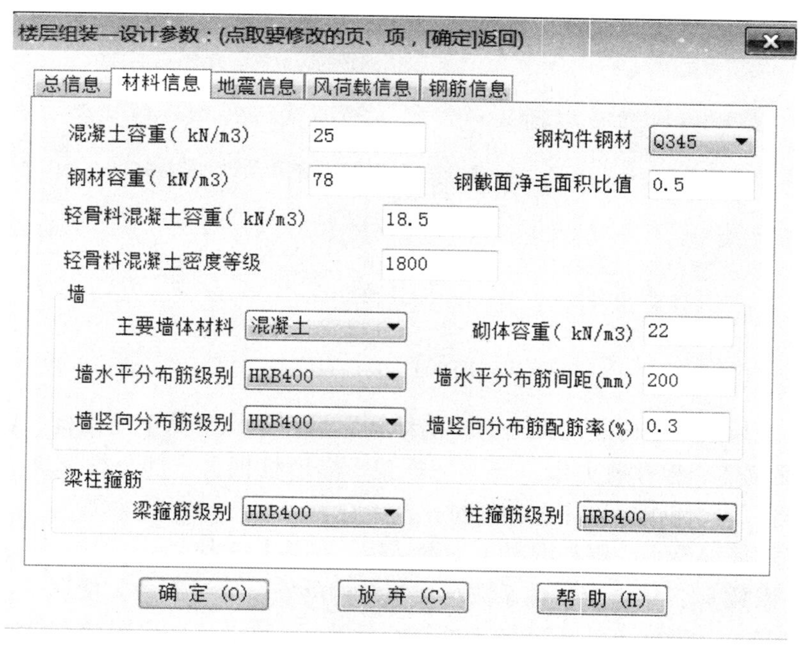

图 2.2　材料信息

1）混凝土容重（kg/m³）：根据《建筑结构荷载规范》（GB 50009—2012）（以下简称《荷载规范》）附录A确定，一般情况下，钢筋混凝土结构的容重为25kN/m³，若采用轻混凝土或要考虑构件表面装修层重时，混凝土容重可填入适当值。

2）钢容重（kg/m³）：根据《荷载规范》附录A确定，一般情况下，钢材容重为78kN/m³，若要考虑钢构件表面装修层重时，钢材的容重可填入适当值。

3）轻骨料混凝土容重（kg/m³）：根据《荷载规范》附录A确定。

4）轻骨料混凝土密度等级：默认值1800。

5）钢构件钢材：Q235、Q345、Q390、Q420、Q460、Q500、Q550、Q620、Q690、Q235GJ、Q345GJ、Q390GJ、Q420GJ、Q460GJ、LQ550。根据《钢结构设计规范》第3.4.1条及其他相关规范确定。

6）钢截面净毛面积比值：钢构件截面净面积与毛面积的比值。

7）主要墙体材料：混凝土、烧结砖、蒸压砖、混凝土砌块。

8）砌体容重（kg/m³）：根据《荷载规范》附录A确定。

9）墙水平、竖向分布筋类别：HRB335、HRB400、HRB500、CRB550、CRB600、HTRB600、T63。

10）墙水平分布筋间距（mm）：可取值100～400。

11）墙竖向分布筋配筋率（%）：可取值0.15～1.2。

12）梁、柱箍筋级别：HRB335、HRB400、HRB500、CRB550、CRB600、HTRB600、T63。

3. 地震信息（图2.3）

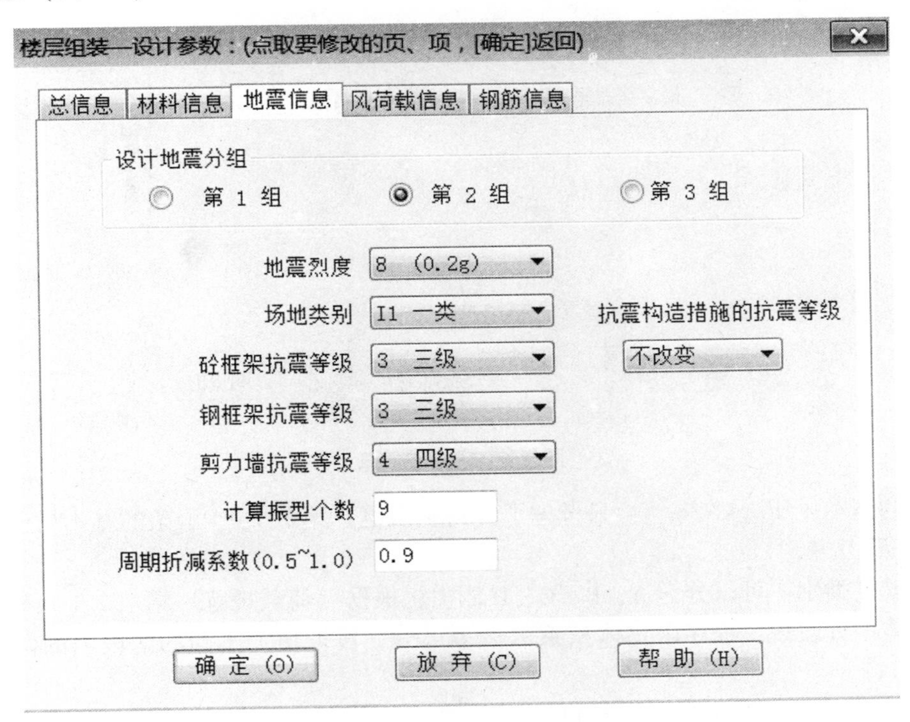

图2.3　地震信息

1）设计地震分组：根据《建筑抗震设计规范》（GB 50011—2010）（以下简称《抗规》）附录A确定。

2）地震烈度：6（0.05g）、7（0.1g）、7（0.15g）、8（0.2g）、8（0.3g）、9（0.4g）、0（不设防）。

3）场地类别：I_0一类、I_1一类、Ⅱ二类、Ⅲ三类、Ⅳ四类、Ⅴ上海专用。根据《抗规》4.1.6条和5.1.4条调整。

4）混凝土框架、钢框架、剪力墙抗震等级：0特一级、1一级、2二级、3三级、4四级、5非抗震。根据《抗规》表 6.1.2 确定。

5）抗震构造措施的抗震等级：提高二级、提高一级、不改变、降低一级、降低二级。根据《高规》第 3.9.7 条调整。

6）计算振型个数：根据《抗规》第 5.2.2 条说明确定。振型数应至少取 3，由于 SATWE 中程序按三个振型一页输出，所以振型数最好为 3 的倍数。当考虑扭转耦联计算时，振型数不应小于 9。对于多塔结构振型数应大于 12。但也要特别注意一点：此处指定的振型数不能超过结构固有振型的总数。

7）周期折减系数：周期折减的目的是为了充分考虑框架结构和框架—剪力墙结构的填充墙刚度对计算周期的影响。对于框架结构，若填充墙较多，周期折减系数可取 0.6 ~ 0.7，填充墙较少时可取 0.7 ~ 0.8，对于框架—剪力墙结构，可取 0.8 ~ 0.9，纯剪力墙结构的周期可不折减。

4. 风荷载信息（图 2.4）

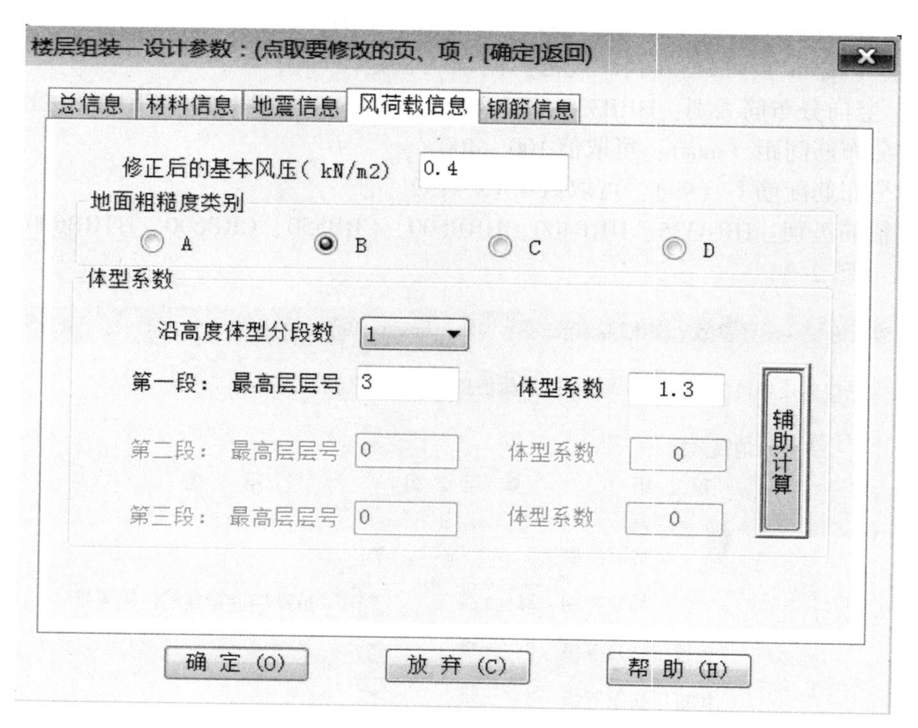

图 2.4　风荷载信息

1）修正后的基本风压（kN/m^2）：只考虑了《荷载规范》第 7.1.1-1 条的基本风压，地形条件的修正系数 η 程序没考虑。

2）地面粗糙度类别：可以分为 A、B、C、D 四类，根据《荷载规范》第 7.2.1 条确定。

3）沿高度体型分段数：程序限定体型系数最多可分三段取值，不同的区段内的体型系数可以不一样。

4）各段最高层层号：根据实际情况填写。

5）各段体型系数：根据《荷载规范》第 7.3.1 条确定。用户可以点击辅助计算按钮，弹出确定风荷载体型系数对话框，根据对话框中的提示选择确定具体的风荷载系数。

5. 钢筋信息（图 2.5）

钢筋强度设计值：根据《混规》第 4.2.3 条确定。如果设计人员自行调整了此选项中的钢筋强度设计值，后续计算模块将采用修改过的钢筋强度设计值进行计算。

以上 PMCAD 模块“设计参数”对话框中的各类设计参数，当设计人员执行“确定”命令时，会自动存储到 ***.JWS 文件中，对后续各种结构计算模块均起控制作用。

图 2.5　钢筋信息

2.2　SATWE 的基本功能

1）可自动读取经 PMCAD 的建模数据、荷载数据，并自动转换成 SATWE 所需的几何数据和荷载数据格式。

2）程序中的空间杆单元除了可以模拟常规的柱、梁外，通过特殊构件定义，还可有效地模拟铰接梁、支撑等。特殊构件记录在 PMCAD 建立的模型中，这样可以随着 PMCAD 建模变化而变化，实现 SATWE 与 PMCAD 的互动。

3）随着工程应用的不断拓展，SATWE 可以计算的梁、柱及支撑的截面类型和形状类型越来越多。梁、柱及支撑的截面类型在 PM 建模中定义。混凝土结构的矩形截面和圆形截面是最常用的截面类型。对于钢结构来说，工形截面、箱形截面和型钢截面是最常用的截面类型。除此之外，PKPM 的截面类型还有如下重要的几类：常用异形混凝土截面：L、T、十、Z 形混凝土截面；型钢混凝土组合截面；柱的组合截面；柱的格构柱截面；自定义任意多边形异形截面；自定义任意多边形、钢结构、型钢的组合截面。对于自定义任意多边形异形截面和自定义任意多边形、钢结构、型钢的组合截面，需要用户用人机交互的操作方式定义，其他类型的定义都是用参数输入，程序提供针对不同类型截面的参数输入对话框，输入非常简便。

4）剪力墙的洞口仅考虑矩形洞，无须为结构模型简化而加计算洞；墙的材料可以是混凝土、砌体或轻骨料混凝土。

5）考虑了多塔、错层、转换层及楼板局部开大洞口等结构的特点，可以高效、准确地分析这些特殊结构。

6）SATWE 也适用于多层结构、工业厂房以及体育场馆等各种复杂结构，并实现了在三维结构分析中考虑活荷不利布置功能、底框结构计算和起重机荷载计算。

7）自动考虑了梁、柱的偏心、刚域影响。

8）具有剪力墙墙元和弹性楼板单元自动划分功能。

9）具有较完善的数据检查和图形检查功能，及较强的容错能力。

10）具有模拟施工加载过程的功能，并可以考虑梁上的活荷不利布置作用。

11）可任意指定水平力作用方向，程序自动按转角进行坐标变换及风荷载导算；还可根据用户需要进行特殊风荷载计算。

12）在单向地震力作用时，可考虑偶然偏心的影响；可进行双向水平地震作用下的扭转地震作用效应计算；可计算多方向输入的地震作用效应；可按振型分解反应谱方法计算竖向地震作用；对于复杂体型的高层结构，可采用振型分解反应谱法进行耦联抗震分析和动力弹性时程分析。

13）对于高层结构，程序可以考虑 $P\text{-}\Delta$ 效应。

14）对于底层框架抗震墙结构，可接力 QITI 整体模型计算作底框部分的空间分析和配筋设计；对于配筋砌体结构和复杂砌体结构，可进行空间有限元分析和抗震验算（用于 QITI 模块）。

15）可进行起重机荷载的空间分析和配筋设计。

16）可考虑上部结构与地下室的联合工作，上部结构与地下室可同时进行分析与设计。

17）具有地下室人防设计功能，在进行上部结构分析与设计的同时即可完成地下室的人防设计。

18）SATWE 计算完以后，可接力施工图设计软件绘制梁、柱、剪力墙施工图；接力钢结构设计软件 STS 绘钢结构施工图。

19）可为 PKPM 系列中基础设计软件 JCCAD、BOX 提供底层柱、墙内力作为其组合设计荷载的依据，从而使各类基础设计中，数据准备的工作大大简化。

2.3 分析与设计参数补充定义

对于一个新建工程，在 PMCAD 模型中已经包含了部分参数，这些参数可以为 PKPM 系列的多个软件模块所公用，但对于结构分析而言并不完备。SATWE 在 PMCAD 参数的基础上，提供了一套更为丰富的参数，以适应结构分析和设计的需要。在点取“参数定义”菜单后，弹出参数页切换菜单，包括：总信息、包络信息、计算控制信息、高级参数、风荷载信息、地震信息、活荷信息、调整信息、设计信息、配筋信息、荷载组合、地下室信息、砌体结构、广东规程、性能设计和鉴定加固。在第一次启动 SATWE 主菜单时，程序自动将所有参数赋初值。其中，对于 PM 设计参数中已有的参数，程序读取 PM 信息作为初值，其他的参数则取多数工程中常用值作为初值，并将其写到工程目录下名为 SAT_DEF_NEW.PM 的文件中。此后每次执行“参数定义”时，SATWE 将自动读取 SAT_DEF_NEW.PM 的信息，并在退出菜单时保存用户修改的内容。对于 PMCAD 和 SATWE 共有的参数，程序是自动联动的，任一处修改，则两处同时改变。下面对这些参数进行详细的说明。

1. 总信息参数（图 2.6）

（1）水平力与整体坐标夹角（度）：$Arf=0.0$

该参数为地震力、风荷载作用方向与结构整体坐标的夹角。《抗规》第 5.1.1 条和《高规》第 4.3.2 条规定“一般情况下，应至少在结构两个主轴方向分别计算水平地震作用并进行抗震验算”。如果地震沿着不同方向作用，结构地震反应的大小一般也不相同，那么必然存在某个角度使得结构地震反应最为剧烈，这个方向就称为“最不利地震作用方向”。这个角度与结构的刚度与质量及其位置有关，对结构可能会造成最不利的影响，在这个方向地震作用下，结构的变形及部分结构构件内力可能会达到最大。

SATWE 可以自动计算出这个最不利方向角，并在 WZQ.OUT 文件中输出。如果该角度绝对值大于 15 度，建议设计人员按此方向角重新计算地震力，以体现最不利地震作用方向的影响。当输入一个非 0 角度（比如 25 度）后，结构沿顺时针方向旋转相应角度（即 25 度），但地震力、风荷载仍沿屏幕的 X 向和 Y 向作用，竖向荷载不受影响。经计算后，在 WMASS.OUT 文件中输出为 25 度。一般并不建议用户修改该参数，原因有：

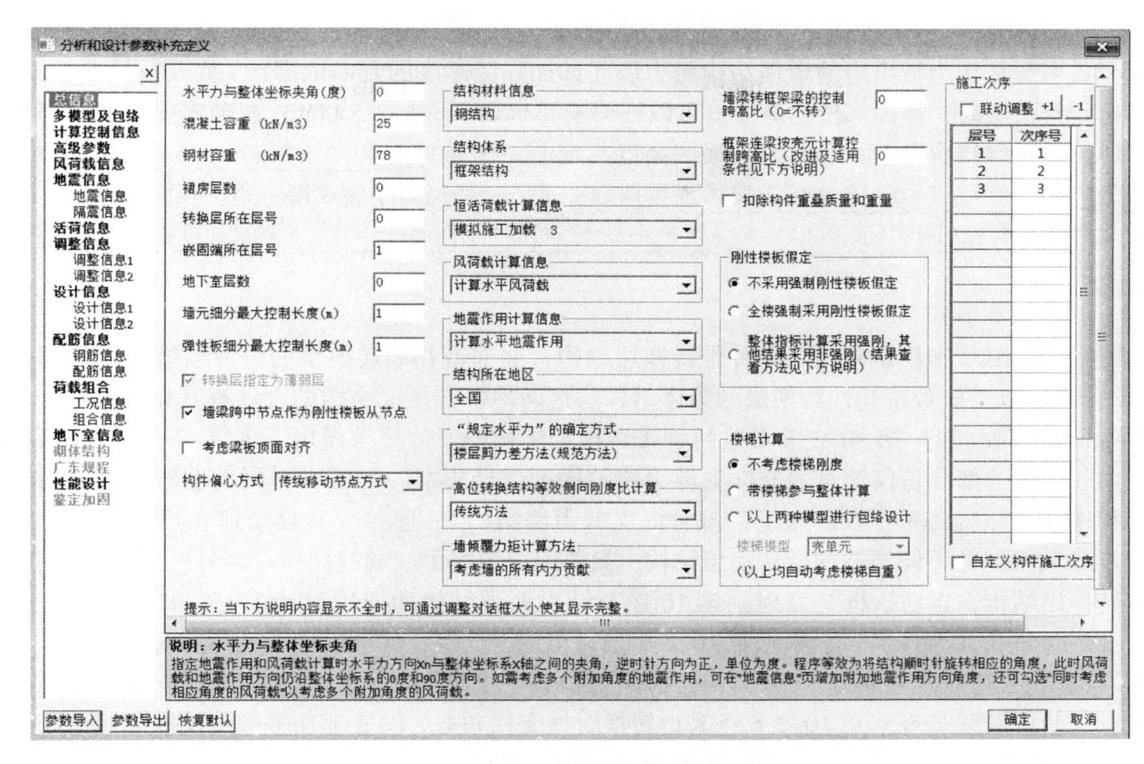

图 2.6　总信息参数

1）考虑该角度后，输出结果的整个图形会旋转一个角度，会给识图带来不便。

2）构件的配筋应按“考虑该角度”和“不考虑该角度”两次的计算结果做包络设计。

3）旋转后的方向并不一定是用户所希望的风荷载作用方向。

综上所述，建议将“最不利地震作用方向角”填到“斜交抗侧力构件夹角”栏，这样程序可以自动按最不利工况进行包络设计。

“水平力与整体坐标夹角”与【地震信息】栏中“斜交抗侧力构件附加地震角度”的区别是：“水平力”不仅改变地震力而且同时改变风荷载的作用方向；而“斜交抗侧力”仅改变地震力方向（增加一组或多组地震组合），是按《抗规》5.1.1.2 条执行。对于计算结果，“水平力”需用户根据输入的角度不同分两个计算工程目录，人为比较两次计算结果，取不利情况进行配筋包络设计等；而“斜交抗侧力”程序可自动考虑每一方向地震作用下构件内力的组合，可直接用于配筋设计，不需要人为判断。

（2）混凝土、钢材容重（kN/m^3）：$GC=25$，$GS=78$

混凝土容重和钢材容重用于求梁、柱、墙自重，一般情况下混凝土容重为 $25kN/m^3$，钢材容重为 $78.0kN/m^3$，即程序的缺省值。当考虑构件表面粉刷重量后，混凝土容重宜取 $26 \sim 27kN/m^3$。对于框架、框架—剪力墙及框架核心筒结构可取 $26kN/m^3$，剪力墙可取 $27kN/m^3$。由于程序在计算构件自重时并没有扣除梁板、梁柱重叠部分，故结构整体分析计算时，混凝土容重没必要取大于 27。如果结构分析时不想考虑混凝土构件的自重荷载，该参数可取 0。如果用户在 PMCAD 模型菜单“荷载定义”中勾选“自动计算现浇板自重”，则楼板自重也按 PM 中输入的混凝土容重计算。楼（屋）面板板面的建筑装修荷载和板底吊顶或吊挂荷载可以在结构整体计算时通过楼面均布恒载输入。对于钢结构工程，在结构计算时不仅要考虑建筑装修荷载的影响，还应考虑钢构件中加劲肋等加强板件、连接节点及高强螺栓等附加重量及防火、防腐涂层或外包轻质防火板的影响，因此钢材容重通常要乘以 $1.04 \sim 1.18$ 的放大系数，即取 $82 \sim 93$。如果结构分析时不想考虑钢构件的自重荷载，该参数可取 0。该参数在 PMCAD 和 SATWE 中同时存在，其数值是联动的。

（3）裙房层数

此参数主要是作为带裙房的塔楼结构剪力墙底部加强区高度的判断依据，《抗规》第 6.1.10 条文说明指出：有裙房时，加强部位的高度也可以延伸至裙房以上一层。SATWE 在确定剪力墙底部加强部位高度时，总是将裙房以上一层作为加强区高度判定的一个条件。程序不能自动识别裙房层数，需要人工指定。裙房层数应从结构最底层起算，包括地下室。例如当地下室 3 层，地上裙房 4 层时，裙房层数应为 7。程序没有对裙房顶部上下各一层及塔楼与裙房连接处的其他构件采取加强措施，需要设计人员人为加强。

（4）转换层所在层号

《高规》第 10.2 节明确规定了两种带转换层结构：底部带托墙转换层的剪力墙结构（即部分框支剪力墙结构），以及底部带托柱转换层的筒体结构。这两种带转换层结构的设计有其相同之处，也有其各自的特殊性。《高规》第 10.2 节对这两种带转换层结构的设计要求做出了规定，一部分是两种结构同时适用的，另一部分是仅针对部分框支剪力墙结构的设计规定。为适应不同类型转换层结构的设计需要，程序在“结构体系”项新增了“部分框支剪力墙结构”，通过“转换层所在层号”和“结构体系”两项参数来区分不同类型的带转换层结构。只要用户填写了“转换层所在层号”，程序即判断该结构为带转换层结构，自动执行《高规》第 10.2 节针对两种结构的通用设计规定，如根据《高规》第 10.2.2 条判断底部加强区高度、根据第 10.2.3 条输出刚度比等；如果设计人员同时选择了“部分框支剪力墙结构”，程序在上述基础上还将自动执行《高规》第 10.2 节专门针对部分框支剪力墙结构的设计规定，包括根据《高规》第 10.2.6 条高位转换时框支柱和剪力墙底部加强部位抗震等级自动提高一级；根据第 10.2.16 条输出框支框架的地震倾覆力矩；根据第 10.2.17 条对框支柱的地震内力进行调整；第 10.2.18 条剪力墙底部加强部位的组合内力进行放大；第 10.2.19 条剪力墙底部加强部位分布钢筋的最小配筋率等；如果设计人员填写了“转换层所在层号”但选择了其他结构类型，程序将不执行上述仅针对部分框支剪力墙结构的设计规定。

对于水平转换构件和转换柱的设计要求，用户还需在“特殊构件补充定义”中对构件属性进行指定，程序将自动执行相应的调整，如第 10.2.4 条水平转换构件的地震内力的放大，第 10.2.7 条和 10.2.10 条关于转换梁、柱的设计要求等；对于仅有个别结构构件进行转换的结构，如剪力墙结构或框架—剪力墙结构中存在的个别墙或柱在底部进行转换的结构，可参照水平转换构件和转换柱的设计要求进行构件设计，此时只需对这部分构件指定其特殊构件属性即可，不再填写“转换层所在层号”，程序将仅执行对于转换构件的设计规定。

程序不能自动识别转换层，需要人工指定。“转换层所在层号”应从结构最底层起算，包括地下室。例如地下室 3 层，转换层位于地上 2 层时，转换层所在层号应为 5。而程序在做高位转换层判断时，则是以地下室顶板起算转换层层号的，即以“转换层所在层号—地下室层数”进行判断，大于或等于 3 层时为高位转换。

（5）地下室层数

地下室层数是指与上部结构同时进行内力分析的地下室部分的层数。地下室层数影响风荷载和地震作用计算、内力调整、底部加强区的判断等众多内容，是一项重要参数，当上部结构与地下室共同分析时，通过该参数程序在上部结构风荷载计算时自动扣除地下室部分的高度（地下室顶板作为风压高度变化系数的起算点），并激活【地下室信息】参数栏。填写时须注意以下几点：

1）程序根据此信息来决定内力调整的部位，对于一、二、三及四级抗震结构，其内力调整系数是要乘在计算地下室以上首层柱底或墙底截面处。

2）程序根据此信息决定底部加强区范围，因为剪力墙底部加强区的控制高度应扣除地下室部分。

3）当地下室局部层数不同时，应按主楼地下室层数输入。

4）地下室宜与上部结构共同作用分析。

（6）嵌固端所在层号

此处嵌固端不同于结构的力学嵌固端，不影响结构的力学分析模型，而是与计算调整相关的一项参数。对于无地下室的结构，嵌固端一定位于首层底部，此时嵌固端所在层号为1，即结构首层；对于带地下室的结构，当地下室顶板具有足够的刚度和承载力，并满足规范的相应要求时，可以作为上部结构的嵌固端，此时嵌固端所在楼层为地上一层，即（地下室层数+1），这也是程序缺省的“嵌固端所在层号”。如果修改了地下室层数，应注意确认嵌固端所在层号是否需相应修改。

嵌固端位置的确定应参照《建规》第6.1.14条和《高规》第12.2.1条的相关规定，其中应特别注意楼层侧向刚度比的要求。如地下室顶板不能满足作为嵌固端的要求，则嵌固端位置要相应下移至满足规范要求的楼层。程序缺省的“嵌固端所在层号”总是为地上一层，并未判断是否满足规范要求，用户应特别注意自行判断并确定实际的嵌固端位置。对于此处指定的嵌固端，程序主要执行如下的调整：

1）确定剪力墙底部加强部位时，将起算层号取为（嵌固端所在层号－1），即缺省将加强部位延伸到嵌固端下一层，比《抗规》第6.1.10－3条的要求保守一些。

2）嵌固端下一层的柱纵向钢筋，除应满足计算配筋外，还应不小于上层对应位置柱的同侧纵筋的1.1倍；梁端弯矩设计值应放大1.3倍。参见《抗规》第6.1.14条和《高规》第12.2.1条。

3）当嵌固层为模型底层时，即“嵌固端所在层号”为1时，进行薄弱层判断时的刚度比限值取1.5。参见《高规》第3.5.2－2条。

4）涉及“底层”的内力调整，除底层外，程序将同时针对嵌固层进行调整，参见《抗规》第6.2.3条、6.2.10－3条等。

（7）墙元、弹性板细分最大控制长度（m）：$D_{max}=1.0$

这是墙元细分时需要的一个重要参数。对于尺寸较大的剪力墙，在作墙元细分形成一系列小壳元时，为确保分析精度，要求小壳元的边长不得大于给定限值D_{max}。为保证网格划分质量，细分尺寸一般要求控制在1m以内，程序隐含值为$D_{max}=1.0$。工程规模较小时，建议在0.5～1.0之间填写；剪力墙数量较多，不能正常计算时，可适当增大细分尺寸，在1.0～2.0之间取值，但前提是一定要保证网格质量。用户可在SATWE的“分析模型及计算”→“模型简图”→“空间简图”中查看网格划分的结果。进行有限元分析时，对于较长的剪力墙，程序要将其细分并形成一系列小壳元。为确保分析精度，要求小壳元的边长不得大于给定的限值，限值范围为1.0～5.0。一般可取默认值1m，对于体量较大的高层剪力墙结构，当提示内存不足时，可适当增大该参数值。当楼板采用弹性板或弹性膜时，弹性板细分最大控制长度起作用。通常墙元和弹性板可取相同的控制长度。当模型规模较大时可适当降低弹性板控制长度，在1.0～2.0之间取值，以提高计算效率。

（8）转换层指定为薄弱层

SATWE中转换层缺省不作为薄弱层，需要人工指定。如需将转换层指定为薄弱层，可勾选此项，则程序自动将转换层号添加到薄弱层号中。勾选此项与在“调整信息”页“指定薄弱层号”中直接填写转换层层号的效果是一样的。

（9）全楼强制采用刚性楼板假定

“强制刚性楼板假定”和“刚性楼板假定”是两个相关但不等同的概念，应注意区分。“刚性楼板假定”是指楼板平面内无限刚，平面外刚度为零的假定。SATWE自动搜索全楼楼板，对于符合条件的楼板，自动判断为刚性楼板，并采用刚性楼板假定，无须用户干预。某些工程中采用刚性楼板假定可能误差较大，为提高分析精度，可在【设计模型前处理】→【弹性板】菜单将这部分楼板定义为适合的弹性板。这样同一楼层内可能既有多个刚性板块，又有弹性板，还可能存在独立的弹性节点。对于刚性楼板，程序将自动执行刚性楼板假定，弹性板或独立节点则采用相应的计算原则。而“强制刚性楼板假定”则不区分刚性板、弹性板或独立的弹性节点，只要位于该层楼面标高处的所有节点，在计算时都将强制从属同一刚性板。“强制刚性楼板假定”可能改变结构的真实模型，因此其适用范围是有限的，一般仅在计算位移比、周期比、刚度比等指标时建议选择。在进行结构内力分析和配筋计算时，仍要遵循结构的真实模型，才能获得正确的分析和设计结果。

SATWE 在进行强制刚性楼板假定时，位于楼面标高处的所有节点强制从属于同一刚性板，不在楼面标高处的楼板，则不进行强制。对于多塔结构，各塔分别执行“强制刚性楼板假定”，塔与塔之间互不关联。

（10）整体指标计算采用强刚，其他指标采用非强刚

勾选此项，程序自动对强制刚性楼板假定和非强制刚性楼板假定两种模型分别进行计算，并对计算结果进行整合，用户可以在文本结果中同时查看到两种计算模型的位移比、周期比及刚度比这三项整体指标，其余设计结果则全部取自非强制刚性楼板假定模型。通常情况下，无须用户再对结果进行整理，即可实现与过去手动进行两次计算相同的效果。

（11）墙梁跨中节点作为刚性楼板从节点

勾选此项时，剪力墙洞口上方墙梁的上部跨中节点将作为刚性楼板的从节点，不勾选时，这部分节点将作为弹性节点参与计算。是否勾选此项，其本质是确定连梁跨中结点与楼板之间的变形协调，将直接影响结构整体的分析和设计结果，尤其是墙梁的内力及设计结果。

（12）墙倾覆力矩计算方法

由于近年来出现了一种单向少墙结构，这类结构通常在一个方向剪力墙密集，而在正交方向剪力墙稀少，甚至没有剪力墙。在一般的框架—剪力墙结构设计中，剪力墙的面外刚度及其抗侧力能力是被忽略的，因为在正常的结构中，剪力墙的面外抗侧力贡献相对于其面内微乎其微。但对于单向少墙结构，剪力墙的面外，成为一种不能忽略的抗侧力成分，它在性质上类似于框架柱，宜看作一种独立的抗侧力构件。对单向少墙结构，就是要正确统计每个地震作用方向框架和剪力墙的倾覆力矩比例和剪力比例。SATWE 统计剪力墙和框架柱倾覆力矩及剪力比例的基本方法，是按照构件来分类，也即所有墙上的力计入剪力墙，所有框架上的力计入框架柱，但这种方法不适用于单向少墙结构。假定一个结构只有 Y 向剪力墙，X 向无墙，X 向地震作用下剪力墙承担的倾覆力矩百分比应为 0，但如果按照上述方法，在统计 X 向地震作用下剪力墙承担的倾覆力矩百分比时，却会得到很大的数值。正确的做法是把墙面外的倾覆力矩计入框架，这时 X 向地震作用下剪力墙承担的倾覆力矩百分比为 0，从而可以判别此结构在 X 向为框架体系，与一般的工程认识一致。程序提供了三种墙倾覆力矩计算方法，分别为：①考虑墙的所有内力贡献；②只考虑腹板和有效翼缘，其余部分计算框架；③只考虑面内贡献，面外贡献计入框架。当需要界定结构是否为单向少墙结构体系时，建议选择“只考虑面内贡献，面外贡献计入框架”，当用户无需进行是否是单向少墙结构的判断时，可以选择“只考虑腹板和有效翼缘，其余部分计算框架”。

（13）高位转换结构等效侧向刚度比计算

当选择“传统方法”时，则采用与旧版本相同的串联层刚度模型计算。当选择“采用《高规》附录 E.0.3 方法”时，程序自动按照《高规》附录 E.0.3 的要求，分别建立转换层上、下部结构的有限元分析模型，并在层顶施加单位力，计算上下部结构的顶点位移，进而获得上、下部结构的刚度和刚度比。注意，当采用《高规》附录 E.0.3 方法计算时，需选择“全楼强制采用刚性楼板假定”或“整体指标计算采用强刚，其他指标采用非强刚”。无论采用何种方法，用户均应保证当前计算模型只有一个塔楼，当塔数大于 1 时，计算结果是无意义的。

（14）扣除构件重叠质量和重量

当勾选此项时，梁、墙扣除与柱重叠部分的重量和质量。由于重量和质量同时扣除，恒荷载总值会有所减小（传到基础的恒荷载总值也随之减小），结构周期也会略有缩短，地震剪力和位移相应减少。从设计安全性角度而言，适当的安全储备是有益的，建议用户仅在确有经济性需要、并对设计结果的安全裕度确有把握时才谨慎选用该选项。

（15）考虑梁板顶面对齐

传统方式下，SATWE 采用梁、板中面与柱顶平齐的力学模型，勾选此选项时，程序自动将梁和板

向下偏移至上表面与柱顶平齐，这种方式，理论上此时的模型最为准确合理。但使用时应注意：①将梁的刚度放大系数置为1.0；②设置全楼弹性膜或弹性板6；③楼板应采用有限元整体结果进行配筋设计，不宜使用简化方法设计。建议用户在使用该选项时应慎重。

（16）构件偏心方式

用户在PMCAD中建立的模型，很多情形下会使得构件的实际位置与构件的节点位置不一致，即构件存在偏心，如梁、柱、墙等。SATWE考虑构件偏心时默认采用传统移动节点方式，即通过移动节点，使墙、柱偏心值为零（部分情况下，柱仍有偏向），有时会造成墙扭曲、倾斜等现象。刚域变换方式是SATWE V3.1新增加的选项，通过刚域变换的方式考虑构件偏心，构件位置不会发生改变，这种方式更接近结构真实模型，建议用户优先采用此方式。

（17）结构材料信息

用于指定结构的材料信息。程序提供钢筋混凝土结构、钢与混凝土混合结构、钢结构、砌体结构4个选项。该选项会影响程序选择不同的规范来进行分析和设计。例如：对于框架—剪力墙结构，当“结构材料信息”为“钢结构”时，程序按照钢框架—支撑体系的要求执行$0.25V_0$调整；当“结构材料信息”为“混凝土结构”时，则执行混凝土结构的$0.2V_0$调整。因此应正确填写该信息。

（18）结构体系

程序共提供20个选项，分别为框架、框架—剪力墙、框筒、筒中筒、剪力墙、板柱剪力墙结构、异形柱框架结构、异形柱框架—剪力墙结构、配筋砌块砌体结构、砌体结构、底框结构、部分框支剪力墙结构、单层钢结构厂房、多层钢结构厂房、钢框架结构、巨型框架—核心筒（仅限广东地区）、装配整体式框架结构、装配整体式剪力墙结构、装配整体式部分框支剪力墙结构和装配整体式预制框架—现浇剪力墙结构。结构体系的选择影响到众多规范条文的执行，用户应正确选择。

（19）恒活荷载计算信息

这是竖向荷载计算控制参数，包括如下选项：不计算恒活荷载、一次性加载、模拟施工加载1、模拟施工加载2、模拟施工加载3。对于实际工程，总是需要考虑恒活荷载的，因此不允许选择“不计算恒活荷载”项。另外，程序中LDLT求解器是不支持“模拟施工加载3”的。特别强调：采用“模拟施工加载3”时，必须正确指定“施工次序”，否则会直接影响到计算结果的准确性。当勾选“自定义构件施工次序”，程序会强制将“恒活荷载计算信息”修改为“模拟施工加载3”。

SATWE在计算恒荷载时，“模拟施工加载1”和“模拟施工加载2”算法均采用了一次集成结构刚度，分层施加恒载，只计入加载层以下的节点位移量和构件内力的做法，来近似模拟考虑施工过程的结构受力。二者不同之处在于，“模拟施工加载2”在集成总刚时，对墙柱的竖向刚度进行了放大，以缩小墙、柱之间的轴向变形差异，更合理地给基础传递荷载。“模拟施工加载3”是采用由用户指定施工次序的分层集成刚度、分层加载进行恒载下内力计算。该方法可以同时考虑刚度的逐层形成及荷载的逐层累加。“模拟施工加载3”是对“模拟施工加载1”的改进，用分层刚度取代了“模拟施工加载1”中的整体刚度。在使用上与“模拟施工加载1”类似，尽管“模拟施工加载1”方法运行速度快，然而“模拟施工加载3”更符合施工过程的实际情况，内力、配筋计算更为准确。

（20）施工次序

《高规》第5.1.9条规定：复杂高层建筑及房屋高度大于150m的其他高层建筑结构，应考虑施工过程的影响。为此，SATWE提供了自定义施工次序的功能，不仅可以针对自然层指定施工次序，还可以针对构件指定施工次序。程序默认的施工次序是逐层施工，但用户可根据工程实际情况，选择若干连续层为一次施工（以下简称多层施工），或选择若干构件一次施工（以下简称多构件施工）。

1）多层施工：对一些传力复杂的结构，应采用多层施工的施工次序。如：转换层结构、下层荷载由上层构件传递的结构形式、巨型结构等。如果采用“模拟施工加载3”中的逐层施工，可能会有问题。因为逐层施工可能缺少上部构件刚度贡献而导致了上传荷载的丢失。对于广义层的结构模型，由于层概念的泛延，应考虑楼层的连接关系来指定施工次序，避免下层还未建造，上层反倒先进入施工行列。类似这样的结构，用“模拟施工加载 1”和“模拟施工加载 3”计算都可能会有问题。用户可以在总信息的“施工次序”列表框定义模拟施工加载次序。总之，不论是正常的由下而上分层，还是广义层建模，加载次序是模拟施工中很重要的参数，也是 SATWE 重要改进之一。最后对“如何正确定义楼层施工次序”给出一个总原则：

①在结构分析时，如果已经明确地知道了实际的施工次序，就按照实际的来，这总是没错的。

②在结构分析时，如果对实际的施工次序还不太清楚，那么施工次序定义至少要满足下面的条件：被定义成在同一个施工次序内施工且同时拆模的一个或若干个楼层，当拆模后，这一部分的结构在力学上应为合理的承载体系，且其受力性质应尽可能与整体结构建成后该部分结构的受力性质接近。实际上这个条件也是“实际工程施工中制定施工、拆模次序”应满足的必要条件。

2）多构件施工：用户按照正常标准层建模，然后在“特殊构件定义”中指定构件的施工次序即可。

3）考虑构件可拆卸的施工模拟：悬挑结构、连体结构、立面开大洞等不规则结构在施工过程中常设置临时支撑，待结构刚度形成后拆除临时支撑。新版程序，可对临时支撑指定安装次序和拆除次序，程序在施工模拟计算过程中自动考虑支撑的影响。需要注意的是，在同一个施工次序中，不允许同时包含“建造”和“拆卸”两种施工属性，用户在自定义构件的施工次序时，须明确并遵守此原则。为保证施工次序定义的正确性，用户可以观看施工次序动画，以确保定义的合理正确。目前 SATWE 仅支持梁、柱、支撑三类构件的拆卸模拟，不支持墙、板的拆卸。另外，当需要考虑楼梯参与计算时，不能选择自定义施工次序计算；当需要进行基于构件次序定义的施工模拟计算时，不能选择带楼梯计算。

（21）自定义构件施工次序

当用户选择恒活荷载计算信息为“模拟施工加载 3”时，SATWE 可以执行构件级的模拟施工。用户可通过单独指定某些构件的施工次序，满足复杂结构的计算需求。当勾选该项后，用户在【设计模型前处理】→【施工次序】中自定义的构件级施工次序才能生效。

（22）风荷载计算信息

SATWE 提供两类风荷载：一类是依据《荷载规范》风荷载的公式（详见 8.1.1-1）在【分析模型及计算】→【生成数据】时自动计算的水平风荷载，作用在整体坐标系的 X 和 Y 向，可在【分析模型及计算】→【风荷载】菜单中查看，称之为“水平风荷载”；另一类是在【设计模型前处理】→【特殊风荷载】菜单中自定义的特殊风荷载。“特殊风荷载”又可分为两类：通过点取【自动生成】菜单自动生成的特殊风荷载和用户自定义的特殊风荷载，统称为“特殊风荷载”。一般来说，大部分工程采用 SATWE 缺省的“水平风荷载”即可，如需考虑更细致的风荷载，则可通过“特殊风荷载”实现。SATWE 通过“风荷载计算信息”参数判断参与内力组合和配筋时的风荷载种类：

1）不计算风荷载：任何风荷载均不计算。

2）计算水平风荷载：仅水平风荷载参与内力分析和组合，无论是否存在特殊风荷载数据。这是用得最多的风荷载计算方式。

3）计算特殊风荷载：仅特殊风荷载参与内力计算和组合。

4）计算水平和特殊风荷载：水平风荷载和特殊风荷载同时参与内力分析和组合。这个选项只用于极特殊的情况，一般工程不建议采用。

特殊风荷载参与组合时，按照是否定义了四组特殊风，程序将采用不同的缺省组合方式：

1）特殊风组数等于 4 时：每一组特殊风均按照水平风荷载的方式进行组合；如果同时选择了“计算水平和特殊风荷载”，则水平风和特殊风将分别与恒、活、地震等组合，水平风荷载和特殊风荷载不同时组合。

2）特殊风组数不等于 4 时：每组特殊风仅与恒、活荷载进行组合，采用风荷载的分项系数。考虑特殊风荷载时，应特别注意两点：一是正确形成风荷载数据，无论采取自定义或者“自动生成”功能，均需在“特殊风荷载”菜单下进行相关操作，否则程序不自动形成特殊风荷载数据；二是注意确认荷载组合方式，必要时可自定义荷载组合。

(23)“规定水平力”的确定方式

SATWE 软件在“规定水平力”确定方式选项中提供了两种方法，一种是“楼层剪力差法（规范方法）”，另一种是“节点地震作用 CQC 组合方法”。规定水平力是依据《抗规》和《高规》的规定，采用楼层地震剪力差的绝对值作为楼层的规定水平力，即选项“楼层剪力差方法（规范方法）”。规定水平力主要用于计算倾覆力矩和扭转位移比，从软件应用的角度，前者主要用于结构布局比较规则，楼层概念清晰的结构，一般工程建议选用“楼层剪力差法（规范方法）”，“节点地震作用 CQC 组合方法”是程序提供的另一种方法，其结果仅供参考。

1）计算扭转位移比。《高规》第 3.4.5 条和《抗规》第 3.4.3 条规定，计算扭转位移比时，楼层位移不采用之前的 CQC 组合计算，明确改为采用“规定水平力”计算，目的是避免有时 CQC 计算的最大位移出现在楼盖边缘中部而不是角部。水平力确定为考虑偶然偏心的振型组合后楼层剪力差的绝对值。但对结构楼层位移和层间位移控制值验算时，仍采用 CQC 的效应组合。

2）计算倾覆力矩。《高规》第 8.1.3 条规定：抗震设计的框架—剪力墙结构，应根据在规定的水平力作用下结构底层框架部分承受的地震倾覆力矩与结构总地震倾覆力矩的比值，确定相应的设计方法。

(24) 地震作用计算信息

程序提供了四个选项：

1）不计算地震作用：对于不进行抗震设防的地区或者抗震设防烈度为 6 度时的部分结构，规范规定可以不进行地震作用计算，参见《抗规》第 3.1.2 条，此时可选择“不计算地震作用”。《抗规》第 5.1.6 条规定：6 度时的部分建筑，应允许不进行截面抗震验算，但应符合有关的抗震措施要求。因此这类结构在选择“不计算地震作用”的同时，仍然要在“地震信息”页中指定抗震等级，以满足抗震构造措施的要求。此时，【地震信息】页除抗震等级相关参数外其余项会变灰。

2）计算水平地震作用：计算 X、Y 两个方向的地震作用。

3）计算水平和规范简化方法竖向地震：按《抗规》第 5.3.1 条规定的简化方法计算竖向地震。

4）计算水平和反应谱方法竖向地震：按竖向振型分解反应谱方法计算竖向地震。

《高规》第 4.3.14 规定：跨度大于 24m 的楼盖结构、跨度大于 12m 的转换结构和连体结构，悬挑长度大于 5m 的悬挑结构，结构竖向地震作用效应标准值宜采用时程分析方法或振型分解反应谱方法进行计算。因此，SATWE 软件提供了按竖向振型分解反应谱方法计算竖向地震的选项。采用振型分解反应谱法计算竖向地震作用时，程序输出每个振型的竖向地震力，以及楼层的地震反应力和竖向作用力，并输出竖向地震作用系数和有效质量系数，与水平地震作用均类似。

(25) 结构所在地区

SATWE 程序根据结构所在地区分为全国（通用版）、上海、广东，对应分别采用国家规范、上海地区规程和广东地区规程进行计算。

(26) 墙梁转框架梁的控制跨高比（0 = 不转）

当墙梁的跨高比过大时，如果仍用壳元来计算墙梁的内力，计算结果的精度较差。用户可通过指定“墙梁转框架梁的跨高比”，程序会自动将墙梁的跨高比大于该值的墙梁转换成框架梁，并按照框架梁计算刚度、内力并进行设计，使结果更加准确合理。当指定“墙梁转框架梁的跨高比”为 0 时，程序对所有的墙梁不做转换处理。

(27) 框架连梁按壳元计算控制跨高比

程序采用新的方式，根据跨高比将框架连梁转换为墙梁（壳），同时增加了转换壳元的特殊构件定义，将框架方式定义的转换梁转为壳的形式。用户可通过指定该参数将跨高比小于该限值的矩形截面框架连梁用壳元计算其刚度，若该限值取值为 0，则对所有框架连梁都不做转换。

(28) 楼梯计算

用户在结构建模中创建的楼梯，可在 SATWE 中选择是否在整体计算时考虑楼梯的作用。若在整体计算中考虑楼梯，程序会自动将梯梁、梯柱、梯板加入到模型当中。软件提供了两种楼梯计算的模型：壳单元和梁单元，默认采用壳单元。两者的区别在于对梯段的处理，壳单元模型用膜单元计算梯段的刚度，而梁单元模型用梁单元计算梯段的刚度，两者对于平台板都用膜单元来模拟。程序可自动对楼梯单元进行网格细分。此外，针对楼梯计算，SATWE 设置了自动进行多模型包络设计。如果用户选择同时计算不带楼梯模型和带楼梯模型，则程序自动生成两个模型，并进行包络设计。另外应注意，当选择带楼梯参与整体计算时，不应勾选"自定义构件施工次序"。

2. 多模型及包络（图 2.7）

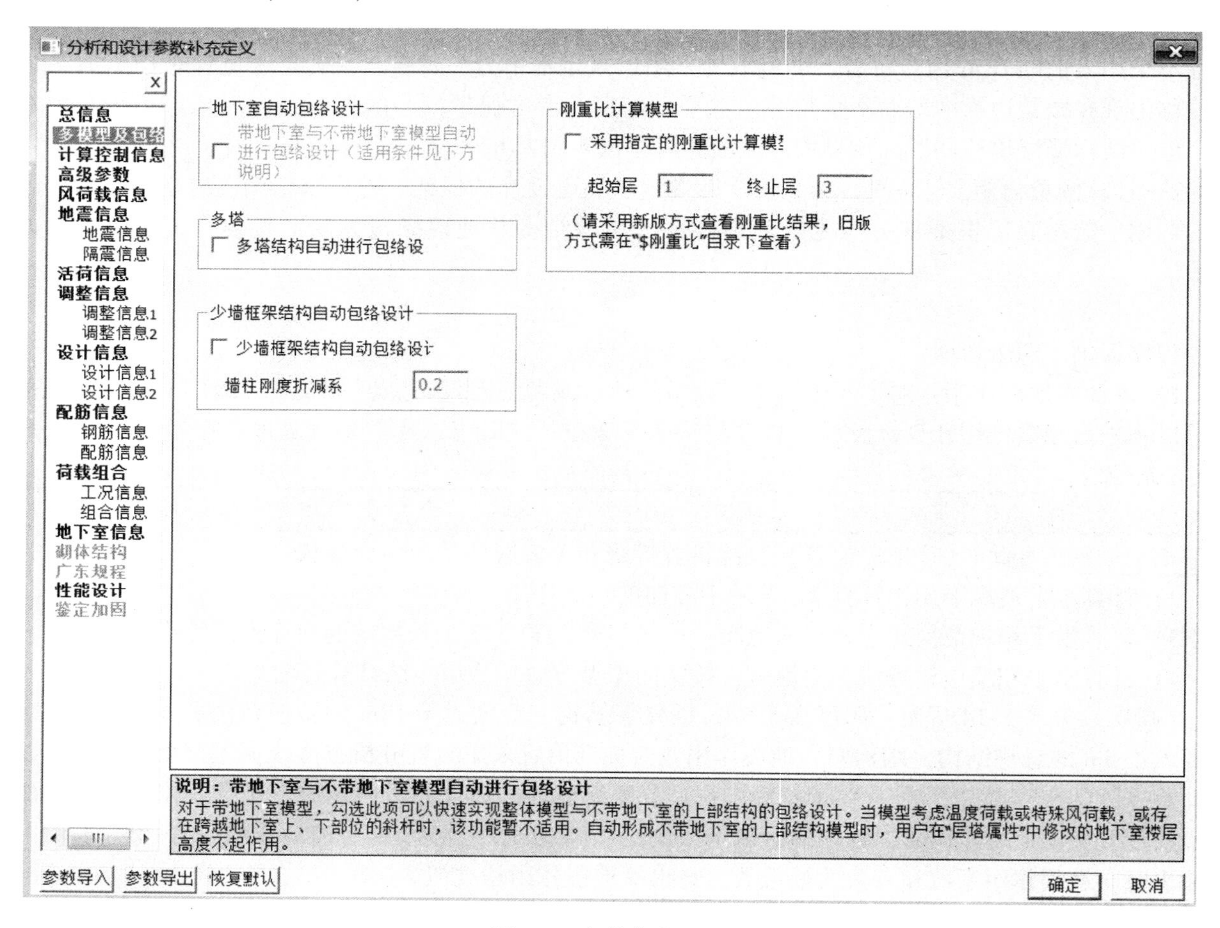

图 2.7　包络信息界面

(1) 带地下室与不带地下室模型自动进行包络设计

对于带地下室模型，勾选此项可以快速实现整体模型与不带地下室的上部结构的包络设计。当模型考虑温度荷载或特殊风荷载，或存在跨越地下室上、下部位的斜杆时，该功能暂不适用。自动形成不带地下室的上部结构模型时，用户在【层塔属性】中修改的地下室楼层高度不起作用。

(2) 多塔结构自动进行包络设计

该参数主要用来控制多塔结构是否进行自动包络设计。勾选了该参数，程序允许进行多塔包络设计，反之不勾选该参数，即使定义了多塔子模型，程序仍然不会进行多塔包络设计。

(3) 少墙框架结构自动包络设计

SATWE 针对实际工程中出现的少墙框架结构，增加少墙框架结构自动包络设计功能。勾选该项，程序自动完成原始模型与框架结构模型的包络设计。

（4）墙柱刚度折减系数

该参数仅对少墙框架结构包络设计有效。框架结构子模型通过该参数对墙柱的刚度进行折减得到。另外，可在【设计属性补充】项对墙柱的刚度折减系数进行单构件修改。

（5）采用指定的刚重比计算模型

选择此项，程序将在全楼模型的基础上，增加计算一个子模型，该子模型的起始层号和终止层号由用户指定，即从全楼模型中剥离出一个刚重比计算模型。在后处理【文本查看】菜单中选择【新版文本查看】可直接查看该模型的刚重比结果。

起始层号：即刚重比计算模型的最底层是当前模型的第几层。该层号从楼层组装的最底层起算（包括地下室）

终止层号：即刚重比计算模型的最高层是当前模型的第几层。目前程序未自动附加被去掉的顶部结构的自重，因此仅当顶部附属结构的自重相对主体结构可以忽略时才可采用，否则应手工建立模型进行单独计算。

基于地震作用和风荷载的刚重比计算方法仅适用于悬臂柱型结构，因此应在上部单塔结构模型上进行（即去掉地下室），且去掉大底盘和顶部附属结构（只保留附属结构的自重作为荷载附加到主体结构最顶层楼面位置），仅保留中间较为均匀的结构段进行计算，采用此参数可自动实现刚重比模型的掐头去尾功能，直接计算出指定结构段的刚重比，需要注意的是，该功能仅适用于弯曲型和弯剪型的单塔结构。

3. 计算控制信息（图2.8）

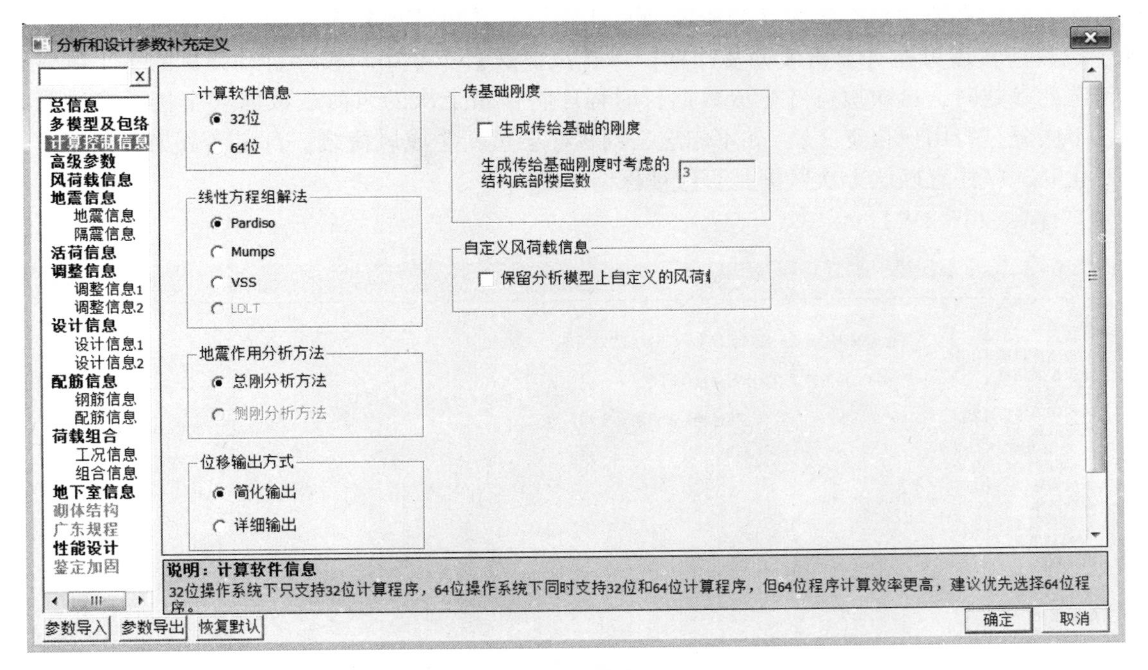

图2.8　计算控制信息界面

（1）计算软件信息

程序自动判断用户计算机的操作系统，其操作系统如果为32位，则程序默认采用32位计算程序进行计算，并不允许用户选择64位计算程序，如果为64位，则程序默认采用64位计算程序进行计算，并允许用户选择32位计算程序。

（2）线性方程组解法

程序提供了“PARDISO”“MUMPS”“VSS”和“LDLT”四种线性方程组求解器。“PARDISO”“MUMPS”和“VSS”采用的都是大型稀疏对称矩阵快速求解方法；而“LDLT”采用的则是通常所用的三角求解方法。“PARDISO”和“MUMPS”为并行求解器，当内存充足时，CPU 核心数越多，求解效率越高；而“VSS”和“LDLT”为串行求解器，求解器效率较低。另外，当采用了“施工模拟加载3”时，不能使用“LDLT”求解器；“PARDISO”“MUMPS”和“VSS”求解器只能采用总刚模型进行计算，“LDLT”求解器则可以在侧刚和总刚模型中做选择。

（3）地震作用分析方法

地震作用分析方法有“侧刚分析方法”和“总刚分析方法”两个选项。其中“侧刚分析方法”是指按侧刚模型进行结构振动分析；“总刚分析方法”则是指按总刚模型进行结构振动分析。当结构中各楼层均采用刚性楼板假定时可采用“侧刚分析方法”；其他情况，如定义了弹性楼板或有较多的错层构件时，建议采用“总刚分析方法”，即按总刚模型进行结构的振动分析。

（4）位移输出方式

位移输出方式有“简化输出”和“详细输出”两个选项。当选择“简化输出”时，在 WDISP.OUT 文件中仅输出各工况下结构的楼层最大位移值；按总刚模型进行结构振动分析时，在 WZQ.OUT 文件中仅输出周期、地震力；若选择“详细输出”，则在前述的输出基础上，在 WDISP.OUT 文件中还输出各工况下每个节点的位移值；在 WZQ.OUT 文件中还输出各振型下每个节点的位移值。

（5）传基础刚度

若想进行上部结构与基础共同分析，应勾选“生成传给基础的刚度”选项。这样在基础分析时，选择上部刚度，即可实现上部结构与基础共同分析。

（6）自定义风荷载信息

该参数主要用来控制是否保留【分析模型及计算】→【风荷载】定义的水平风荷载信息。用户在执行【生成数据】后可在【分析模型及计算】→【风荷载】菜单中对程序自动计算的水平风荷载进行修改，勾选此参数时，再次执行【生成数据】时程序将保留上次的风荷载数据（全楼所有风荷载数据均保留，不区分是否用户自定义），如不勾选，则程序会重新生成风荷载，自定义数据不被保留。当模型发生变化时，应注意确认上次数据是否应被保留。

4. 高级参数（图 2.9）

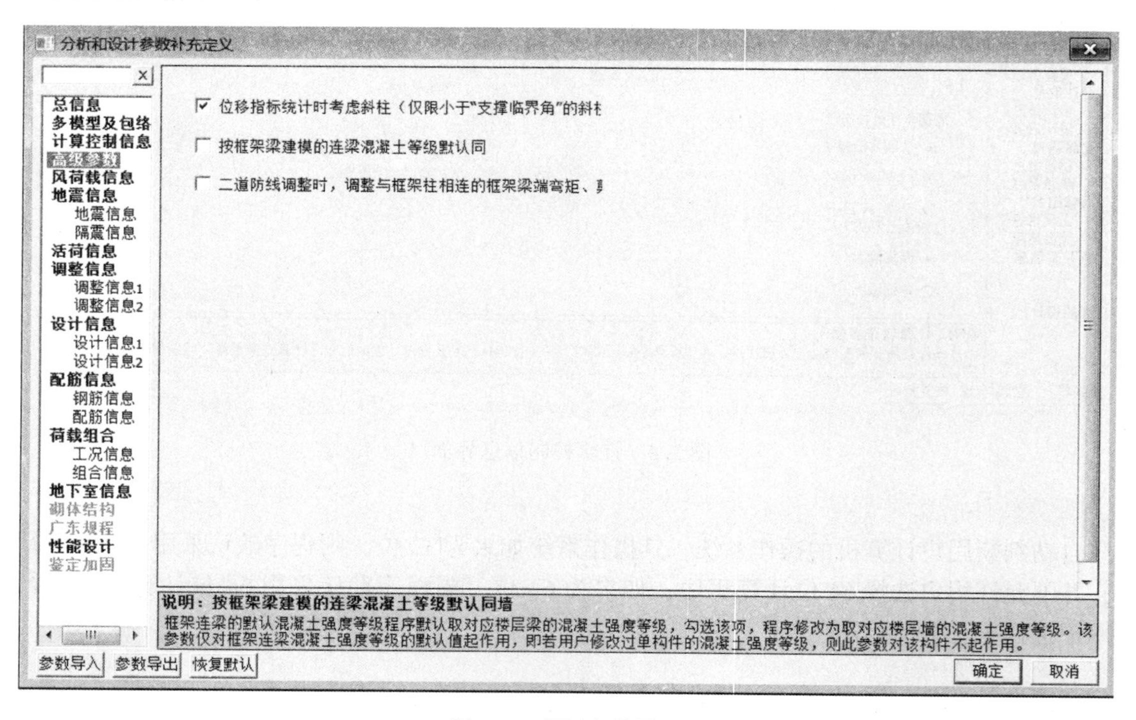

图 2.9　高级参数界面

（1）位移指标统计时考虑斜柱

程序统计位移比和位移角时默认不考虑斜撑，对于按斜撑建模的与Z轴夹角较小的斜柱，其影响不应忽略，此时可勾选本项，在统计最大位移比时程序将小于“支撑临界角”的层内斜柱考虑在内，但层间位移比和层间位移角暂不考虑。值得指出的是，位移指标是按节点进行统计的，一个节点统计一次位移，当支撑的上节点与柱或墙相连时，支撑的位移已在柱或墙的节点位移中得到了统计，只有支撑的上节点不与柱、墙相连时，支撑的位移才得到统计，换句话说，只有支撑像柱一样独立承担竖向支撑作用时位移才得到统计。

（2）按框架梁建模的连梁混凝土等级默认同墙

连梁建模有两种方式，一是按剪力墙开洞建模，二是按框架梁建模并指定为连梁属性，若其混凝土等级与剪力墙相同，需勾选此项。注意，目前采用的默认值为按层或塔定义墙混凝土等级，未读取单构件修改的墙混凝土等级。

（3）二道防线调整时对与框架柱相连的梁进行调整

该参数用来控制 $0.2V_0$ 调整时是否调整与框架柱相连的框架梁端弯矩和剪力。该参数同广东规程信息下的参数“$0.2V_0$ 调整时，调整与框架柱相连的框架梁端弯矩”功能相同，区别在于该参数仅对全国（通用版）和上海地区的工程有效。

5. 风荷载信息（图2.10）

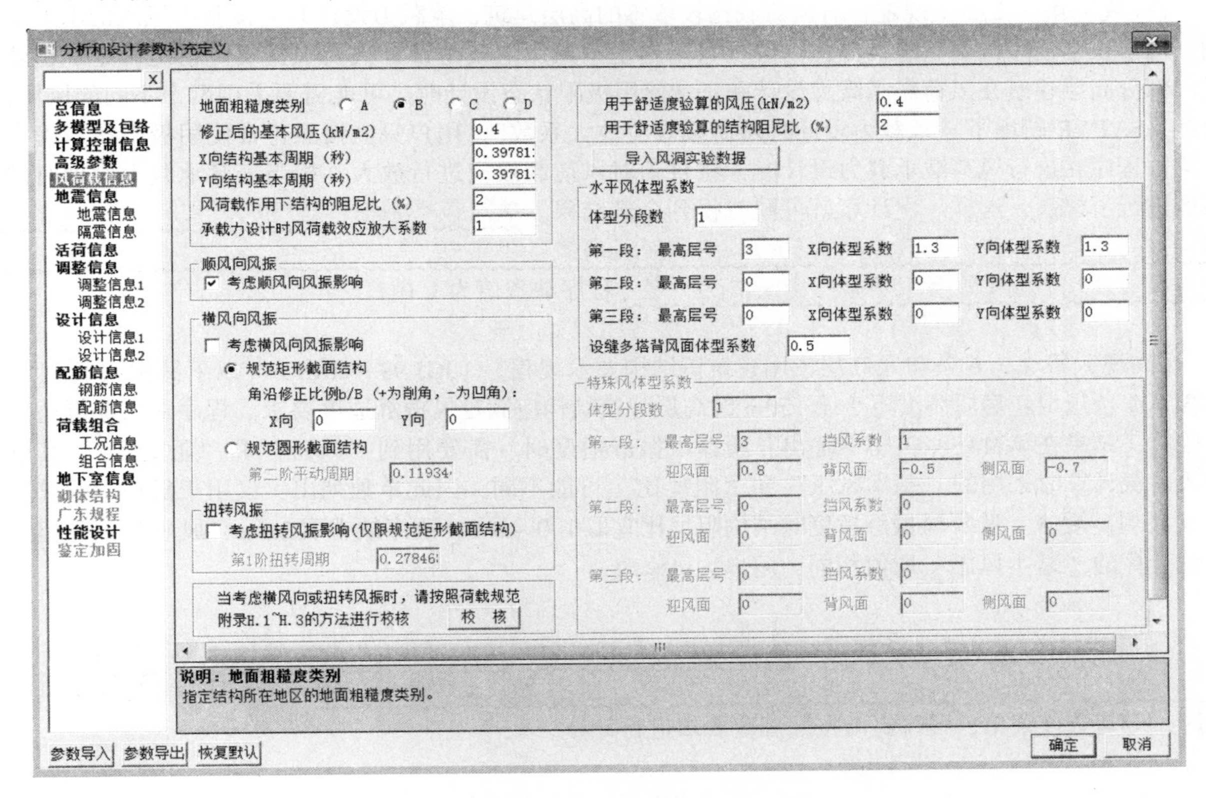

图2.10　风荷载信息

SATWE依据《荷载规范》第8.1.1条中的公式（8.1.1－1）计算风荷载。计算相关的参数在此页填写，包括水平风荷载和特殊风荷载相关的参数。若在第一页参数中选择了不计算风荷载，可不必考虑本页参数的取值。相关参数的含义及取值原则如下：

（1）地面粗糙度类别

根据《荷载规范》第8.2.1条分A、B、C、D四类（海乡城市），程序按设计人员输入的地面粗糙度类别确定风压高度变化系数。

(2) 修正后的基本风压（kN/m²）

修正后的基本风压用于计算《荷载规范》公式（8.1.1-1）的风压值 W_0，一般按照荷载规范给出的50年一遇的风压采用，但不得小于0.3kN/m²。对于高层建筑、高耸结构以及对风荷载比较敏感的其他结构，基本风压的取值应适当提高，程序以用户填入的修正后的风压值进行风荷载计算，不再另行修正。

(3) X、Y 向结构基本周期（s）

结构基本周期主要是用于脉动风荷载的共振分量因子 R 的计算（详见《荷载规范》第8.4.4条规定）。SATWE可以分别指定 X 向和 Y 向的基本周期，用于 X 向和 Y 向风荷载的计算。对于比较规则的结构，可以采用近似方法计算基本周期：框架结构 $T=(0.08\sim0.10)N$；框架—剪力墙结构、框筒结构 $T=(0.06\sim0.08)N$；剪力墙结构、筒中筒结构 $T=(0.05\sim0.06)N$，其中 N 为结构层数。程序按简化方式对基本周期赋初值，用户也可以在SATWE计算完成后，得到了准确的结构自振周期，再回到此处将新的周期值填入，然后重新计算，以得到更为准确的风荷载。

(4) 风荷载作用下结构的阻尼比（%）

与“结构基本周期”相同，该参数也用于脉动风荷载的共振分量因子 R 的计算。新建工程第一次进SATWE时，会根据“结构材料信息”自动对“风荷载作用下的阻尼比”赋初值：混凝土结构及砌体结构5.0、有填充墙钢结构2.0、无填充墙钢结构1.0。

(5) 承载力设计时风荷载效应放大系数（1.0）

《高规》第4.2.2条规定：对风荷载比较敏感的高层建筑，承载力设计时应按基本风压的1.1倍采用。对于正常使用极限状态设计，一般仍可采用基本风压值或由设计人员根据实际情况确定。也就是说，部分高层建筑在风荷载承载力设计和正常使用极限状态设计时，可能需要采用两个不同的风压值。为此，SATWE新增了“承载力设计时风荷载效应放大系数”，用户只需按照正常使用极限状态确定风压值，程序在进行风荷载承载力设计时，将自动对风荷载效应进行放大，相当于对承载力设计时的风压值进行了提高，这样一次计算就可同时得到全部结果。填写该系数后，程序将直接对风荷载作用下的构件内力进行放大，不改变结构位移。结构对风荷载是否敏感，以及是否需要提高基本风压，规范尚无明确规定，应由设计人员根据实际情况确定。程序缺省值为1.0。

(6) 用于舒适度验算的风压（kN/m²）、结构阻尼比（%）

《高规》第3.7.6条和《高层民用建筑钢结构技术规程》（JGJ 99—2015）（以下简称《高钢规》）第3.5.5条规定：房屋高度不小于150m的高层建筑结构应满足风振舒适度要求。程序对风振舒适度进行验算，结果在WMASS.OUT中输出。验算风振舒适度时，需要用到“风压”和“阻尼比”，其取值与风荷载计算时采用的“基本风压”和“阻尼比”可能不同，因此单独列出，仅用于舒适度验算。按照《高规》要求，验算风振舒适度时结构阻尼比宜取1.0~2.0，程序缺省取2.0，“风压”缺省值与风荷载计算的“基本风压”取值相同，用户均可修改。

(7) 顺风向风振

《荷载规范》第8.4.1条规定：对于高度大于30m且高宽比大于1.5的房屋，以及基本自振周期 T_1 大于0.25s的各种高耸结构，应考虑风压脉动对结构产生顺风向风振的影响。当计算中需考虑顺风向风振时，应勾选该菜单，程序自动按照规范要求进行计算。

(8) 横风向风振与扭转风振

根据《荷载规范》第8.5.1条规定：“对于横风向风振作用效应明显的高层建筑以及细长圆形截面构筑物，宜考虑横风向风振的影响”。第8.5.4条规定：“对于扭转风振作用效应明显的高层建筑及高耸接结构，宜考虑扭转风振的影响”。考虑风振的方式可以通过风洞试验或者按照《荷载规范》附录H.1、H.2和H.3确定。当采用风洞试验数据时，软件提供文件接口WINDHOLE.PM，用户可根据格式进行填写。当采用软件所提供的《荷载规范》附录方法时，除了需要正确填写周期等相关参数外，必须根据规范条文确保其适用范围，否则计算结果可能无效。为便于验算，软件提供图示“校核”结果供用户参考。

(9) 水平风体型分段数、各段体型系数

关于“水平风荷载”和“特殊风荷载”可参见【总信息】页【风荷载计算信息】相关内容。【总信息】页【风荷载计算信息】下拉框中，选择“计算水平风荷载”或者“计算水平和特殊风荷载”时，可在此处指定水平风荷载计算时所需的体型系数。当结构立面变化较大时，不同区段内的体型系数可能不一样，程序限定体型系数最多可分三段取值。程序允许用户分 X、Y 方向分别指定体型系数。由于程序计算风荷载时自动扣除地下室高度，因此分段时只需考虑上部结构，不用将地下室单独分段。计算水平风荷载时，程序不区分迎风面和背风面，直接按照最大外轮廓计算风荷载的总值，此处应填入迎风面体型系数与背风面体型系数绝对值之和。对于一些常见体型，风荷载体型系数取值如下：

1）圆形和椭圆形平面：$\mu_s = 0.8$。

2）正多边形及三角形平面：$\mu_s = 0.8 + \dfrac{1.2}{\sqrt{n}}$；其中：$n$ 为正多边形边数。

3）矩形、鼓形、十字形平面：$\mu_s = 1.3$。

4）下列建筑的风荷载体型系数 $\mu_s = 1.4$。

①V 形、Y 形、弧形、双十字形、井字形平面。

②L 形和槽形平面。

③高宽比 $H/B_{max} > 4$、长宽比 $L/B_{max} \leqslant 1.5$ 的矩形、鼓形平面。

（10）特殊风体型系数

【总信息】页【风荷载计算信息】下拉框中，选择“计算特殊风荷载”或者“计算水平和特殊风荷载”时，“特殊风体型系数”变亮，允许修改，否则为灰，不可修改。【特殊风荷载定义】菜单中使用“自动生成”菜单自动生成全楼特殊风荷载时，需要用到此处定义的信息。“特殊风荷载”的计算公式与“水平风荷载”相同，区别在于程序自动区分迎风面、背风面和侧风面，分别计算其风荷载，是更为精细的计算方式。应在此处分别填写各区段迎风面、背风面和侧风面的体型系数。“挡风系数”表示有效受风面积占全部外轮廓的比例。当楼层外侧轮廓并非全部为受风面，存在部分镂空的情况时，应填入该参数。这样程序在计算风荷载时将按有效受风面积生成风荷载。

（11）导入风洞实验数据

如果想对各层各塔的风荷载做更精细的指定，可使用此功能。

6. 地震信息（图 2.11）

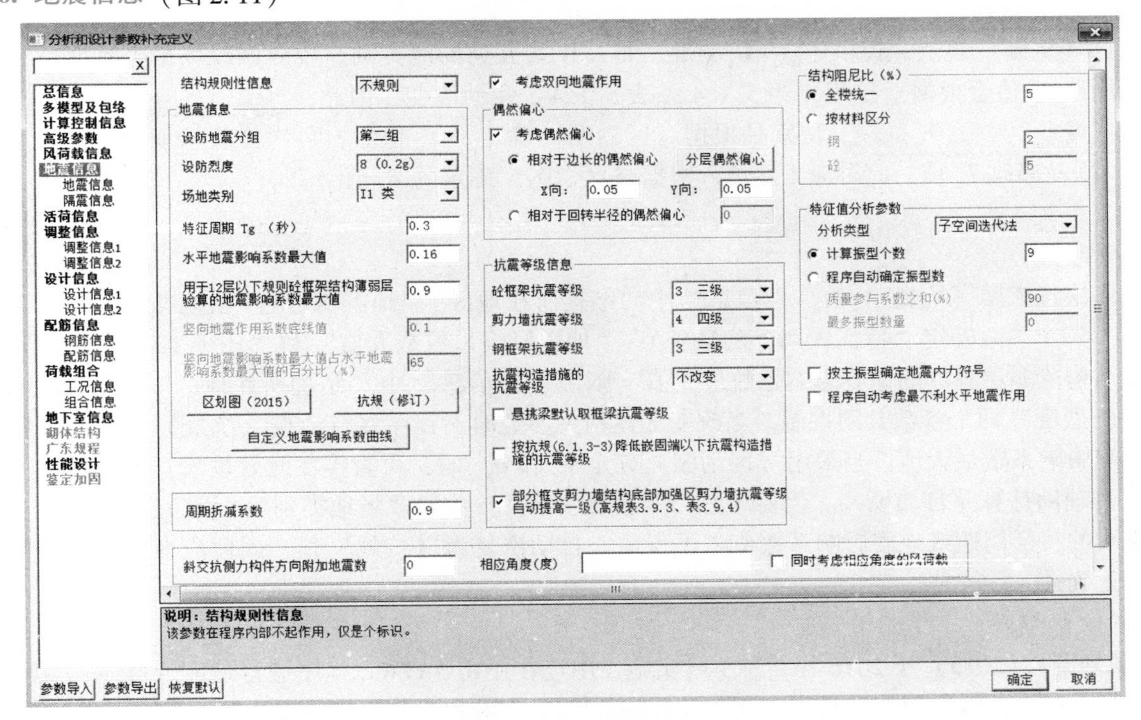

图 2.11　地震信息界面

按照《抗规》第3.1.2条规定，当抗震设防烈度为6度时，除有明确规定的情况，对乙、丙、丁类的建筑，其抗震设计可仅进行抗震措施的设计而不进行地震作用计算。因此当在PMCAD建模的【总信息】中选择了“不计算地震作用”后，在SATWE总信息菜单项中设防烈度、框架抗震等级和剪力墙抗震等级仍应按实际情况填写，其他参数可不必考虑。

（1）结构规则性信息

该参数在程序内部不起作用。

（2）设防地震分组

设防地震分组应由用户自行填写，用户修改本参数时，界面上的“特征周期 T_g”会根据《抗规》5.1.4条表5.1.4-2联动改变。因此，用户在修改设防地震分组时，应特别注意确认特征周期 T_g 值的正确性。特别是根据《中国地震动参数区划图》（GB 18306—2015）（以下简称《区划图》）确定了 T_g 值并正确填写后，一旦再次修改设防地震分组，程序会根据《抗规》联动修改 T_g 值，此时应重新填入根据《区划图》确定的 T_g 值。当采用《区划图》确定特征周期时，设防地震分组可根据 T_g 查《抗规》第5.1.4条表5.1.4-2确定当前相对应的设防地震分组，也可以采用“区划图”按钮提供的计算工具来辅助计算并直接返回到界面。由于程序直接采用界面显示的 T_g 值进行后续地震作用计算，设防地震分组参数并不直接参与计算，因此对计算结果没有影响。

（3）设防烈度

设防烈度应由用户自行填写，用户修改设防烈度时，界面上的“水平地震影响系数最大值”会根据《抗规》第5.1.4条表5.1.4-1联动改变。因此，修改设防烈度时，应同时确认水平地震影响系数最大值 α_{max} 的正确性。特别是根据《区划图》确定了 α_{max} 值并正确填写后，一旦再次修改设防烈度，程序会根据《抗规》联动修改 α_{max} 值，此时应重新填入根据《区划图》确定的 α_{max} 值。当采用《区划图》确定地震动参数时，可根据设计基本地震加速度值查《抗规》第3.2.2条表3.2.2确定当前相对应的设防烈度，也可以采用“区划图”按钮提供的计算工具来辅助计算并直接返回到界面。程序直接采用界面显示的水平地震影响系数最大值 α_{max} 进行后续地震作用计算，即设防烈度不影响计算程序中的 α_{max} 取值，但是进行剪重比等调整时仍然与设防烈度有关，因此应正确填写。

（4）场地类别

依据《抗震》规范，提供 I_0、I_1、Ⅱ、Ⅲ、Ⅳ共五类场地类别。用户修改场地类别时，界面上的特征周期 T_g 值会根据《抗规》第5.1.4条表5.1.4-2联动改变，因此，在修改场地类别时，应注意确认特征周期 T_g 值的正确性。特别是根据《区划图》确定了 T_g 值后，再次修改场地类别，程序根据《抗规》联动修改 T_g 值，此时应重新填入根据《区划图》确定的 T_g 值。

（5）特征周期 T_g(s)、水平地震影响系数最大值、用于12层以下规则混凝土框架薄弱层验算的地震影响系数最大值

程序缺省依据《抗规》，由“总信息”中“结构所在地区”“地震信息”“场地类别”和“设计地震分组”三个参数确定“特征周期”的缺省值；“地震影响系数最大值”和“用于12层以下规则混凝土框架结构薄弱层验算的地震影响系数最大值”则由“总信息”中“结构所在地区”和“地震信息”中“设防烈度”两个参数共同控制。当改变上述相关参数时，程序将自动按《抗规》重新判断特征周期或地震影响系数最大值。当采用《区划图》确定 T_g 和 α_{max} 时，可直接在此处填写，也可采用“区划图”工具辅助计算并自动填入。但要注意当上述几项相关参数如“场地类别”“设防烈度”等改变时，用户修改的特征周期或地震影响系数值将不保留，自动恢复为《抗规》值，因此应在计算前确认此处参数的正确性。

（6）《区划图》（2015）工具

《区划图》（2015）于2016年6月1日实施，用户在使用SATWE程序进行地震计算时，反应谱方法本身和反应谱曲线的形式并没有改变，只是特征周期 T_g 和水平地震影响系数最大值 α_{max} 的取值不同，采用新《区划图》计算的这两项参数将与以往或《抗规》不同，但由于这两项参数均由用户输入，因

此对程序本身功能并没有影响。用户在使用新《区划图》时，应根据所查得的Ⅱ类场地峰值加速度和特征周期，采用《区划图》规定的动力放大系数等参数及相应方法计算当前场地类别下的 T_g 和 α_{max}，并换算相应的设防烈度，填入程序即可。为了减少设计人员查表和计算的工作量，SATWE 增了根据新的《区划图》进行检索和地震参数计算的工具，可将地震计算所需的 T_g 和 α_{max} 等参数自动计算并填入程序界面，该工具包含检索和计算两项功能，左侧为检索工具，右侧为计算工具，如图 2. 12 所示。

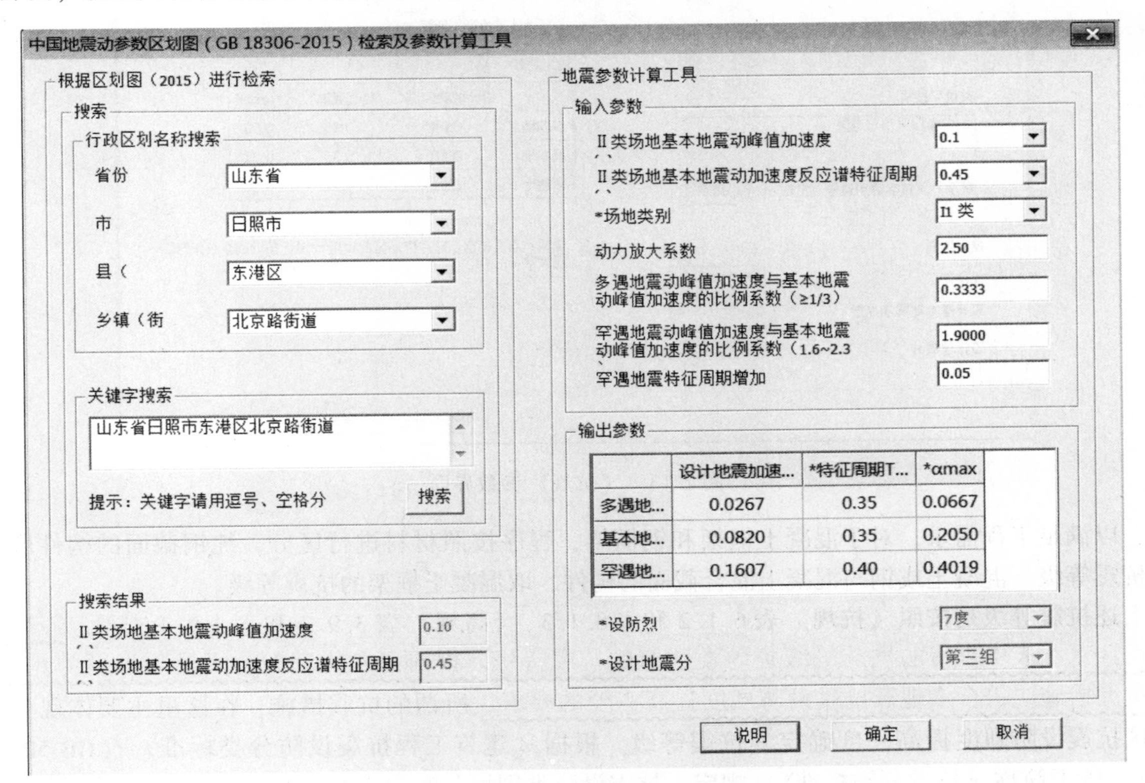

图 2. 12　《区划图》参数界面

用户可以将计算出的 T_g 和 α_{max} 等参数手动填入地震信息页，更方便的做法是直接点击“确定”，程序会自动将界面上带“＊”号的参数自动返回，不需要手工填写。需要特别注意的是：返回到地震参数界面后，如果重新修改设防烈度、场地类别等参数，程序会根据《抗规》联动修改 T_g 和 α_{max}，此时应重新利用上述工具进行计算并将新的结果返回。在进行 SATWE 计算前，务必确认界面上相关参数都已正确填写。

（7）《抗规》工具

《抗规》2016 年版对我国主要城镇设防烈度、设计基本地震加速度和设计地震分组进行了局部修改，与《区划图》类似，同样不影响程序的计算功能，只是需要用户按照修订后的规定指定正确的参数。SATWE 新增了针对《抗规》修订后的地震参数的检索和计算工具，如图 2. 13 所示。

如果用户采用新《区划图》和《抗规》之外的规定，直接在程序中填入正确的 T_g 和 α_{max} 等参数即可。

（8）混凝土框架、剪力墙、钢框架抗震等级（0、1、2、3、4、5）

程序提供 0、1、2、3、4、5 六种值。其中 0、1、2、3、4 分别代表抗震等级为特一级、一、二、三或四级，5 代表不考虑抗震构造要求。此处指定的抗震等级是全楼适用的。通过此处指定的抗震等级，SATWE 自动对全楼所有构件的抗震等级赋初值。依据《抗规》《高规》等相关条文，某些部位或构件的抗震等级可能还需要在此基础上进行单独调整，SATWE 将自动对这部分构件的抗震等级进行调整。对于少数未能涵盖的特殊情况，用户可通过前处理菜单“特殊构件补充定义”进行单构件的补充

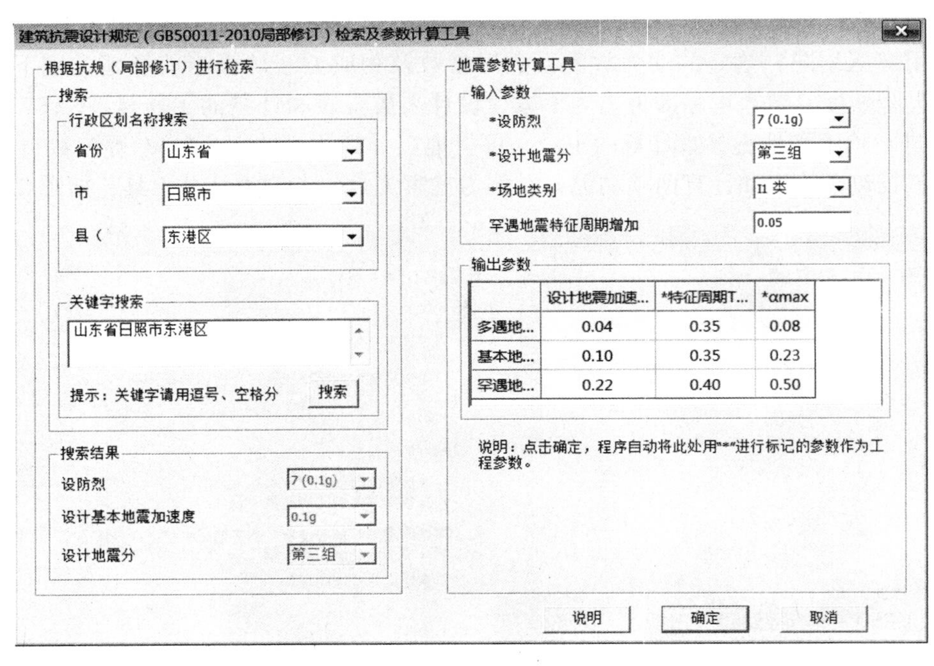

图 2.13　《抗规》参数界面

指定，以满足工程需求。对于混凝土框架和钢框架，程序按照材料进行区分，纯钢截面的构件取钢框架的抗震等级，混凝土或钢与混凝土混合截面的构件，取混凝土框架的抗震等级。

上述抗震等级是按照《抗规》表 6.1.2 和表 8.1.3、《高规》表 3.9.3 和表 3.9.4 查得。需提醒设计人员注意，表中查得的抗震等级是丙类建筑的抗震等级。但对于乙类建筑，当设防烈度为 6 ~ 8 度时，抗震措施应符合本地区抗震设防烈度提高一度的要求。所谓的抗震措施，在这里主要体现为应按本地区抗震设防烈度提高一度确定其抗震等级。根据《建筑工程抗震设防分类标准》（GB 50223—2008）（以下简称《抗震分类标准》）规定，抗震设防类别划分时应注意以下几点：

1）教育建筑中，幼儿园、小学、中学的教学用房以及学生宿舍和食堂，抗震设防类别应不低于重点设防类（简称乙类）。

2）商业建筑中，人流密集的大型的多层商场抗震设防类别应划为重点设防类。当商业建筑与其他建筑合建时应分别判断，并按区段确定其抗震设防类别。

3）二、三级医院的门诊、医技、住院用房，抗震设防类别应划为重点设防类。

（9）抗震构造措施的抗震等级

在某些情况下，结构的抗震构造措施等级可能与抗震等级不同。用户应根据工程的设防类别查找相应的规范，以确定抗震构造措施等级。当抗震构造措施的抗震等级与抗震措施的抗震等级不一致时，在配筋文件中会输出此项信息。另外，在“设计模型前处理”的各类特殊构件中可以分别指定单根构件的抗震等级和抗震构造措施等级。设计时应注意以下几种情况：

1）《抗规》第 3.3.2 条“建筑场地为Ⅰ类时，对甲、乙类的建筑应允许仍按本地区抗震设防烈度的要求采取抗震构造措施；对丙类的建筑应允许按本地区抗震设防烈度降低一度的要求采取抗震构造措施，但抗震设防烈度为 6 度时仍应按本地区抗震设防烈度的要求采取抗震构造措施”（场地好）。

2）《抗规》第 3.3.3 条“建筑场地为Ⅲ、Ⅳ类时，对设计基本地震加速度为 0.15g 和 0.30g 的地区，宜分别按 8 度（0.2g）和 9 度（0.4g）时各抗震设防类别的要求采取抗震构造措施”（场地差）。

3）《抗规》第 6.1.3 -4 条“当甲乙类建筑按规定提高一度确定其抗震等级而房屋高度超过《抗规》表 6.1.2 相应规定的上界时，应采取比一级更有效的抗震构造措施”（高度超限）。

4）确定乙类和丙类建筑的抗震措施和抗震构造措施的实际烈度见表 2.2。

表 2.2　确定乙类和丙类建筑的抗震措施和抗震构造措施的实际烈度

类别	设防烈度	6（0.05g）		7（0.1g）		7（0.15g）	8（0.2g）		8（0.3g）	9（0.4g）	
	场地类别	Ⅰ	Ⅱ－Ⅳ	Ⅰ	Ⅱ－Ⅳ	Ⅲ－Ⅳ	Ⅰ	Ⅱ－Ⅳ	Ⅲ－Ⅳ	Ⅰ	Ⅱ－Ⅳ
乙类	抗震措施	7	7	8	8	8	9	9	9	9+	9+
	抗震构造措施	6	6	7	8	8+	8	9	9+	9	9+
丙类	抗震措施	6	6	7	7	7	8	8	8	9	9
	抗震构造措施	6	6	6	7	8	7	8	9	8	9

（10）考虑双向地震作用

用户可在此选择是否考虑双向地震作用，考虑双向地震时，程序在 WNL*.OUT 文件中输出的地震工况的内力是已经进行了双向地震组合的结果，地震作用下的所有调整都将在此基础上进行。

《建规》第 5.1.1 条规定：质量和刚度分布明显不对称的结构，应计入双向地震作用下的扭转影响。程序提供了考虑双向水平地震作用的控制开关，设计人员可以根据工程实际情况决定是否要考虑双向水平地震作用。设计人员在使用软件时应注意：①程序允许同时考虑偶然偏心和双向地震作用，此时仅对无偏心地震作用效应（*EX*、*EY*）进行双向地震作用计算，而左偏心地震作用效应（*EXM*、*EYM*）和右偏心地震作用效应（*EXP*、*EYP*）并不考虑双向地震作用；②考虑双向地震作用，并不改变内力组合数。

（11）考虑偶然偏心

1）*X*、*Y* 向相对于边长的偶然偏心、分层偶然偏心

当用户勾选了“考虑偶然偏心”后，程序允许用户修改 *X* 和 *Y* 向的相对偶然偏心值，缺省值为 0.05。用户也可点击“分层偶然偏心”按钮，分层分塔填写相对偶然偏心值。《高规》第 4.3.3 条的条文说明规定：当楼层平面有局部突出时，可按等效尺寸计算偶然偏心。程序总是采取各楼层最大外边长计算偶然偏心，用户如需按此条规定细致考虑，可在此修改相对偶然偏心值。

2）相对于回转半径的偶然偏心

SATWE 针对《高钢规》第 5.3.7 条（公式 5.3.7－2）增加相对于平面回转半径的偶然偏心考虑方式，允许用户修改相对于回转半径的偏心值，缺省值为 0.172。对于广东地区的结构工程，程序总是采用用户指定的偶然偏心方式，不再进行任何判断。

（12）斜交抗侧力构件方向附加地震数，相应角度（度），同时考虑相应角度的风荷载

《抗规》第 5.1.1 条规定：有斜交抗侧力构件的结构，当相交角度大于 15°时，应分别计算各抗侧力构件方向的水平地震作用。用户可在此处指定附加地震方向。附加地震数可在 0～5 之间取值，在“相应角度”输入框填入各角度值。该角度是与整体坐标系 *X* 轴正方向的夹角，逆时针方向为正，各角度之间以逗号或空格隔开。

当用户在“总信息”页修改了“水平力与整体坐标夹角”时，应按新的结构布置角度确定附加地震的方向。如：假定结构主轴方向与整体坐标系 *X*、*Y* 方向一致时，水平力夹角填入 30°时，结构平面布置顺时针旋转 30°，此时主轴 *X* 方向在整体坐标系下为－30°，作为“斜交抗侧力构件附加地震力方向”输入时，应填入－30°。每个角度代表一组地震，如填入附加地震数 1，角度 30°时，SATWE 将新增 *EX*1 和 *EY*1 两个方向的地震，分别沿 30°和 120°两个方向。当不需要考虑附加地震时，将附加地震方向数填 0 即可。

SATWE 新增“同时考虑相应角度的风荷载”，当勾选此功能时，程序对于所填的附加地震角度方向，自动计算相应角度的风荷载，并对同角度的风荷载和地震作用进行组合；不勾选时，按旧版方式组合。两种不同的组合方式会造成一定的计算结果差异。应注意的是，对于附加方向风荷载，目前不能查看和修改，且不能自动计算横风向风振和扭转风振。

(13) 悬挑梁默认取框梁抗震等级

用于控制悬挑梁的默认抗震等级。勾选时，悬挑梁的抗震等级默认采用框架梁抗震等级。否则，默认按次梁确定抗震等级为5，即不考虑。该选项只影响默认值，用户仍可在前处理【特殊梁】等菜单中自行修改单构件抗震等级。

(14) 按《抗规》(6.1.3－3) 降低嵌固端以下抗震构造措施的抗震等级

根据《抗规》第6.1.3－3条的规定：当地下室顶板作为上部结构的嵌固部位时，地下一层的抗震等级应与上部结构相同，地下一层以下抗震构造措施的抗震等级可逐层降低一级，但不应低于四级。当勾选该选项之后，程序将自动按照规范规定执行，用户将无须在“设计模型补充定义”中单独指定相应楼层构件的抗震构造措施的抗震等级。

(15) 部分框支剪力墙结构底部加强区剪力墙抗震等级自动提高一级

根据《高规》表3.9.3、表3.9.4，部分框支剪力墙结构底部加强区和非底部加强区的剪力墙抗震等级可能不同。对于“部分框支剪力墙结构”，如果用户在【地震信息】页【剪力墙抗震等级】中填入部分框支剪力墙结构中一般部位剪力墙的抗震等级，并在此勾选了该菜单，程序将自动对底部加强区的剪力墙抗震等级提高一级。

(16) 结构的阻尼比 (%)

SATWE提供了“全楼统一”和“按材料区分”两种方式。当指定“全楼统一”时，程序按照传统方式指定全楼统一的阻尼比。“按材料区分”方式是采用《抗规》第10.2.8条条文说明提供的“振型阻尼比法”计算结构各振型阻尼比，当选择“按材料区分”时，需对不同材料指定阻尼比（默认钢材为2，混凝土为5），程序即可自动计算各振型阻尼比，并相应计算地震作用。程序在WZQ.OUT文件以及计算书中均输出了各振型的阻尼比。

(17) 特征值分析方法

用户可选择“子空间迭代法”和“多重里兹向量法”。SATWE默认为“子空间迭代法”。对于大体量结构，如大规模的多塔结构、大跨结构，以及竖向地震作用计算等，往往需要计算大量振型才能满足要求，但大阶数的振型带来了地震作用计算的内存消耗和计算量大幅增加，使得计算机难堪重负，用户也无法忍受如此低效的计算。多重里兹向量法可以采用相对精确特征值算法，以较少的振型数即可满足有效质量系数要求，使得大型结构的动态响应问题的计算效率得以大幅提高。采用多重里兹向量法求解较小规模结构的动态响应时，当选取的振型数接近动力自由度数时，高阶振型可能失真，针对这种情况，在特征值求解器里进行了保护，截取有效质量系数100.2%以内的低阶振型，舍弃高阶振型，此时，得到的振型数将少于用户输入的振型数。

(18) 计算振型个数

在计算地震作用时，振型个数的选取应遵循《抗规》第5.2.2条条文说明的规定：“振型个数一般可以取振型参与质量达到总质量的90%所需的振型数”。当仅计算水平地震作用或者用规范方法计算竖向地震作用时，振型数应至少取3。为了使每阶振型都尽可能地得到两个平动振型和一个扭转振型，振型数最好为3的倍数。振型数的多少与结构层数及结构形式有关，当结构层数较多或结构层刚度突变较大时，振型数也应相应增加，如顶部有小塔楼、转换层等结构形式。选择振型分解反应谱法计算竖向地震作用时，为了满足竖向振动的有效质量系数，一般应适当增加振型数。

(19) 程序自动确定振型数

当用户选择了“子空间迭代法”进行特征值分析时才可使用此功能。采用移频方法，根据用户输入的有效质量系数之和在子空间迭代中自动确定振型数，做到求出的振型数“一个不多，一个不少”。“最多振型数量”与“有效质量系数之和”一同作为特征值计算是否结束的限制条件，即特征值计算中只要达到其中一个限制条件则结束计算。如果“最多振型数量”填写为0，则程序会根据结构规模以及特征值计算的可用内存自动确定一个振型数上限值。需要指出的是，程序还隐含了一个限制条件，即最多振型数不超过动力自由度数。

（20）周期折减系数

周期折减的目的是为了充分考虑框架结构和框架—剪力墙结构的填充墙刚度对计算周期的影响。对于框架结构，若填充墙较多，周期折减系数可取 0.6 ~ 0.7，填充墙较少时可取 0.7 ~ 0.8；对于框架—剪力墙结构，可取 0.7 ~ 0.8，纯剪力墙结构的周期可不折减。

（21）按主振型确定地震内力符号

按照《抗规》第 5.2.3 条中公式 5.2.3 – 5 确定地震作用效应时，公式本身并不含符号，因此地震作用效应的符号需要单独指定。当勾选该参数时，程序取主振型下的符号作为地震作用效应符号，不勾选时，程序取各振型下绝对值最大的振型下符号作为地震作用效应符号。SATWE 的传统规则为：在确定某一内力分量时，取各振型下该分量绝对值最大的符号作为 CQC 计算以后的内力符号；而当选用该参数时，程序根据主振型下地震效应的符号确定考虑扭转耦联后的效应符号，其优点是确保地震效应符号的一致性，但由于牵扯到主振型的选取，因此在多塔结构中的应用有待进一步研究。

（22）程序自动考虑最不利水平地震作用

当用户勾选该参数后，程序将自动完成最不利水平地震作用方向的地震效应计算，一次完成计算，无须手动回填。但程序目前尚不能自动考虑相应角度的风荷载，因此，“同时考虑相应角度的风荷载”选项变灰不可选。

（23）自定义地震影响系数曲线

点击该按钮，在弹出的对话框中可查看按规范公式的地震影响系数曲线，并可在此基础上根据需要进行修改，形成自定义的地震影响系数曲线。“长周期段地震影响曲线修正”的功能可以通过指定临界周期，对大于临界周期的地震影响系数进行调整，来达到修正长周期段地震影响系数的目的。插值系数的取值范围为 0 到 1，取值为 0 时表示自定义的地震影响系数与规范谱相同；取值为 1 时表示临界周期之后的各点地震影响系数取值与临界周期点的取值相同；取值在 0 到 1 之间表示取线性插值的结果。

7. 隔震信息（图 2.14）

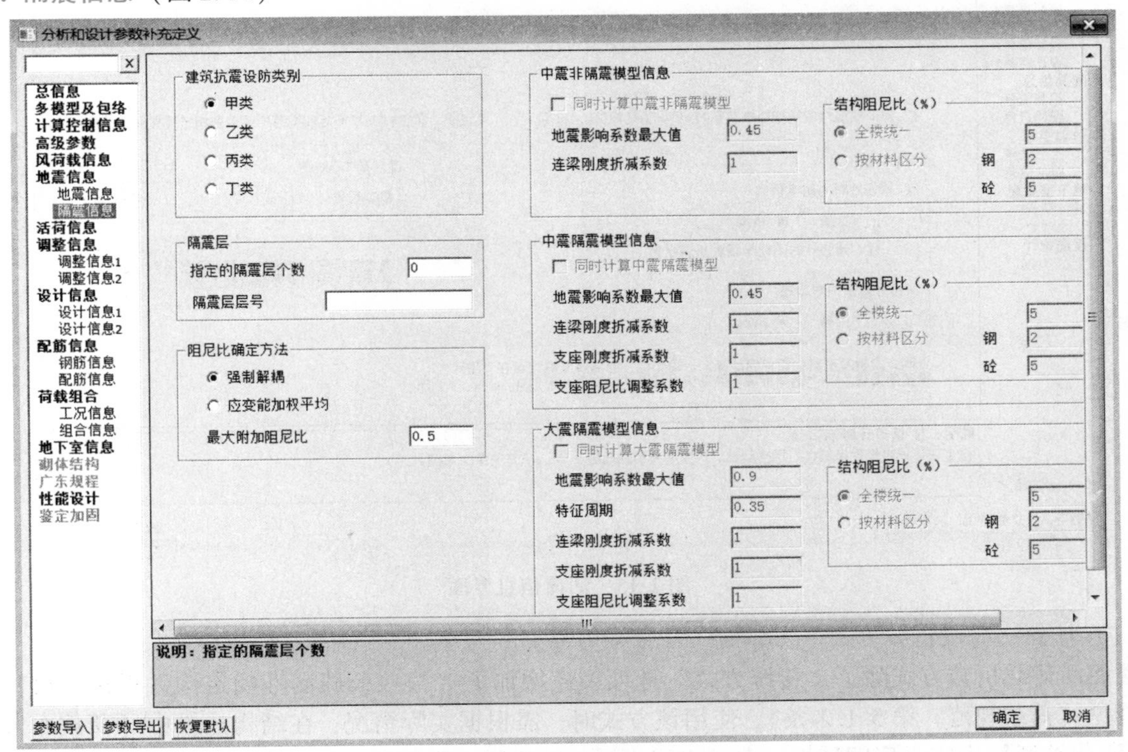

图 2.14　隔震信息界面

（1）建筑抗震设防类别

该参数暂不起作用，仅为设计标识。

（2）指定隔震层个数及相应的各隔震层层号

对于隔震结构，如不指定隔震层号，“特殊柱”菜单中定义的隔震支座仍然参与计算，并不影响隔震计算结果，因此该参数主要起到标识作用。指定隔震层数后，右侧菜单可选择同时参与计算的模型信息，程序可一次实现多模型的计算。

（3）阻尼比确定方法

当采用反应谱法时，程序提供了两种方法确定振型阻尼比，即“强制解耦法”和“应变能加权平均法”。采用强制解耦法时，高阶振型的阻尼比可能偏大，因此程序提供了“最大附加阻尼比”参数，使用户可以控制附加的最大阻尼比。

（4）隔震结构的多模型计算

按照隔震结构设计相关规范规程的规定，隔震结构的不同部位，在设计中往往需要取用不同的地震作用水准进行设计、验算。新版 SATWE 提供的“多模型”计算模式，增加了隔震结构的多模型计算功能，可以由程序自动生成隔震层上下部结构、隔震层验算所需的模型。设计者根据需要在设计隔震结构的不同部位时选择不同模型。

8. 活荷信息（图 2.15）

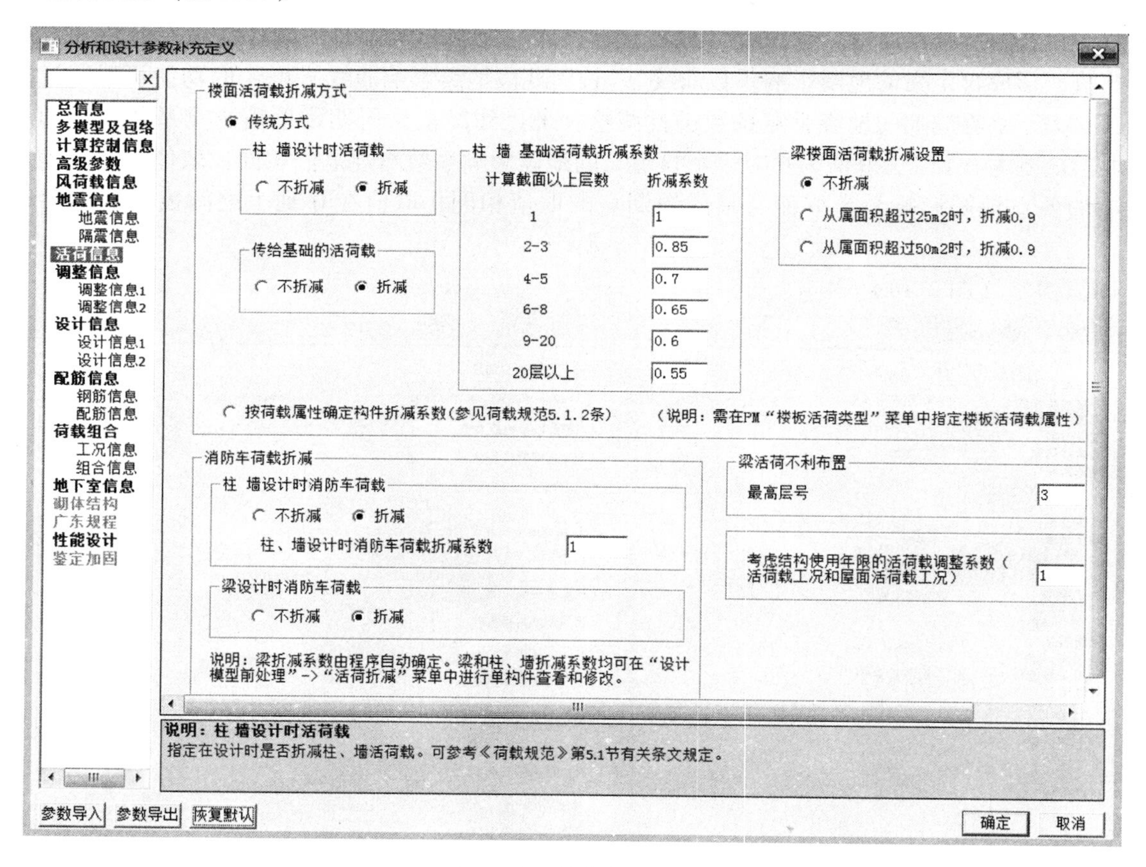

图 2.15　活荷信息界面

（1）楼面活荷载折减方式

楼面活荷载折减方式除了“传统方式”选项，还增加了“按照荷载属性确定构件折减系数”的选项（详见《荷载规范》第 5.1.2 条）。使用该方式时，需根据实际情况，在结构建模中【荷载布置】→【楼板活荷类型】中定义房间属性，对于未定义属性的房间，程序默认按住宅处理。注意，由于此版程序并未采用柱、墙的精确导荷面积，取代以关联房间来近似模拟其受荷影响，因此可能造成局部结果的细微影响，但不影响整体结果的准确性，此时仍可通过单构件方式进行调整。对于常见的使用用途单一的建筑，仍可采用传统折减方式。

（2）柱、墙、基础活荷载折减系数

程序分 6 段给出了“计算截面以上的层数”和相应的折减系数，这些参数是根据《荷载规范》第 5.1.2 条给出的隐含值，用户可以修改。

（3）梁楼面活荷载折减设置

用户可以根据实际情况选择不折减或者按照《荷载规范》第 5.1.2.1 条规定内容勾选相应的折减方式。

（4）梁活荷不利布置最高层号

多层结构默认为最高层号，高层结构默认为 0。当前仅对活荷载工况有效，雪荷载等工况暂未考虑活荷载不利布置。

（5）考虑结构使用年限的活荷载调整系数

依据《高规》第 5.6.1 条规定，计算荷载组合的效应设计值时，应考虑结构设计使用年限的荷载调整系数 γ_L。其中，当设计使用年限为 50 年时取 1.0，设计使用年限为 100 年时取 1.1。

（6）梁、柱和墙设计时消防车荷载折减系数

根据《荷载规范》第 5.1.3 条规定，设计墙、柱时，可对消防车活荷载进行折减，程序不对折减系数进行自动判定，需用户在此指定。楼面梁的折减系数由程序自动确定默认值：根据《荷载规范》第 5.1.2－1－3 条，进行单双向板和主次梁的判定并确定折减系数，梁、柱和墙折减系数可在【设计模型前处理】→【活荷折减】进行单构件的查看和修改，与活荷载折减系数操作方法和流程类似。

9. 调整信息 1（图 2.16）

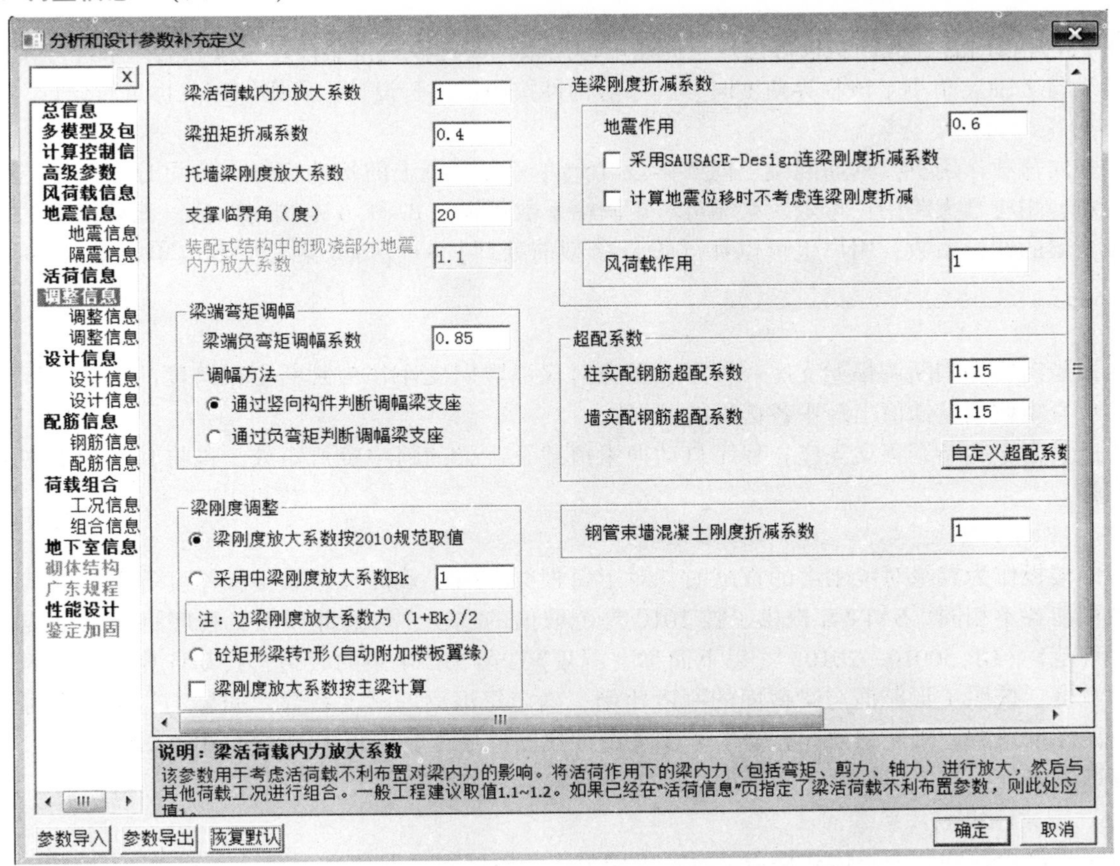

图 2.16　调整信息 1 界面

(1) 梁活荷载内力放大系数

该参数用于考虑活荷载不利布置对梁内力的影响。将活荷载作用下的梁内力（包括弯矩、剪力、轴力）进行放大，然后与其他荷载工况进行组合。一般工程建议取值1.1~1.2。如果已经考虑了活荷载不利布置，则应填1。

(2) 梁扭矩折减系数

对于现浇楼板结构，可以考虑楼板对梁抗扭的作用而对梁的扭矩进行折减。折减系数可在0.4~1.0范围内取值。此处指定的是全楼梁的扭矩折减系数，用户也可以在【设计模型前处理】→【特殊梁】中修改单根梁的扭矩折减系数。程序缺省对弧梁及不与楼板相连的梁不进行扭矩折减。

(3) 托墙梁刚度放大系数

实际工程中常常会出现"转换大梁上面托剪力墙"的情况，当用户使用梁单元模拟转换大梁，用壳元模式的墙单元模拟剪力墙时，墙与梁之间的实际的协调工作关系在计算模型中就不能得到充分体现，存在近似性。实际的协调关系是剪力墙的下边缘与转换大梁的上表面变形协调，而计算模型则是剪力墙的下边缘与转换大梁的中性轴变形协调，这样造成转换大梁的上表面在荷载作用下将会与剪力墙脱开，失去本应存在的变形协调性，与实际情况相比，计算模型的刚度偏柔了，这就是软件提供托墙梁刚度放大系数的原因。当考虑托墙梁刚度放大时，转换层附近的超筋情况（若有）通常可以缓解。但是为了使设计保持一定的富裕度，建议不考虑或少考虑托墙梁刚度放大。使用该功能时，用户只需指定托墙梁刚度放大系数，托墙梁段的搜索由软件自动完成。这里所说的"托墙梁段"在概念上不同于规范中的"转换梁"，"托墙梁段"特指转换梁与剪力墙"墙柱"部分直接相接、共同工作的部分，比如转换梁上托门洞或窗洞的剪力墙，对洞口下的梁段，程序就不判断为"托墙梁段"，不作刚度放大。

(4) 支撑临界角（度）

在PM建模时常会有倾斜构件出现，此角度即用来判断构件是按照柱还是按照支撑来进行设计。当构件轴线与Z轴夹角小于该临界角度时，程序对构件按照柱进行设计，否则按照支撑进行设计。

(5) 梁端负弯矩调幅系数

在竖向荷载作用下，钢筋混凝土框架梁设计允许考虑混凝土的塑性变形内力重分布，适当减小支座负弯矩，相应增大跨中正弯矩。梁端负弯矩调幅系数可在0.8~1.0范围内取值。此处指定的是全楼的混凝土梁的调幅系数，用户也可以在【设计模型前处理】→【特殊梁】中修改单根梁的调幅系数。另外，程序对于钢梁强制不进行调幅。

(6) 梁端弯矩调幅方法

通过竖向构件判断调幅梁支座：程序在调幅时仅以竖向支座作为判断主梁跨度的标准，以竖向支座处的负弯矩调幅量插值出跨中各截面的调幅量。

通过负弯矩判断调幅梁支座：程序自动搜索恒载下主梁的跨中负弯矩处，也将其作为支座来进行分段调幅。

(7) 梁刚度放大系数按2010规范取值

考虑楼板作为翼缘对梁刚度的贡献时，对于每根梁，由于截面尺寸和楼板厚度等差异，其刚度放大系数可能各不相同。SATWE提供了按2010规范取值的选项，勾选此项后，程序将根据《混凝土结构设计规范》（GB 50010—2010）（以下简称《混规》）第5.2.4条的表格，自动计算每根梁的楼板有效翼缘宽度，按照T形截面与梁截面的刚度比例，确定每根梁的刚度系数。如果不勾选，则对全楼指定唯一的刚度系数。刚度系数计算结果可在【设计模型前处理】→【特殊梁】中查看，也可以在此基础上修改。另外，程序在计算T形截面尺寸时还考虑了板和梁混凝土标号不同时的换算。

(8) 中梁刚度放大系数（$B_k=0$）

对于现浇楼盖和装配整体式楼盖，宜考虑楼板作为翼缘对梁刚度和承载力的影响。SATWE可采用"梁刚度放大系数"对梁刚度进行放大，近似考虑楼板对梁刚度的贡献。刚度增大系数B_k一般可在

1.0~2.0范围内取值，程序缺省值为1.0，即不放大。对于中梁（两侧与楼板相连）和边梁（仅一侧与楼板相连），楼板的刚度贡献不同。程序取中梁的刚度放大系数为B_k，边梁的刚度放大系数为$(1+B_k)/2$，其他情况不放大。中梁和边梁由程序自动搜索。梁刚度放大系数还可在【设计模型前处理】→【特殊梁】中进行单构件修改。

（9）混凝土矩形梁转T形（自动附加楼板翼缘）

《混规》第5.2.4条规定："对现浇楼盖和装配整体式楼盖，宜考虑楼板作为翼缘对梁刚度和承载力的影响"。当勾选此项参数时，程序自动将所有混凝土矩形截面梁转换成T形截面，在刚度计算和承载力设计时均采用新的T形截面，此时梁刚度放大系数程序将自动置为1，翼缘宽度的确定采用《混规》表5.2.4的方法。

（10）梁刚度放大系数按主梁计算

当选择"梁刚度放大系数按2010规范取值"或"混凝土矩形梁转T形梁"时，对于被次梁打断成多段的主梁，可以选择按照打断后的多段梁分别计算每段的刚度系数，也可以按照整根主梁进行计算。当勾选此项时，程序将自动进行主梁搜索并据此进行刚度系数的计算。

（11）地震作用连梁刚度折减系数

多、高层结构设计中允许连梁开裂，开裂后连梁的刚度有所降低，程序中通过连梁刚度折减系数来反映开裂后的连梁刚度。为避免连梁开裂过大，此系数不宜取值过小，一般不宜小于0.5。无论是按照框架梁输入的连梁，还是按照剪力墙输入的洞口上方的墙梁，程序都进行刚度折减。按照框架梁方式输入的连梁，可在【设计模型前处理】→【特殊梁】下指定单构件的折减系数；按照剪力墙输入的洞口上方的墙梁，则可在【设计模型前处理】→【特殊墙】菜单下修改单构件的折减系数。

根据《高规》第5.2.1条规定"高层建筑结构地震作用效应计算时，可对剪力墙连梁刚度予以折减，折减系数不宜小于0.5"。指定该折减系数后，程序在计算时只在集成地震作用计算刚度矩阵时进行折减，竖向荷载和风荷载计算时连梁刚度不予折减。

（12）风荷载连梁刚度折减系数

当风荷载作用水准提高到100年一遇或更高，在承载力设计时，应允许一定程度地考虑连梁刚度的弹塑性退化，即允许连梁刚度折减，以便整个结构的设计内力分布更贴近实际，连梁本身也更容易设计。用户可以通过该参数指定风荷载作用下全楼统一的连梁刚度折减系数，该参数对开洞剪力墙上方的墙梁及具有连梁属性的框架梁有效，不与梁刚度放大系数连乘。风荷载作用下内力计算采用折减后的连梁刚度，位移计算不考虑连梁刚度折减。

（13）采用SAUSAGE-Design连梁刚度折减系数

该选项用来控制是否采用SAUSAGE-Design计算的连梁刚度折减系数。如果勾选该项，程序会在【分析模型及计算】→【设计属性补充】→【刚度折减系数】中采用SAUSAGE-Design计算结果作为默认值，如果不勾选，则仍选用调整信息中【连梁刚度折减系数】→【地震作用】的输入值作为连梁刚度折减系数的默认值。

（14）计算地震位移时不考虑连梁刚度折减

《抗规》第6.2.13-2条规定：计算地震内力时，抗震墙连梁刚度可折减；计算位移时，连梁刚度可不折减。程序可直接勾选该选项，一键完成计算。点击【生成数据+全部计算】，程序自动采用不考虑连梁刚度折减的模型进行地震位移计算，其余计算结果采用考虑连梁刚度折减的模型。计算完成以后，可在【文本查看】菜单查看结果。

（15）装配式结构中的现浇部分地震内力放大

该参数只对装配式结构起作用，如果结构楼层中既有预制又有现浇抗侧力构件时，程序对现浇部分的地震剪力和弯矩乘以此处指定的地震内力放大系数。

（16）柱、墙实配钢筋超配系数

对于9度设防烈度的各类框架和一级抗震等级的框架结构：框架梁和连梁端部剪力、框架柱端部弯矩、剪力调整应按实配钢筋和材料强度标准值来计算实际承载设计内力，但在计算时因得不到实际承载设计内力，而采用计算设计内力，所以只能通过调整计算设计内力的方法进行设计。超配系数就是按规范考虑材料、配筋因素的一个附加放大系数。该参数同时还用于楼层抗剪承载力的计算。另外，用户也可点取“自定义调整系数”，分层分塔指定钢筋超配系数。

（17）钢管束墙混凝土刚度折减系数

当结构中存在钢管束剪力墙时，可通过该参数对钢管束内部填充的混凝土刚度进行折减。该参数仅对钢管束剪力墙有效。

9. 调整信息 2（图 2.17）

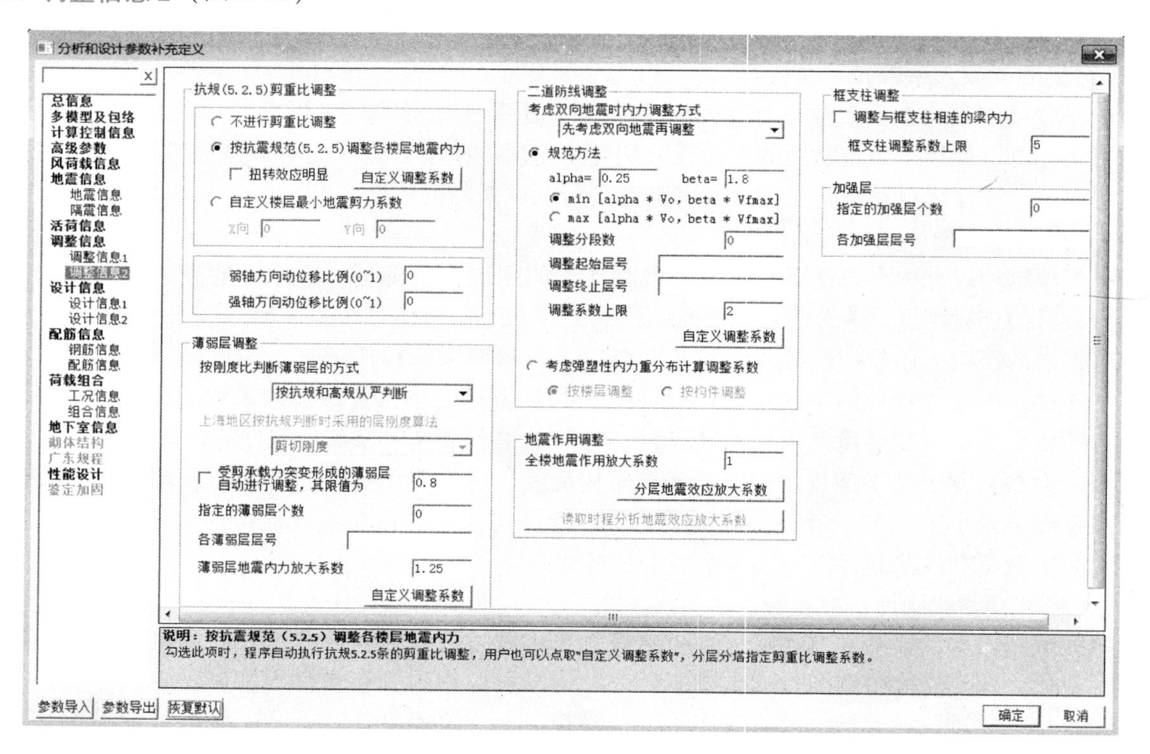

图 2.17　调整信息 2 界面

（1）按《抗规》第 5.2.5 条调整各楼层地震内力、自定义调整系数

《抗规》第 5.2.5 条规定：抗震验算时，结构任一楼层的水平地震的剪重比不应小于表 5.2.5 给出的最小地震剪力系数 λ。如果用户勾选该项，程序将自动进行调整。用户也可点取“自定义调整系数”，分层分塔指定剪重比调整系数，程序优先读取该文件信息，如该文件不存在，则取自动计算的调整系数。

（2）扭转效应明显

该参数用来标记结构的扭转效应是否明显。当勾选时，楼层最小地震剪力系数取《抗规》表 5.2.5 第一行的数值，无论结构基本周期是否小于 3.5s。

（3）自定义楼层最小地震剪力系数

当勾选此项并填入恰当的 X、Y 向最小地震剪力系数时，程序不再按《抗规》表 5.2.5 确定楼层最小地震剪力系数，而是执行用户自定义值。

（4）弱/强轴方向动位移比例

《抗规》第 5.2.5 条条文说明中明确了三种调整方式：加速度段、速度段和位移段。当动位移比例填 0 时，程序采取加速度段方式进行调整；动位移比例填 1 时，采用位移段方式进行调整；动位移比例填 0.5 时，采用速度段方式进行调整。另外，程序所指的弱轴是对应结构长周期方向，强轴对应短周期方向。

（5）按刚度比判断薄弱层的方式

程序提供“按《抗规》和《高规》从严判断”“仅按《抗规》判断”“仅按《高规》判断”和“不自动判断”四个选项供用户选择。程序默认值为“按《抗规》和《高规》从严判断”。

（6）上海地区采用的楼层刚度算法

按照上海市《建筑抗震设计规程》（DGJ 08—9—2013）建议，一般情况下采用等效剪切刚度计算侧向刚度，对于带支撑的结构可采用剪弯刚度。在选择上海地区且薄弱层判断方式考虑《抗规》以后，该选项生效。

（7）受剪承载力突变形成的薄弱层自动进行调整

《高规》第 3.5.3 条规定：A 级高度高层建筑的楼层抗侧力结构的层间受剪承载力不宜小于其相邻上一层受剪承载力的 80%，不应小于其相邻上一层受剪承载力的 65%；B 级高度高层建筑的楼层抗侧力结构的层间受剪承载力不应小于其相邻上一层受剪承载力的 75%。当勾选该参数时，对于受剪承载力不满足《高规》第 3.5.3 条要求的楼层，程序会自动将该层指定为薄弱层，执行薄弱层相关的内力调整，并重新进行配筋设计。若该层已被用户指定为薄弱层，程序不会对该层重复进行内力调整。采用此项功能时应注意确认程序自动判断的薄弱层信息是否与实际相符。

（8）指定薄弱层个数及相应的各薄弱层层号

SATWE 自动按楼层刚度比判断薄弱层并对薄弱层进行地震内力放大，但对于竖向抗侧力构件不连续或承载力变化不满足要求的楼层，不能自动判断为薄弱层，需要用户在此指定。填入薄弱层楼层号后，程序对薄弱层构件的地震作用内力按“薄弱层地震内力放大系数”进行放大。输入各层号时以逗号或空格隔开。多塔结构还可在【设计模型前处理】→【层塔属性】菜单分塔指定薄弱层。

（9）薄弱层地震内力放大系数、自定义调整系数

《抗规》第 3.4.4－2 条规定：薄弱层的地震剪力增大系数不小于 1.15。《高规》第 3.5.8 条规定：地震作用标准值的剪力应乘以 1.25 的增大系数。SATWE 对薄弱层地震剪力调整的做法是直接放大薄弱层构件的地震作用内力。“薄弱层地震内力放大系数”即由用户指定放大系数，以满足不同需求。程序缺省值为 1.25。用户也可点取“自定义调整系数”，分层分塔指定薄弱层调整系数。自定义信息记录在 SATINPUTWEAK.PM 文件中。

（10）全楼地震作用放大系数（1.0～1.5）、分层地震效应放大系数

当结构进行弹性时程分析，需要对时程结果和振型分解反应谱法取包络时，可以采用放大全楼地震作用方法，用户可通过此参数来放大全楼地震作用，提高结构的抗震安全度，其经验取值范围是 1.0～1.5。用户也可指定分层地震效应放大系数，此时对地震作用效应进行放大，包括内力和位移。并记录在 SATADJUSTFLOORCOEF.PM 文件中。

（11）读取时程分析地震效应放大系数

按照《高规》要求，对于一些高层建筑应采用弹性时程分析法进行补充验算。SATWE 软件的弹性时程分析功能会提供分层分塔地震效应放大系数，为了方便用户直接使用结果，程序添加了直接读取时程分析结果的功能。弹性时程分析计算完成后，点击“读取时程分析地震效应放大系数”按钮，程序自动读取弹性时程分析得到的地震效应放大系数作为最新的分层地震效应放大系数。用户也可通过“读取时程分析地震效应放大系数”按钮，自动将时程结果导入到分层地震效应放大系数列表。

（12）$0.2V_0$ 分段调整

$0.2V_0$ 调整只针对框架—剪力墙结构和框架—核心筒结构中的框架梁、柱的弯矩和剪力，不调整轴力（见《抗规》第 6.2.13 条，《高规》第 8.1.4、9.1.11 条规定）。规范对 $0.2V_0$ 调整的方式是 $0.2V_0$ 和 $1.5V_{f,max}$ 取小，软件增加了两者取大作为一种更安全的调整方式。alpha、beta 分别为地震作用调整前楼层剪力框架分配系数和框架各层剪力最大值放大系数。对于钢筋混凝土结构或钢—混凝土混合结构，alpha、beta 的默认值为 0.2 和 1.5；对于钢结构，alpha、beta 的默认值为 0.25 和 1.8。用户也可指定

$0.2V_0$ 调整的分段数、每段的起始层号和终止层号，以空格或逗号隔开。如：分三段调整，第一段为1～10层，第二段为11～20层，第三段为21～30层，则应填入分段数为3，起始层号为1，11，21，终止层号为10，20，30。如果不分段，则分段数填1。如不进行$0.2V_0$ 调整，应将分段数填为0。

$0.2V_0$ 调整系数的上限值由参数“调整系数上限”控制，缺省值为2.0，即如果程序计算的调整系数大于此处指定的上限值，则按上限值进行调整。如果将某一段起始层号填为负值，则该段调整系数不受上限控制，取程序实际计算的调整系数。用户也可点取“自定义调整系数”，分层分塔指定$0.2V_0$ 调整系数。数据记录在SATINPUT02V.PM文件中，如果不需要，可直接删除该文件，或将注释行下内容清空即可。程序优先读取该文件信息，如该文件不存在，则取自动计算的系数。自定义$0.2V_0$ 调整系数时，仍应在参数中正确填入$0.2V_0$ 调整的分段数和起始、终止层号，否则，自定义调整系数将不起作用。

（13）考虑弹塑性内力重分布计算调整系数

结构的平面、立面布置复杂时，《高规》第8.1.4条给出的二道防线调整方法难以适用。《高规》第8.1.4条条文说明中指出，对框架柱数量沿竖向变化复杂的结构设计，应专门研究框架柱剪力的调整方法。工程设计中存在更多复杂的情况，例如立面开大洞结构、布置大量斜柱的外立面收进结构、斜网筒结构、连体结构等，针对上述复杂结构的第二道防线结构内力调整问题，SATWE提供了一种基于性能设计理念的新调整系数计算方法。用户可选择按楼层调整和按构件调整方式。若勾选“按楼层调整”，此时每层的柱等构件均采用相同的调整系数，若选择按“构件调整”，则每个构件采用不同的调整系数。

（14）调整与框支柱相连的梁内力

勾选此选项，程序自动对与框支柱相连的框架梁的剪力和弯矩进行相应的调整。《高规》第10.2.17条规定：框支柱剪力调整后，应相应调整框支柱的弯矩及柱端框架梁的剪力和弯矩，但框支梁的剪力、弯矩、框支柱的轴力可不调整。

（15）框支柱调整系数上限（5.0）

程序自动对框支柱的剪力和弯矩进行调整，当程序自动计算的放大系数超过此处指定的上限值时取此上限值进行调整，以避免由于调整系数过大造成的结果异常，默认值为5.0，用户可以自行修改。

（16）指定的加强层个数及相应的各加强层层号

用户在此处指定加强层个数及相应的各加强层层号，各层号之间以逗号和空格分隔。程序自动实现如下功能：

1）加强层及相邻层柱、墙抗震等级自动提高一级。

2）加强层及相邻层框架柱轴压比限值减小0.05。

3）加强层及相邻层剪力墙设置约束边缘构件。

多塔结构还可在【设计模型前处理】→【层塔属性】菜单下分塔指定加强层。

10. 设计信息1（图2.18）

（1）结构重要性系数（1.0）

用户按《工程结构可靠度设计统一标准》或其他规范确定房屋建筑结构的安全等级，再结合《建筑结构可靠度设计统一标准》或其他规范决定结构重要性系数的取值。当结构安全等级为二级或设计使用年限为50年时，应取1.0，程序默认值为1.0。

（2）钢构件截面净毛面积比

指定钢构件截面净面积与毛面积的比值。该参数与钢梁、钢柱、钢支撑等钢构件的强度验算有关。该值仅影响强度计算，不影响应力计算。建议当构件连接全为焊接时取1.0，螺栓连接时取0.85。

（3）梁按压弯计算的最小轴压比（0.15）

梁承受的轴力一般较小，默认按照受弯构件计算。实际工程中某些梁可能承受较大的轴力，此时应按照压弯构件进行计算。该值用来控制梁按照压弯构件计算的临界轴压比，默认值为0.15。当计算

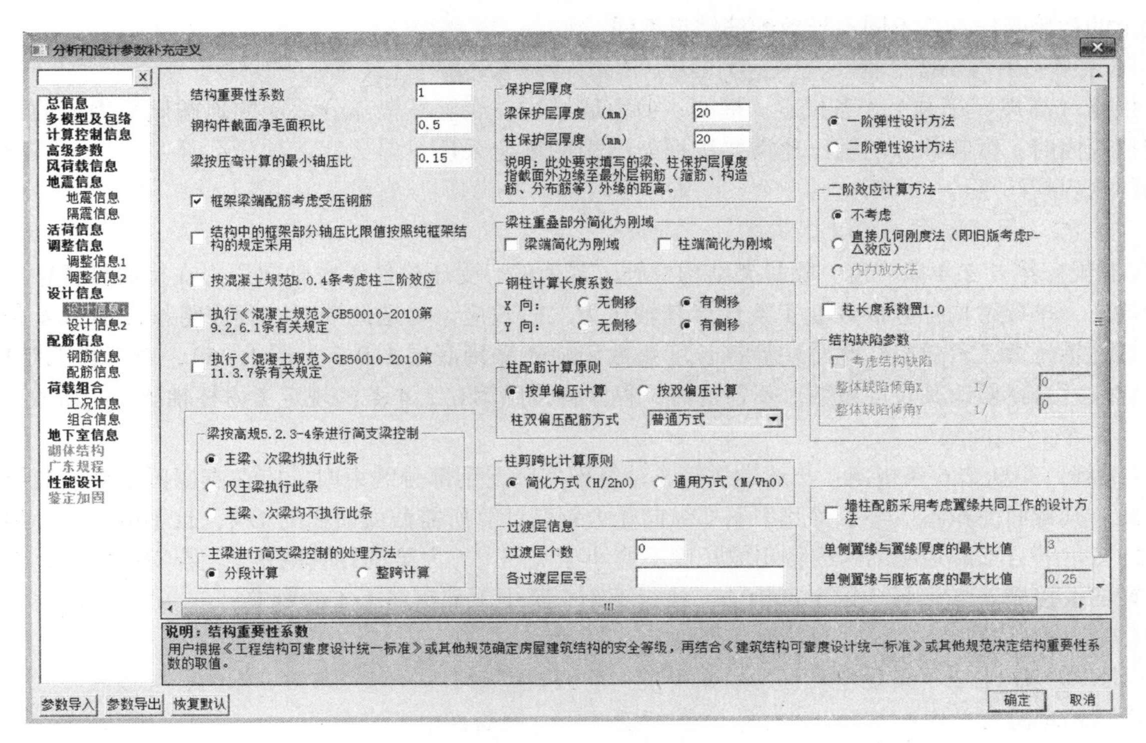

图 2.18　设计信息 1 界面

轴压比大于该临界值时按照压弯构件计算，此处计算轴压比指的是所有抗震组合和非抗震组合轴压比的最大值。如用户填入 0，表示梁全部按受弯构件计算。目前程序对混凝土梁和型钢混凝土梁都执行了这一参数。

（4）按《高规》或《高钢规》进行构件设计

点取此项，程序按《高规》进行荷载组合计算，按《高钢规》进行构件设计计算；否则按多层结构进行荷载组合计算，按普通钢结构规范进行构件设计计算。

（5）框架梁端配筋考虑受压钢筋

按照《混规》第 11.3.1 条：考虑地震作用组合的框架梁，计入纵向受压钢筋的梁端混凝土受压区高度应符合下列要求：

一级抗震等级：　　$x \leqslant 0.25h_0$

二、三级抗震等级：　　$x \leqslant 0.35h_0$

当计算中不满足以上要求时会给出超筋提示，此时应加大截面尺寸或提高混凝土的强度等级。按照《混规》11.3.6 条：“框架梁梁端截面的底部和顶部纵向受力钢筋截面面积的比值，除按计算确定外，一级抗震等级不应小于 1.5；二、三级抗震等级不应小于 0.3”。由于软件中对框架梁端截面按正、负包络弯矩分别配筋（其他截面也是如此），在计算梁上部配筋时并不知道可以作为其受压钢筋的梁下部的配筋，按《混规》11.3.1 条的受压区高度 ξ 验算时，考虑到应满足《混规》第 11.3.6 条的要求，程序自动取梁上部计算配筋的 50% 或 30% 作为受压钢筋计算。计算梁的下部钢筋时也是这样。

《混规》第 5.4.3 条要求，非地震作用下，调幅框架梁的梁端受压区高度 $x \leqslant 0.35h_0$，当参数设置中选择“框架梁端配筋考虑受压钢筋”选项时，程序对于非地震作用下进行该项校核，如果不满足要求，程序自动增加受压钢筋以满足受压区高度要求。

利用规范强制要求设置的框梁端受压钢筋量，按双筋梁截面计算配筋，以适当减少梁端支座配筋。根据《高规》第 6.3.3 条，梁端受压筋不小于受拉筋的一半时，最大配筋率可按 2.75% 控制，否则按 2.5%。程序可据此给出梁筋超限提示。一般建议勾选。勾选该参数后，同一模型、同一框梁分别采用不同抗震等级计算后，尽管梁端支座设计弯矩相同，但配筋结果却有差异。因为不同的抗震等级，程序假定的初始受压钢筋不同，导致配筋结果不同。

（6）结构中框架部分轴压比限值按照纯框架结构的规定采用

根据《高规》第 8.1.3 条规定，框架—剪力墙结构，底层框架部分承受的地震倾覆力矩的比值在一定范围内时，框架部分的轴压比需要按框架结构的规定采用。勾选此选项后，程序将一律按纯框架结构的规定控制结构中框架的轴压比，除轴压比外，其余设计仍遵循框架—剪力墙结构的规定。

（7）按《混规》第 B.0.4 条考虑柱二阶效应

《混规》第 6.2.4 条规定：除排架结构柱外，其他偏心受压构件考虑轴向压力在挠曲杆件中产生的二阶效应，排架结构柱应按 B.0.4 条计算其轴压力二阶效应。勾选此项时，程序将按照 B.0.4 条的方法计算柱轴压力二阶效应，此时柱计算长度系数仍缺省采用底层 1.0（上层 1.25），对于排架结构柱，用户应注意自行修改其长度系数。不勾选时，程序将按照第 6.2.4 条的规定考虑柱轴压力二阶效应。

（8）执行《混规》第 9.2.6.1 条有关规定

《混规》第 9.2.6 条规定：当梁端按简支计算但实际受到部分约束时，应在支座区上部设置纵向构造钢筋。其截面面积不应小于梁跨中下部纵向受力钢筋计算所需截面面积的 1/4，且不应少于 2 根。该纵向构造钢筋自支座边缘向跨内伸出的长度不应小于 $l_0/5$（l_0为梁的计算跨度）。若勾选此项，程序将对主梁的铰接端 $l_0/5$ 区域内的上部钢筋，执行不小于跨中下部钢筋 1/4 的要求。

（9）执行《混规》第 11.3.7 条有关规定

《混规》第 11.3.7 条规定：梁端纵向受拉钢筋的配筋率不宜大于 2.5%。沿梁全长顶面和底面至少应各配置两根通长的纵向钢筋，对一、二级抗震等级，钢筋直径不应小于 14mm，且分别不应少于梁两端顶面和底面纵向受力钢筋中较大截面面积的 1/4；对三、四级抗震等级，钢筋直径不应小于 12mm。若勾选此项，程序将对主梁的上部和下部钢筋，分别执行不少于对应部位较大钢筋面积的 1/4 的要求，以及一、二级不小于 2 根 14mm，三、四级不小于 2 根 12mm 钢筋的要求。

（10）梁按《高规》第 5.2.3-4 条进行简支梁控制

《高规》第 5.2.3-4 条规定：框架梁跨中截面正弯矩设计值不应小于竖向荷载作用下按简支梁计算的跨中弯矩设计值的 50%。有三个选项："主梁、次梁均执行此条""仅主梁执行此条"和"主梁、次梁均不执行此条"。程序允许用户对主梁是否执行此条进行控制。

（11）梁、柱保护层厚度（mm）

实际工程必须先确定构件所处环境类别，然后根据《混规》第 8.2.1 条填入正确的保护层厚度。构件所属的环境类别见《混规》表 3.5.2。根据《混规》规定，保护层厚度指截面外边缘至最外层钢筋（包括箍筋、构造筋、分布筋等）的外缘计算混凝土保护层厚度，用户应注意按要求填写保护层厚度。

（12）梁柱重叠部分简化为刚域

软件对梁端刚域与柱端刚域独立控制。若不作为刚域，即将梁柱重叠部分作为梁长度的一部分进行计算；若作为刚域，则是将梁柱重叠部分作为柱宽度进行计算（详见《高规》第 5.3.4 条）。勾选后，可能会改变梁端弯矩、剪力。需要注意：①当考虑了梁端负弯矩调幅后，则不宜再考虑节点刚域；②当考虑了节点刚域后，则在梁平法施工图中不宜再考虑支座宽度对裂缝的影响。

（13）钢柱计算长度系数

程序允许用户在 X、Y 方向分别指定钢柱计算长度系数。当勾选有侧移时，程序按《钢结构设计规范》（GB 50017—2003）（以下简称《钢规》）附录 D-2 的公式计算钢柱的长度系数；当勾选无侧移时按《钢规》附录 D-1 的公式计算钢柱的长度系数。该参数仅对钢结构有效，对混凝土结构不起作用。根据《钢规》第 5.3.3 条，对于无支撑纯框架，选择有侧移，对于有支撑框架，应根据是"强支撑"还是"弱支撑"来选择有侧移还是无侧移（即有支撑框架是否无侧移应事先通过计算判断）。通常钢结构宜选择"有侧移"，如不考虑地震、风作用时，可以选择"无侧移"。钢柱的有侧移或无侧移，也可近似按以下原则考虑：①当楼层最大柱间位移小于 1/1000 时，可以按无侧移设计；②当楼层最大柱间位移大于 1/1000 但小于 1/300 时，柱长度系数可以按 1.0 设计；③当楼层最大柱间位移大于 1/300 时，应按有侧移设计。

（14）柱配筋计算原则

按单偏压计算：程序按单偏压计算公式分别计算柱两个方向的配筋。

按双偏压计算：程序按双偏压计算公式计算柱两个方向的配筋和角筋。

对于用户指定的“角柱”，程序将强制采用“双偏压”进行配筋计算。

（15）柱双偏压配筋时进行迭代优化

选择此项后，对于按双偏压计算的柱，在得到配筋面积后，会继续进行迭代优化。通过二分法逐步减少钢筋面积，并在每一次迭代中对所有组合校核承载力是否满足，直到找到最小全截面配筋面积配筋方案。

（16）柱双偏压配筋时采用等比例放大的方式

由于双偏压配筋设计是多解的，在有些情况下可能会出现弯矩大的方向配筋数量少，而弯矩小的方向配筋数量反而多的情况。对于双偏压算法本身来说，这样的设计结果是合理的。但考虑到工程设计习惯，程序新增了等比例放大的双偏压配筋方式。该方式中程序会先进行单偏压配筋设计，然后对单偏压的结果进行等比例放大去验算双偏压设计，以此来保证配筋方式和工程设计习惯的一致性。需要注意的是，最终显示给用户的配筋结果不一定和单偏压结果完全成比例，这是由于程序在生成最终配筋结果时，还要考虑一系列构造要求。

（17）柱剪跨比计算原则

程序按照《混规》第 6.3.12 条提供了两种剪跨比的计算方法，其中简化算法公式为：

$$\lambda = H_n / (2h_0)$$

通用算法的公式为

$$\lambda = M / (Vh_0)$$

式中　H_n——柱净高；

h_0——柱截面有效高度；

M——组合弯矩计算值；

V——组合剪力计算值。

（18）指定的过渡层个数及相应的各过渡层层号

《高规》第 7.2.14-3 条规定：B 级高度高层建筑的剪力墙，宜在约束边缘构件层与构造边缘构件层之间设置 1~2 层过渡层。程序不自动判断过渡层，用户可在此指定。程序对过渡层边缘构件的箍筋配置原则上取约束边缘构件和构造边缘构件的平均值。

（19）一阶、二阶弹性设计方法

依据《高钢规》第 7.3.2.1 条规定：“结构内力分析可采用一阶线弹性分析或二阶线弹性分析。当二阶效应系数大于 0.1 时，宜采用二阶线弹性分析。二阶效应系数不应大于 0.2”。针对以上规定，对于框架结构，程序输出了二阶效应系数，用以判断是否需要采用二阶弹性方法，用户需自行进行判断。采用一阶弹性设计方法时，可以选择不考虑二阶效应或采用直接几何刚度法考虑二阶效应，此时应考虑柱长度系数。当采用二阶弹性设计方法时，应考虑结构缺陷和二阶效应，此时柱长度系数置为 1.0，且二阶效应计算方法应该选择“直接几何刚度法”或“内力放大法”。

（20）二阶效应计算方法

二阶效应计算方法提供了三个选项：“不考虑”“直接几何刚度法”和“内力放大法”。其中“直接几何刚度法”即旧版考虑 $P\text{-}\Delta$ 效应，“内力放大法”是新增方法，详见《高钢规》第 7.3.2.2 条和《高规》第 5.4.3 条，程序对框架和非框架结构分别采用相应公式计算内力放大系数。当选中“一阶弹性设计方法”时，允许选择“不考虑”和“直接几何刚度法”，当选中“二阶弹性设计方法”时，允许选择“直接几何刚度法”和“内力放大法”。

（21）柱长度系数置 1.0

采用一阶弹性设计方法时，应考虑柱长度系数，用户在进行研究或对比时也可勾选此项将长度系数置 1.0，但不能随意将此结果作为设计依据。当采用二阶弹性设计方法时，程序强制勾选此项，将柱长度系数置 1.0，详见《高钢规》第 7.3.2.2 条。

（22）考虑结构缺陷

采用二阶弹性设计方法时，应考虑结构缺陷，详见《高钢规》第 7.3.2 条 7.3.2－2 式。程序开放整体缺陷倾角参数，默认为 1/250，用户可进行修改。局部缺陷暂不考虑。

（23）墙柱配筋采用考虑翼缘共同工作的设计方法

勾选该项，墙柱考虑端柱和翼缘共同作用进行配筋设计，程序通过“单侧翼缘与翼缘厚度的最大比值”与“单侧翼缘与腹板高度的最大比值”两项参数自动确定翼缘范围，应特别注意，考虑翼缘时，虽然截面增大，但由于同时考虑端柱和翼缘部分内力，即内力也相应增大，因此配筋结果不一定减小，有时可能反而增大。

11. 设计信息 2（图 2.19）

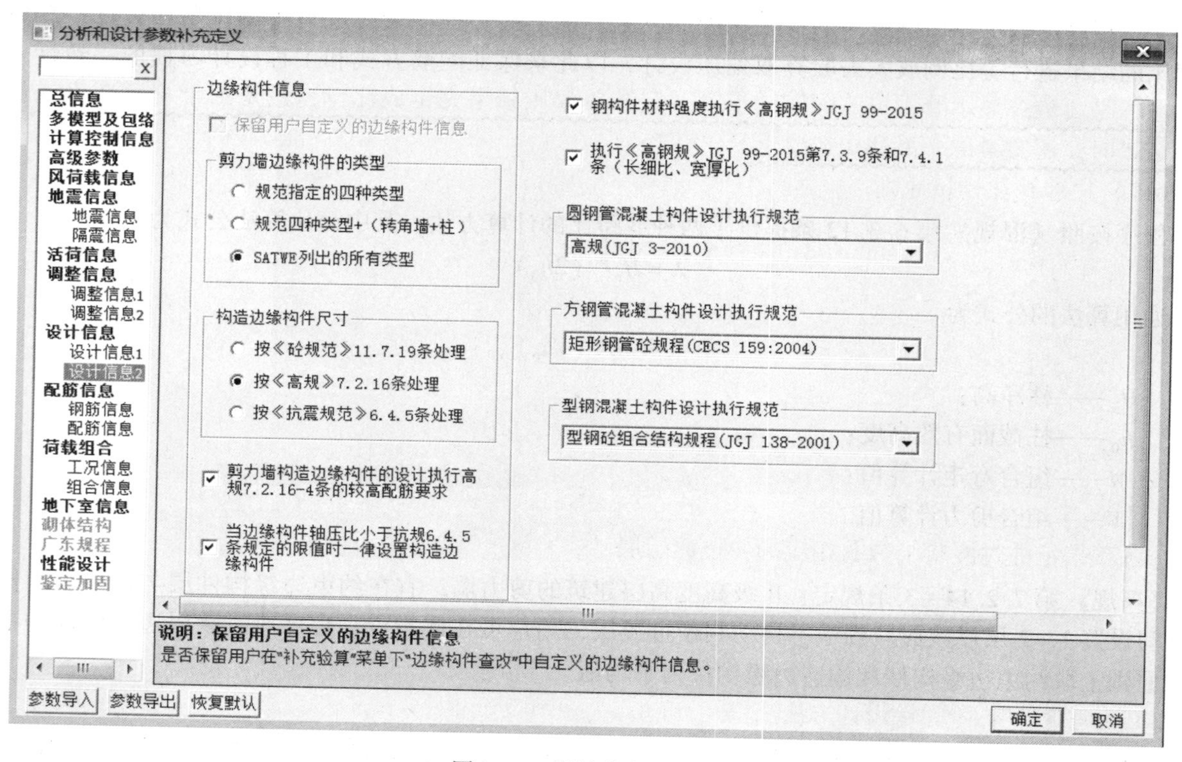

图 2.19　设计信息 2 界面

（1）保留用户自定义的边缘构件信息

该参数用于保留用户在后处理中自定义的边缘构件信息，默认不允许用户勾选，只有当用户修改了边缘构件信息才允许用户勾选。

（2）剪力墙边缘构件的类型

程序给出三个选项分别为：

1）规范指定的四种类型包括：暗柱、有翼墙、有端柱、转角墙：a）+b）+c）+d），如图 2.20 所示。

2）规范四种类型＋（转角墙＋柱），总共六种：a）+b）+c）+d）+e）+f）。

3）SATWE 列出的所有选项，总共七种：a）+b）+c）+d）+e）+f）+g），如图 2.20、图 2.21 所示。

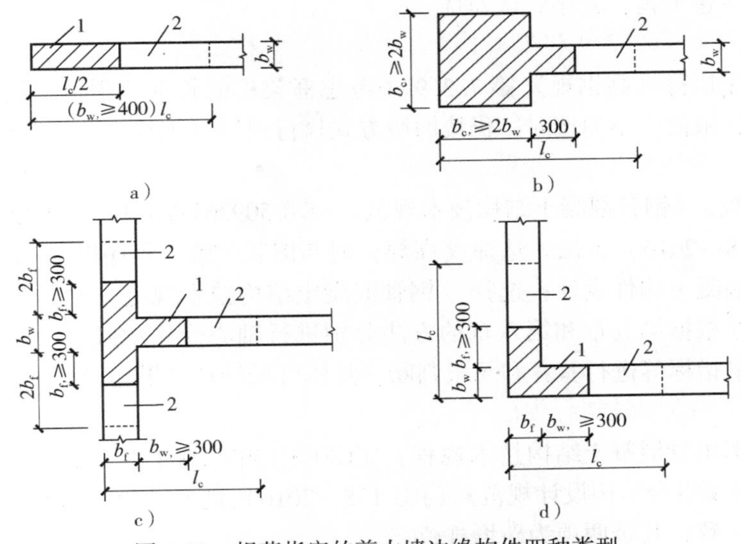

图 2.20　规范指定的剪力墙边缘构件四种类型

a）暗柱　b）有端柱　c）有翼墙　d）转角墙

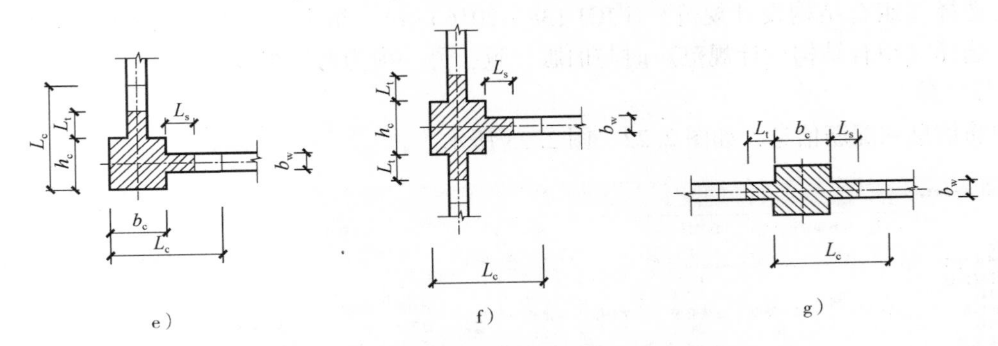

图 2.21　SATWE 补充的剪力墙边缘构件类型

上述列出的是规则的边缘构件类型，但在实际设计中，常有剪力墙斜交的情况，因此，上述边缘构件除 a)、g) 两种以外，其余各种类型中墙肢都允许斜交。

（3）构造边缘构件尺寸

程序给出三个选项，分别为：①按照《混规》第 11.7.19 条处理；②按照《高规》第 7.2.16 条处理；③按照《抗规》第 6.4.5 条处理。

（4）剪力墙构造边缘构件的设计执行《高规》第 7.2.16－4 条的较高配筋要求

《高规》第 7.2.16－4 条规定：抗震设计时，对于连体结构、错层结构以及 B 级高度高层建筑结构中的剪力墙（筒体），其构造边缘构件的最小配筋应按照要求相应提高。勾选此项时，程序将一律按照《高规》第 7.2.16－4 条的要求控制构造边缘构件的最小配筋，即使对于不符合上述条件的结构类型，也进行从严控制；如不勾选，则程序一律不执行此条规定。

（5）当边缘构件轴压比小于《抗规》第 6.4.5 条规定的限值时一律设置构造边缘构件

《抗规》第 6.4.5 条规定：底层墙肢底截面的轴压比大于《抗规》表 6.4.5-1 规定的一、二、三级抗震墙，以及部分框支抗震墙结构的抗震墙，应在底部加强部位及相邻的上一层设置约束边缘构件，在以上的其他部位可设置构造边缘构件。勾选此项时，对于约束边缘构件楼层的墙肢，程序自动判断其底层墙肢底截面的轴压比，以确定采用约束边缘构件或构造边缘构件。如不勾选，则对于约束边缘构件楼层的墙肢，一律设置约束边缘构件。

（6）钢构件材料强度执行《高钢规》

勾选该参数，钢构件材料强度执行《高钢规》规定，不勾选时，仍按旧版方式执行现行钢结构规范等相关规定，对于新建工程，程序默认勾选。

（7）执行《高钢规》第 7.3.9 和 7.4.1 条（长细比、宽厚比）

勾选该参数，程序执行《高钢规》第 7.3.9 条考虑框架柱的长细比限值，执行第 7.4.1 条考虑钢框架梁、柱板件宽厚比限值。不勾选时，仍按旧版方式执行现行《钢规》和《抗规》相关规定。

（8）圆钢管混凝土构件设计执行规范

用户可选择《高规》《钢管混凝土结构技术规范》（GB 50936—2014）第五章或第六章和《组合结构设计规范》（JGJ 138—2016）方法。选择《高规》时与旧版一致，程序以《高规》第 11 章和附录 F 相关规定进行圆钢管混凝土构件设计；选择《钢管混凝土结构技术规范》时，第五章和第六章两种方法任选其一即可，程序根据第五章和第六章的方法分别进行轴心受压承载力、拉弯、压弯、抗剪验算等，并对长细比、套箍指标等进行验算和超限判断，具体可见计算结果输出。

（9）方钢管混凝土构件设计执行规范

用户可选择《矩形钢管混凝土结构技术规程》（CECS 159：2004）、《钢管混凝土结构技术规范》（GB 50936—2014）和《组合结构设计规范》（JGJ 138—2016）进行设计。选择《矩形钢管混凝土结构技术规程》时与旧版一致，其余两项为新增规范。

（10）型钢混凝土构件设计执行规范

用户可选择《组合结构设计规范》（JGJ 138—2016）和《组合结构设计规范》（JGJ 138—2016）进行设计。选择《组合结构设计规范》时与旧版一致，另一项为新增规范。

12. 配筋信息

包括钢筋信息和配筋信息，如图 2.22、图 2.23 所示。

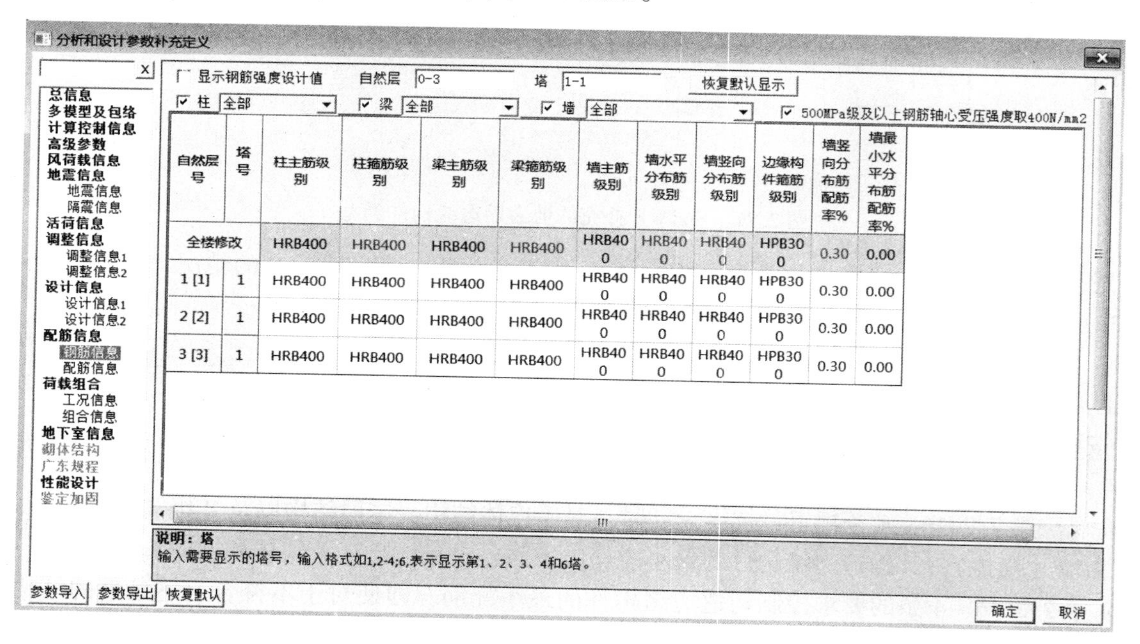

图 2.22　钢筋信息

程序将全楼参数与按层、塔指定的钢筋等级放在同一张表格中，并完善全楼钢筋等级参数与按层塔钢筋等级参数的联动。表格的第一列和第二列分别为自然层号和塔号，其中自然层号中用“[ ]”标记的参数为标准层号。表格的第二行为全楼参数，主要用来批量修改全楼钢筋等级信息，蓝色字体表示与 PM 进行双向联动的参数。修改全楼参数时，各层参数随之修改，也可对各层、塔参数分别修改，程序计算时采用表中各层、塔对应的信息。对按层塔指定的参数，程序对不同参数用颜色进行了标记，红色表示本次用户修改过的参数，黑色表示本次未进行修改过的参数。为了方便用户对指定楼层钢筋等级的查询，增加了按自然层、塔进行查询的功能，同时可以勾选梁、柱、墙按钮，按构件类型进行显示。

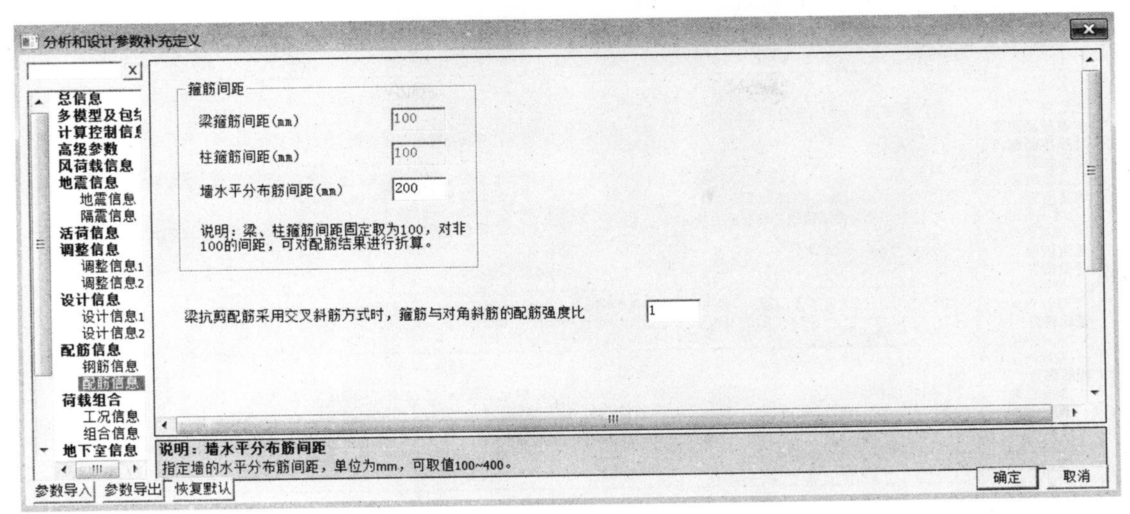

图 2.23　配筋信息

(1) 钢筋级别

这里可对钢筋级别进行指定，并不能修改钢筋强度，钢筋级别和强度设计值的对应关系需要在 PM 中指定。

(2) 梁、柱箍筋间距（mm）

梁、柱箍筋间距强制为 100，不允许修改。对于箍筋间距非 100 的情况，用户可对配筋结果进行折算。

(3) 墙水平分布筋间距（mm）

可取值 100 ~ 400。

(4) 梁抗剪配筋采用交叉斜筋方式时，箍筋与对角斜筋的配筋强度比

此参数用于考虑梁的交叉斜筋方式的配筋。

(5) 500MPa 及以上级钢筋轴心受压强度取 400N/mm^2

《混规》第 4.2.3 条指出“对轴心受压构件，当采用 HRB500、HRBF500 钢筋时，钢筋的抗压强度设计值应取 400N/mm^2”。针对该项条文，增加参数“HRB500 轴心受压强度取 400N/mm^2”，当勾选该参数，程序在进行轴心受压承载力验算时，受压强度取 400N/mm^2。SATWE 新增 HTRB600 钢筋，根据《热处理带肋高强钢筋混凝土结构技术规程》（DGJ 32/TJ 202—2016）第 4.0.3 条，对轴心受压构件，当采用 HTRB600 钢筋时，钢筋的抗压强度设计值取 400N/mm^2。勾选此项时对 HRB500 和 HTRB600 钢筋均执行相应规范条文。

13. 荷载组合之工况信息（图 2.24）

(1) 地震与风同时组合

程序在形成默认组合时自动考虑该参数的影响。设计人员可参考《高规》第 5.6.4 条确定是否勾选。

(2) 考虑竖向地震为主的组合

设计人员可参考《高规》第 5.6.4 条确定是否考虑此类组合。

(3) 普通风与特殊风同时组合

当勾选此项时，可认为特殊风是相应方向水平风荷载工况的局部补充，应用场景如：程序自动计算主体结构的 X 向或 Y 向风荷载，局部构件上需补充指定相应风荷载，此时可通过定义特殊风荷载并勾选“普通风与特殊风同时组合”来实现。

(4) 屋面活荷载与雪荷载和风荷载同时组合

选择此项时，程序默认考虑屋面活荷载、雪荷载和风荷载三者同时参与组合。

(5) 屋面活荷载不与雪荷载和风荷载同时组合

根据《荷载规范》第 5.3.3 条，不上人的屋面活荷载，可不与雪荷载和风荷载同时组合。选择此项时，程序默认不考虑屋面活荷载、雪荷载和风荷载三者同时组合，仅考虑屋面活荷载 + 雪荷载、屋

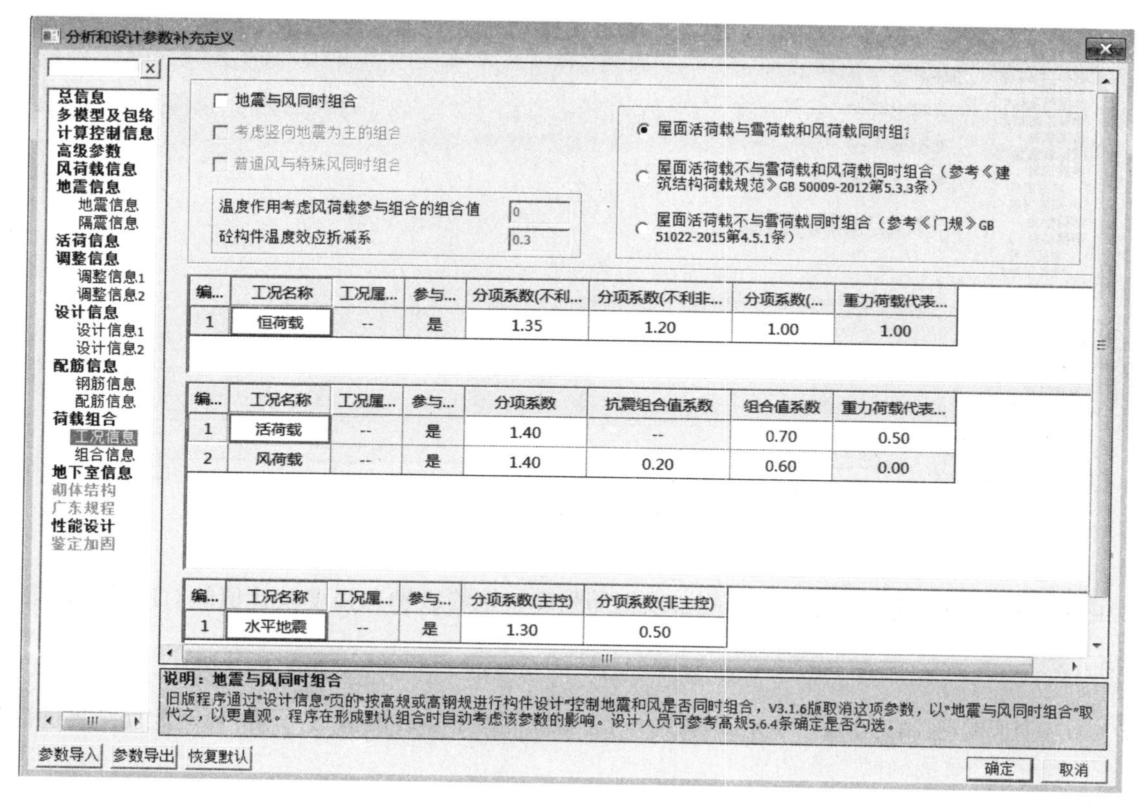

图 2.24　工况信息

面活荷载 + 风荷载、雪荷载 + 风荷载这几类组合。

（6）屋面活荷载不与雪荷载同时组合

根据《门式刚架轻型房屋钢结构技术规范》（GB 51022—2015）第 4.5.1 条，屋面均布活荷载不与雪荷载同时考虑。选择此项时，程序默认仅考虑屋面活荷载 + 风荷载、雪荷载 + 风荷载这两类组合。

（7）消防车工况

程序对消防车所在楼面的活载进行了处理，将消防车所在楼面的活载置零，即活载工况（包括梁活荷不利布置）不考虑消防车所在楼面的活载。换言之，如果用户定义了消防车荷载，程序将计算两套活载工况，一套包括消防车所在楼面的活载（程序标记为活载工况），另一套剔除消防车所在楼面的活载（程序标记为活载（消防车）工况）。当与消防车工况组合时采用活载（消防车）工况，不与消防车工况组合时采用活载工况。需要指出的是，重力荷载代表值的计算考虑了消防车所在楼面的活载，基础设计无须考虑消防车荷载，故 SATWE 中基础底层内力计算考虑了消防车所在楼面的活载。

14. 荷载组合之组合信息（图 2.25）

PMCAD 建模程序新增了消防车、屋面活荷载、屋面积灰荷载以及雪荷载四种工况，SATWE 相应对工况和组合相关交互方式进行了修改，提供全新界面。“组合信息”页可查看程序采用的默认组合，也可采用用户自定义组合。其中新增工况的组合方式已默认采用《荷载规范》的相关规定，通常无须用户干预。“工况信息”页修改的相关系数会即时体现在默认组合中，用户可随时查看。程序直接输出详细组合，每个组合号对应一个确定的组合，便于校核。

（1）添加自定义工况组合

该参数主要用来控制是否生成自定义工况的组合。程序给出了默认组合方式，若默认组合方式不能满足用户需求，可不勾选“添加自定义工况组合”选项，由用户自行添加自定义工况的组合。程序对具有相同属性的自定义工况提供了两种组合方式：“叠加方式”和“轮换方式”。“叠加方式”是指具有相同属性的工况在组合中同时出现，“轮换方式”是指具有相同属性的工况在组合中独立出现。

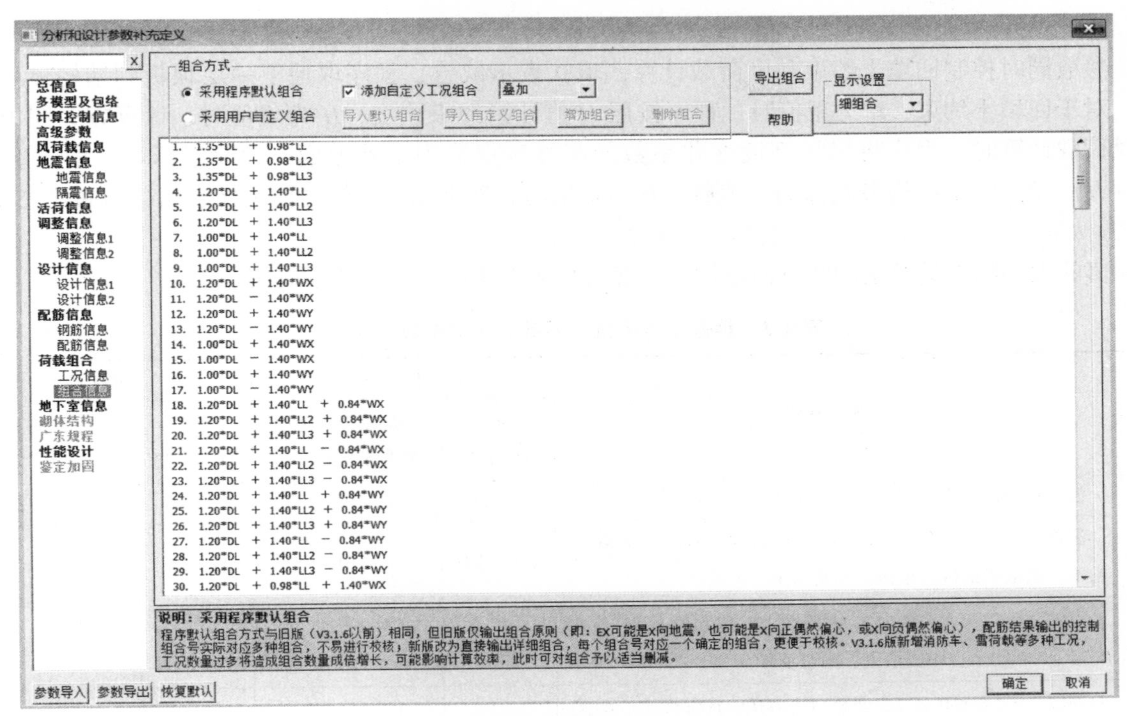

图 2.25　组合信息

(2) 显示设置

为方便用户查看组合信息，程序增加了组合显示方式：细组合、概念组合可同时显示。细组合是指详细到具体工况的组合方式，概念组合是指宏观概念上的组合方式。

15. 地下室信息（图 2.26）

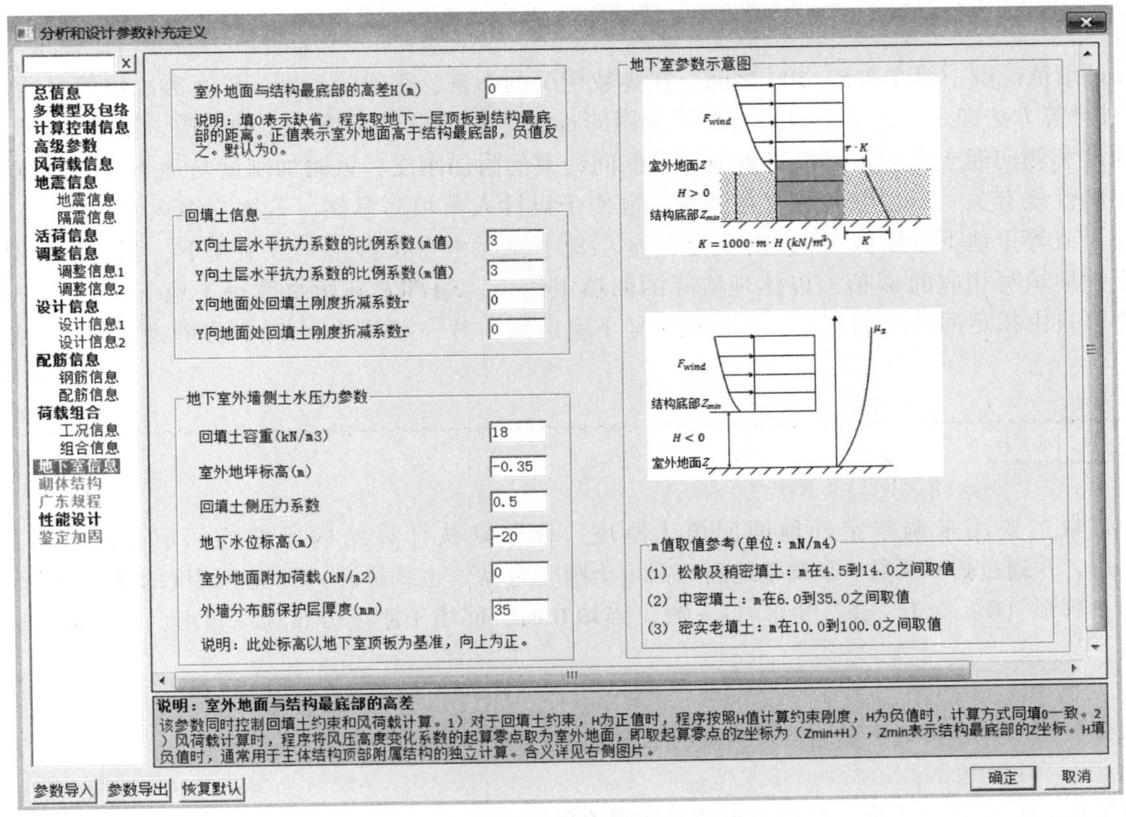

图 2.26　地下室信息

(1) 室外地面到结构最底部的高差 H（m）

该参数同时控制回填土约束和风荷载计算，填0表示缺省，程序取地下一层顶板到结构最底部的距离。对于回填土约束，H 为正值时，程序按照 H 值计算约束刚度，H 为负值时，计算方式同填0一致。风荷载计算时，程序将风压高度变化系数的起算零点取为室外地面，即取起算零点的 Z 坐标为（$Z_{min}+H$），Z_{min} 表示结构最底部的 Z 坐标。H 填负值时，通常用于主体结构顶部附属结构的独立计算。

(2) X、Y 向土层水平抗力系数的比例系数（m 值）

m 值的大小随土类及土的状态而不同，一般可按表2.3中灌注桩项来取值。

表 2.3　地基土水平抗力系数的比例系数（m 值）

序号	地基土类别	预制桩、钢桩		灌注桩	
		m/（MN/m^4）	相应单桩在地面处水平位移/mm	m/（MN/m^4）	相应单桩在地面处水平位移/mm
1	淤泥；淤泥质土；饱和湿陷性黄土	2~4.5	10	2.5~6	6~12
2	流塑（$I_L>1$）、软塑（$0.75<I_L\leq1$）状黏性土；$e>0.9$ 粉土；松散粉细砂；松散、稍密填土	4.5~6.0	10	6~14	4~8
3	可塑（$0.25<I_L\leq0.75$）状黏性土、湿陷性黄土；$e=0.75\sim0.9$ 粉土；中密填土；稍密细砂	6.0~10	10	14~35	3~6
4	硬塑（$0<I_L\leq0.25$）、坚硬（$I_L\leq0$）状黏性土、湿陷性黄土；$e<0.75$ 粉土；中密的中粗砂；密实老填土	10~22	10	35~100	2~5
5	中密、密实的砂砾、碎石类土			100~300	1.5~3

注：1. 当桩顶水平位移大于表列数值或灌注桩配筋率较高（≥0.65%）时，m 值应适当降低；当预制桩的水平向位移小于10mm时，m 值可适当提高。
2. 当水平荷载为长期或经常出现的荷载时，应将表列数值乘以0.4降低采用。
3. 当地基为可液化土层时，应将表列数值乘以《荷载规范》表5.3.1中相应的系数 ψ_1。

m 的取值范围一般在2.5~100之间，在少数情况的中密、密实的砂砾、碎石类土取值可达100~300。其计算方法即是土力学中水平力计算常用的 m 法。由于 m 值考虑了土的性质，通过 m 值、地下室的深度和侧向迎土面积，可以得到地下室侧向约束的附加刚度，该附加刚度与地下室层刚度无关，而与土的性质有关，所以侧向约束更合理，也便于设计人员填写掌握。若用户填入负值 m（m 的绝对值小于或等于地下室层数 M），则认为有 m 层地下室无水平位移。一般情况下，都应按照真实的回填土性质填写相应的 m 值，以体现实际的回填土约束。SATWE 新版本改进了地下室回填土约束，一方面可自由指定回填土的高度，不依赖于地下室层数，另一方面可分 X、Y 方向指定回填土约束的大小。

m 的取值参考：①松散及稍密填土，$m=4.5\sim14.0$；②中密填土，$m=6.0\sim35.0$；③密实老填土，$m=10.0\sim100.0$。

(3) X、Y 向地面处回填土刚度折减系数 r

该参数主要用来调整室外地面回填土刚度。程序默认计算结构底部的回填土刚度 K（$K=1000mH$），并通过折减系数 r 来调整地面处回填土刚度为 rK。也就是说，回填土刚度的分布允许为矩形（$r=1$）、梯形（$0<r<1$）或三角形（$r=0$）。当填0时，回填土刚度分布为三角形，与以前的分布方式一致。

(4) 回填土容重（kN/m^3）

该参数用来计算回填土对地下室侧壁的水平压力。建议一般取 $18.0kN/m^3$。

(5) 室外地坪标高（m）、地下水位标高（m）

以结构±0.00标高为准，高则填正值，低则填负值。

（6）回填土侧压力系数（0.5）

该参数用来计算回填土对地下室外墙的水平压力。根据《技术措施—地基与基础》（2009 年版）第 5.8.11 条“计算地下室外墙的土压力时，当地下室施工采用大开挖方式，无护坡或连续墙支护时，地下室承受的土压力宜取静止土压力，静止土压力的系数 K_0，对正常固结土可取 $1-\sin\varphi$（φ 为土的内摩擦角），一般情况下可取 0.5”。建议一般取默认值 0.5。当地下室施工采用护坡桩时，该值可乘以折减系数 0.66 后取 0.33。

（7）室外地面附加荷载（kN/m^2）

该参数用来计算地面附加荷载对地下室外墙的水平压力。对于室外地面附加荷载，应考虑地面恒载和活载。活载应包括地面上可能的临时荷载。对于室外地面附加荷载分布不均的情况，取最大的附加荷载计算，程序按侧压力系数转化为侧土压力。建议一般取 $5.0kN/m^2$［详见《技术措施—结构体系》（2009 年版）第 F1.4－7 条］。

（8）外墙分布筋保护层厚度（mm）

根据《混规》表 8.2.1 选择保护层厚度，环境类别依据《混规》表 3.5.2 确定。在地下室外围墙平面外配筋计算时用到此参数。外墙计算时没有考虑裂缝问题；外墙中的边框柱也不参与水土压力计算。《混规》第 8.2.2－4 条：对地下室墙体采取可靠的建筑防水做法或防护措施时，与土层接触一侧钢筋的保护层厚度可适当减少，但不应小于 25mm。

16. 性能设计（图 2.27）

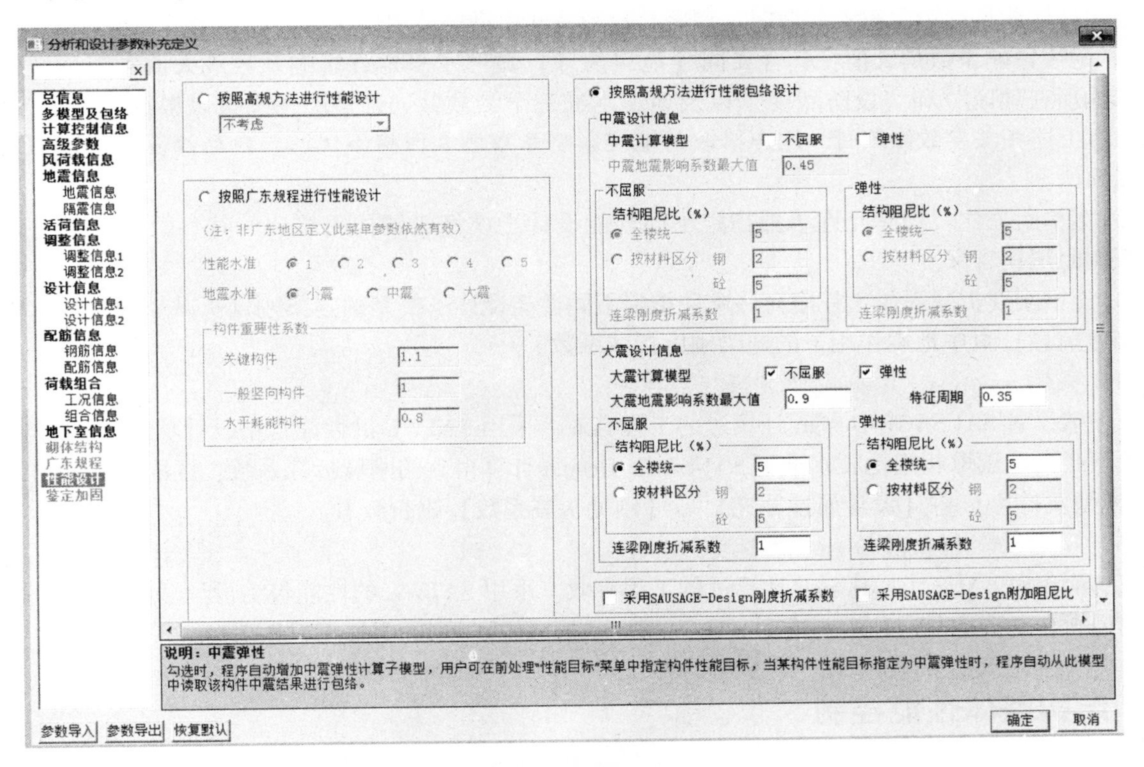

图 2.27　性能设计界面

（1）按照高规方法进行性能设计

该参数是针对结构抗震性能设计提供的选项。进行结构性能设计，只有在具体提出性能设计要点时，才能对其进行有针对性的分析和验算，不同的工程，其性能设计要点可能各不相同，用户可能需要综合多次计算的结果，自行判断才能得到性能设计的最终结果。依据《高规》第 3.11 节，综合其提出的 5 类性能水准结构的设计要求，SATWE 提供了中震弹性设计、中震不屈服设计、大震弹性设计、大震不屈服设计四种方法。选择中震或大震时，“地震影响系数最大值”参数会自动变更为规范规定的中震或大震的地震影响系数最大值，并自动执行如下调整：

1）中震或大震的弹性设计。与抗震等级有关的增大系数均取为 1。

2）中震或大震的不屈服设计。①荷载分项系数均取为 1；②与抗震等级有关的增大系数均取为 1；③抗震调整系数取为 1；④钢筋和混凝土材料强度采用标准值。

（2）按照广东规程进行性能设计

根据《高层建筑混凝土结构技术规程》（DBJ 15—92—2013）（以下简称《广高规》）第 1.0.6 条的规定，当用户需考虑性能设计时，应勾选该选项。

1）性能水准、地震水准。《广高规》第 3.11.1 条、第 3.11.2 条、第 3.11.3 条规定了结构抗震性能设计的具体要求及设计方法，用户应根据实际情况选择相应的性能水准和地震水准。

2）构件重要性系数。《广高规》公式（3.11.3－1）规定了构件重要性系数 η 的取值范围，程序默认值为：关键构件取 1.1，一般竖向构件取 1.0，水平耗能构件取 0.8。当用户需要修改或单独指定某些构件的重要性系数时，可在【设计模型前处理】→【特殊属性】菜单下进行操作。

（3）按照《高规》方法进行性能包络设计

选择该项时，用户可在下侧参数中根据需要选择多个性能设计子模型，并指定各子模型相关参数，然后在前处理【性能目标】菜单中指定构件性能目标，即可自动实现针对性能设计的多模型包络。

1）计算模型：程序提供了中震不屈服、中震弹性、大震不屈服和大震弹性四种性能设计子模型，用户可以根据需要进行选取。例如，当用户勾选中震不屈服子模型，同时在前处理【性能目标】菜单中指定构件性能目标为中震不屈服时，程序会自动从此模型中读取该构件的结果进行包络设计。

2）地震影响系数最大值：其含义同【地震信息】页“水平地震影响系数最大值”参数，程序根据“结构所在地区”和“设防烈度”以及地震水准三个参数共同确定。用户可以根据需要进行修改，但需注意上述相关参数修改时，用户修改的地震影响系数最大值将不保留，自动修复为规范值，用户应注意确认。

3）结构阻尼比：程序允许单独指定不同性能设计子模型的结构阻尼比，其参数含义同【地震信息】页的阻尼比含义。

4）连梁刚度折减系数：程序允许单独指定不同性能设计子模型的连梁刚度折减系数，其参数含义同【调整信息】页中地震作用下的连梁刚度折减系数。

（4）采用 SAUSAGE-Design 刚度折减系数

该参数仅对 SAUSAGE-Design 计算过的工程有效。采用 SATWE 的性能包络设计功能时，勾选此项，各子模型会自动读取相应地震水准下 SAUSAGE-Design 计算得到的刚度折减系数。读取得到的结果可在【分析模型及计算】→【设计属性补充】→【刚度折减系数】进行查看。

（5）采用 SAUSAGE-Design 附加阻尼比

该功能仅对 SAUSAGE-Design 计算过的工程有效。采用 SATWE 的性能包络设计功能时，勾选此项，各子模型会自动读取相应地震水准下 SAUSAGE-Design 计算得到的附加阻尼比信息。

2.4　结构整体性能控制

完成结构建模和 SATWE 参数设置后，就可以进行结构内力和配筋计算，由于许多不确定因素，结构计算不可能一次完成，需要反复的调整和修改。对一个典型工程而言，从模型建立到施工图绘制基本都需经过多次反复调整过程，方可使计算结果满足各项整体指标要求。总结整个设计过程，对于一般工程，都须经过以下四个计算步骤，往复循环，如图 2.28 所示。

1. 完成整体参数的正确设置

在这一步，需要通过计算确定的主要参数有三个：振型数、最大地震力作用方向和结构基本周期。当完成初次计算后，设计人员可以通过查看计算输出的文本文件 WZQ.OUT，确认有效质量系数是否满足规

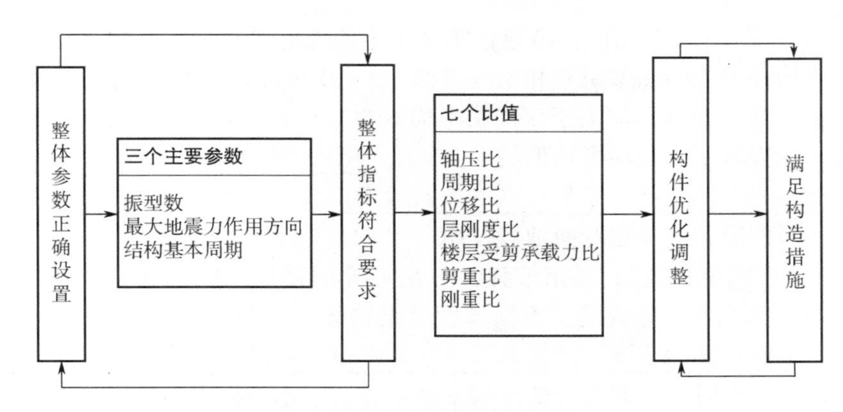

图 2.28　结构整体性能控制

范规定的大于 90% 的要求，若不满足，应在第二轮的计算中通过增加振型数使之满足要求。在 WZQ. OUT 文件中输出的“地震作用最大的方向角”可以作为计算最不利地震作用方向的参考，如果输出的地震作用最大的方向大于 15°时，应在 SATWE 前处理地震信息菜单中考虑斜交抗侧力构件方向附加地震数，并重新计算。初次计算后在 WZQ. OUT 文件中查得结构的实际第一阶周期，填入前菜单后回带计算。

2. 计算结果符合规范要求

《高规》第 5. 1. 16 条和《抗规》第 3. 6. 6 条均有要求对结构分析软件的计算结果，应进行分析判断，确认其合理、有效后方可作为工程设计的依据。SATWE 软件对计算结果提供两种输出方式：图形文件输出和文本文件输出，建议设计人员从以下六个指标进行检查：

（1）轴压比（图形文件）

轴压比是指柱考虑地震作用组合的轴压力设计值与柱全截面面积和混凝土轴心抗压强度设计值乘积的比值，主要为控制结构的延性，轴压比不满足要求，结构的延性要求无法保证；轴压比过小，则说明结构的经济技术指标较差，宜适当减少相应墙、柱的截面面积。轴压比不满足时可增大该墙、柱截面或提高该楼层墙、柱混凝土强度等级。

（2）周期比

周期比是指结构以扭转为主的第一自振周期 T_t 与平动为主的第一自振周期 T_1 之比，主要为控制结构扭转效应，减小扭转对结构产生的不利影响，周期比不满足要求，说明结构的扭转刚度相对于侧移刚度较小，结构扭转效应过大。《高规》第 3. 4. 5 条规定“结构扭转为主的第一自振周期 T_t 与平动为主的第一自振周期 T_1 之比，A 级高度高层建筑不应大于 0. 9，B 级高度高层建筑、超过 A 级高度的混合结构及本规程第 10 章所指的复杂高层建筑不应大于 0. 85”。如果周期比不满足要求，只能从整体上去调整结构的平面布置，把抗侧力构件布置到更有效、更合理的位置上，力求结构在二个主轴上的抗震性能相接近，使结构的侧向刚度和扭转刚度处于协调的理想关系，此时，若仅从局部入手做些小调整往往收效甚微。规范方法是从公式 T_t/T_1 出发，采用两种调整措施：一种是减小平面刚度，去除平面中部的部分剪力墙，使 T_1 增大；二是在平面周边增加剪力墙，提高扭转刚度，使 T_t 减小。此条主要为控制结构在地震作用下的扭转效应。

要计算周期比，首先要确认第一扭转周期和第一平动周期。对于侧向刚度沿竖向分布基本均匀的较规则结构，其规律性较强，扭转为主的第一扭转周期 T_t 和平移为主的第一侧振周期 T_1 都比较好确定。但对于平面或竖向布置不规则的结构，则难以直观地确定 T_t 和 T_1。为便于设计人员执行这条规定，在软件中提供了各振型的振动形态判断和主振型判断功能。目前软件的这项功能仅适用于单塔结构，对于多塔结构，软件输出的振型方向因子暂时没有参考意义，应把多塔结构切分开，按单塔结构控制扭转周期。周期比超限作为判定工程不规则项之一，往往导致工程需申报抗震设防专项审查，对此设计人员应有足够的重视。

（3）位移比和位移角

“位移比”也称“扭转位移比”，是指楼层的最大弹性水平位移（或层间位移）与楼层两端弹性水平位移（或层间位移）平均值的比值。《高规》第3.4.5条规定“在考虑偶然偏心影响的规定水平地震力作用下，楼层竖向构件最大的水平位移和层间位移，A、B级高度高层建筑均不宜大于该楼层平均值的1.2倍；且A级高度高层建筑不应大于该楼层平均值的1.5倍，B级高度高层建筑、混合结构高层建筑及复杂高层建筑，不应大于该楼层平均值的1.4倍”。控制位移比目的是限制结构平面布置的不规则性，避免产生过大的偏心而导致结构产生较大的扭转效应。计算位移比采用“规定水平力”计算，考虑偶然偏心和刚性楼板假定，不考虑双向地震作用。

“位移角”也称“层间位移角”，是指按弹性方法计算的楼层层间最大位移与层高之比。《高规》第3.7.3条和《抗规》第5.5.1条规定了不同高度及结构体系的建筑对位移角的限值。控制位移角的主要目的是为了控制结构的侧向刚度，计算时取“风荷载或多遇地震作用标准值”，不考虑偶然偏心和双向地震作用。位移角超限时只能调整改变结构平面布置，减小结构刚心与形心的偏心距。

对于楼层位移比和层间位移比控制，规范规定是针对刚性楼板假定情况的，若有不与楼板相连的构件或定义了弹性楼板，那么，软件输出的结果与规范要求是不同的。设计人员应依据刚性楼板假定条件下的分析结果，来判断工程是否符合位移控制要求。

（4）最小刚度比控制

刚度比的计算主要是用来确定结构中的薄弱层，控制结构竖向布置，或用于判断地下室结构刚度是否满足嵌固要求。《抗规》附录E.2.1条，《高规》第3.5.2条、3.5.8条、5.3.7条、10.2.3条和附录E.0.1～E.0.3都对刚度比规定了最小值。对层刚度比的计算，SATWE程序包含了三种计算方法：“剪切刚度、剪弯刚度及地震剪力和地震层间位移的比”，算法的选择由程序根据上述规范条文自动完成，设计人员无法选择。通过楼层刚度比的计算，如果某楼层刚度比的计算结果不满足要求，SATWE程序自动将该楼层定义为薄弱层，并按《高规》第3.5.8条要求对该层地震作用标准值的地震剪力乘以1.25的增大系数。

（5）楼层受剪承载力比

楼层受剪承载力比是指楼层全部柱、剪力墙、斜撑的受剪承载力之和与其上一层的承载力之比。主要为限制结构竖向布置的不规则性，避免楼层抗侧力结构的受剪承载能力沿竖向突变，形成薄弱层。《高规》第3.5.3条规定：A级高度高层建筑的楼层抗侧力结构的层间受剪承载力不宜小于其相邻上一层受剪承载力的80%，不应小于其相邻上一层受剪承载力的65%；B级高度高层建筑的楼层抗侧力结构的层间受剪承载力不应小于其相邻上一层受剪承载力的75%。当某层受剪承载力小于其上一层的80%时，在SATWE的“调整信息”中的“指定薄弱层个数”中填入该楼层层号，将该楼层强制定义为薄弱层，SATWE按《高规》第3.5.8条将该楼层地震剪力乘以1.25的增大系数。

（6）各楼层剪重比控制

剪重比是指结构任一楼层的水平地震剪力与该层及其以上各层总重力荷载代表值的比值，通常是指底层水平剪力与结构总重力荷载代表值之比，剪重比在某种程度上反映了结构的刚柔程度，剪重比应在一个比较合理的范围内，以保证结构整体刚度的适中。剪重比太小，说明结构整体刚度偏柔，水平荷载或水平地震作用下将产生过大的水平位移或层间位移；剪重比太大，说明结构整体刚度偏刚，会引起很大的地震力。《抗规》第5.2.5条、《高规》第4.3.12条明确规定了楼层的剪重比不应小于楼层最小地震剪力系数λ，而λ与结构的基本周期和地震烈度有关。应特别注意，对于竖向不规则结构的薄弱层，尚应乘以1.15的增大系数。程序给出一个控制开关，由设计人员决定是否由程序自动进行调整。若选择由程序自动进行调整，则程序对结构的每一层分别判断，若某一层的剪重比小于规范要求，则相应放大该层的地震作用效应（内力），程序按照《抗规》第5.2.5的条文说明，当首层地震剪力不满足要求需进行调整时，对其上部所有楼层进行调整，且同时调整位移和倾覆力矩。剪重比调整系数在WZQ.OUT中输出。WNL.OUT文件中的所有结果都是结构的原始值，是未经调整的，而WWNL*.OUT中的内力是调整后的。

（7）刚重比

刚重比为结构的侧向刚度与重力荷载设计值之比。主要是控制在风荷载或水平地震作用下，重力荷载产生的二阶效应不致过大，避免结构的失稳倒塌。《高规》第 5. 4. 1 条和 5. 4. 4 条对其给出了限值。刚重比不满足要求，说明结构的刚度相对于重力荷载过小；但刚重比过大，则说明结构的经济技术指标较差，宜适当减少墙、柱等竖向构件的截面面积。刚重比只能通过人工调整改变结构布置，加强墙、柱等竖向构件的刚度。

3. 构件截面配筋优化调整

前两步主要是对结构整体合理性的计算和调整，这一步则主要是检查柱、墙、梁的配筋，并进行截面优化，做到计算结果不超限，结构体系刚度适中，构件配筋经济合理。

1）梁的钢筋配置，应注意：梁端箍筋加密区的长度、箍筋最大间距和最小直径应按《抗规》表 6. 3. 3 采用，当梁端纵向受拉钢筋配筋率大于 2% 时，表中箍筋最小直径数值应增大。

2）柱的钢筋配置，应注意：①一级框架柱的箍筋直径大于 12mm 且箍筋肢距不大于 150mm 及二级框架柱的箍筋直径不小于 10mm 且箍筋肢距不大于 200mm 时，除底层柱下端外，最大间距应允许采用 150mm；三级框架柱的截面尺寸不大于 400mm 时，箍筋最小直径应允许采用 6mm；四级框架柱剪跨比不大于 2 时，箍筋直径不应小于 8mm；②柱总配筋率不应大于 5% ，剪跨比不大于 2 的一级框架的柱，每侧纵向钢筋配筋率不宜大于 1. 2% ；③边柱、角柱及抗震墙端柱在小偏心受拉时，柱内纵筋总截面面积应比计算值增加 25% 。

3）剪力墙暗柱超筋：软件给出的暗柱最大配筋率是按照 4% 控制的，而各规范均要求剪力墙主筋的配筋面积以边缘构件方式给出，没有最大配筋率。所以程序给出的剪力墙超筋是警告信息，设计人员可以酌情考虑。

4）剪力墙水平筋超筋则说明该结构抗剪不够，应予以调整。

5）剪力墙连梁超筋大多数情况下是在水平地震力作用下抗剪不够。规范中规定允许对剪力墙连梁刚度进行折减，折减后的剪力墙连梁在地震作用下基本上都会出现塑性变形，即连梁开裂。设计人员在进行剪力墙连梁设计时，还应考虑其配筋是否满足正常状态下极限承载力的要求。

6）柱轴压比计算：柱轴压比的计算在《高规》和《抗规》中的规定并不完全一样，《抗规》第 6. 3. 7 条规定，计算轴压比的柱轴力设计值既包括地震组合，也包括非地震组合，而《高规》第 6. 4. 2 条规定，计算轴压比的柱轴力设计值仅考虑地震作用组合下的柱轴力。软件在计算柱轴压比时，当工程考虑地震作用，程序仅取地震作用组合下的柱轴力设计值计算；当该工程不考虑地震作用时，程序才取非地震作用组合下的柱轴力设计值计算。因此设计人员会发现，对于同一个工程，计算地震力和不计算地震力其柱轴压比结果会不一样。

7）剪力墙轴压比计算：为了控制在地震力作用下结构的延性，《高规》和《抗规》对剪力墙均提出了轴压比的计算要求。需要指出的是，软件在计算短肢剪力墙轴压比时，是按单向计算的，这与《高规》中规定的短肢剪力墙轴压比按双向计算有所不同，设计人员可以酌情考虑。

8）构件截面优化设计：计算结构不超筋，并不表示构件初始设置的截面和形状合理，设计人员还应进行构件优化设计，在保证构件受力要求的条件下使截面的大小和形状合理，并节省材料。但需要注意的是，在进行截面优化设计时，应以保证整体结构合理性为前提，因为构件截面的大小直接影响到结构的刚度，从而对整体结构的周期、位移、地震力等一系列参数产生影响，不可盲目减小构件截面尺寸，使结构整体安全性降低。

4. 满足构造措施要求

进入施工图绘制阶段，用户可通过 SATWE【混凝土结构施工图】菜单，完成对梁、柱、墙和板施工图的绘制。但须提醒设计人员注意的是，程序输出的一些配筋不尽合理，需要设计人员进行调整，特别是对出图参数如梁柱最小钢筋直径、钢筋放大系数、根据裂缝选筋等必须仔细核对。对于构件的构造措施，特别是抗震构造措施作为抗震措施的不可缺少的一部分，施工图设计阶段必须满足。这些措施是多次地震灾害后总结出的经验，也是概念设计重要的内容之一，对保证结构安全非常重要，设计人员不可掉以轻心。

第3章　钢筋混凝土框架结构设计

由钢筋混凝土梁和柱为主要构件组成的承受竖向和水平作用的结构称为钢筋混凝土框架结构（以下简称框架结构），框架结构的建筑平面布置灵活，可适合多种使用功能的要求，例如办公楼、教学楼、商场和住宅等。框架结构体系的主要缺点是侧向刚度较小，当房屋层数较多时，会产生过大的侧移，易引起非结构构件（如隔墙、装饰等）破坏，而不能满足使用要求。在非抗震设防区，钢筋混凝土框架结构一般不超过70m，在抗震设防区，随着抗震设防烈度的不同，其最大适用高度从6度区的60m降到7度区的50m，再降到8度区40m和35m。9高区的高层建筑不宜采用框架结构体系。

3.1　框架结构设计要点

1. 结构体系方面

1）框架结构应设计成双向梁柱抗侧力体系。主体结构除个别部位外，不应采用铰接。

2）甲、乙类建筑以及高度大于24m的丙类建筑，不应采用单跨框架结构；高度不大于24m的丙类建筑不宜采用单跨框架结构。

3）对于框架结构，楼梯间的布置不应导致结构平面特别不规则；楼梯构件与主体结构整浇时，应计入楼梯构件对地震作用及其效应的影响，应进行楼梯构件的抗震承载力验算；宜采取构造措施，减少楼梯构件对主体结构刚度的影响。

4）框架结构中，框架应双向设置。

5）框架结构按抗震设计时，不应采用部分由砌体墙承重之混合形式。框架结构中的楼、电梯间及局部出屋顶的电梯机房、楼梯间、水箱间等，应采用框架承重，不应采用砌体墙承重。

2. 构件设计方面

1）抗震设计时，框架角柱应按双向偏心受力构件进行正截面承载力设计。

2）框架梁中线与柱中线之间偏心距大于柱宽的1/4时，应计入偏心的影响。

3）框架结构的主梁截面高度可按计算跨度的1/18～1/10确定；梁净跨与截面高度之比不宜小于4。梁的截面宽度不宜小于梁截面高度的1/4，也不宜小于200mm。当梁高较小或采用扁梁时，除应验算其承载力和受剪截面要求外，尚应满足刚度和裂缝的有关要求。在计算梁的挠度时，可扣除梁的合理起拱值；对现浇梁板结构，宜考虑梁受压翼缘的有利影响。

4）矩形截面柱的边长，非抗震设计时不宜小于250mm，抗震设计时，四级不宜小于300mm，一、二、三级时不宜小于400mm；圆柱直径，非抗震和四级抗震设计时不宜小于350mm，一、二、三级时不宜小于450mm。柱剪跨比宜大于2，柱截面高宽比不宜大于3。

3.2　框架结构布置原则

1. 框架柱平面布置

1）柱间距考虑梁的经济跨度，常取6～9m。若取小跨度3～6m，技术经济指标较差，往往造成梁配筋均为构造配筋。若跨度太大，一方面导致梁截面增大，影响建筑层高；另一方面可能使梁设计由挠度控制，而非强度控制。对柱来说，柱承担竖向荷载加大，柱截面增大，影响建筑使用功能。

2）框架柱网纵横向宜分别对齐，各区域侧移刚度接近，梁柱受力合理。

3）在满足框架整体计算指标的前提下，尽量减少柱布置数量。多布置柱，相应需多布置基础，提高了工程造价。

4）柱布置应尽可能满足建筑使用功能要求，不应占过道、走廊、楼梯间等，不应影响疏散走道的净宽度。柱间距应结合不同建筑物，不同使用功能特点，进行布置，例如有地下车库的建筑，应考虑停车位距离，按模数布置，避免空间浪费。

2. 框架梁平面布置

1）框架梁沿轴线尽量贯通，形成连续梁。

2）同一榀框架梁，宽度宜相同，高度根据需要变化（特殊情况除外）。

3）框架梁的布置应考虑传力路径问题。

4）框架梁布置时应考虑钢筋锚固入柱带来的施工问题，正常情况下，钢筋锚固入柱的梁尽量少，避免多根梁锚固在同一柱端。

5）框架梁布置时应考虑钢筋直锚长度问题。如《高规》第 6.5.5 条规定：抗震设计时，框架梁上部纵向钢筋伸入端节点的锚固长度，直线锚固时不应小于 l_{aE}；当柱截面尺寸不足时，梁上部纵向钢筋应伸至节点对边并向下弯折，锚固段弯折前的水平投影长度不应小于 $0.4l_{abE}$。

6）框架梁布置应考虑建筑墙体所在位置。

3.3　框架结构设计步骤

一个完整的框架结构设计包括两部分：上部结构设计和基础设计。本节内容主要讲述上部结构设计（未包括基础设计部分内容）。其设计步骤如图 3.1 所示。

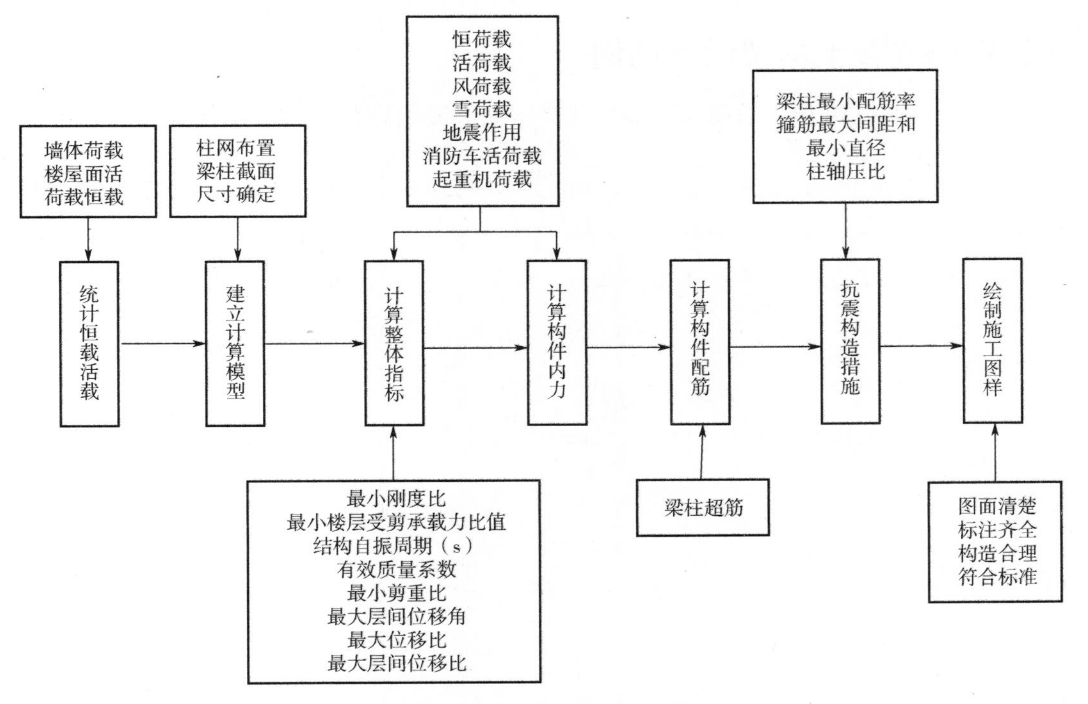

图 3.1　框架结构设计步骤

3.4　规范有关规定

1）框架结构最大适用高度、抗震等级和最大高宽比的确定见表 3.1。

表 3.1　框架结构最大高度、抗震等级和最大高宽比

设防烈度	非抗震设计	6		7		8（0.2*g*）		8（0.3*g*）		9
最大适用高度/m	70	60		50		40		35		24
抗震等级	—	≤24	>24	≤24	>24	≤24	>24	≤24	>24	≤24
		四	三	三	二	二	一	二	一	一
大跨度框架（≥18m）	—	三		二		一				一
最大高宽比	5	4		4		3				

注：建筑场地为Ⅰ类时，除6度外应允许按表内降低一度所对应的抗震等级采取抗震构造措施，但相应的计算要求不应降低。

2）框架结构伸缩缝、沉降缝和防震缝宽度规定：规范规定现浇混凝土框架结构伸缩缝的最大间距为55m，防震缝宽度见表3.2。

表 3.2　框架结构防震缝宽度

设防烈度	6		7		8		9	
高度 *H*/m	≤15	>15	≤15	>15	≤15	>15	≤15	>15
防震缝宽度/m	≥100	≥100 + 4*h*	≥100	≥100 + 5*h*	≥100	≥100 + 7*h*	≥100	≥100 + 10*h*

说明：1. 防震缝两侧结构类型不同时，宜按需要较宽防震缝的结构类型和较低房屋高度确定缝宽。

2. 抗震设计时，伸缩缝、沉降缝的宽度应满足防震缝的要求。

3. 表中 $h = H - 15$。

如果设计的工程伸缩缝超过规范规定，则应采取以下主要措施：①采取减小混凝土收缩或温度变化的措施；②采用专门的预加应力或增配构造钢筋的措施；③采用低收缩混凝土材料，采取跳仓浇筑、后浇带、控制缝等施工方法，并加强施工养护。当伸缩缝间距增大较多时，尚应考虑温度变化和混凝土收缩对结构的影响。

3.5　现浇钢筋混凝土框架设计范例

某高层综合楼，地上12层，总高47.5m。现浇钢筋混凝土框架结构，平面如图3.2所示。底部3

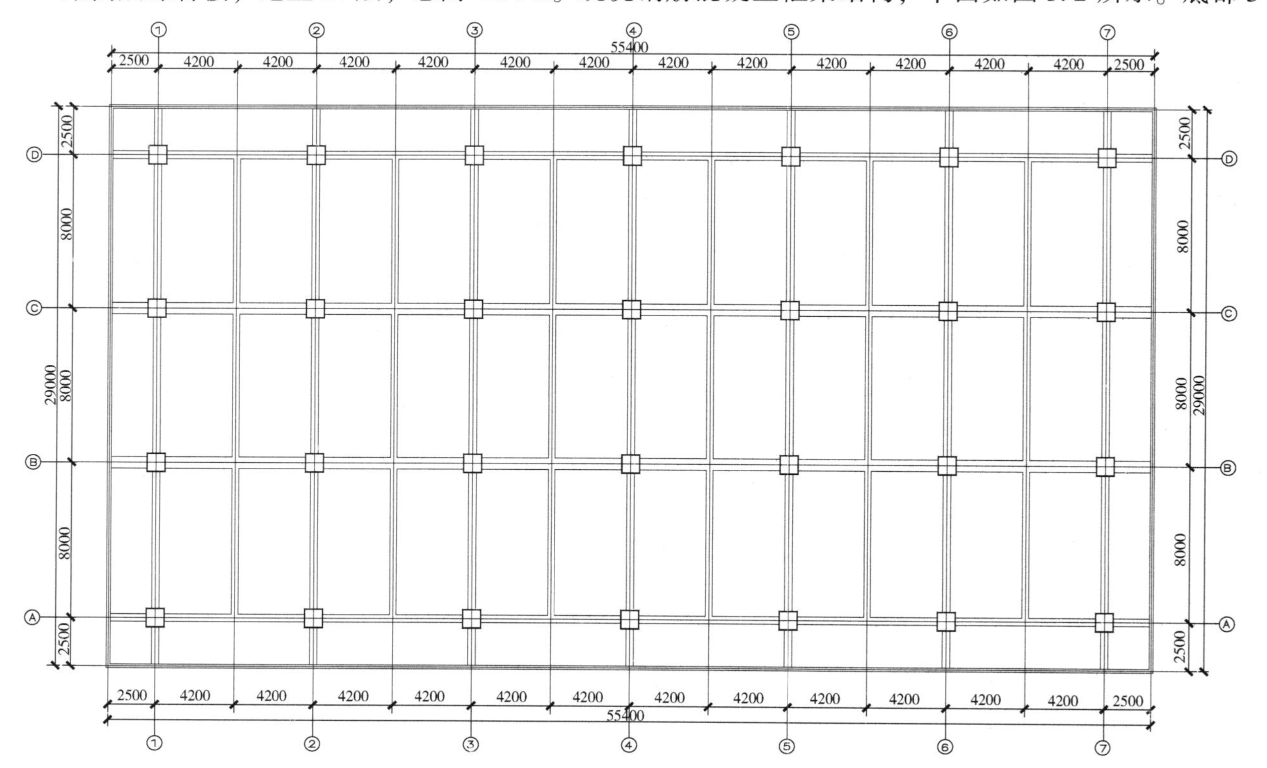

图 3.2　某综合楼结构平面图

层商业、上部 9 层办公，地下 1 层储藏室。抗震设防烈度 7 度，设计基本地震加速度为 0.1g，Ⅱ类场地，地震分组第一组，基本风压为 0.77kN/m^2，地面粗糙度 B 类，丙类建筑。

1. 设计基本条件

1）本工程属“普通房屋”：设计使用年限 50 年。

2）本工程属“一般的房屋”：建筑结构安全等级为二级，相应结构重要性系数 $\gamma_0 = 1.0$。

3）混凝土结构环境类别：地面以上为一类，地面以下为二 a 类。

4）抗震设计参数：抗震设防烈度 7 度，设计基本地震加速度 0.1g，地震分组为第一组，标准设防类，建筑场地类别Ⅱ类，框架抗震等级二级。

5）特征周期值 $T_g = 0.35$s。

2. 主要结构材料

各层梁、板、柱采用的混凝土强度等级和钢筋牌号见表 3.3。

表 3.3　混凝土强度等级和钢筋牌号

构件名称	柱		梁		板	
钢筋牌号	纵筋 HRB400	箍筋 HRB335	纵筋 HRB400	箍筋 HRB335	受力钢筋 HRB400	分布钢筋 HRB335
混凝土强度等级	C30		C30		C30	

3. 设计荷载取值

1）屋面恒载、活荷载取值：

屋面板 100mm 厚	2.5kN/m^2
屋面保温防水做法	1.6kN/m^2
吊顶管道	0.4kN/m^2
总计	4.5kN/m^2
活荷载（上人屋面）	2.0kN/m^2

2）1~3 层商业部分楼面恒载、活荷载取值：

楼板 120mm 厚	3.0kN/m^2
粉面底（包括吊顶管道）	1.0kN/m^2
室内轻质隔墙折算为均布	1.0kN/m^2
总计	5.0kN/m^2
活荷载	3.5kN/m^2

3）4~12 层办公部分楼面恒载、活荷载取值：

楼板 100mm 厚	2.5kN/m^2
粉面底（包括吊顶管道）	1.0kN/m^2
室内轻质隔墙折算为均布	1.0kN/m^2
总计	4.5kN/m^2
活荷载	2.0kN/m^2

4）楼梯间活荷载：　3.5kN/m^2

5）通风机房、电梯机房活荷载：　7.0kN/m^2

6）浴室、卫生间、盥洗室活荷载：　4.0kN/m^2

7）走廊、门厅活荷载：　2.5kN/m^2

8）基本风压：$W_0=0.77kN/m^2$

9）四周外围墙（200mm 加气混凝土，容重 $13kN/m^3$）

2～3 层商业部分外墙重　　4.7kN/m

4～12 层办公部分外墙重　　3.8kN/m

4. 梁、板、柱截面尺寸初定

梁、柱截面尺寸和板的厚度初步确定见表 3.4。

表 3.4　框架模型参数

自然层	标准层	层高/m	柱/mm	横向框梁/mm	纵向内框梁/mm	纵向边框梁/mm	边梁/mm	横向次梁/mm	板厚/mm	强度等级
1	1	6000	950×950	400×800	600×800	400×800	200×1000	350×800	120	C30
2	2	5000	950×950	400×800	600×800	400×800	200×1000	350×800	120	C30
3	3	5000	950×950	400×800	600×800	400×800	200×1000	350×800	100	C30
4～6	4	3500	850×850	400×700	600×700	400×700	200×900	350×700	100	C30
7～8	5	3500	750×750	400×700	600×700	400×700	200×900	350×700	100	C30
9～12	6	3500	600×600	400×700	600×700	400×700	200×900	350×700	100	C30

3.6　建立结构计算模型

打开 PKPM 多层及高层结构集成设计系统 V3.2（图 3.3），新建工程项目目录（若已有工程目录，可通过改变目录菜单，选择工作目录），点选【SATWE 核心的集成设计】菜单下的“结构建模”，双击进入结构模型总界面（图 3.4）。

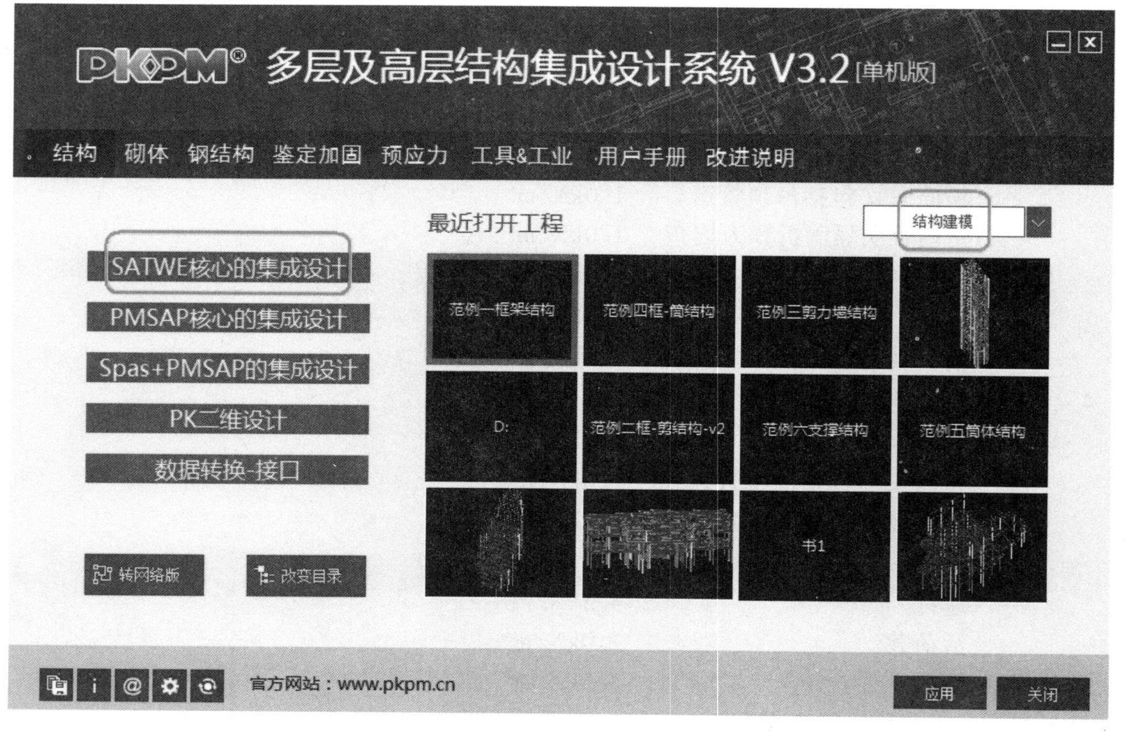

图 3.3　PKPM 集成设计系统界面

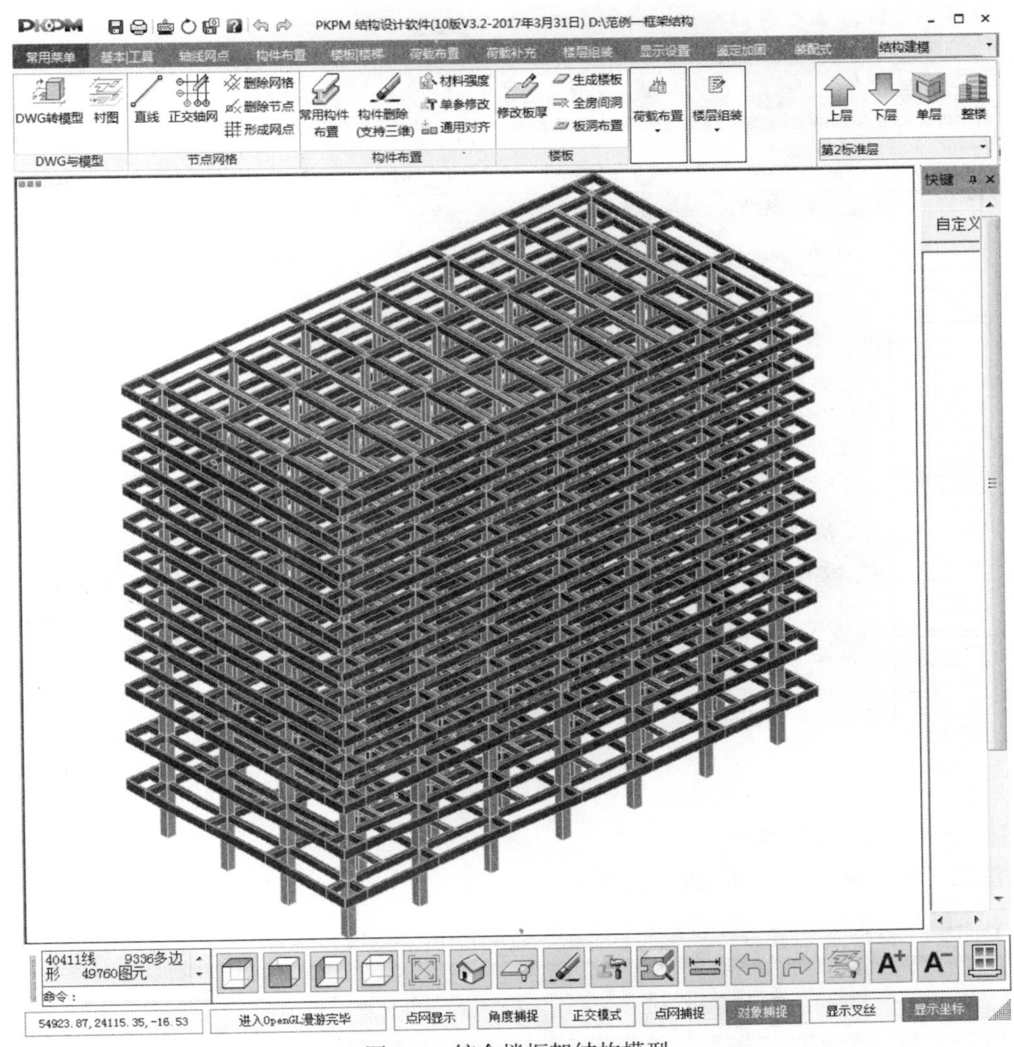

图 3.4　综合楼框架结构模型

3.7　设计参数的选取

SATWE 结构建模中主要有两个菜单信息需要设计人员补充完善，分别是“设计参数”和“本层信息”。

1. 综合楼设计参数内容确定

点选【楼层组装】→【设计参数】进入综合楼设计参数设置界面，共包括总信息、材料信息、地震信息、风荷载信息和钢筋信息五项内容。设计人员应根据工程的具体情况选择合适的参数。

（1）建模总信息（图 3.5）。

设计人员需重点关注以下内容：

1）考虑结构使用年限的活荷载调整系数取值：$\gamma_L = 1.0$。

本综合楼为普通的建筑，建筑结构的安全等级为二级，设计使用年限 50 年，按照《高规》第 5.6.1 条规定，应取 1.0。

2）结构重要性系数：$\gamma_0 = 1.0$。

按照《混规》第 3.2.3 条规定，安全等级为二级时，应取 1.0。

3）梁、柱钢筋的混凝土保护层厚度。

该综合楼使用年限为 50 年，地面以上环境类别为一类，梁、柱混凝土强度等级为 C30，按照《混规》表 8.2.1 的规定，梁、柱混凝土保护层厚度取 20mm。

图 3.5　建模总信息

(2) 建模材料信息（图 3.6）

重点关注梁、柱箍筋级别，其他取程序默认值。

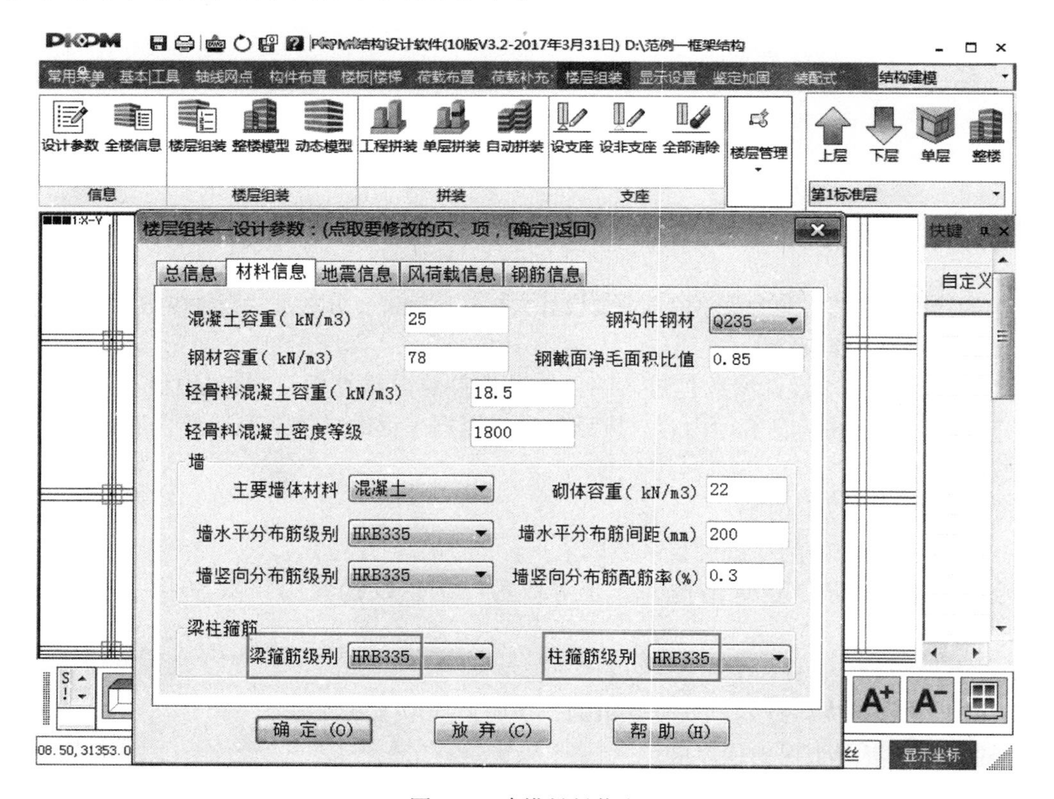

图 3.6　建模材料信息

（3）建模地震信息（图 3.7）

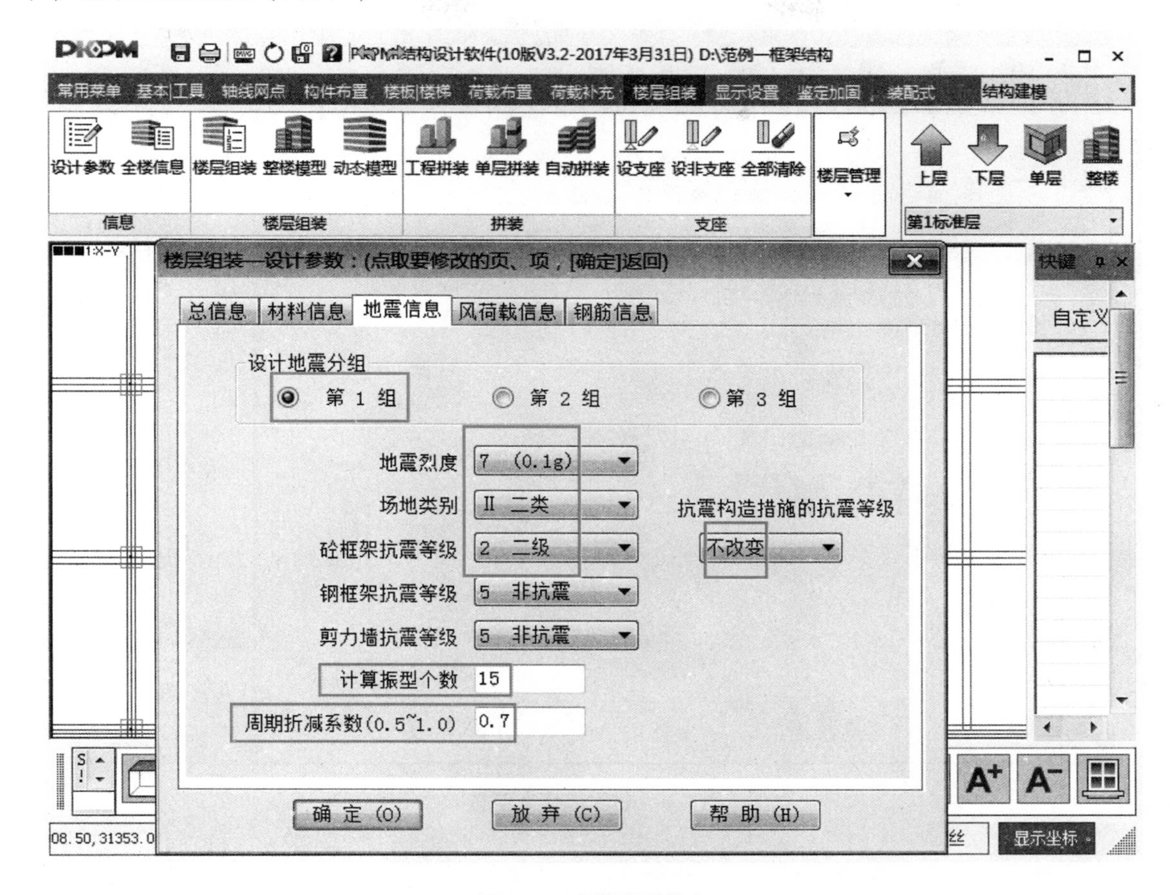

图 3.7 建模地震信息

设计人员在建模前，应了解工程项目所建地区、建筑功能等，以便准确确定建筑物设防烈度、设计地震分组、抗震设防类别、抗震设防标准、场地类别，确定风荷载、地震作用、抗震等级等各项重要参数。重点理解抗震措施和抗震构造措施的概念。

该综合楼为普通建筑，抗震设防类别为标准设防类，应按该地区抗震设防烈度确定其抗震措施和地震作用，另外该工程所建地的场地类别为Ⅱ类，抗震构造措施的抗震等级应保持不变。

（4）建模风荷载信息（图 3.8）

按照《荷载规范》第 8.1.2 条条文说明，对风荷载比较敏感的高层建筑和高耸结构，以及自重较轻的钢木主体结构，这类结构风荷载很重要，因此基本风压应由按照各结构设计规范要求适当提高，规范没有规定的可以适当提高其重现期来确定基本风压。对于此类结构物中的围护结构，可仍取 50 年重现期的基本风压。该工程取 50 年重现期的基本风压 0.77kN/m^{2}计算。

（5）建模钢筋信息（图 3.9）

一般情况采用程序默认值。

在房屋建筑中，钢筋作为最重要与最主要的建材，其用量极大。与发达国家相比，目前存在的主要问题是我国应用的钢筋强度偏低，除应用高强钢筋较好的北京、上海、河北、山东、江苏、浙江、广东及各省的省会城市以外，大部分中小城市建筑结构的受力配筋仍以 335MPa 级钢筋为主。

高强钢筋是指强度级别为 400MPa 及以上的钢筋，目前在建筑工程的规范标准中为 400MPa 级、500MPa 级的热轧带肋钢筋。高强钢筋在强度指标上有很大的优势，400MPa 级高强钢筋（标准屈服强度 400N/mm^2）其强度设计值为 HRB335 钢筋（标准屈服强度 335N/mm^2）的 1.2 倍，500MPa 级高强钢筋（标准屈服强度 500N/mm^2）其强度设计值为 HRB335 钢筋的 1.45 倍。当混凝土结构构件中采用

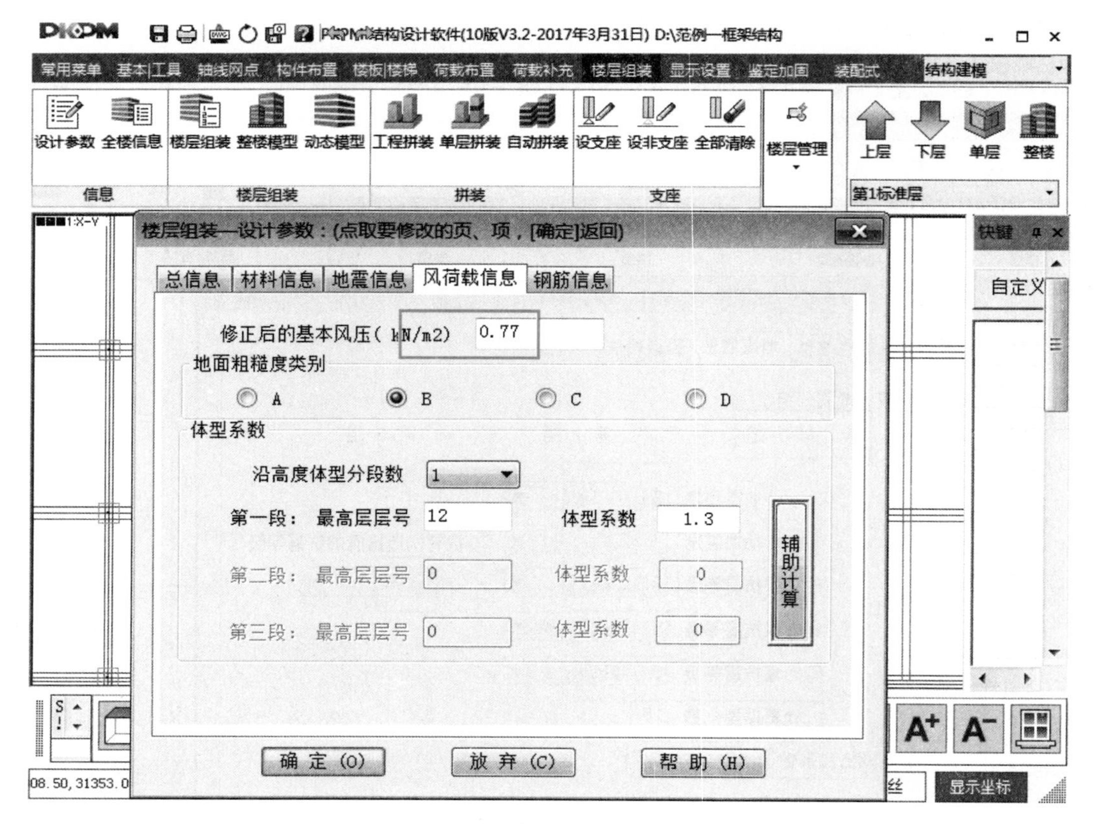

图 3.8　建模风荷载信息

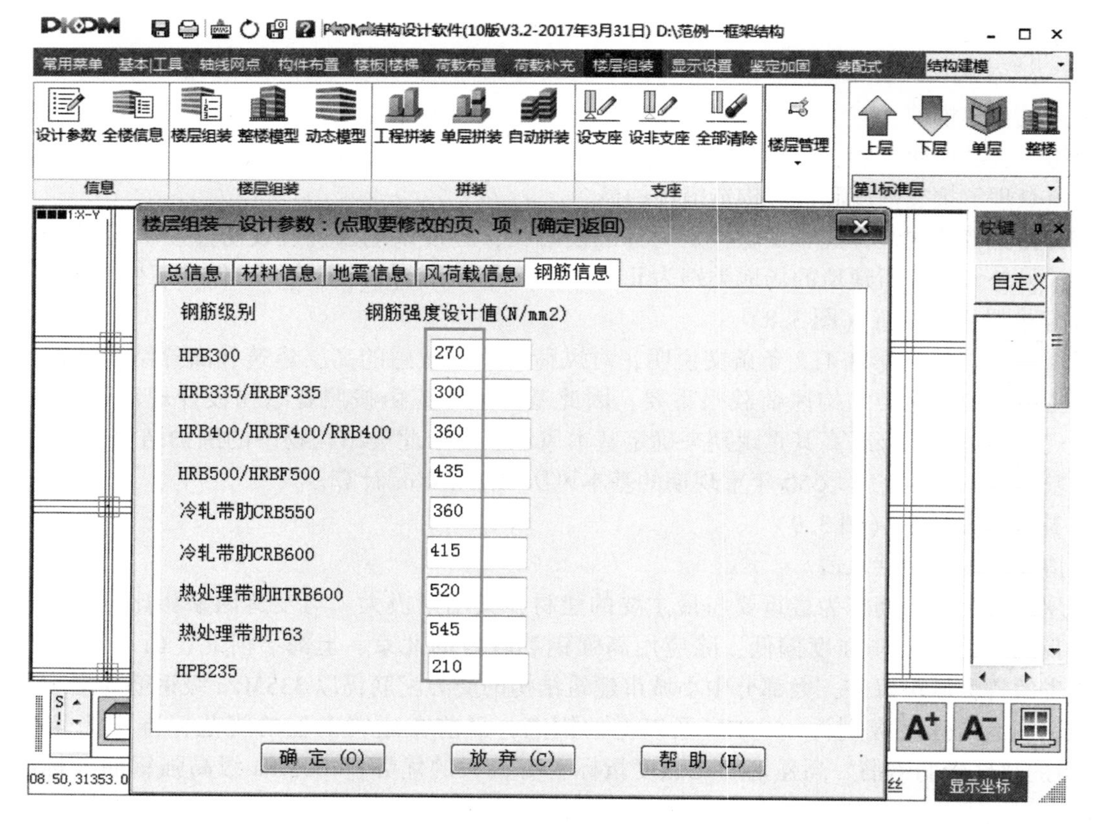

图 3.9　建模钢筋信息

400MPa 级、500MPa 级高强钢筋替代目前广泛应用的 HRB335 钢筋时，可以显著减少结构构件受力钢筋的配筋量，有很好的节材效果，即在确保与提高结构安全性能的同时，可有效减少单位建筑面积的钢筋用量。

高强钢筋的应用可以明显提高结构构件的配筋效率。在大型公共建筑中，普遍采用大柱网与大跨度框架梁，这些大跨度梁在采用 HRB335 钢筋时往往需要三排布置配筋，使钢筋形心位置上移，减小了钢筋的有效力臂高度，导致配筋量的进一步增加，并造成施工不便。如对这些大跨度梁采用 400MPa 级、500MPa 级高强钢筋，可有效减少配筋数量，使原来需要三排的配筋形式减为二排，同时，可以增加钢筋的有效力臂 30mm 左右，有效提高配筋效率，并方便施工。

对梁、柱构件，在设计中有时由于受配置钢筋数量的影响，为保证钢筋间的合适间距，不得不加大构件的截面宽度，导致梁、柱截面混凝土用量增加。如采用高强钢筋，可显著减少配筋根数，使梁、柱截面尺寸得到合理优化。

为推广应用高强钢筋，国家发改委、住建部、工信部等同时发文，要求淘汰低强度钢筋：

1）2013 年 2 月 16 日，国家发展和改革委员会发布第 21 号令，即国家发展改革委关于修改《产业结构调整指导目录（2011 年本）》有关条款的决定，自 2013 年 5 月 1 日起施行。其中，普通松弛级别的钢丝、钢绞线，牌号 HRB335、HPB235 热轧钢筋被列入淘汰类。

2）2012 年 1 月 4 日，住房和城乡建设部与工业和信息化部联合发布建标【2012】1 号文，即"住房和城乡建设部、工业和信息化部关于加快应用高强钢筋的指导意见"。指导意见的主要目标是：加速淘汰 335MPa 级螺纹钢筋，优先使用 400MPa 级螺纹钢筋，积极推广 500MPa 级螺纹钢筋。

《混规》第 4. 2. 1 条规定，对于梁、柱纵向受力普通钢筋应采用 HRB400、HRB500、HRBF400、HRBF500 钢筋。

但应注意，当采用 500MPa 级高强钢筋时，伴随钢筋强度的提高，其延性也相应降低，对构件与结构的延性将造成一定影响。同时由于采用高强钢筋，其在正常使用极限状态下的钢筋应力相应提高，受弯构件的裂缝宽度将增大，在裂缝宽度验算时应予以重视。

2. 综合楼本层信息参数确定

点选【常用菜单】→【本层信息】，对于综合楼每一个标准层，在本层信息中可以确定板的厚度、钢筋类别、强度等级及层高等，如图 3. 10 所示。

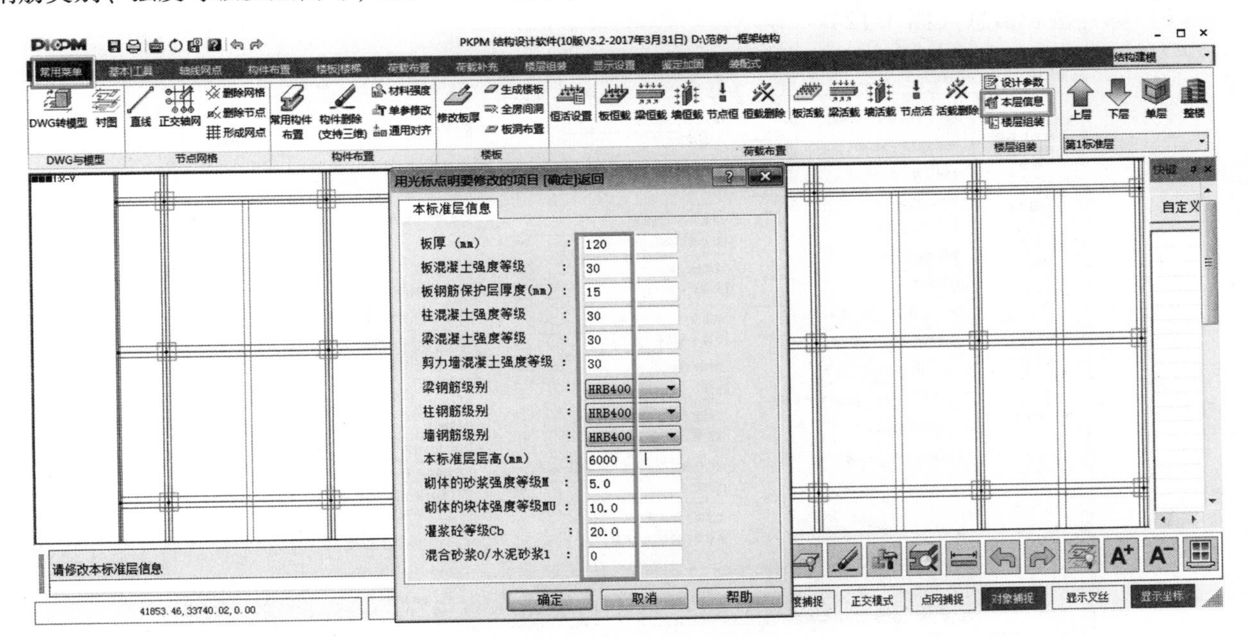

图 3. 10　综合楼标准层信息

3.8　SATWE 分析设计

完成综合楼结构建模后，点选【SATWE 分析设计】可对建好的模型进行分析计算，主要包括：平面荷载校核、设计模型前处理、分析模型及计算。

3.8.1　平面荷载校核

可以显示综合楼不同自然层楼面恒载、活荷载、墙体荷载等，如图 3.11 所示。

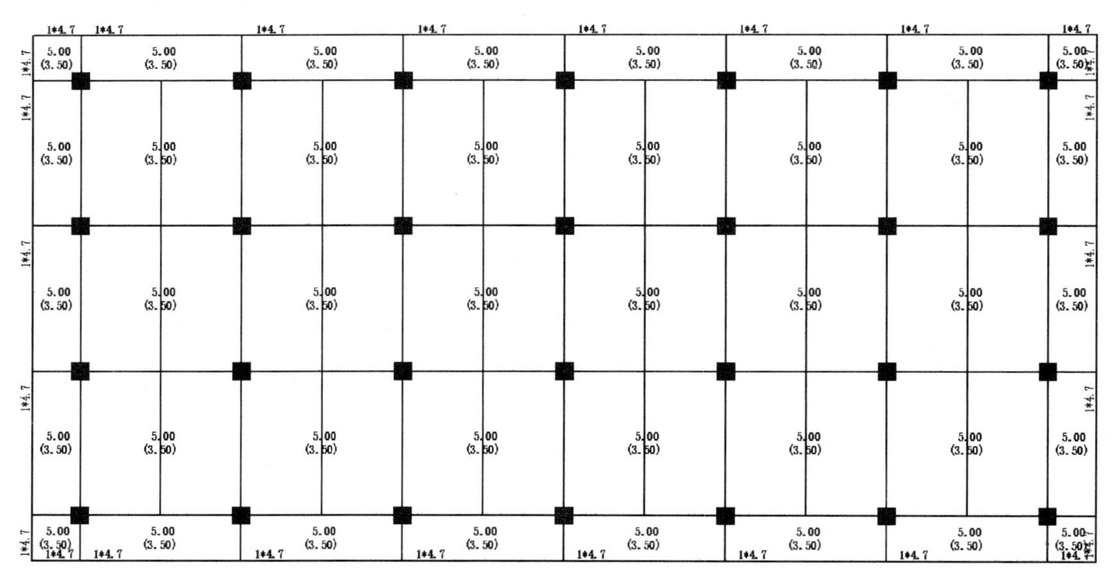

图 3.11　综合楼楼面荷载平面图

3.8.2　设计模型前处理

1. 参数补充定义

可对综合楼结构建模中设计参数进行补充完善，各参数的具体含义可参见第二章内容。

(1) 综合楼总信息（图 3.12）

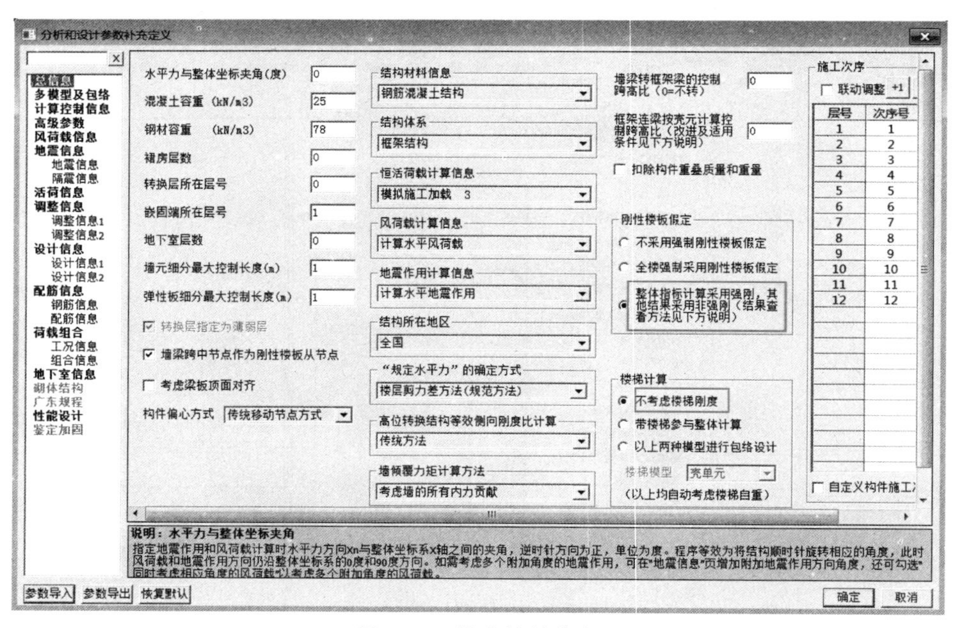

图 3.12　综合楼总信息

该工程由于建模时未考虑楼梯，此时应选不考虑楼梯刚度。另外整体指标计算采用强刚，其他结果采用非强刚，这样更符合实际。

（2）综合楼风荷载信息（图 3.13）

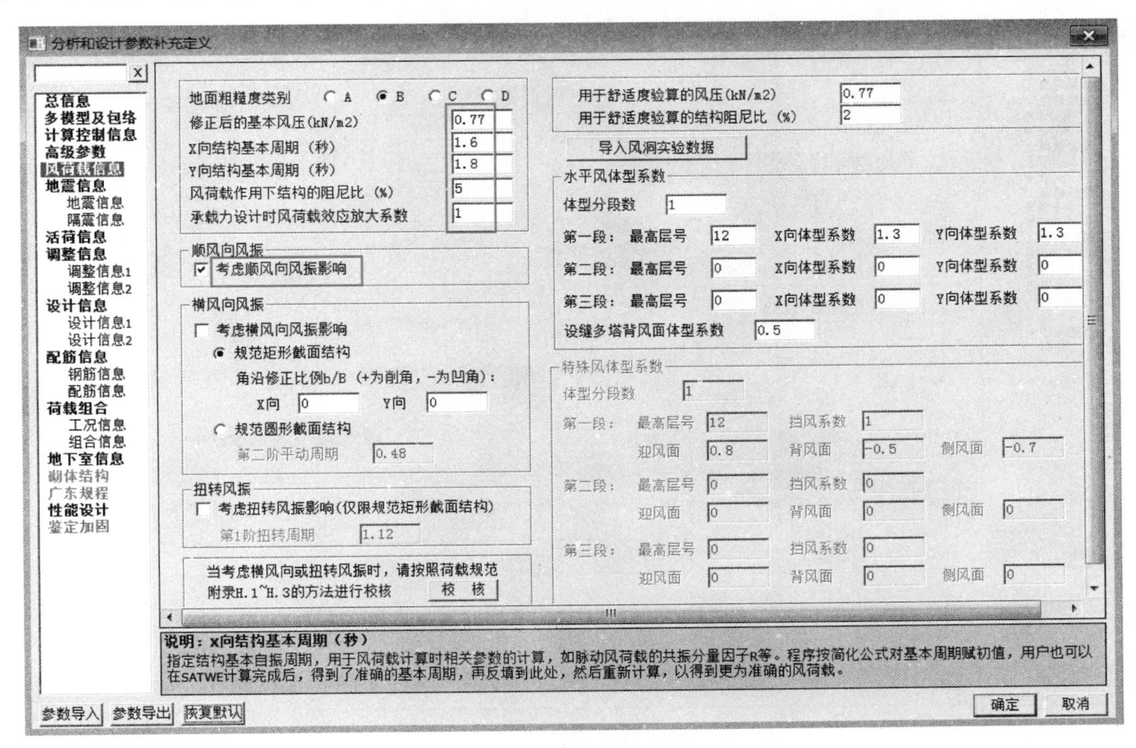

图 3.13　综合楼风荷载信息

按照《荷载规范》第 8.4.1 条规定，对于高度大于 30m 且高宽比大于 1.5 的房屋，以及基本自振周期 T_1 大于 0.25s 的各种高耸结构，应考虑风压脉动对结构产生顺风向风振的影响。该综合楼高度 47.5m，高宽比 1.62 > 1.5，应考虑顺风向风振的影响。

按照《荷载规范》第 8.5.1 条规定，对于横风向风振作用效应明显的高层建筑以及细长圆形截面构筑物，宜考虑横风向风振的影响。判断高层建筑是否需要考虑横风向风振的影响，应考虑建筑的高度、高宽比、结构自振频率及阻尼比等多种因素，并要借鉴工程经验及有关资料来判断。一般而言，建筑高度超过 150m 或高宽比大于 5 的高层建筑可出现较为明显的横风向风振效应，并且效应随着建筑高度或建筑高宽比增加而增加。细长圆形截面构筑物一般指高度超过 30m 且高宽比大于 4 的构筑物。该综合楼不考虑横风向风振的影响。

按照《荷载规范》第 8.5.4 条规定，该综合楼不考虑横风向风振的影响。

对于 X、Y 向结构基本周期，应在 SATWE 计算分析完成后，得到了准确的结构自振周期，再回到此处将新的周期值填入，然后重新计算。

（3）综合楼地震信息（图 3.14）

该地震信息中，应注意悬挑梁的抗震等级选取，若不勾选，程序默认悬挑梁不考虑抗震。有斜交抗侧力构件的结构，当相交角度大于 15°时，应分别计算各抗侧力构件方向的水平地震作用。

（4）综合楼活荷载信息（图 3.15）

新版软件增加了“按照荷载属性确定构件折减系数”选项，该综合楼为底层商场 + 上部办公楼，软件可根据《荷载规范》第 5.1.2 条规定，综合计算确定出梁、柱和墙活荷载效应折减系数，比传统方法更加精细。该综合楼无消防车荷载，不考虑。

（5）综合楼调整信息（图 3.16、图 3.17）

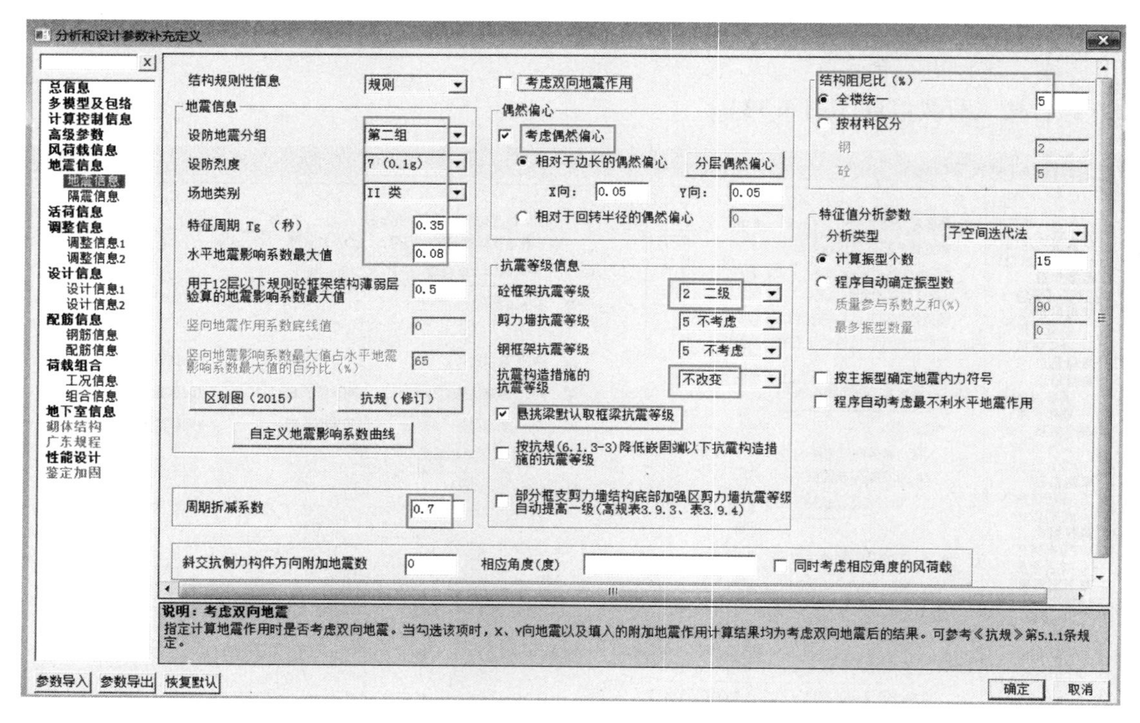

图 3.14　综合楼地震信息

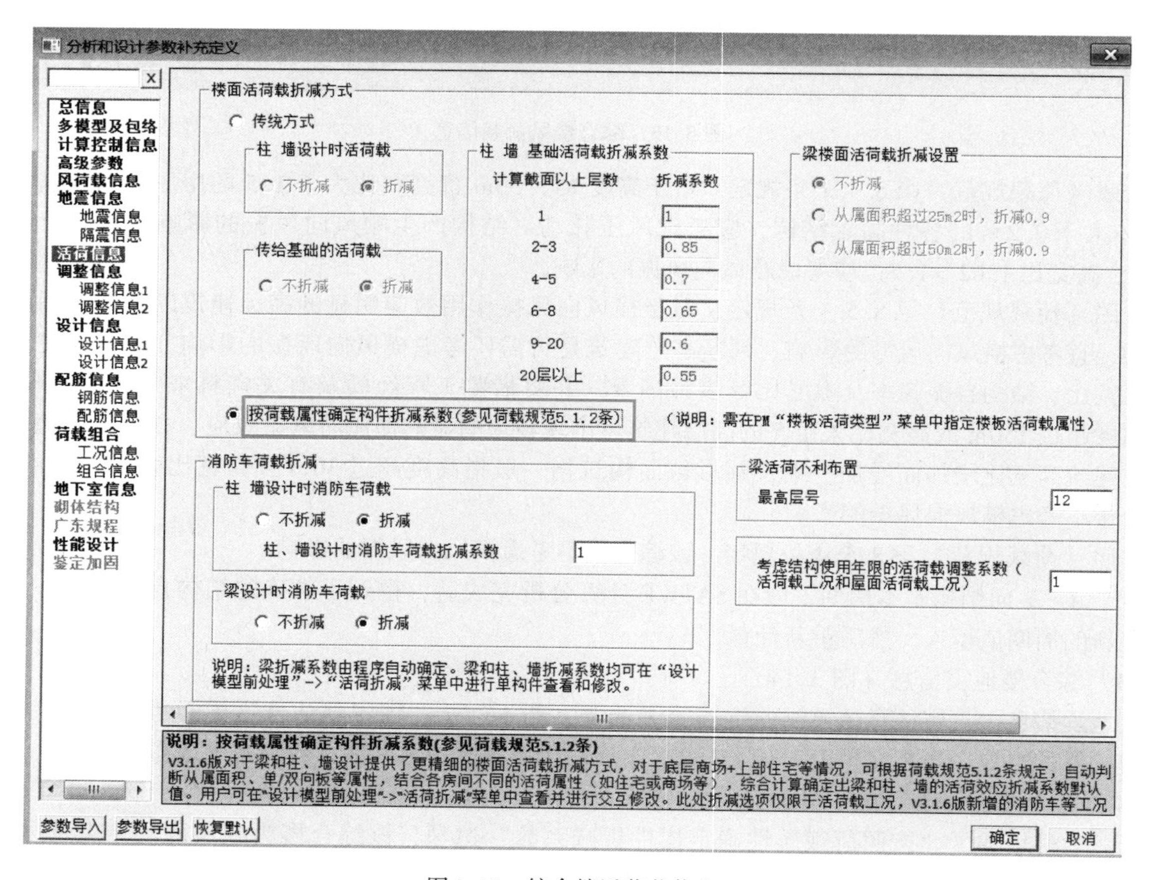

图 3.15　综合楼活荷载信息

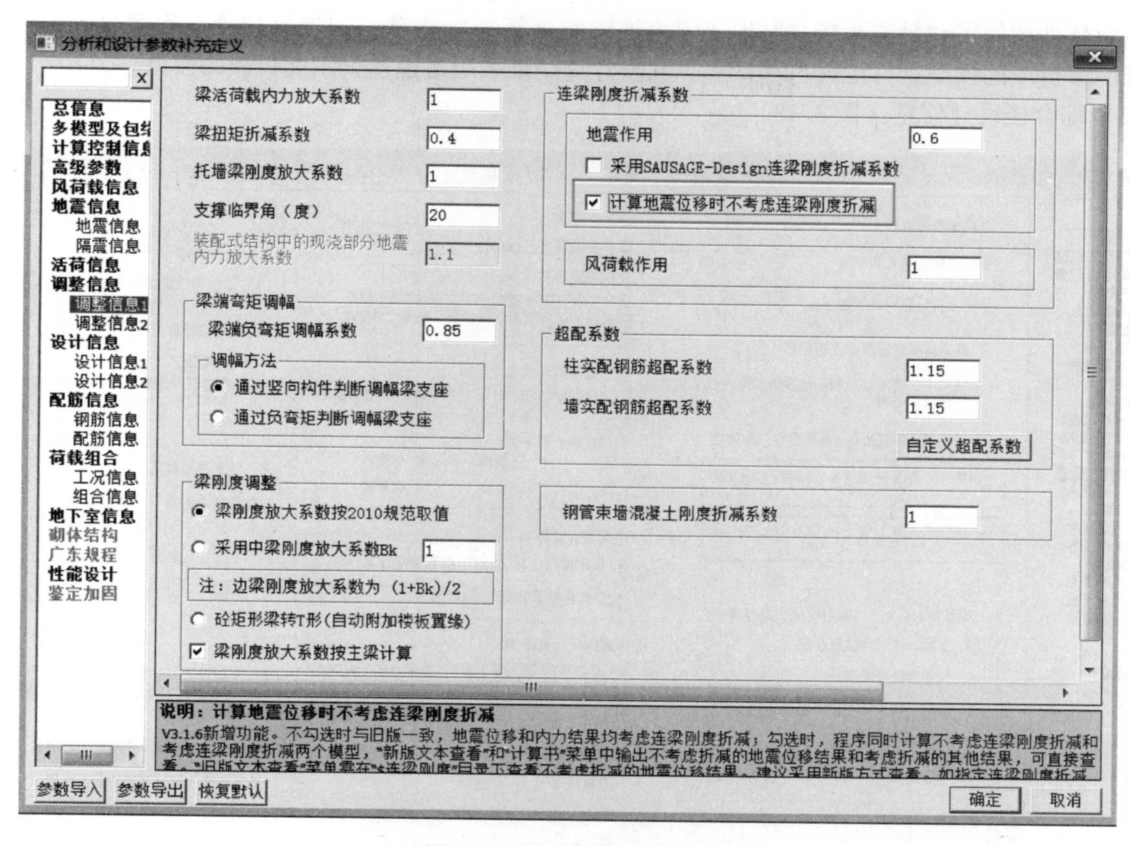

图 3.16　综合楼调整信息 1

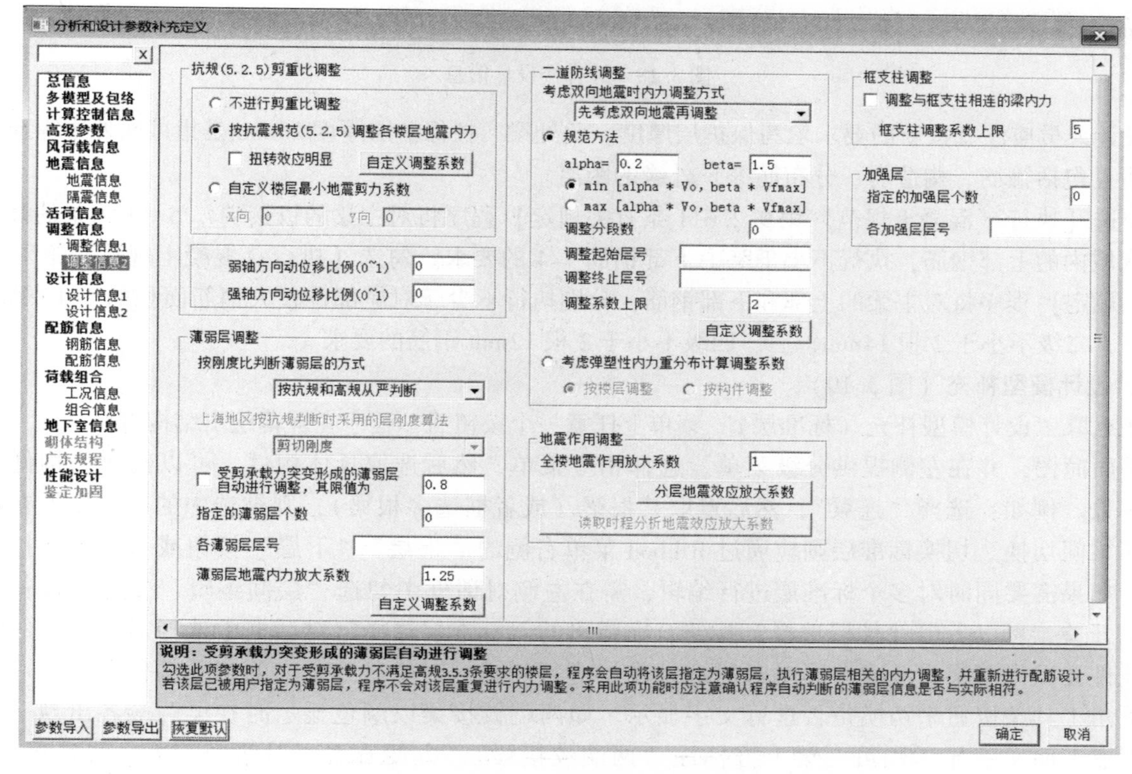

图 3.17　综合楼调整信息 2

新版软件增加了“计算地震位移时不考虑连梁刚度折减”选项，勾选该选项，程序自动采用不考虑连梁刚度折减的模型进行地震位移计算，其余计算结果采用考虑连梁刚度折减的模型。

（6）综合楼设计信息（图 3.18）

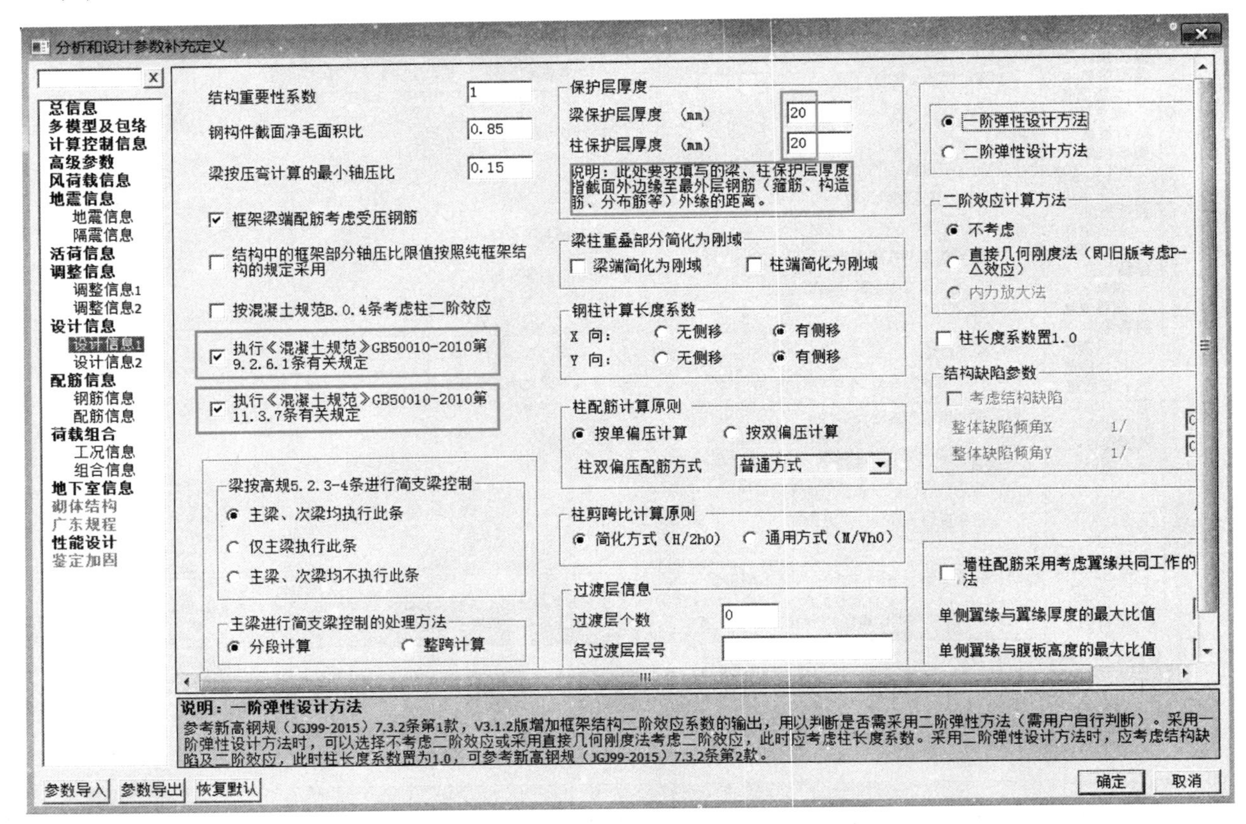

图 3.18　综合楼设计信息

设计人员应注意按新的要求填写保护层厚度。此处梁、柱保护层厚度 20mm 是指截面外边缘至最外层钢筋（包括箍筋、构造筋、分布筋等）外缘的距离。

勾选【执行《混凝土规范》第 9.2.6.1 条有关规定】程序将对主梁的铰接端 $l_0/5$（l_0为梁的计算跨度）区域内的上部钢筋，执行不小于跨中下部钢筋 1/4 的要求。勾选【执行《混凝土规范》第 11.3.7 条有关规定】程序将对主梁的上部和下部钢筋，分别执行不少于对应部位较大钢筋面积的 1/4 的要求，以及一、二级不小于 2 根 14mm，三、四级不小于 2 根 12mm 钢筋的要求。

2. 设计模型补充（图 3.19）

在点取“设计模型补充（标准层）”菜单上任意一个按钮后，程序在屏幕绘出结构首层

平面简图，并在左侧提供分级菜单。选择相应菜单，然后选取具体构件，可以修改该构件的属性或参数。例如：选择“连梁”，然后点取某根梁（或者框选多根梁），则被选中的梁的属性在连梁和非连梁间切换。切换标准层则应通过 Ribbon 菜单右侧的“上层”“下层”按钮或者楼层下拉框来进行。如果需要同时对多个标准层进行编辑，需在左侧对话框中勾选“层间编辑”复选框以打开层间编辑开关，可以点击“楼层选择”按钮，在弹出的“标准层选择”对话框中选择需要编辑的标准层，软件会以当前层为基准，同时对所选标准层进行编辑。对于已经定义的特殊构件属性，可以通过右下角工具条按钮来切换是否进行文字显示。如两端铰接梁以颜色显示时在梁两端各出现一个红色小圆点，而文字显示则可在梁上方标注“两端铰接梁”，方便查看。对温度荷载、特殊风荷载、活荷载折减等，设计人员可在“设计模型补充（自然层）”菜单中点选任一按钮，选择交互定义，对相应的构件进行修改。

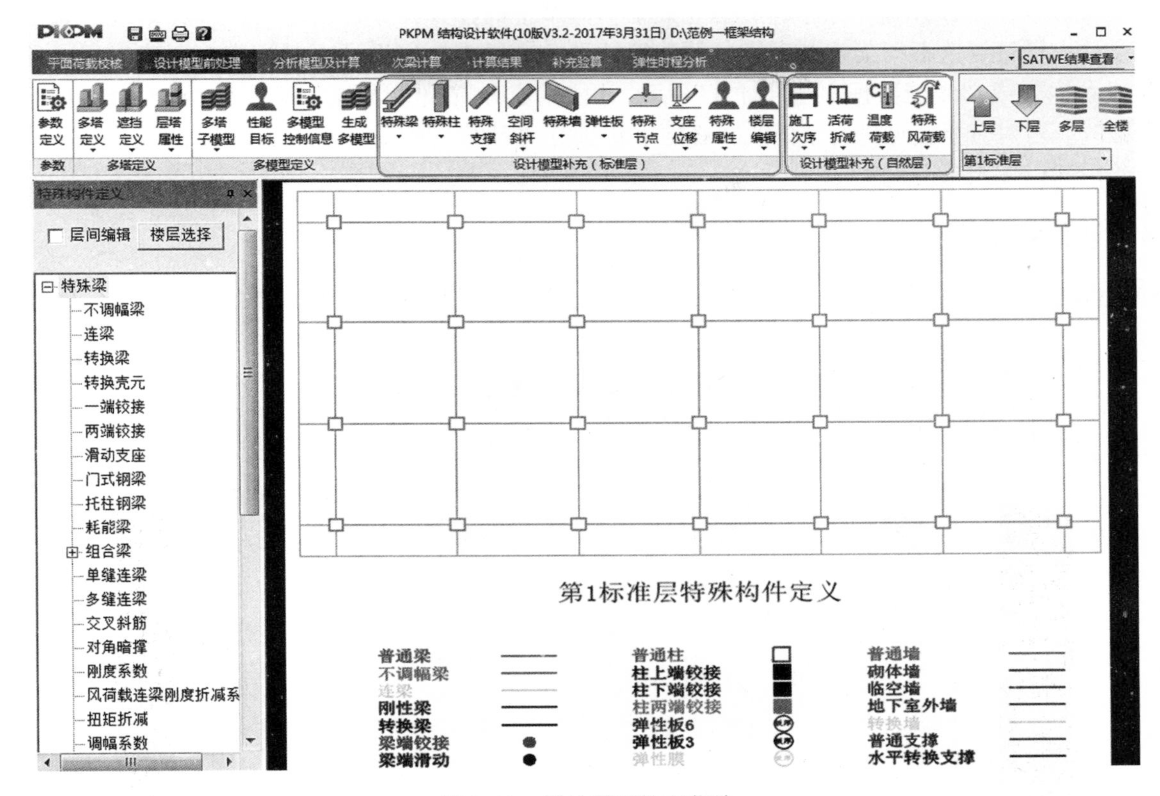

图 3.19　设计模型补充菜单

3.8.3　分析模型及计算

执行完“设计模型前处理”内容后，进入“分析模型及计算”菜单，如图 3.20 所示，这项菜单是 SATWE 前处理的核心菜单，其功能是综合 PMCAD 生成的建模数据和前述几项菜单输入的补充信息，将其转换成空间结构有限元分析所需的数据格式。所有工程都必须执行本项菜单，正确生成数据并通过数据检查后，方可进行下一步的计算分析。用户可以单步执行“生成数据”和“计算 + 配筋”，也可

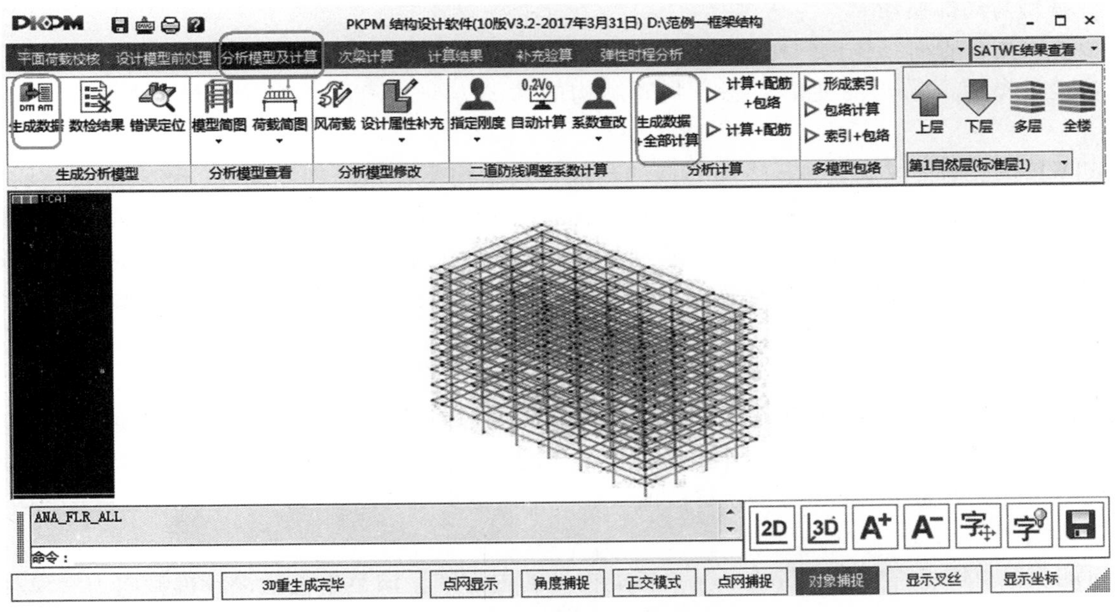

图 3.20　综合楼分析模型及计算菜单

点击“生成数据 + 全部计算”菜单，一键完成结构模型全部计算，并自动进入“计算结果”查看菜单页面。设计人员可点选不同菜单查看模型的计算结果。这里需提醒设计人员注意，新建工程必须在执行“生成数据”或“生成数据 + 全部计算”后，才能生成分析模型数据，继而才允许对分析模型进行查看和修改。若对分析模型进行了修改，必须重新执行“计算 + 配筋”操作，才能得到针对新的分析模型的分析和设计结果。

3.8.4 计算结果查看

SATWE 计算结果查看菜单项内容丰富，主要有分析结果、计算结果和文本结果，如图 3.21 所示。

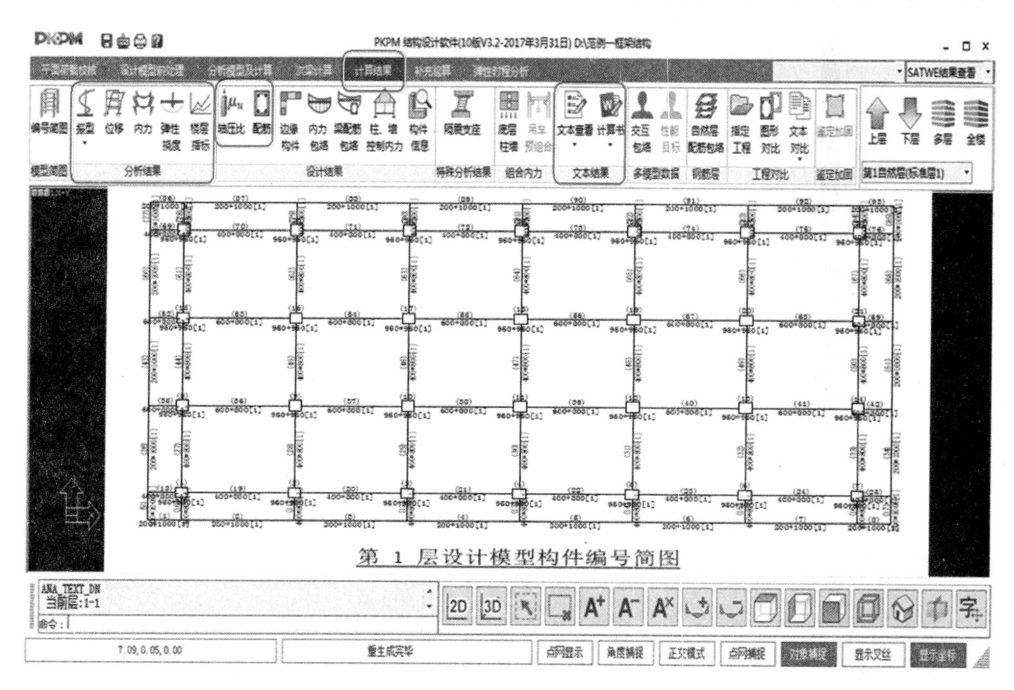

图 3.21 SATWE 计算结果查看菜单

1. 分析结果内容

(1) 振型与局部振动

振型菜单用于查看结构的三维振型图及其动画，如图 3.22 所示。通过该菜单，设计人员可以观察该综合楼各振型下结构的变形形态，判断结构的薄弱方向，确认结构计算模型是否存在明显的错误。

“SATWE 核心的集成设计”提供局部振动功能，当结构不存在局部振动时，该功能按钮将置灰。局部振动一般是由于结构模型存在错误或缺陷造成的，如梁未能搭接在支座上造成梁悬空、结构局部刚度偏柔等。存在局部振动时，结构有效质量系数一般较小，地震作用计算结果不准确，一般应修改模型。当采用较多的计算振型数时有效质量系数仍不满足要求，或采用程序自动确定振型数功能时长时间不能完成计算，此时结构可能存在局部振动。

(2) 位移

此项菜单用来查看不同荷载工况作用下结构的空间变形情况，如图 3.23 所示。通过“位移动画”和“位移云图”选项可以清楚地显示不同荷载工况作用下结构的变形过程，在“位移标注”选项中还可以看到不同荷载工况作用下节点的位移数值。

(3) 内力图

通过此项菜单可以查看不同荷载工况下各类构件的内力图，该菜单包括设计模型内力和设计模型内力云图选项，如图 3.24 所示。

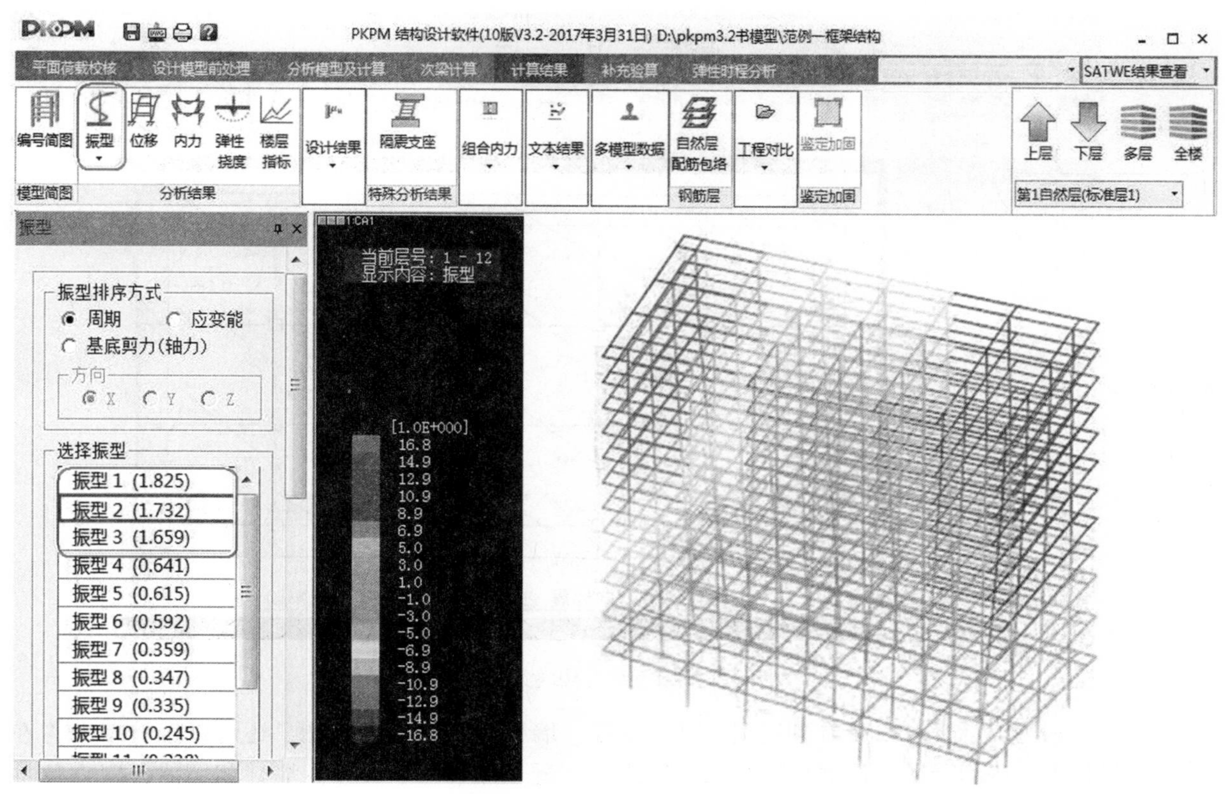

图 3.22　综合楼三维振型图

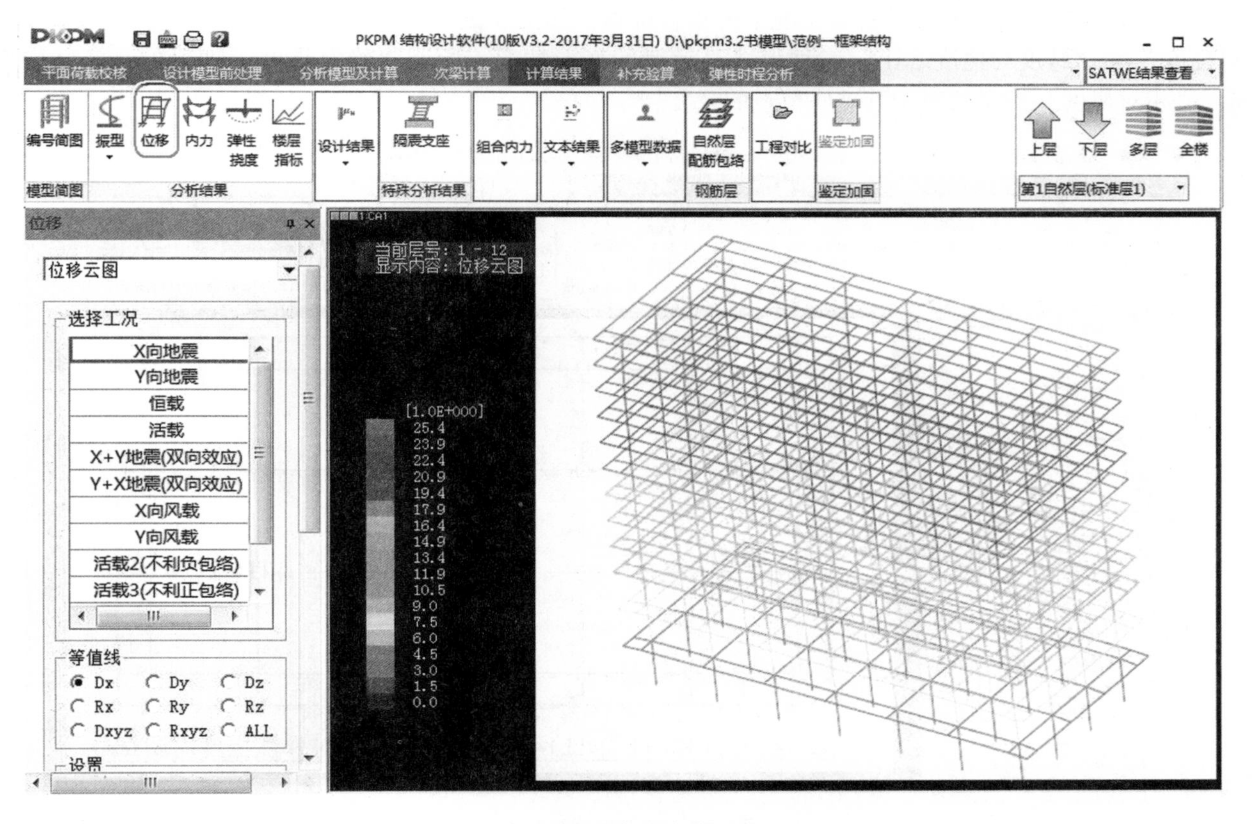

图 3.23　综合楼位移云图

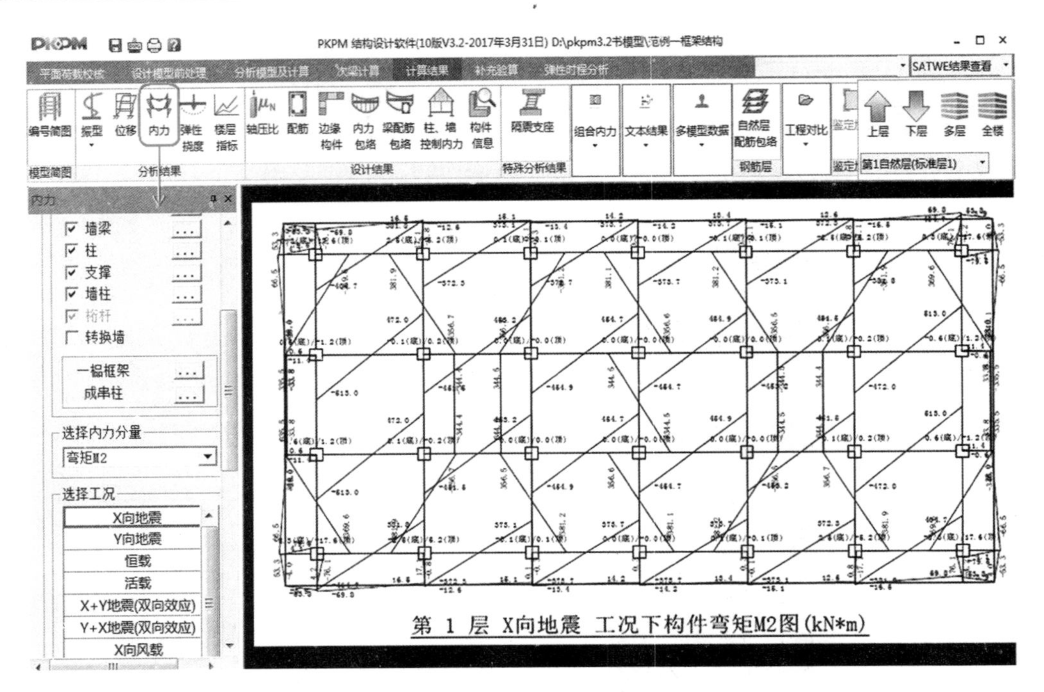

图 3.24　综合楼内力图

设计模型内力对话框可以查看各层梁、柱、支撑、墙柱和墙梁的内力图，还可以查看单个构件的内力图，设计模型内力云图对话框可以显示不同荷载工况下梁、柱、支撑、墙柱和墙梁各内力分量的彩色云斑图。

（4）弹性挠度

通过此项菜单可查看梁在各个工况下的垂直位移，如图 3.25 所示。该菜单分为“绝对挠度”“相对挠度”和“跨度与挠度之比”三种形式显示梁的变形情况。所谓“绝对挠度”即梁的真实竖向变形，“相对挠度”即梁相对于其支座节点的挠度。

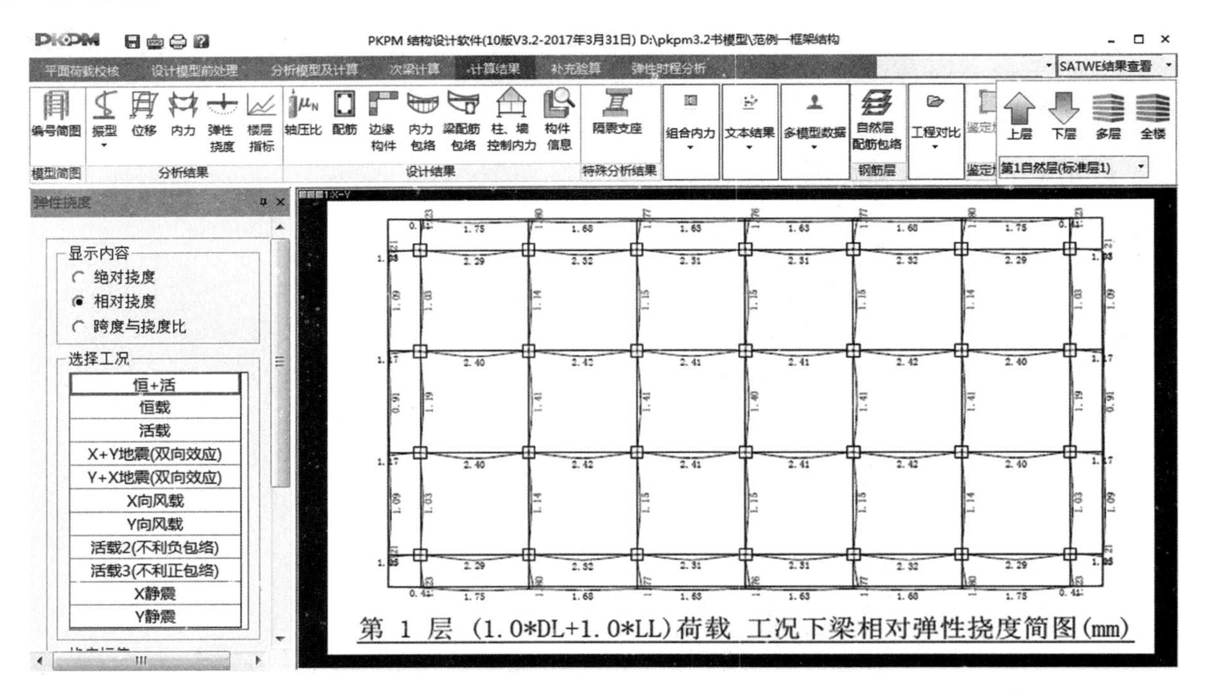

图 3.25　综合楼弹性挠度图

（5）楼层指标

此项菜单用于查看地震作用和风荷载作用下的楼层位移、层间位移角、侧向荷载、楼层剪力和楼层弯矩的简图以及地震、风荷载和规定水平力作用下的位移比简图，如图3.26所示。设计人员通过观察楼层的位移比沿立面的变化规律，可以从宏观上了解结构的抗扭特性。

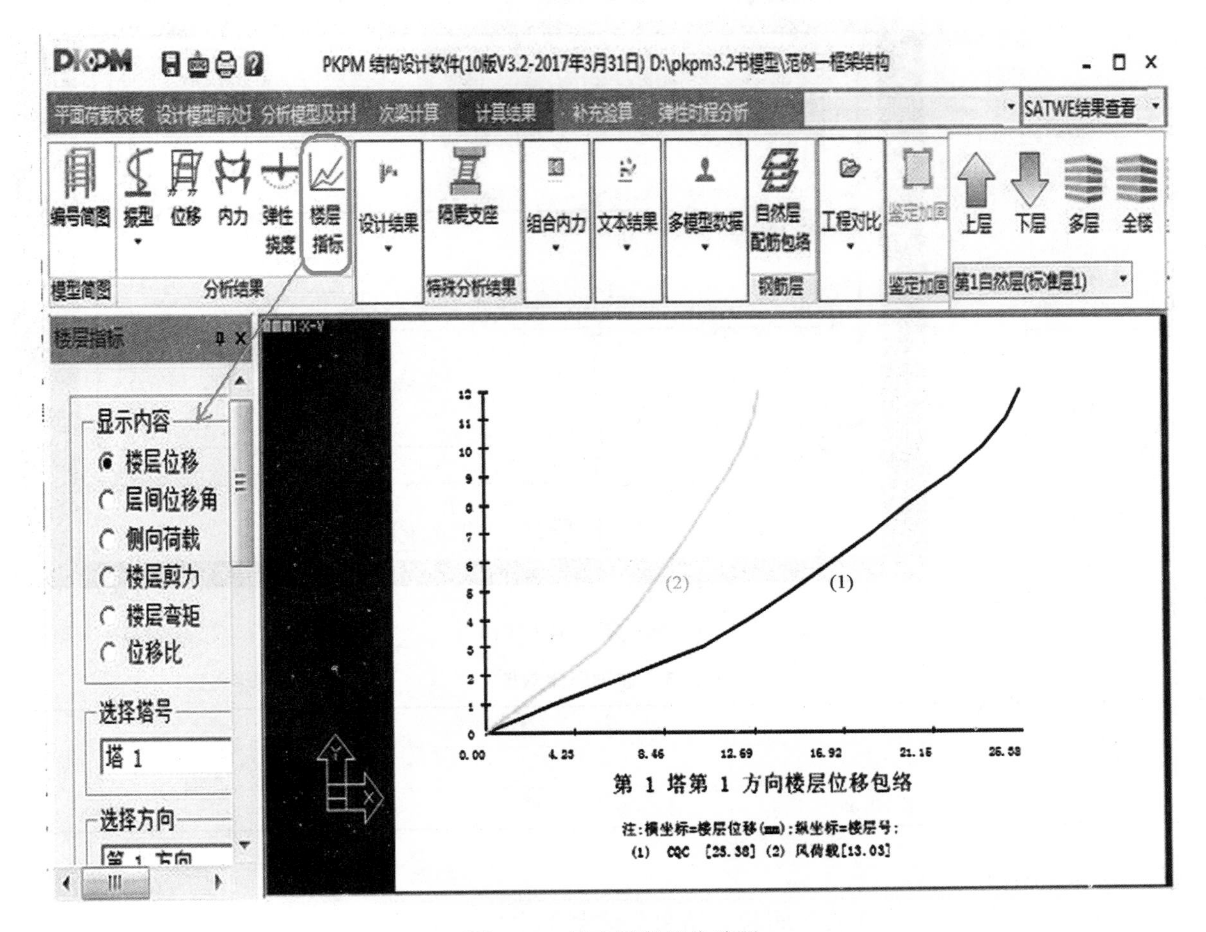

图3.26 综合楼楼层位移图

2. 设计结果内容

（1）轴压比

此菜单用于查看墙、柱的轴压比，剪跨比，柱长度系数，梁柱节点验算等，如图3.27所示。如果存在超限情况，程序用红色字符显示。轴压比菜单中增加了“组合轴压比”选项，用于考虑翼缘部分对于剪力墙轴压比的贡献。

《高规》第6.4.2条，《抗规》第6.3.6条对框架结构轴压比都给出了限值，见表3.5。

由于该综合楼抗震等级二级，采用C30混凝土，查表3.5可知，规范要求最大轴压比为0.75，从图形输出文件中可知，首层周边框架柱的轴压比最大为0.72，小于规范限值，轴压比无须调整，柱截面合适。

当柱轴压比不满足规范要求时，有些结构人员首先采取增大混凝土强度等级的办法，其实这样做的效果不如增大柱截面尺寸有效。规范给定的混凝土强度值随强度等级增长缓慢，所以同尺寸的高强度等级混凝土截面受压承载能力增幅很小，相比之下，增大柱截面尺寸，对于提高混凝土柱截面受压承载能力很快。当不能改变柱截面时，可采用钢骨混凝土柱。经验表明，混凝土中加钢骨时，高强度等级混凝土柱的截面面积一般可以减少30%～35%。

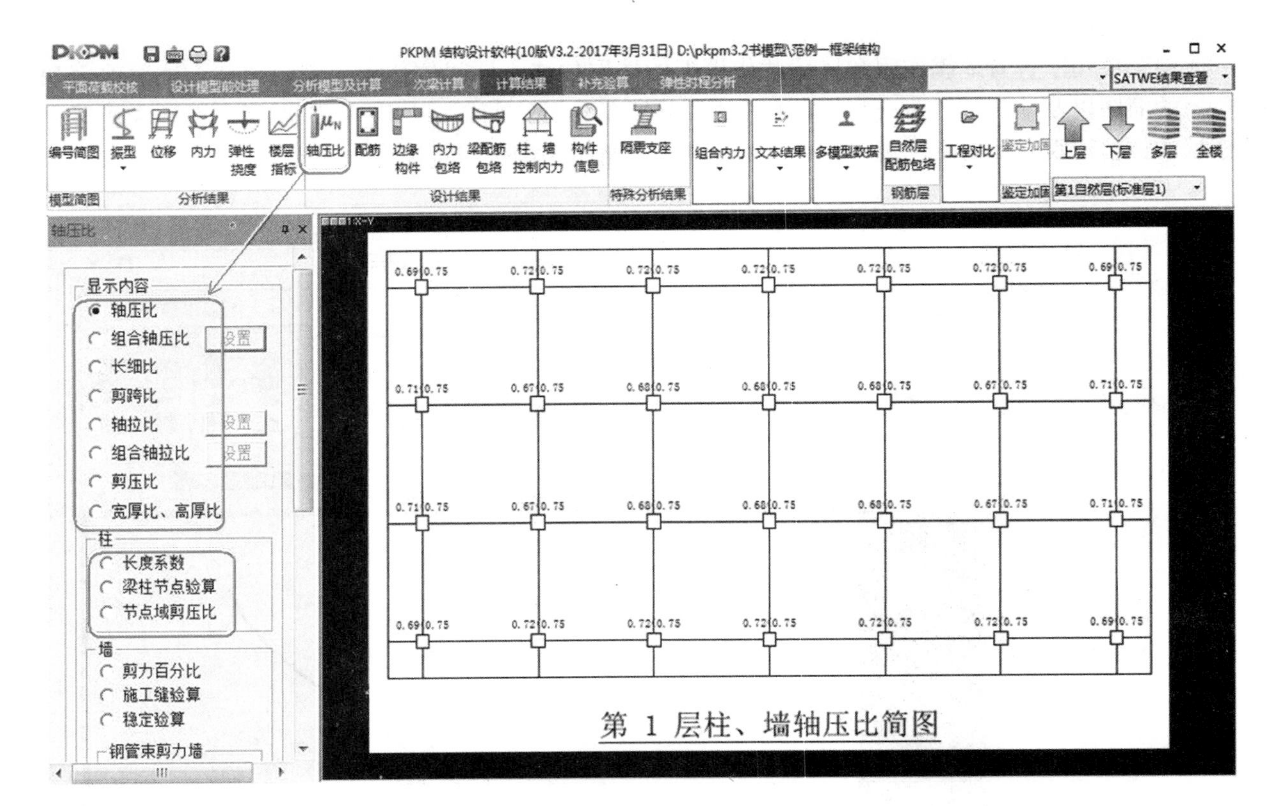

图 3.27　综合楼柱轴压比简图

表 3.5　柱轴压比限值

结构类型	抗震等级			
	一	二	三	四
框架结构	0.65	0.75	0.85	0.90

（2）综合楼配筋

通过此项菜单可以查看构件的配筋验算结果。该菜单主要包括混凝土构件配筋及钢构件验算、剪力墙面外及转换墙配筋等选项。为了满足设计人员的需求，“配筋”主菜单中增加了配筋率的显示、超限设置、指定条件显示等功能，如图 3.28 所示。如果没有显示红色的数据，表示梁柱截面取值基本合适，没有超筋现象，符合配筋计算和构造要求。可以进入后续的构件优化设计阶段。

各种构件的配筋结果表达方式说明如图 3.29、图 3.30 所示。

1）混凝土梁和型钢混凝土梁

其中：

Asu1、Asu2、Asu3 分别为梁上部左端、跨中、右端配筋面积（cm^2）。

Asd1、Asd2、Asd3 分别为梁下部左端、跨中、右端配筋面积（cm^2）。

Asv 为梁加密区抗剪箍筋面积和剪扭箍筋面积的较大值（cm^2）。若存在交叉斜筋（对角暗撑），Asv 为同一截面内箍筋各肢的全部截面面积（cm^2）。

Asv0 为梁非加密区抗剪箍筋面积和剪扭箍筋面积的较大值（cm^2）。

Ast、Ast1 分别为梁受扭纵筋面积和抗扭箍筋沿周边布置的单肢箍的面积（cm^2），若 Ast 和 Ast1 都为零，则不输出［VT］Ast-Ast1 这一项。

G、VT 分别为箍筋和剪扭配筋标志。

2）矩形混凝土柱和型钢混凝土柱

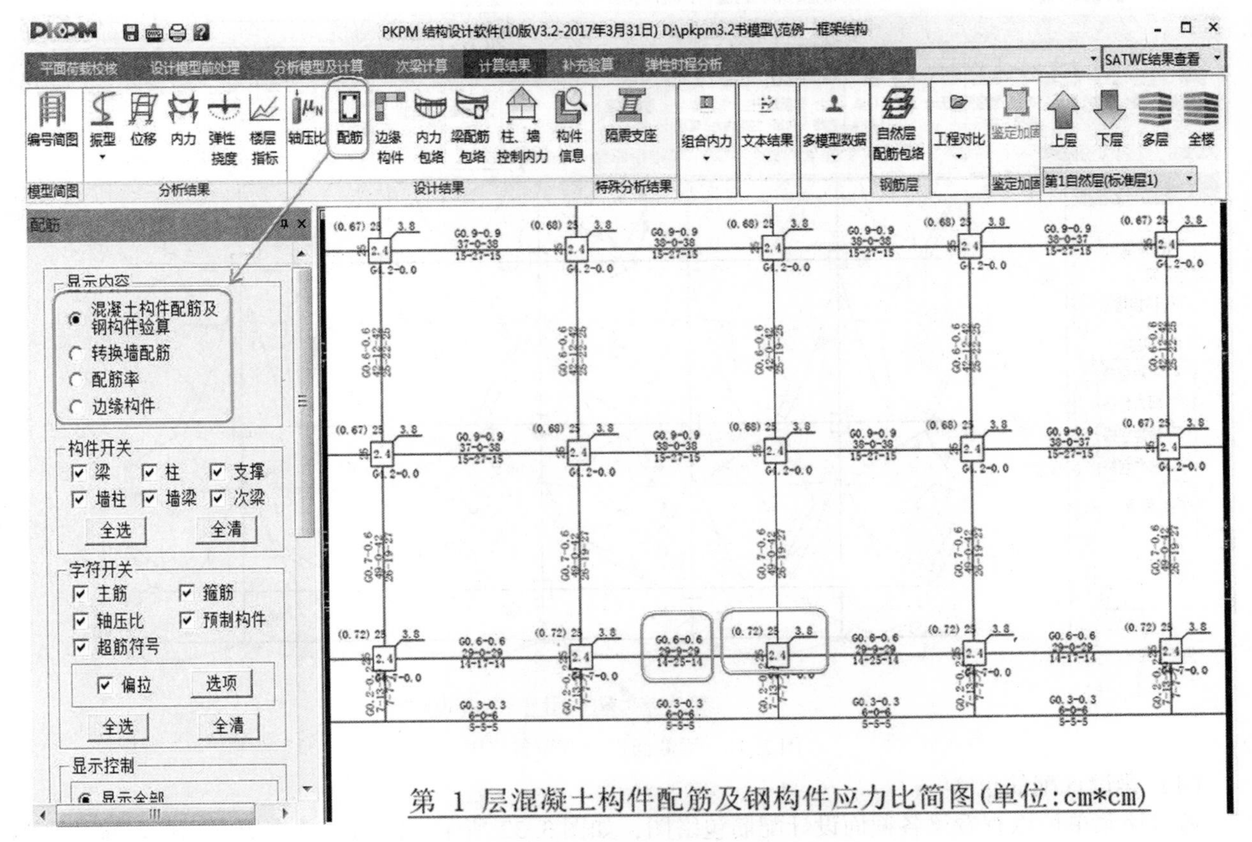

图 3.28　综合楼构件配筋图

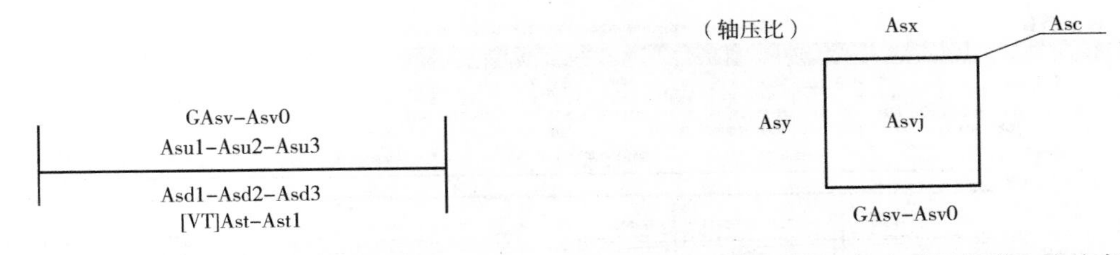

图 3.29　混凝土梁和型钢混凝土梁表达方式

图 3.30　矩形混凝土柱和型钢混凝土柱的表达方式

其中：

Asc 为柱一根角筋的面积。

Asx、Asy 分别为该柱 B 边和 H 边的单边配筋面积，包括两根角筋（cm^2）。

Asvj、Asv、Asv0 分别为柱节点域抗剪箍筋面积、加密区斜截面抗剪箍筋面积、非加密区斜截面抗剪箍筋面积，箍筋间距均在 Sc 范围内。其中：Asvj 取计算的 Asvjx 和 Asvjy 的大值，Asv 取计算的 Asvx 和 Asvy 的大值，Asv0 取计算的 Asvx0 和 Asvy0 的大值（cm^2）。

若该柱与剪力墙相连（边框柱），而且是构造配筋控制，则程序取 Asc、Asx、Asy、Asvx、Asvy 均为零。此时该柱的配筋应该在剪力墙边缘构件配筋图中查看。

G 为箍筋标志。

（3）梁设计内力包络

通过该菜单可以查看梁各截面设计内力包络图，如图 3.31 所示。每根梁给出 9 个设计截面，梁设计内力曲线是将各设计截面上的控制内力连线而成的。

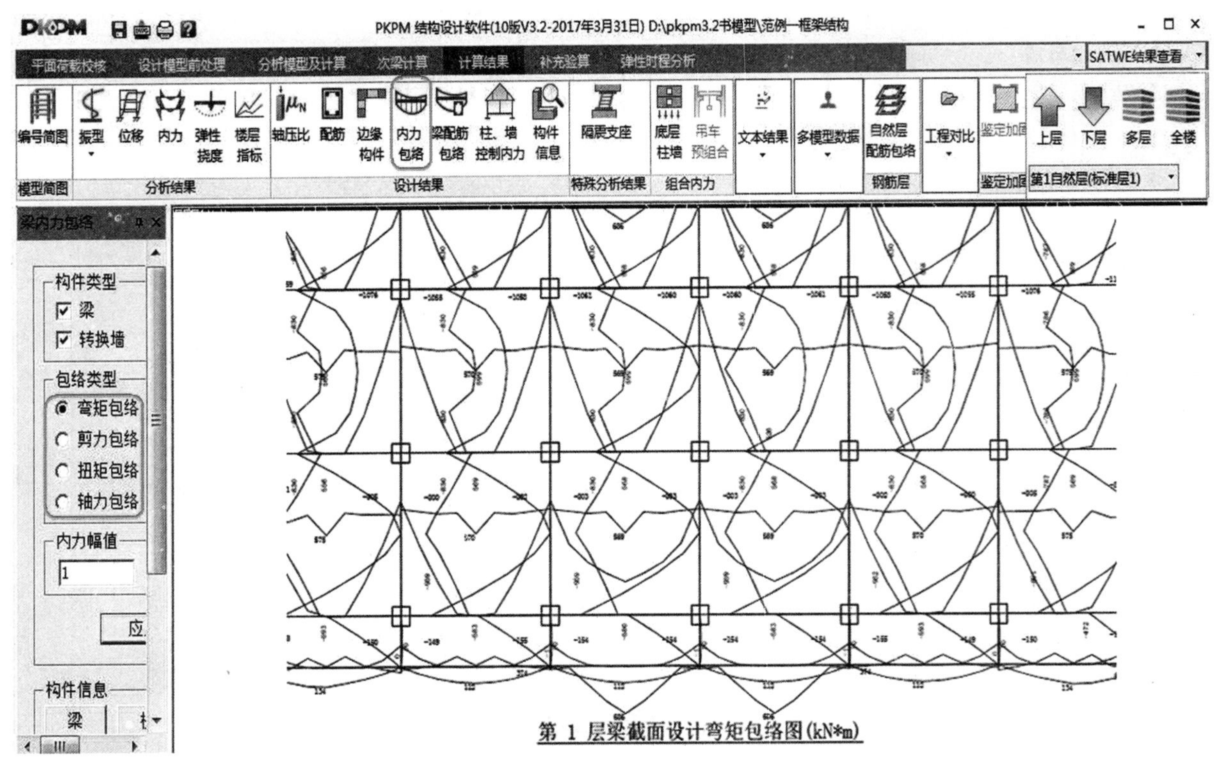

图 3.31　梁截面设计弯矩包络图

(4) 梁设计配筋包络

通过该菜单可以查看梁各截面设计配筋包络图，如图 3.32 所示。图面上负弯矩对应的配筋以负数表示，正弯矩对应的配筋以正数表示。

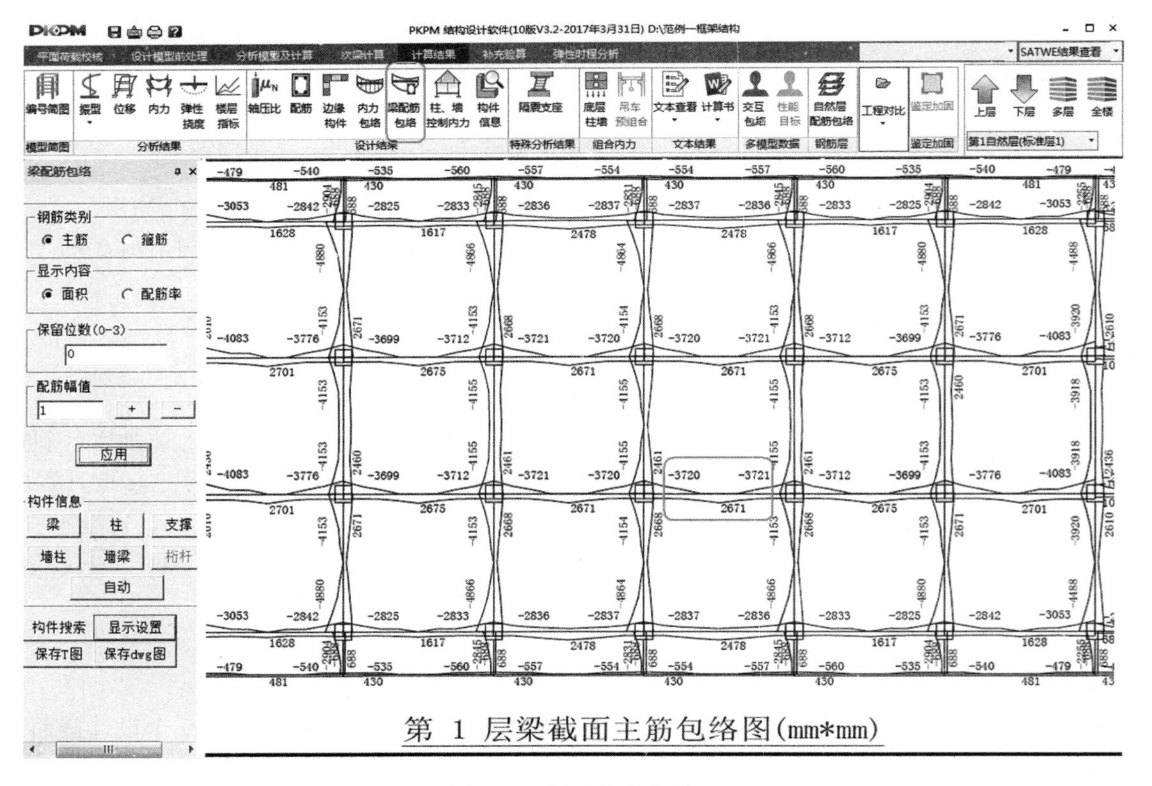

图 3.32　梁配筋包络图

(5) 柱墙截面设计控制内力

通过此项菜单可以查看柱的截面设计控制内力简图，如图 3. 33 所示。其中始端指底端，终端指顶端。

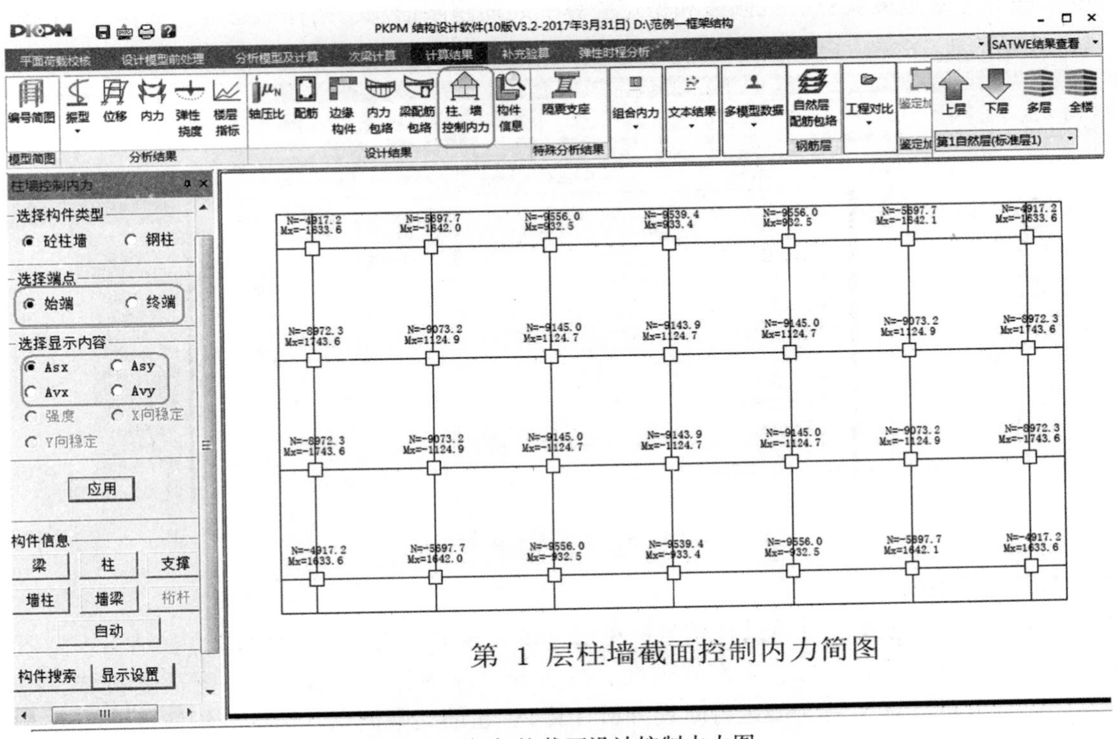

图 3. 33　框架柱截面设计控制内力图

(6) 构件信息

通过此项菜单可以查看在前面设计信息及 SATWE 补充信息中设计人员填入及调整修改的一些构件信息，如框架梁柱抗震等级、材料强度、保护层厚度、调整系数、折减系数等，如图 3. 34 所示。

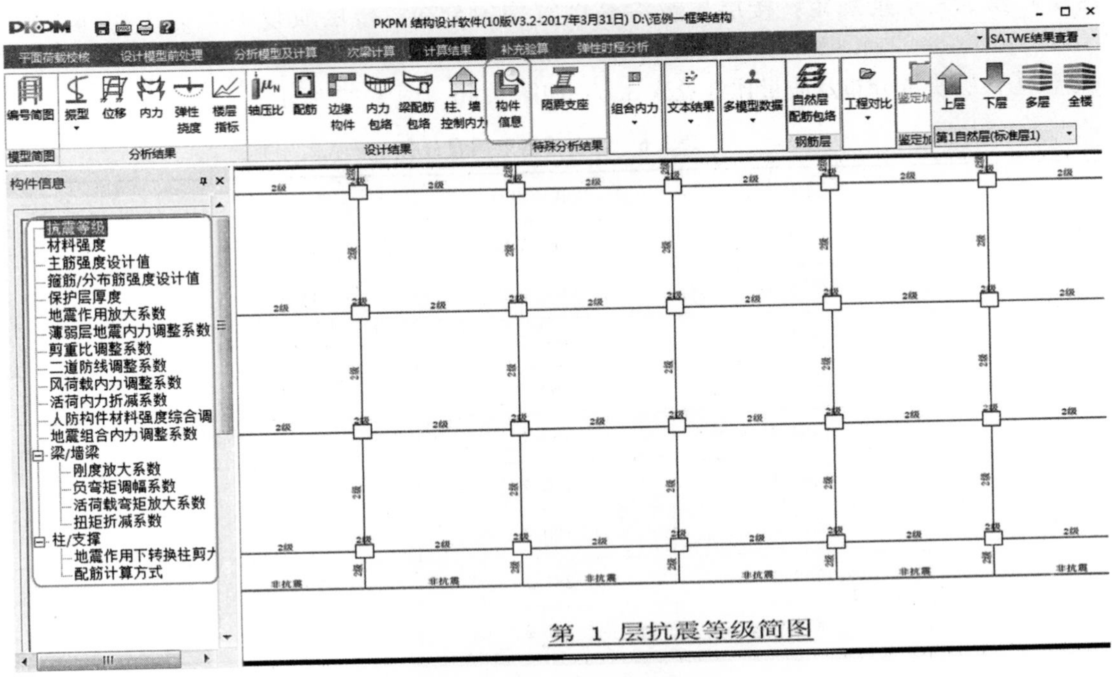

图 3. 34　框架构件信息界面

3. 文本结果内容

（1）文本查看内容

查看内容包括：结构模型概况、工况和组合、质量和信息、荷载信息、立面规则性、抗震分析及调整、变形验算、舒适度验算、抗倾覆和稳定验算、超筋超限信息、指标汇总等，如图 3.35 所示。

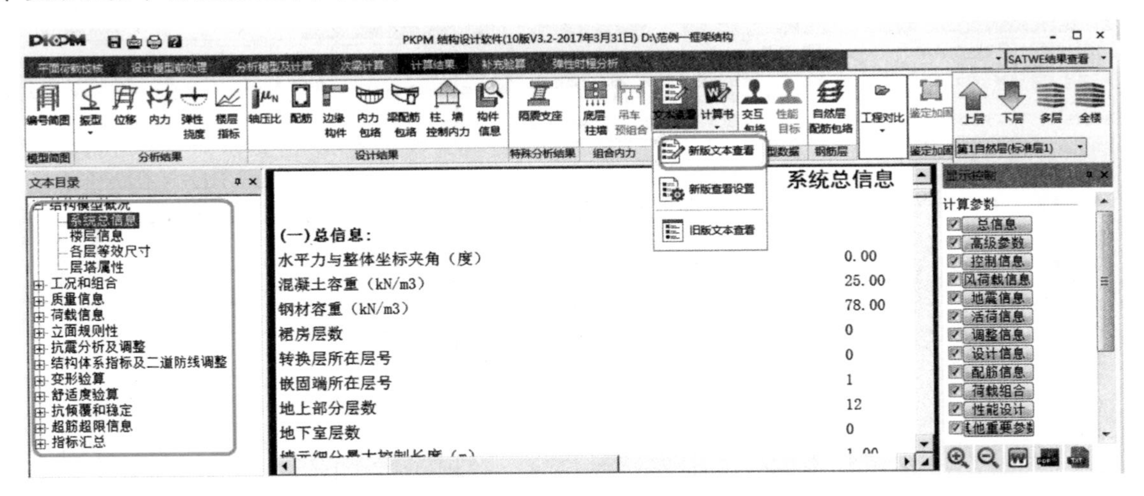

图 3.35　文本查看内容汇总

（2）框架计算书内容

计算书包括：设计依据、计算软件信息、主模型设计索引（需进行包络设计）、结构模型概况、工况和组合、质量信息、荷载信息、立面规则性、抗震分析及调整、变形验算、舒适度验算、抗倾覆和稳定验算、时程分析计算结果（需进行时程分析计算）、超筋超限信息、结构分析及设计结果简图等。

3.8.5　计算结果分析对比

1. 建筑质量信息

质量均匀分布判定

《高规》第 3.5.6 条规定：楼层质量沿高度宜均匀分布，楼层质量不宜大于相邻下部楼层的 1.5 倍。

该综合楼各层质量分布及质量比详见表 3.6，如图 3.36、图 3.37 所示。

表 3.6　综合楼各层质量分布

层　　号	恒载质量/t	活载质量/t	层质量/t	质量比
10 ~ 12	1375.5	160.7	1536.1	1.00
9	1375.5	160.7	1536.1	0.97
8	1425.1	160.7	1585.7	1.00
7	1425.1	160.7	1585.7	0.98
5，6	1464.3	160.7	1624.9	1.00
4	1464.3	160.7	1624.9	0.89
3	1672.2	160.7	1832.8	0.89
2	1767.7	281.2	2048.9	0.97
1	1830.9	281.2	2112.0	1.00

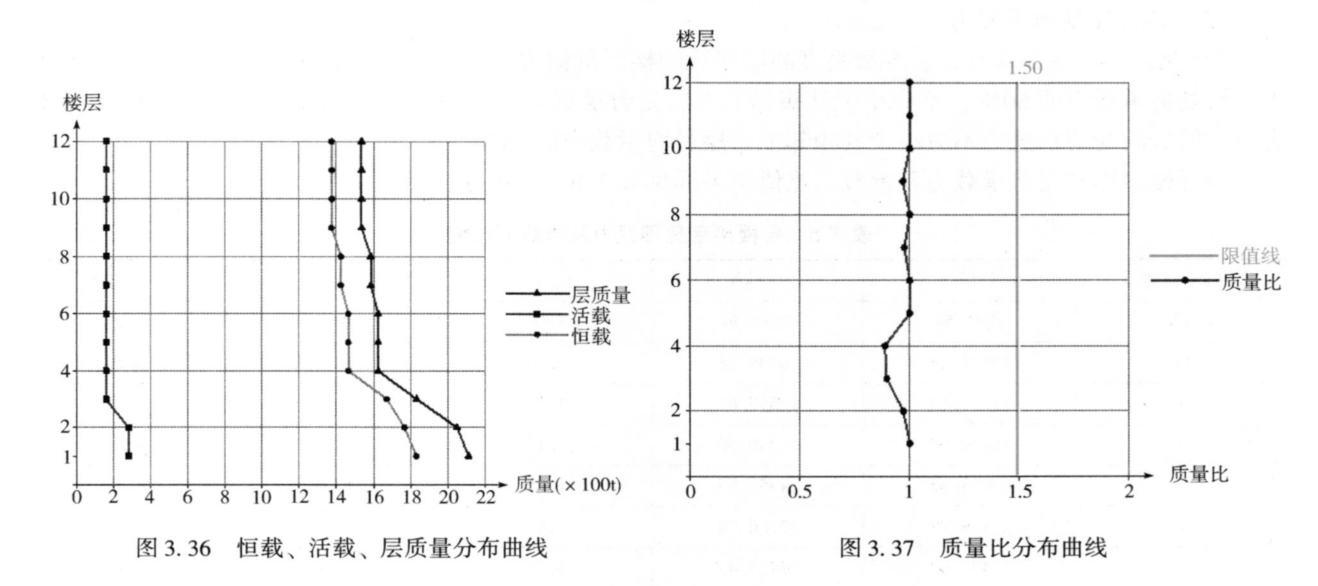

图 3.36　恒载、活载、层质量分布曲线　　　图 3.37　质量比分布曲线

判定：该综合楼结构全部楼层质量比满足规范要求。

2. 立面规则性

（1）刚度比

《高规》第 3.5.2－1 条规定：对框架结构，楼层与其相邻上层的侧向刚度比，本层与相邻上层的比值不宜小于 0.7，与相邻上部三层刚度平均值的比值不宜小于 0.8。

该综合楼刚度比 1（Ratx1，Raty1）取 X、Y 方向本层塔侧移刚度与上一层相应塔侧移刚度 70% 的比值或上三层平均侧移刚度 80% 的比值中之较小值（按《抗规》第 3.4.3 条和《高规》公式 3.5.2－1），计算结果详见表 3.7，如图 3.38 所示。

表 3.7　综合楼楼层刚度比

层号	1	2	3	4，5	6	7	8	9	10	11	12
Ratx1	1.28	*0.98*	*0.88*	1.38	1.56	1.45	1.73	1.28	1.44	1.51	1.00
Raty1	1.40	1.02	*0.90*	1.38	1.53	1.46	1.66	1.32	1.45	1.56	1.00

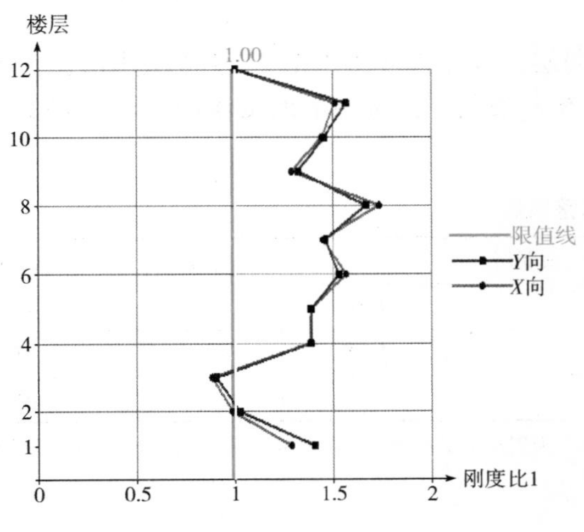

图 3.38　综合楼多方向刚度比 1 简图

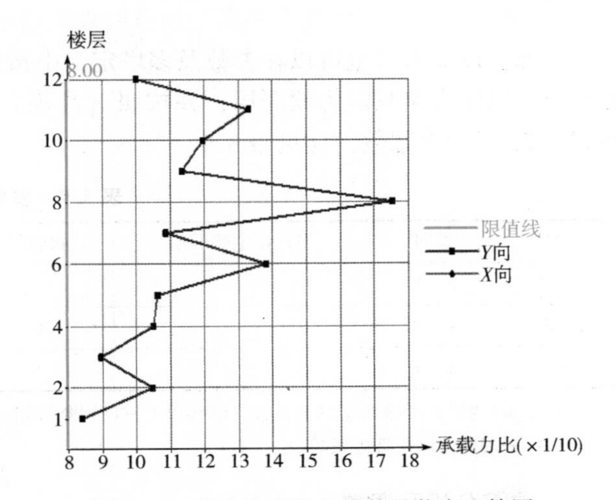

图 3.39　综合楼多方向受剪承载力比简图

判定：该综合楼结构第 2、3 楼层侧向刚度比不满足规范要求，应进行调整。

（2）各楼层受剪承载力

《高规》第 3.5.3 条规定：A 级高度高层建筑的楼层抗侧力结构的层间受剪承载力不宜小于其相邻上一层受剪承载力的 80%，不应小于其相邻上一层受剪承载力的 65%；B 级高度高层建筑的楼层抗侧力结构的层间受剪承载力不应小于其相邻上一层受剪承载力的 75%。

综合楼各楼层受剪承载力及承载力比值结果详见表 3.8，如图 3.39 所示。

表 3.8　各楼层受剪承载力及承载力比值

层　号	V_x/kN	V_y/kN	V_x/V_{xp}	V_y/V_{yp}	比值判断
12	7891.54	7891.54	1.00	1.00	满足
11	10498.28	10498.28	1.33	1.33	满足
10	12557.68	12557.68	1.20	1.20	满足
9	14249.50	14249.50	1.13	1.13	满足
8	24953.85	24953.85	1.75	1.75	满足
7	27106.78	27106.78	1.09	1.09	满足
6	37437.43	37437.43	1.38	1.38	满足
5	39771.45	39771.45	1.06	1.06	满足
4	41769.22	41769.22	1.05	1.05	满足
3	37344.59	37344.59	0.89	0.89	满足
2	39145.45	39145.45	1.05	1.05	满足
1	32860.45	32860.45	0.84	0.84	满足

注：V_x、V_y 为楼层受剪承载力（X、Y 方向）；V_x/V_{xp}、V_y/V_{yp} 为本层与上层楼层承载力的比值（X，Y 方向）。

判定：结构设定的限值是 80.00%，通过各楼层承载力比值判断，该综合楼并无楼层承载力突变的情况，满足规范规定。

（3）楼层薄弱层调整系数

软件对薄弱层和软弱层给出的判断标准如下：

1）软弱层：刚度比不满足规范要求的楼层。

2）刚度比判断方式：按照《抗规》第 3.4.3 条和《高规》第 3.5.2－1 条规定，从严判断。

3）软弱层判断原则："楼层剪力/层间位移" 刚度的刚度比 1。

4）薄弱层：受剪承载力不满足规范要求的楼层。

另外，设计人员也可以在参数及多塔定义中指定薄弱层。该综合楼由于第 2、3 楼层刚度比 1 不满足要求，程序自动判定为软弱层，并按照《高规》第 3.5.8 条规定，对应于地震作用标准值的剪力应乘以 1.25 的增大系数，详见表 3.9。

表 3.9　薄弱层调整系数

层号	方向	用户指定薄弱层	软弱层	薄弱层	C_def	C_user	C_final
4～12	X，Y				1.00		1.00
2，3	**X，Y**		√		**1.25**		**1.25**
1	X，Y				1.00		1.00

注：C_def 为默认的薄弱层调整系数（综合以上三项判断得到）；C_user 为用户定义的薄弱层调整系数；C_final 为程序综合判断最终采用的薄弱层调整系数。

3. 抗震分析及调整

（1）结构周期及振型方向

1）地震作用的最不利方向角：0.00°。

2）综合楼前 8 个振型结构周期及振型方向见表 3.10。

（2）周期比判定

《高规》第 3.4.5 条规定：结构扭转为主的第一自振周期 T_t 与平动为主的第一自振周期 T_1 之比，A 级高度高层建筑不应大于 0.9。

表 3.10　结构周期及振型方向

振型号	周期/s	方向角/度	类型	扭振成分	X 侧振成分	Y 侧振成分	总侧振成分	阻尼比
1	1.8251	90.00	Y	0%	0%	100%	100%	5.00%
2	1.7324	30.29	T	100%	0%	0%	0%	5.00%
3	1.6587	180.00	X	0%	100%	0%	100%	5.00%
4	0.6409	90.00	Y	0%	0%	100%	100%	5.00%
5	0.6151	35.42	T	100%	0%	0%	0%	5.00%
6	0.5922	180.00	X	0%	100%	0%	100%	5.00%
7	0.3590	90.00	Y	0%	0%	100%	100%	5.00%
8	0.3474	42.46	T	100%	0%	0%	0%	5.00%

判定：判断平动周期和扭转周期一般情况下，主要看前三个振型。从表 3.10 和图 3.40 可以看出，该工程第一振型为平动（扭转成分 0%），第二振型为扭转（扭转成分 100%），周期比为 0.95 >0.9，不满足规范要求，应调整抗侧力结构的布置，可通过增大框架角柱及最外边二侧边框柱的截面，减小内框柱截面面积方法，增大结构的抗扭刚度。调整后的周期比计算结果见表 3.11。

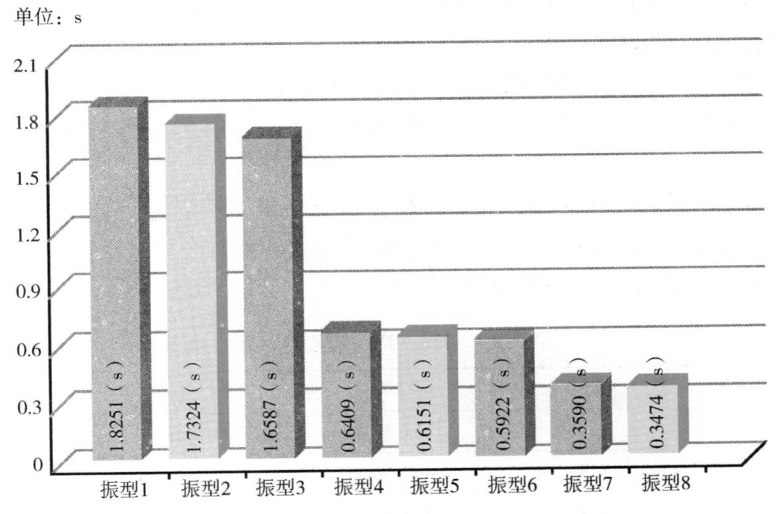

图 3.40　综合楼前 8 个振型周期简图

（注：图中灰色表示侧振成分，红色表示扭振成分）

表 3.11　调整后的结构周期及振型方向

振型号	周期/s	方向角/度	类型	扭振成分	X 侧振成分	Y 侧振成分	总侧振成分	阻尼比
1	**1.8950**	**90.00**	**Y**	0%	0%	100%	100%	5.00%
2	**1.7551**	**0.00**	**X**	0%	100%	0%	100%	5.00%
3	**1.7014**	**176.11**	**T**	100%	0%	0%	0%	5.00%
4	0.6277	90.00	Y	0%	0%	100%	100%	5.00%
5	0.5927	0.00	X	0%	100%	0%	100%	5.00%
6	0.5648	161.64	T	100%	0%	0%	0%	5.00%
7	0.3404	90.00	Y	0%	0%	100%	100%	5.00%
8	0.3226	0.00	X	0%	100%	0%	100%	5.00%

从调整后的周期输出文件可以看出，调整前第二振型为扭转周期，调整后，第二振型为平动周期，第三振型为扭转周期，而且周期比 $T_t/T_1 = 0.898 < 0.9$ 满足规范要求。

（3）有效质量系数

该综合楼各地震方向参与振型的有效质量系数见表 3.12。

《高规》第 5.1.13 条规定：各振型的参与质量之和不应小于总质量的 90%。

表 3.12　各地震方向参与振型的有效质量系数

振型号	EX	EY	振型号	EX	EY
1	0.00%	81.76%	2	0.00%	0.00%
3	82.51%	0.00%	4	0.00%	9.98%
5	0.00%	0.00%	6	9.64%	0.00%
7	0.00%	3.48%	8	0.00%	0.00%
9	3.41%	0.00%	10	0.00%	1.92%
11	0.00%	0.00%	12	1.83%	0.00%
13	0.00%	1.31%	14	0.00%	0.00%
15	1.21%	0.00%			
合计	**98.61%**	**98.44%**			

判定：1）第 1 地震方向 EX 的有效质量系数为 98.61%，参与振型足够。

2）第 2 地震方向 EY 的有效质量系数为 98.44%，参与振型足够。

（4）地震作用下结构剪重比及其调整

该综合楼地震作用下计算所得的结构剪重比及其调整系数详见表 3.13，如图 3.41、图 3.42 所示。

《抗规》第 5.2.5 条规定：7 度（0.10*g*）设防地区，水平地震影响系数最大值为 0.08，楼层剪重比不应小于 1.60%。

判定：由表 3.8 可见，*X*、*Y* 向地震剪重比都符合规范要求，不需进行调整。

如果剪重比不满足要求，用户可自定义剪重比调整系数，程序给出按《抗规》第 5.2.5 条计算的剪重比调整系数，如果用户定义了则采用用户定义值。

表 3.13　EX、EY 工况下指标

层号	V_x/kN	RSWx	V_y/kN	RSWy	Coef	Coef_RSW
12	854.0	5.56%	814.5	5.30%	1.00	1.00
11	1533.5	4.99%	1440.9	4.69%	1.00	1.00
10	2063.2	4.48%	1918.6	4.16%	1.00	1.00
9	2488.4	4.05%	2301.0	3.74%	1.00	1.00
8	2836.5	3.67%	2615.4	3.38%	1.00	1.00
7	3159.5	3.39%	2907.9	3.12%	1.00	1.00
6	3459.7	3.16%	3178.9	2.91%	1.00	1.00
5	3744.6	2.98%	3434.4	2.73%	1.00	1.00
4	4019.7	2.83%	3681.8	2.59%	1.00	1.00
3	4321.1	2.70%	3954.9	2.47%	1.00	1.00
2	4600.0	2.55%	4211.8	2.33%	1.00	1.00
1	4787.4	2.37%	4387.2	2.17%	1.00	1.00

注：V_x，V_y 为地震作用下结构楼层的剪力；RSW 为剪重比；Coef 为按《抗规》第 5.2.5 条计算的剪重比调整系数；Coef_RSW 为程序综合考虑最终采用的剪重比调整系数。

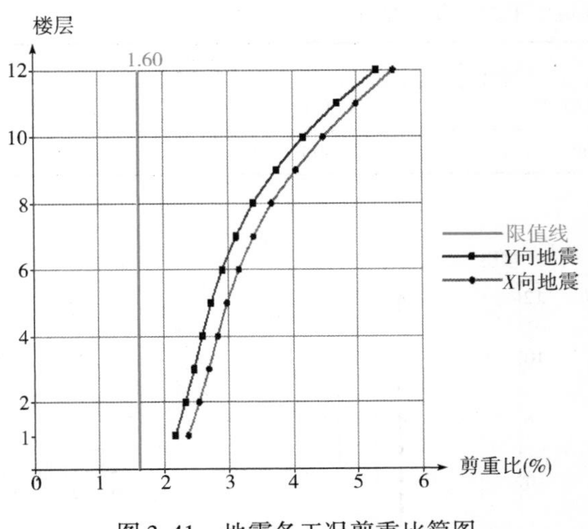

图3.41 地震各工况剪重比简图

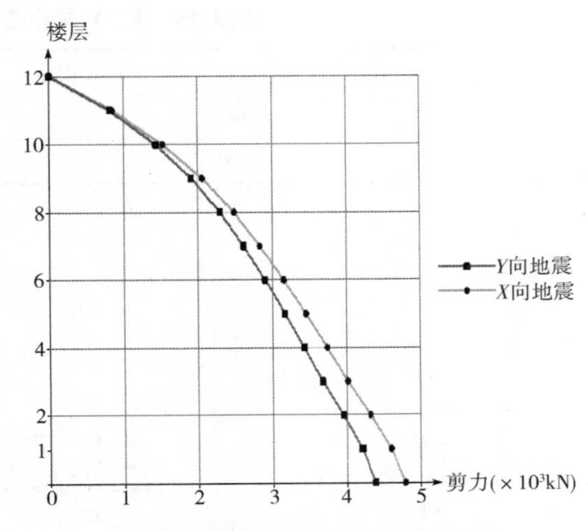

图3.42 地震各工况楼层剪力简图

4. 变形验算

普通结构楼层位移指标统计

1）最大层间位移角。综合楼 *X*、*Y* 向地震工况和 *X*、*Y* 向风荷载工况的最大位移、最大层间位移角见表3.14，如图3.43所示。

《高规》3.7.3条规定：对于高度不大于150m的框架结构，按弹性方法计算的风荷载或多遇地震标准值作用下的楼层层间最大水平位移与层高之比 $\Delta u/h$ 不宜大于1/550，对于高度不小于250m的高层建筑，其楼层层间最大位移与层高之比 $\Delta u/h$ 不宜大于1/500。

判定：结构设定的限值为1/550，该框架结构在地震工况下最大层间位移角为1/1257，在风荷载工况下最大层间位移角为1/1147，结构所有工况下最大层间位移角均满足规范要求。

表3.14 *X*、*Y* 向地震工况和风荷载工况的位移

层号	*X* 向地震工况		*Y* 向地震工况		*X* 向风荷载工况		*Y* 向风荷载工况	
	最大位移	最大层间位移角	最大位移	最大层间位移角	最大位移	最大层间位移角	最大位移	最大层间位移角
12	**25.38**	1/4168	**28.27**	1/3489	**13.03**	1/9999	**29.71**	1/4749
11	24.73	1/2450	27.47	1/2159	12.74	1/6717	28.97	1/2874
10	23.60	1/1832	26.18	1/1648	12.21	1/4705	27.76	1/2063
9	22.02	1/1528	24.43	1/1391	11.47	1/3661	26.06	1/1628
8	20.07	1/1846	22.27	1/1607	10.51	1/4146	23.91	1/1763
7	18.38	1/1677	20.33	1/1475	9.67	1/3599	21.93	1/1545
6	16.47	1/1728	18.15	1/1499	8.70	1/3576	19.66	1/1514
5	14.55	1/1627	15.95	1/1423	7.72	1/3280	17.35	1/1399
4	12.48	1/1588	13.59	1/1396	6.65	1/3123	14.85	1/1337
3	10.32	1/1437	11.13	1/1287	5.53	1/2751	12.23	1/1200
2	6.87	**1/1372**	7.28	**1/1257**	3.71	**1/2569**	8.07	**1/1147**
1	3.23	1/1856	3.31	1/1813	1.77	1/3391	3.71	1/1617

2）位移比。综合楼 *X*、*Y* 向地震工况和 *X*、*Y* 向风荷载工况的最大位移见表3.15，如图3.44所示。

《抗规》第3.4.3－1条对于扭转不规则的定义为：在规定的水平力作用下，楼层的最大弹性水平位移（或层间位移），大于该楼层两端弹性水平位移（或层间位移）平均值的1.2倍。

表 3.15 X、Y 向静震（规定水平力）工况的位移

层　　号	X 向工况		Y 向工况	
	位移比	层间位移比	位移比	层间位移比
1～12	1.00	1.00	1.00	1.00

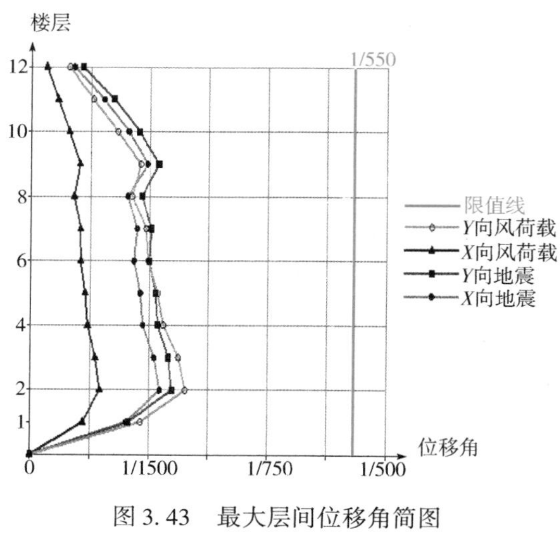

图 3.43 最大层间位移角简图

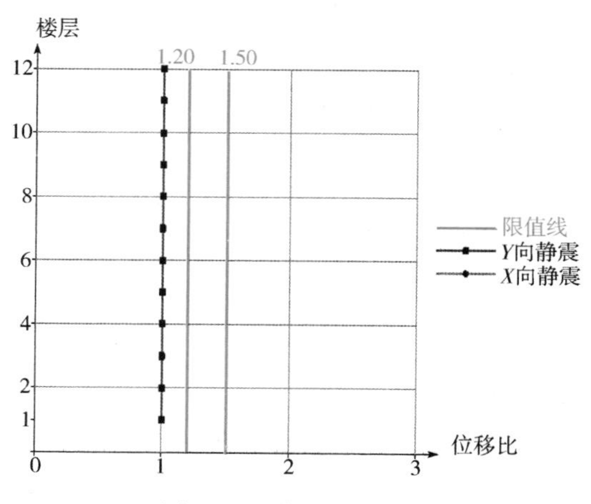

图 3.44 位移比简图

《高规》第 3.4.5 条规定：结构在考虑偶然偏心影响的规定水平地震力作用下，楼层竖向构件最大的水平位移和层间位移，A 级高度高层建筑不宜大于该楼层平均值的 1.2 倍，不应大于该楼层平均值的 1.5 倍；B 级高度高层建筑、超过 A 级高度的混合结构及复杂高层建筑不宜大于该楼层平均值的 1.2 倍，不应大于该楼层平均值的 1.4 倍。结构设定的判断，扭转不规则的位移比为 1.20，位移比的限值为 1.50，结构不属于扭转不规则。

判定：所有工况下位移比、层间位移比均满足规范要求。

5. 抗倾覆和稳定验算

（1）抗倾覆验算

综合楼结构的抗倾覆验算结果见表 3.16。

《高规》第 12.1.7 条规定：在重力荷载与水平荷载标准值或重力荷载代表值与多遇水平地震标准值共同作用下，高宽比大于 4 的高层建筑，基础底面不宜出现零应力区；高宽比不大于 4 的高层建筑，基础底面与地基之间零应力区面积不应超过基础底面面积的 15%。

表 3.16 综合楼抗倾覆验算

工　　况	抗倾覆力矩 M_r/(kN·m)	倾覆力矩 M_{ov}/(kN·m)	比值 M_r/M_{ov}	零应力区（%）
EX	5.09e+6	1.52e+5	33.55	0.00
EY	2.42e+6	1.39e+5	17.43	0.00
WX	5.31e+6	83850.21	63.27	0.00
WY	2.53e+6	1.57e+5	16.04	0.00

判定：该综合楼高宽比为 1.64，基础底面零应力区面积比为 0.00%，符合规范要求。

（2）整体稳定刚重比验算

综合楼整层屈曲模式的刚重比验算见表 3.17。

表 3.17　整层屈曲模式的刚重比验算

层号	X 向刚度/（kN/m）	Y 向刚度/（kN/m）	层高/m	上部重量/kN	X 刚重比	Y 刚重比
12	1.02e+6	8.12e+5	3.50	21004.17	169.50	135.30
11	1.07e+6	8.89e+5	3.50	42008.34	89.44	74.06
10	1.08e+6	9.03e+5	3.50	63012.51	60.02	50.18
9	1.09e+6	9.15e+5	3.50	84016.68	45.27	38.12
8	1.50e+6	1.20e+6	3.50	1.06e+5	49.58	39.81
7	1.51e+6	1.23e+6	3.50	1.27e+5	41.67	33.72
6	1.71e+6	1.36e+6	3.50	1.49e+5	40.05	31.92
5	1.74e+6	1.40e+6	3.50	1.71e+5	35.57	28.54
4	1.82e+6	1.47e+6	3.50	1.93e+5	33.00	26.58
3	1.24e+6	1.02e+6	5.00	2.18e+5	28.49	23.37
2	1.26e+6	1.06e+6	5.00	2.47e+5	25.55	21.43
1	1.48e+6	1.33e+6	6.00	2.77e+5	32.10	28.73

《高规》第 5.4.1-2 条规定：当高层框架结构满足式 3-1 规定时，弹性计算分析时可不考虑重力二阶效应的不利影响。

$$D_i \geqslant 20 \sum_{j=i}^{n} G_j/h_i \quad (i = 1,2,\cdots,n) \tag{3-1}$$

《高规》第 5.4.4 条规定：高层框架结构的整体稳定性应符合下列规定：

$$D_i \geqslant 10 \sum_{j=i}^{n} G_j/h_i \quad (i = 1,2,\cdots,n) \tag{3-2}$$

式中　G_j——第 j 楼层重力荷载设计值，取 1.2 倍的永久荷载标准值与 1.4 倍的楼面可变荷载标准值的组合值；

D_i——第 i 楼层的弹性等效侧向刚度，可取该层剪力与层间位移的比值；

h_i——第 i 楼层层高；

n——结构计算总层数。

判定：从表 3.17 可以看出，该结构最小刚重比 $D_iH_i/G_i=21.43>20$（第 2 层），可以不考虑重力二阶效应。该结构最小刚重比 $D_iH_i/G_i>10$，能够通过《高规》第 5.4.4 条的整体稳定验算。

6. 指标汇总信息

该综合楼整体计算指标详见表 3.18。

表 3.18　综合楼整体计算指标汇总

指标项		汇总信息
总质量/t		20184.62
质量比		1.00 <［1.5］（12 层 1 塔）
最小刚度比 1	X 向	0.88 <［1.00］（3 层 1 塔）
	Y 向	0.90 <［1.00］（3 层 1 塔）
最小楼层受剪承载力比值	X 向	0.84 >［0.80］（1 层 1 塔）
	Y 向	0.84 >［0.80］（1 层 1 塔）
结构自振周期/s		$T_1=1.6587$（X）
		$T_3=1.8251$（Y）
		$T_5=1.7324$（T）

（续）

指标项		汇总信息
有效质量系数	X 向	98.61% > [90%]
	Y 向	98.44% > [90%]
最小剪重比	X 向	2.37% > [1.60%]（1 层 1 塔）
	Y 向	2.17% > [1.60%]（1 层 1 塔）
最大层间位移角	X 向	1/1372 < [1/550]（2 层 1 塔）
	Y 向	1/1147 < [1/550]（2 层 1 塔）
最大位移比	X 向	1.00 < [1.50]（2 层 1 塔）
	Y 向	1.00 < [1.50]（9 层 1 塔）
最大层间位移比	X 向	1.00 < [1.20]（11 层 1 塔）
	Y 向	1.00 < [1.20]（10 层 1 塔）
刚重比	X 向	25.55 > [10]（2 层 1 塔）
	Y 向	21.43 > [10]（2 层 1 塔）

3.9　框架结构方案评议

1. 结构方案评价

1）第二、三层刚度比不满足规范要求，形成薄弱层。

2）柱截面在同一楼层取值相同，第二振型为扭转，周期比超限。

2. 优化建议

1）调整柱截面，增大框架角柱及最外侧边框柱的截面，减小内框柱截面，调整后第二振型为平动，第三振型为扭转，结果比较理想。

2）按楼层逐级减小柱截面，柱截面由最低层 1000mm×1000mm 变截面到顶层的 600mm×600mm。

3.10　框架结构施工图

1. 混凝土结构施工图绘制流程

混凝土结构施工图模块是 PKPM 设计系统的主要组成部分之一，其主要功能是完成上部结构各种混凝土构件的配筋设计，并绘制施工图。该模块包括梁、柱、墙、板及组合楼板、层间板等多个子模块。施工图模块是 PKPM 软件的后处理模块，需要接力其他 PKPM 软件的计算结果进行计算。其中板施工图模块需要接力“结构建模”软件生成的模型和荷载导算结果来完成计算；梁、柱、墙施工图模块除了需要“结构建模”生成的模型与荷载外，还需要接力结构整体分析软件 SATWE 和 PMSAP 生成的内力与配筋信息才能正确运行。板、梁、柱、墙模块基本都是按照划分钢筋标准层、构件分组归并、自动选筋、钢筋修改、施工图绘制、施工图修改的步骤进行操作（图 3.45），用户可以通过修改参数控制执行过程。如果需要进行钢筋修改和施工图修改，用户可以在自动生成的数据基础上进行交互修改。出施工图之前，需要划分钢筋标准层。构件布置相同、受力特点类似的数个自然层可以划分为一个钢筋标准层，每个钢筋标准层只出一张施工图。钢筋标准层与结构标准层有所区别。PM 建模时使用的标准层也被称为结构标准层，它与钢筋标准层的区别主要有两点：

1）在同一结构标准层内的自然层的构件布置与荷载完全相同，而钢筋标准层不要求荷载相同，只要求构件布置完全相同。

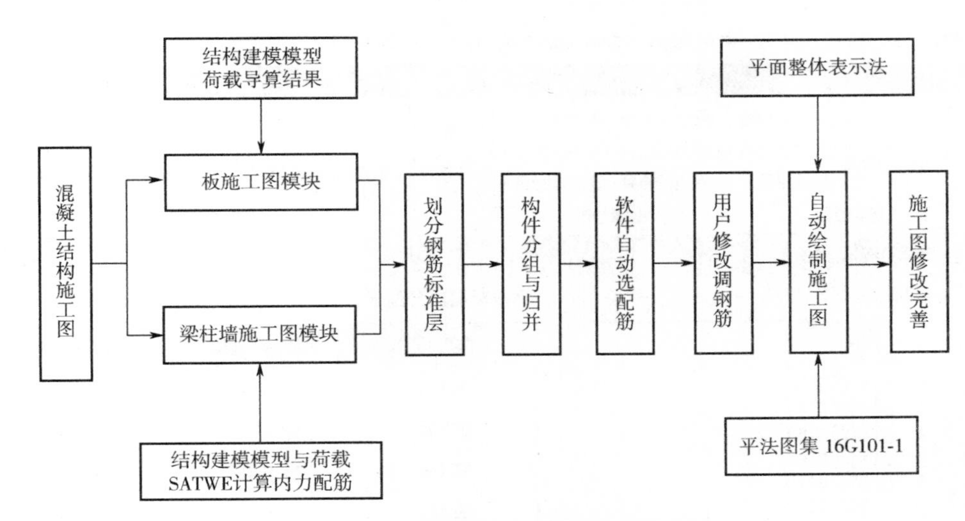

图3.45　混凝土结构施工图绘制流程

2）结构标准层只看本层构件，而钢筋标准层的划分与上层构件也有关系，例如屋面层与中间层不能划分为同一钢筋标准层。板、梁、柱、墙各模块的钢筋标准层是各自独立设置的，用户可以分别修改。

对于几何形状相同、受力特点类似的构件，通常做法是归为一组，采用同样的配筋进行施工。这样做可以减少施工图数量，降低施工难度。各施工图模块在配筋之前都会自动执行分组归并过程，分在同一组的构件会使用相同的名称和配筋。

施工图绘制模块提供了多种施工图表示方法，如平面整体表示法，柱、墙的列表画法，传统的立剖面图画法等。其中最主要的表示方法为平面整体表示法，软件缺省输出平法图，钢筋修改等操作均在平法图上进行。软件绘制的平法图符合平法图集16G101-1的要求。

2. 梁柱配筋平面图绘制

PKPM程序统一了混凝土结构施工图的菜单布置、操作方式和界面风格。对于楼板、梁、柱、剪力墙施工图等绘制程序采用了相同的操作模式。完成结构模型的建立、结构分析后，可切换到“混凝土结构施工图”模块下，进行混凝土结构的施工图设计。

（1）设计参数选择

梁施工图模块的设计参数包括：①绘图参数；②归并放大系数；③梁名称前缀；④纵筋选筋参数；⑤箍筋选筋参数；⑥裂缝、挠度计算参数；⑦其他参数。设计人员可根据工程的具体要求进行调整。

（2）梁钢筋标准层划分

第一次进入梁施工图时，在参数设置中，要求用户调整和确认钢筋标准层的定义。程序会按结构标准层的划分状况生成默认的梁钢筋标准层。用户应根据工程实际状况，进一步将不同的结构标准层也归并到同一个钢筋标准层中，只要这些结构标准层的梁截面布置相同。软件根据以下两条标准进行梁钢筋标准层的自动划分：①两个自然层所属结构标准层相同；②两个自然层上层对应的结构标准层也相同。符合上述条件的自然层将被划分为同一钢筋标准层，如图3.46所示。

（3）挠度图与挠度计算

梁钢筋模块可以进行梁的挠度计算，并将计算结果以挠度曲线的形式绘出（图3.47），用户可以查询各连续梁的挠度。挠度图界面中的“计算书”命令，可以输出挠度计算的各种中间结果，包括各工况内力、准永久组合、长期刚度、短期刚度等。对于有疑问的梁跨，可以使用计算书进行复核。

图 3.46　梁钢筋标准层划分

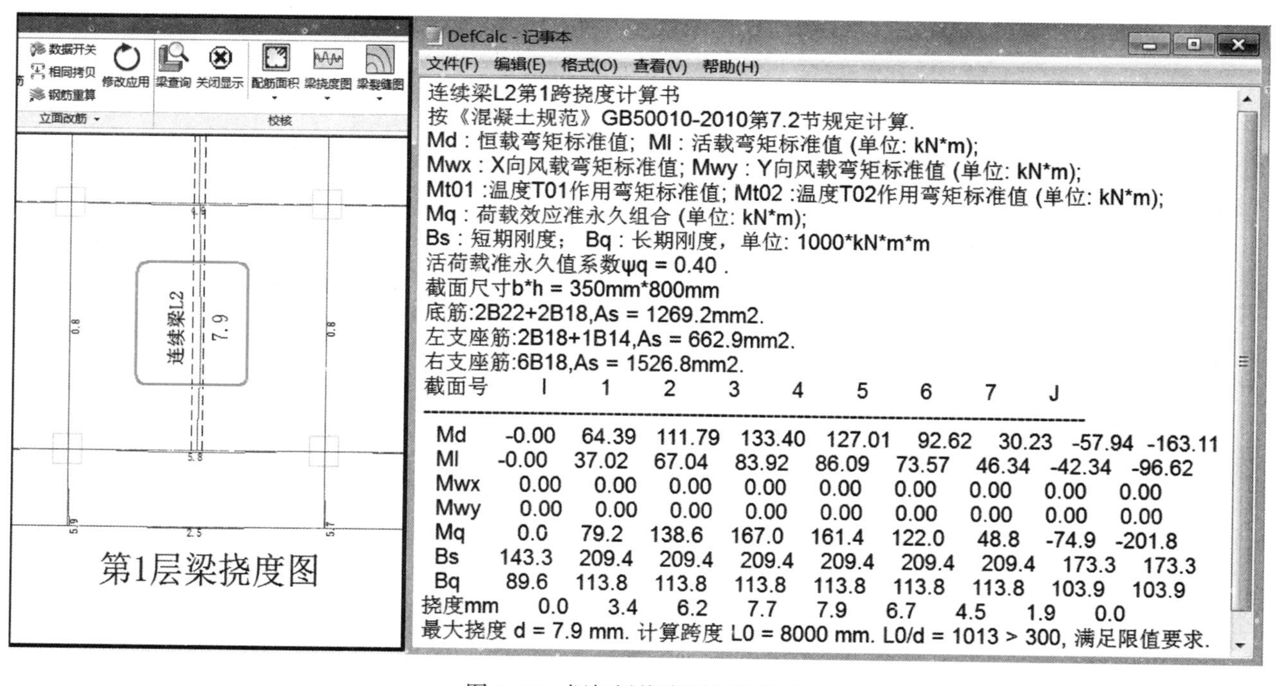

连续梁L2第1跨挠度计算书

按《混凝土规范》GB50010-2010第7.2节规定计算.

Md：恒载弯矩标准值; Ml：活载弯矩标准值 (单位: kN*m);

Mwx：X向风载弯矩标准值; Mwy：Y向风载弯矩标准值 (单位: kN*m);

Mt01：温度T01作用弯矩标准值; Mt02：温度T02作用弯矩标准值 (单位: kN*m);

Mq：荷载效应准永久组合 (单位: kN*m);

Bs：短期刚度; Bq：长期刚度, 单位: 1000*kN*m*m

活荷载准永久值系数ψq = 0.40 .

截面尺寸b*h = 350mm*800mm

底筋:2B22+2B18,As = 1269.2mm2.

左支座筋:2B18+1B14,As = 662.9mm2.

右支座筋:6B18,As = 1526.8mm2.

截面号	I	1	2	3	4	5	6	7	J
Md	-0.00	64.39	111.79	133.40	127.01	92.62	30.23	-57.94	-163.11
Ml	-0.00	37.02	67.04	83.92	86.09	73.57	46.34	-42.34	-96.62
Mwx	0.00	0.00	0.00	0.00	0.00	0.00	0.00	0.00	0.00
Mwy	0.00	0.00	0.00	0.00	0.00	0.00	0.00	0.00	0.00
Mq	0.0	79.2	138.6	167.0	161.4	122.0	48.8	-74.9	-201.8
Bs	143.3	209.4	209.4	209.4	209.4	209.4	209.4	173.3	173.3
Bq	89.6	113.8	113.8	113.8	113.8	113.8	113.8	103.9	103.9
挠度mm	0.0	3.4	6.2	7.7	7.9	6.7	4.5	1.9	0.0

最大挠度 d = 7.9 mm. 计算跨度 L0 = 8000 mm. L0/d = 1013 > 300, 满足限值要求.

图 3.47　框架梁挠度图级计算书

（4）裂缝图与裂缝计算

“裂缝图”命令可以计算并查询各连续梁的裂缝，绘制好的裂缝图如图 3.48 所示。图上标明各跨支座及跨中的裂缝。软件提供了裂缝计算书的查询功能，可以使用计算书对有问题的梁跨进行复核。

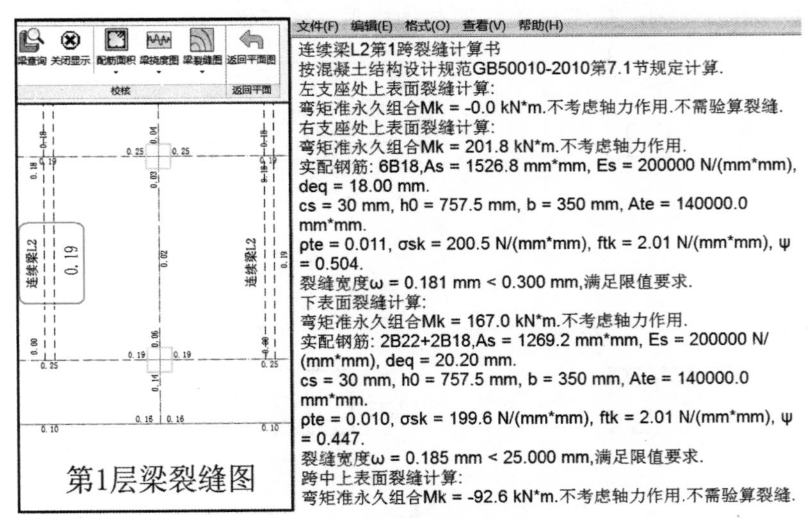

图 3.48　框架梁裂缝图与裂缝计算

软件可根据裂缝选择纵筋。如果设计人员在参数菜单中选择了“根据裂缝选筋”，则软件在选完主筋后会计算相应位置的裂缝（下筋验算跨中下表面裂缝，支座筋验算支座处裂缝）。如果所得裂缝大于允许裂缝宽度，则将计算面积放大 1.1 倍重新选筋。重复放大面积、选筋、验算裂缝的过程，直到裂缝满足要求或选筋面积放大 10 倍为止。需要注意的是通过增大配筋面积减小裂缝宽度效果不明显，通常钢筋面积增大很多裂缝才能下降一点。较好的方法是增大梁高或增大保护层厚度能够较迅速地减小裂缝宽度。因此，对重视用钢量的工程，不应完全依赖程序自动增加钢筋的方法减小裂缝，应该尽量通过合理的截面设计使裂缝满足限值要求。

（5）梁平法施工图

该综合楼框架结构梁平法施工图如图 3.49 所示。

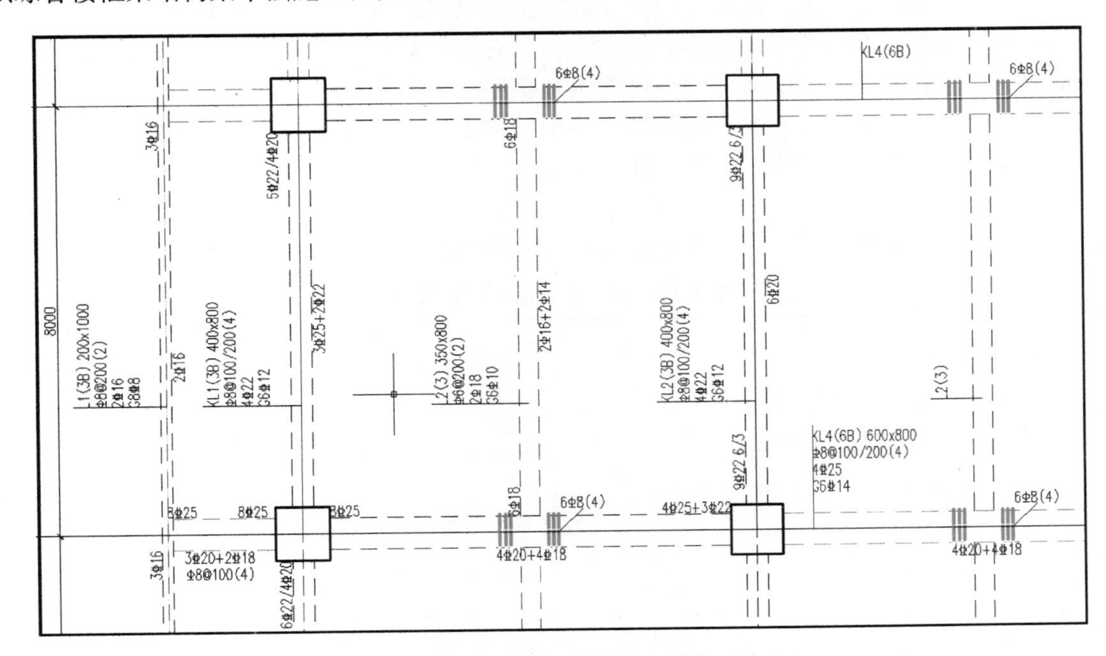

图 3.49　综合楼一层梁局部施工图

（6）柱平法施工图

软件提供了七种不同的画法：平法截面注写 1（原位）、平法截面注写 2（集中）、平法列表注写、PKPM 截面注写 1（原位标注）、PKPM 截面注写 2（集中标注）、PKPM 剖面列表法、广东柱表画图方式，用户可选其中之一进行出图，该综合楼框架结构柱平法施工图如图 3.50 所示。

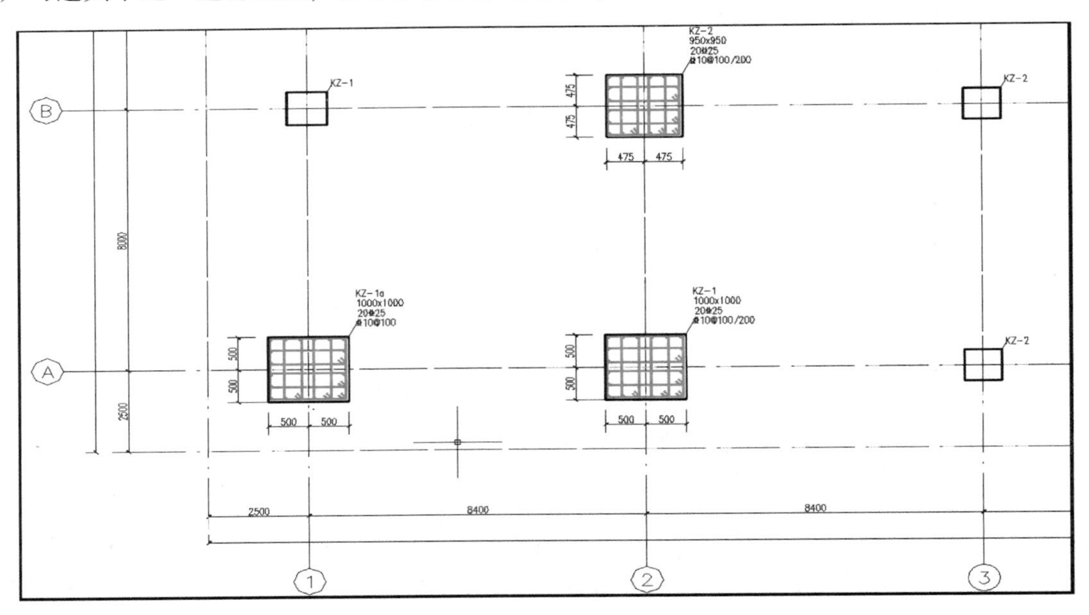

图 3.50　综合楼一层柱局部施工图

3.11　框架设计必记数据总结

1. 梁柱截面尺寸初估算

建筑方案确定后，就需要结构工程师选择结构方案，对于框架结构，主要是确定柱网及初估梁和柱截面尺寸。对于有多年设计经验的工程师来说，可能初估一次截面尺寸，就能直接通过计算，或者只经过一两次调整就能满足要求。而对于刚毕业的学生或设计经验不足的工程师来说，往往却不知所措，布置的柱网和构件截面尺寸不是太小就是太大，只有在计算机上重复试算，把大部分精力浪费在了调整模型上。设计人员刚开始做设计时不可能具备足够的设计经验，因此，平时做设计时应注意收集和记住一些常用到的工程设计数据，提高设计效率。为了方便设计人员选取截面，下面给出了一些常用的结构构件截面估算尺寸及估算办法，供设计人员参考。

（1）梁、板截面估算

梁截面高度和板的厚度初步估算可参考表 3.19 给出的数据。

表 3.19　梁、板截面尺寸估算表

<table>
<tr><td colspan="3">板厚度</td><td colspan="5">梁截面高度</td></tr>
<tr><td colspan="2">单向板（简支）</td><td>L/35</td><td colspan="2">单跨梁</td><td colspan="3">L/12</td></tr>
<tr><td colspan="2">单向板（连续）</td><td>L/40</td><td colspan="2">连续梁</td><td colspan="3">L/15</td></tr>
<tr><td colspan="2">双向板（短跨）</td><td>L/45～L/40</td><td colspan="2">悬臂梁</td><td colspan="3">L/6</td></tr>
<tr><td colspan="2">悬臂板</td><td>L/12</td><td rowspan="3">整体肋形梁</td><td>支撑情况</td><td>连续</td><td>简支</td><td>悬臂</td></tr>
<tr><td colspan="2">楼梯梯板</td><td>L/30</td><td>主梁</td><td>L/15</td><td>L/12</td><td>L/6</td></tr>
<tr><td rowspan="2">无梁楼盖（短跨）</td><td>无柱帽</td><td>L/30</td><td>次梁</td><td>L/25</td><td>L/20</td><td>L/8</td></tr>
<tr><td>有柱帽</td><td>L/35</td><td colspan="2">井字梁</td><td colspan="3">L/20～L/15</td></tr>
<tr><td colspan="2">无粘结预应力板</td><td>L/40</td><td colspan="2">扁梁</td><td colspan="3">L/18～L/12</td></tr>
</table>

注：表中 L 为梁、板的计算跨度（井字梁为短跨）。

（2）柱截面估算

柱轴压力简化计算

柱轴压力的计算，同柱网尺寸和楼屋面设计荷载有关，当为矩形轴网时，柱的受荷范围一般近似取该柱在 X、Y 两个方向邻跨跨度中线所围合成的矩形，作为受荷面积。初步估计时可以按照地上每层荷载标准值 12～15kN/m²，地下每层荷载标准值 22kN/m² 计算，总层数叠加后，乘以受荷面积和设计值转换系数 1.25，即直接确定轴压力。

例：框架结构，柱网尺寸 8m×8.4m，地上 12 层，抗震等级二级。依据《高规》表 6.4.2 查得轴压比限值为 0.75，柱子混凝土强度等级为 C30，$f_c = 14.3\text{N/mm}^2$，估算中柱轴压力设计值为：

$$N = 8 \times 8.4 \times 12 \times 12 \times 1.25 = 12096(\text{kN})$$

$$N/Af_c = 0.75$$

$$A = 12096 \times 10^3/(0.75 \times 14.3) = 1127832(\text{mm}^2)$$

$$a = \sqrt{A} = \sqrt{1127832} = 1061(\text{mm})$$

中柱尺寸确定后，边角柱可近似取相同截面，再建模计算，微调后基本满足要求。下面给出在不同柱底轴力下柱截面尺寸参考表（表 3.20），该表编制时选取一般框架结构中柱，设防烈度 7 度，抗震等级二级为计算依据，设计时先手算出柱底轴力，按照表中给出的数据，初定柱截面尺寸，节省设计人员时间。

表 3.20　框架柱截面尺寸估算　（单位：mm）

柱底轴力/kN	层数	C30	C35	C40	C45	C50
3000	6～7	550×550	500×500	450×450	450×450	400×400
5000	7～8	700×700	650×650	600×600	550×550	550×550
7000	8～9	800×800	750×750	700×700	650×650	650×650
9000	10～12	900×900	850×850	**800×800**	750×750	700×700
11000	12～13	1000×1000	900×900	850×850	800×800	800×800
13000	13～15	1100×1100	1000×1000	950×950	900×900	850×850
15000	15～17	1150×1150	1050×1050	1000×1000	950×950	900×900
17000	17～18	1250×1250	1150×1150	1050×1050	1000×1000	950×950
19000	18～19	1300×1300	1200×1200	1150×1150	1100×1100	1050×1050
21000	20	1350×1350	1250×1250	**1200×1200**	1150×1150	1100×1100

从表 3.21 中柱截面尺寸可以看出，对于 C40 的柱子，建筑 10 层高时一般取 800×800mm，建筑 20 层高时一般取 1200mm×1200mm。当柱子材料为混凝土中加钢骨时，以上截面面积一般还可以再压缩 30%～35%，也就是说 C40 的钢骨混凝土柱子，以上条件均不变的话，建筑 10 层高时可减少到 650mm×650mm，20 层高时可减少到 1000mm×1000mm。如果设计人员把一个 10 层左右框架结构（8m×8m 柱网）的首层柱截面取 1000mm×1000mm 或以上的柱子，作为一名资深设计人员就应判断出，这个柱子截面肯定偏大，有优化的余地，至少可以取到 800mm×800mm。

2. 建筑估算用荷载

作为结构设计人员，必须记住一些常用到的建筑结构荷载，这是判断一个结构工程师是否合格、是否具备设计能力的一个重要指标。

（1）恒荷载估算取值

1）普通楼面（住宅、办公）：2.0kN/m²（不包括楼板自重）。

2）轻质隔墙（固定或自由）：2.0kN/m²（100mm 厚）。

3）普通屋面（有保温防水）：4.0kN/m²（不包括屋面板自重）。

（2）活荷载估算取值

1）不上人屋面：0.5kN/m^2。

2）上人屋面：2.0kN/m^2。

3）屋顶花园：3.0kN/m^2。

4）楼面均布活荷载。

《荷载规范》第5.1.1条给出了常用的民用建筑楼面均布活荷载标准值，为了便于记忆，将常见活荷载内容汇总为表3.21。

表3.21　民用建筑楼面均布活荷载标准值分类表　（单位：kN/m^2）

人员和物品密集度	类　别	标准值
人员一般的楼面	（1）住宅、宿舍、旅馆、托幼、医院病房（包括走廊和门厅） （2）办公楼、试验室、阅览室、会议室、医院门诊室 （3）多层住宅楼梯 （4）厨房（除餐厅外）	2.0
人员不密集的楼面	（1）教室、食堂、餐厅 （2）浴室、卫生间、盥洗室 （3）普通阳台 （4）办公楼、餐厅、医院门诊部的走廊和门厅	2.5
人员较密集的楼面	（1）礼堂、剧场、影院、有固定座位的看台 （2）公共洗衣房	3.0
人员密集的楼面	（1）商店、展览厅、车站、港口、机场大厅 （2）无固定座位的看台 （3）教学楼走廊和门厅 （4）疏散楼梯（除多层住宅外） （5）可能出现人员密集的阳台	3.5
人员非常密集的楼面	（1）健身房、演出舞台 （2）运动场、舞厅 （3）厨房餐厅	4.0
物品密集的楼面	书库、档案库、储藏室	5.0
设备密集的楼面	通风机房、电梯机房、高压变电室	7.0
物品非常密集的楼面	密集柜书库	12.0
堆放钢筋、砂石的结构顶板	地下1层顶板（即±0.000板）	8.0
汽车通道 及客车停车库	双向板楼盖（板跨不小于6m×6m）和无梁楼盖（柱网尺寸不小于6m×6m）	客车2.5 消防车20.0
	单向板楼盖（板跨不小于2m）和双向板楼盖（板跨不小于3m×3m）	客车4.0 消防车35.0

需提醒设计人员注意，设计±0.000板时，在截面尺寸相同的情况下，板和梁的配筋一般要比其他楼层大，这是由于其特殊部位板活载较大在配筋中的直接反映，否则有以下两种情况：①±0.000板按普通楼面取活荷载值；②其他楼层板梁设计偏浪费。

3. 不同直径钢筋面积

结构设计除了整体计算外，主要是构件配筋，而钢筋的面积对于刚做设计的结构人员来说很重要，必须熟记一些常用到的钢筋截面面积（表 3.22），这样可以快速校核计算机给出的构件配筋是否合理。

表 3.22　各种规格的钢筋截面面积

公称直径/mm	1 根截面面积/mm^2	约面积/mm^2	公称直径/mm	1 根截面面积/mm^2	约面积/mm^2
8	50.3	**50**	20	314.2	**300**
10	78.5	**75**	22	380.1	**400**
12	113.1	**100**	25	490.9	**500**
14	153.9	**150**	28	615.8	**600**
16	201.1	**200**	32	804.2	**800**
18	254.5	**250**	36	1017.9	1000

4. 梁内单排钢筋最大根数

按照《混规》第 9.2.1 条规定：梁上部钢筋水平方向的净间距不应小于 30mm 和 1.5d（d 为钢筋的最大直径）；梁下部钢筋水平方向的净间距不应小于 25mm 和 d。当下部钢筋多于 2 层时，2 层以上钢筋水平方向的中距应比下面 2 层的中距增大一倍；各层钢筋之间的净间距不应小于 25mm 和 d。设计人员应能熟记常用到的不同梁宽单排最多能放置各种规格钢筋的总根数（表 3.23）。

表 3.23　梁纵向钢筋单排最大根数

梁宽/mm	箍筋直径		8mm		混凝土保护层厚度		20mm	
	钢筋直径/mm							
	14	16	18	20	22	25	28	32
200	3/4	3/4	3/3	3/3	3/3	**2/3**	2/3	2/2
250	5/5	4/5	4/5	4/4	4/4	**3/4**	3/3	2/3
300	6/6	5/6	5/6	5/5	5/5	**4/5**	4/4	3/4
350	7/8	7/7	6/7	6/7	5/6	**5/6**	4/5	4/4
400	8/9	8/9	7/8	7/8	6/7	**6/7**	5/6	4/5
450	9/10	9/10	8/9	8/9	7/8	**6/8**	6/7	5/6
500	10/12	10/11	9/10	9/10	8/9	**7/9**	6/8	6/7

注：表内分数值，其分子为梁上部纵筋单排最大根数，分母为梁下部钢筋单排最大根数。

5. 混凝土强度设计值

《混规》第 4.1.2 条规定：素混凝土结构的混凝土强度等级不应低于 C15；钢筋混凝土结构的混凝土强度等级不应低于 C20；采用强度等级 400MPa 及以上的钢筋时，混凝土强度等级不应低于 C25。预应力混凝土结构的混凝土强度等级不宜低于 C40，且不应低于 C30。承受重复荷载的钢筋混凝土构件，混凝土强度等级不应低于 C30。工程中常用的混凝土强度设计值见表 3.24。

表 3.24　混凝土轴心抗压强度和轴心抗拉强度设计值

强度	混凝土强度等级										
	C30	C35	C40	C45	C50	C55	C60	C65	C70	C75	C80
f_c	14.3	16.7	19.1	21.1	23.1	25.3	27.5	29.7	31.8	33.8	35.9
f_t	1.43	1.57	1.71	1.80	1.89	1.96	2.04	2.09	2.14	2.18	2.22

记忆方法：1）混凝土轴心抗压强度设计值，约等于混凝土强度等级数值的 1/2 减去 1 或 2。

即：$f_c \approx \frac{C\times\times}{2} - (1\sim2)$（$C\times\times \leq C40$ 时取 1，$C\times\times \geq C45$ 时取 2）　(3-3)

2）混凝土轴心抗压强度设计值为其前后相邻数值和的平均值。

即：$f_c \approx \frac{(f_{c1}+f_{c2})}{2}$ （3-4）

f_{c1}、f_{c2}——表 3.24 中某混凝土设计值前后的相邻数值。

3）混凝土轴心抗拉强度设计值约为轴心抗压强度设计值的 1/16 ~ 1/10。

即：$f_t = f_c/10$（C30 ~ C40）；$f_t = f_c/12$（C45 ~ C55）；f_t = fc/14（C60 ~ C70）；$f_t = f_c/16$（C75 ~ C80）。

第 4 章　框架—剪力墙结构设计

框架—剪力墙结构是在框架体系的基础上设置一定数量的纵向和横向抗震墙，所构成的双重抗侧力体系。它克服了框架结构抵抗水平荷载能力较低，在有抗震设防要求的地区，框架的承载力和变形往往不能满足要求的缺点，能够使整个结构的抗推刚度适中，并能根据水平荷载的大小提供足够的承载力。因此，在建筑物的各种结构体系之中，框架—剪力墙是一种经济有效的、应用范围最为广泛的结构体系。与框架体系相比，框架—剪力墙体系适用于更多层数和更高的建筑物。

4.1　框架—剪力墙结构设计要点

由于布置的剪力墙数量不同，框架—剪力墙结构在规定的水平力作用下，结构底层框架部分承受的地震倾覆力矩与结构总地震倾覆力矩的比值不尽相同，结构性能差别较大。在结构设计时，应据此比值确定该结构相应的适用高度和构造措施，计算模型及分析均按框架—剪力墙结构进行实际输入和计算分析。

1）当框架部分承担的倾覆力矩不大于结构总倾覆力矩的 10% 时，意味着结构中框架承担的地震作用较小，绝大部分均由剪力墙承担，工作性能接近于纯剪力墙结构，此时结构中的剪力墙抗震等级可按剪力墙结构的规定执行；其最大适用高度仍按框架—剪力墙结构的要求执行；其中的框架部分应按框架—剪力墙结构的框架进行设计，并对框架总剪力进行调整，其侧向位移控制指标按剪力墙结构采用。

2）当框架部分承受的地震倾覆力矩大于结构总地震倾覆力矩的 10% 但不大于 50% 时，属于典型的框架—剪力墙结构，按规范有关规定进行设计。

3）当框架部分承受的倾覆力矩大于结构总倾覆力矩的 50% 但不大于 80% 时，意味着结构中剪力墙的数量偏少，框架承担较大的地震作用，此时框架部分的抗震等级和轴压比宜按框架结构的规定执行，剪力墙部分的抗震等级和轴压比按框架—剪力墙结构的规定采用；其最大适用高度可比框架结构的要求适当提高，提高的幅度可视剪力墙承担的地震倾覆力矩来确定；框架部分的抗震等级和轴压比限值宜按框架结构的规定采用。

4）当框架部分承受的倾覆力矩大于结构总倾覆力矩的 80% 时，意味着结构中剪力墙的数量极少，此时框架部分的抗震等级和轴压比应按框架结构的规定执行，剪力墙部分的抗震等级和轴压比按框架—剪力墙结构的规定采用；其最大适用高度宜按框架结构采用。对于这种少墙框架—剪力墙结构，由于其抗震性能较差，不主张采用，以避免剪力墙受力过大、过早破坏。当不可避免时，宜采取将此种剪力墙减薄、开竖缝、开结构洞、配置少量单排钢筋等措施，减小剪力墙的作用。

4.2　剪力墙布置原则

1. 剪力墙设置要点

1）框架—剪力墙结构应设计成双向抗侧力体系。抗震设计时，结构两主轴方向均应布置剪力墙。一般情况下，对于矩形、L 形、T 形、Π形和口字形平面，抗震墙可沿纵、横两个方向布置；对于圆形和弧形平面，可沿径向和环向布置；对于三角形、三叉形以及其他复杂平面，可沿平面各个翼肢部分的纵向、横向或斜向等两个或三个主轴方向布置。

2）抗震墙的数量要适当。如果布置太多，结构抗推刚度太大，地震力加大，不经济；如果布置太少，抗震墙提供的抗推刚度又不足，框架—剪力墙体系重新变为框架体系，不符合设计意图。要保持框架—剪力墙体系的结构特性，沿每一主轴方向，抗震墙所承担的倾覆力矩应不少于整个结构体系总倾覆力矩的50%。

3）每个方向抗震墙的布置应尽量做到：分散、均匀、周边、对称。

4）一个独立的结构单元内，同一方向的各片抗震不宜设置为单肢墙，应适当多设置一些双肢墙或多肢墙，以避免同方向所有抗震墙同时在底部屈服而形成不稳定的侧移机构。

2. 剪力墙的平面位置

1）剪力墙宜均匀布置在建筑物的周边附近、楼梯间、电梯间、平面形状变化及恒载较大的部位，剪力墙间距不宜过大。

2）平面形状凹凸较大时，宜在凸出部分的端部附近布置剪力墙。

3）纵、横剪力墙宜组成 L 形、T 形和[形等形式。

3. 剪力墙的竖向位置

1）剪力墙宜贯通建筑物的全高，宜避免刚度突变；剪力墙开洞时，洞口宜上下对齐。

2）房屋顶层若布置为大空间的舞厅、礼堂或宴会厅，大部分抗震墙必须在顶层的楼板处中断时，被中断的各片抗震墙应在顶层以下的两、三层内逐渐减少或减薄，以免刚度突变给顶层结构带来不利的变形集中效应。

3）为使楼层抗推刚度做到连续、均匀地变化，抗震墙从下到上应分段减薄，并双面对称收进，每次减薄量宜为50～100mm，且不超过墙厚的25%。此外，抗震墙的减薄和混凝土强度等级的降低不应位于同一楼层。

4. 剪力墙最大间距

在框架—剪力墙中，抗震墙是主要抗震构件，承担着80%以上的地震力，框架是次要抗震构件，仅承担20%以下的地震力。要保持框架—剪力墙这一结构特性，以剪力墙为侧向支承的各层楼盖，在地震力作用下的水平变形就需控制在很小数值范围内，使框架的侧向变形与抗震墙大体相同。因此，剪力墙的间距一般不应超过表4.1中的数值。当剪力墙之间的楼板有较大开洞时，对楼盖平面刚度有所削弱，此时剪力墙的间距宜再减小。

表4.1　剪力墙最大间距　　（单位：m）

楼盖形式	非抗震设计（取较小值）	抗震设防烈度		
		6度、7度（取较小值）	8度（取较小值）	9度（取较小值）
现浇	5.0B，60	4.0B，50	3.0B，40	2.0B，30
装配整体	3.5B，50	3.0B，40	2.5B，30	

注：1. 表中B为剪力墙之间的楼盖宽度（m）。
2. 装配整体式楼盖的现浇层应符合《高规》第3.6.2条的有关规定。
3. 现浇层厚度大于60mm的叠合楼板可作为现浇板考虑。
4. 当房屋端部未布置剪力墙时，第一片剪力墙与房屋端部的距离，不宜大于表中剪力墙间距的1/2。

5. 剪力墙构造要求

1）框架—剪力墙结构中，剪力墙的竖向、水平分布钢筋的配筋率，抗震设计时均不应小于0.25%，非抗震设计时均不应小于0.20%，并应至少双排布置。各排分布筋之间应设置拉筋，拉筋的直径不应小于6mm、间距不应大于600mm。

2）带边框剪力墙的截面厚度应符合下列规定：

①抗震设计时，一、二级剪力墙的底部加强部位不应小于200mm，其他情况下不应小于160mm。

②剪力墙的水平钢筋应全部锚入边框柱内，锚固长度不应小于l_a（非抗震设计）或l_{aE}（抗震设计）。

6. 框架—剪力墙规定及墙截面初估

1）框架—剪力墙结构最大适用高度、抗震等级和最大高宽比的确定见表 4.2。

表 4.2　框架—剪力墙结构最大高度、抗震等级和最大高宽比

<table>
<tr><td colspan="2">设防烈度</td><td>非抗震</td><td colspan="2">6</td><td colspan="3">7</td><td colspan="3">8（0.2g）</td><td colspan="3">8（0.3g）</td><td colspan="2">9</td></tr>
<tr><td colspan="2">最大适用高度/m</td><td>150</td><td colspan="2">130</td><td colspan="3">120</td><td colspan="3">100</td><td colspan="3">80</td><td colspan="2">50</td></tr>
<tr><td rowspan="3">抗震等级</td><td>高度/m</td><td>—</td><td>≤60</td><td>>60</td><td>≤24</td><td>25～60</td><td>>60</td><td>≤24</td><td>25～60</td><td>>60</td><td>≤24</td><td>25～60</td><td>>60</td><td>≤24</td><td>25～50</td></tr>
<tr><td>框架</td><td>—</td><td>四</td><td>三</td><td>四</td><td>三</td><td>二</td><td>三</td><td>二</td><td>一</td><td>三</td><td>二</td><td>一</td><td>二</td><td>一</td></tr>
<tr><td>剪力墙</td><td>—</td><td colspan="2">三</td><td>三</td><td colspan="2">二</td><td>二</td><td colspan="2">一</td><td>二</td><td colspan="2">一</td><td colspan="2">一</td></tr>
<tr><td colspan="2">最大高宽比</td><td>7</td><td colspan="2">6</td><td colspan="3">6</td><td colspan="6">5</td><td colspan="2">4</td></tr>
</table>

注：1. 建筑场地为 I 类时，除 6 度外应允许按表内降低一度所对应的抗震等级采取抗震构造措施，但相应的计算要求不应降低。

2. 非抗震区最大高宽比为 7。

3. 括号内数字用于非抗震设计。

2）框架—剪力墙结构伸缩缝、沉降缝和防震缝宽度规定：规范规定框架—剪力墙结构伸缩缝的间距可根据结构的具体布置情况取 45～55m 之间的数值，防震缝宽度见表 4.3。

表 4.3　框架—剪力墙结构防震缝宽度

设防烈度	6		7		8		9	
房屋高度 H/m	≤15	>15	≤15	>15	≤15	>15	≤15	>15
防震缝宽度/mm	≥100	$\geq 100+4h\times 0.7$	≥100	$\geq 100+5h\times 0.7$	≥100	$\geq 100+7h\times 0.7$	≥100	$\geq 100+10h\times 0.7$

注：1. 防震缝两侧结构类型不同时，宜按需要较宽防震缝的结构类型和较低房屋高度确定缝宽。

2. 抗震设计时，伸缩缝、沉降缝的宽度应满足防震缝的要求。

3. 表中 $h=H-15$。

3）剪力墙截面厚度的确定。首次建模时，底层剪力墙的厚度可按照表 4.4 给出的数据初步确定，然后通过计算再进行调整，以节省设计人员调整模型时间。

表 4.4　剪力墙截面厚度　（单位：mm）

抗震等级	10 层	15 层	20 层	25 层	30 层	35 层	40 层
6 度	250	250	250	300	300	350	400
7 度	250	250	300	350	400	450	500
8 度	300	300	350	400	450	500	550

4.3　框架—剪力墙结构设计范例

某高层酒店，地上 24 层，总高度 81.2m，现浇钢筋混凝土框架—剪力墙结构，平面如图 4.1 所示。该酒店底部 3 层商业、上部 1 层设备夹层、20 层客房，下设 1 层地下室。抗震设防烈度 7 度，场地类别Ⅱ类，地震分组第一组，基本风压为 0.45kN/m^2，地面粗糙度 C 类，丙类建筑。

1. 设计基本条件

1）建筑结构安全等级：二级

2）结构重要性系数：1.0

3）环境类别：地面以上为一类，地面以下为二 a 类

4）风荷载

基本风压：0.45kN/m^2

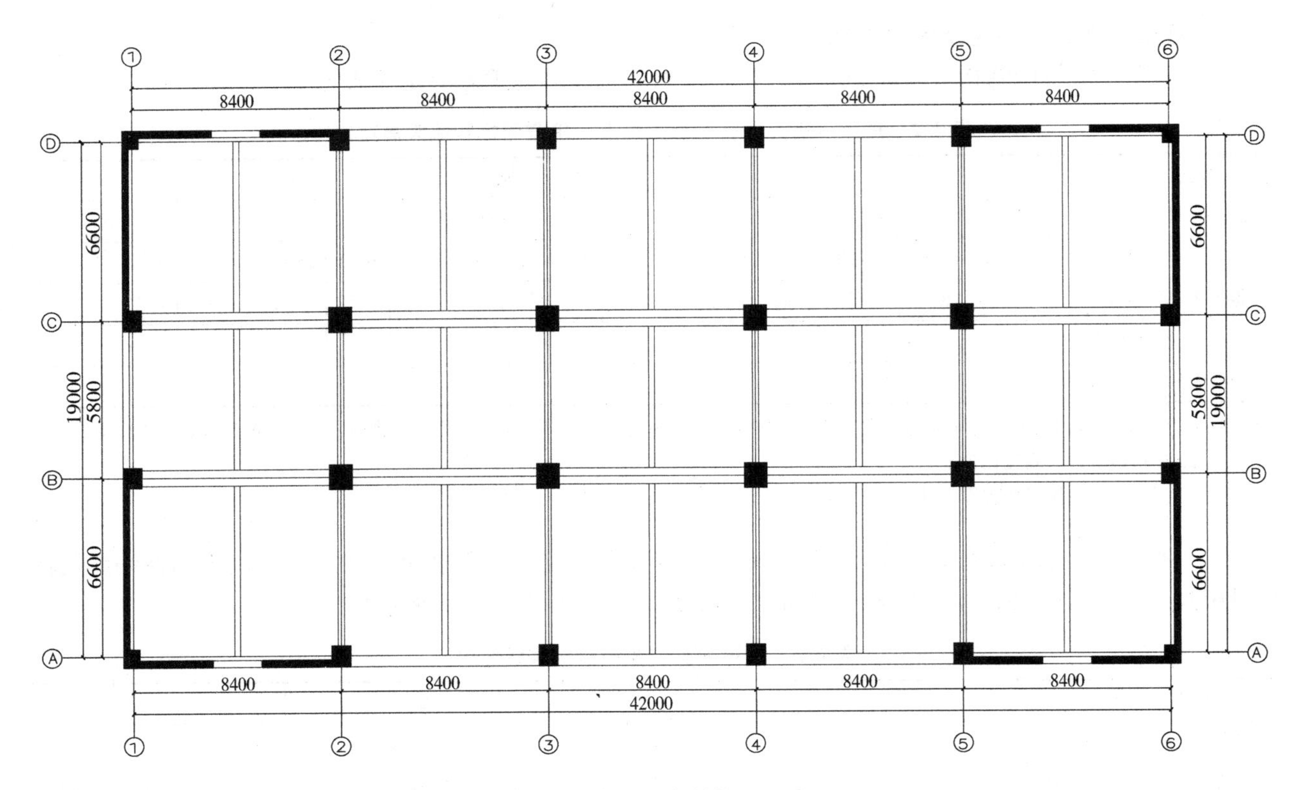

图 4.1　高层酒店结构平面图

地面粗糙度：C 类

5）地震参数

抗震设防烈度：7 度

设计基本地震加速度：0.1g

地震分组：第一组

建筑场地类别：Ⅱ类

特征周期 T_g（s）：0.35s

抗震设防类别：标准设防类（丙类）

剪力墙抗震等级：二级

框架抗震等级：二级（先按框架—剪力墙确定，计算后，依据倾覆力矩比值调整）

2. 主要结构材料

各层梁、板、柱采用的混凝土强度等级和钢筋牌号见表 4.5。

表 4.5　混凝土强度等级和钢筋牌号

构件名称		柱		墙		梁		板	
		纵筋	箍筋	受力钢筋	分布钢筋	纵筋	箍筋	受力钢筋	分布钢筋
钢筋牌号		HRB400	HRB335	HRB400	HRB335	HRB400	HRB335	HRB335	HRB335
混凝土强度等级	1 ~ 12 层	C40		C40		C30		C30	
	13 ~ 24 层	C30		C30		C30		C30	

3. 设计荷载取值

1）屋面恒载、活荷载取值：

板厚 100mm　　　　2.5kN/m^2

屋面保温防水　　2.6kN/m²
吊顶（管道）或板底粉刷　　0.4kN/m²

总计　　5.5kN/m²
活荷载（上人屋面）　　2.0kN/m²

2）1~3层商业楼面恒载、活荷载取值：

楼板厚120mm　　3.0kN/m²
粉面底（包括吊顶管道）　　1.0kN/m²
室内轻质隔墙折均布（未计外墙）　　1.0kN/m²

总计　　5.0kN/m²
活荷载　　3.5kN/m²

3）4层设备层楼面板恒载、活荷载取值：

板厚100mm　　2.5kN/m²
粉面底（包括吊顶管道）　　0.4kN/m²
管道支座折均布　　1.0kN/m²

总计　　3.9kN/m²
活荷载（上人屋面）　　2.5kN/m²

4）5~24层客房楼面恒载、活荷载取值：

楼板厚100mm厚　　2.5kN/m²
楼面底（包括吊顶管道）　　1.0kN/m²
室内轻质隔墙折均布（未计外墙）　　2.0kN/m²

总计　　5.5kN/m²
活荷载　　2.0kN/m²

5）楼梯间活荷载：　　3.5kN/m²

6）通风机房、电梯机房活荷载：　　3.5kN/m²

7）餐厅、浴室、卫生间、盥洗室活荷载：　　4.0kN/m²

8）走廊、门厅活荷载：　　2.5kN/m²

9）四周外围墙（200mm厚加气混凝土，容重13kN/m³）

2~3层商业部分外墙重　　13.5kN/m
4层设备层、5~24层客房部分外墙重　　8.0kN/m

4.4　结构模型建立

该酒店梁板柱截面初估尺寸见表4.6、表4.7。点选【结构建模】菜单，建立高层酒店结构计算分析模型如图4.2所示。

表4.6　框架—剪力墙模型参数一　　（单位：mm）

自然层	标准层	层高	中柱	边柱	角柱	剪力墙	强度等级
1	1	6000	950×950	850×850	750×750	300	C40
2	2	5000	950×950	850×850	750×750	300	C40

（续）

自然层	标准层	层高	中柱	边柱	角柱	剪力墙	强度等级
3	3	5000	950×950	850×850	650×650	300	C40
4	4	2200	900×900	750×750	650×650	250	C40
5~8	5	3150	900×900	750×750	650×650	250	C40
9~12	6	3150	800×800	700×700	600×600	250	C40
13~15	7	3150	800×800	700×700	600×600	200	C30
16~23	8	3150	700×700	600×600	550×550	200	C30
24	9	3150	700×700	600×600	550×550	200	C30

表 4.7　框架—剪力墙模型参数二　　（单位：mm）

自然层	标准层	层高	纵向内框梁	纵向边框梁	横向梁	板厚	强度等级
1	1	6000	800×500	600×500	300×500	120	C30
2	2	5000	800×500	600×500	300×500	120	C30
3	3	5000	800×500	600×500	300×500	120	C30
4	4	2200	600×500	400×500	250×500	100	C30
5~8	5	3150	600×500	400×500	250×500	100	C30
9~12	6	3150	600×500	400×500	250×500	100	C30
13~15	7	3150	600×500	400×500	250×500	100	C30
16~23	8	3150	600×500	400×500	250×500	100	C30
24	9	3150	600×500	400×500	250×500	100	C30

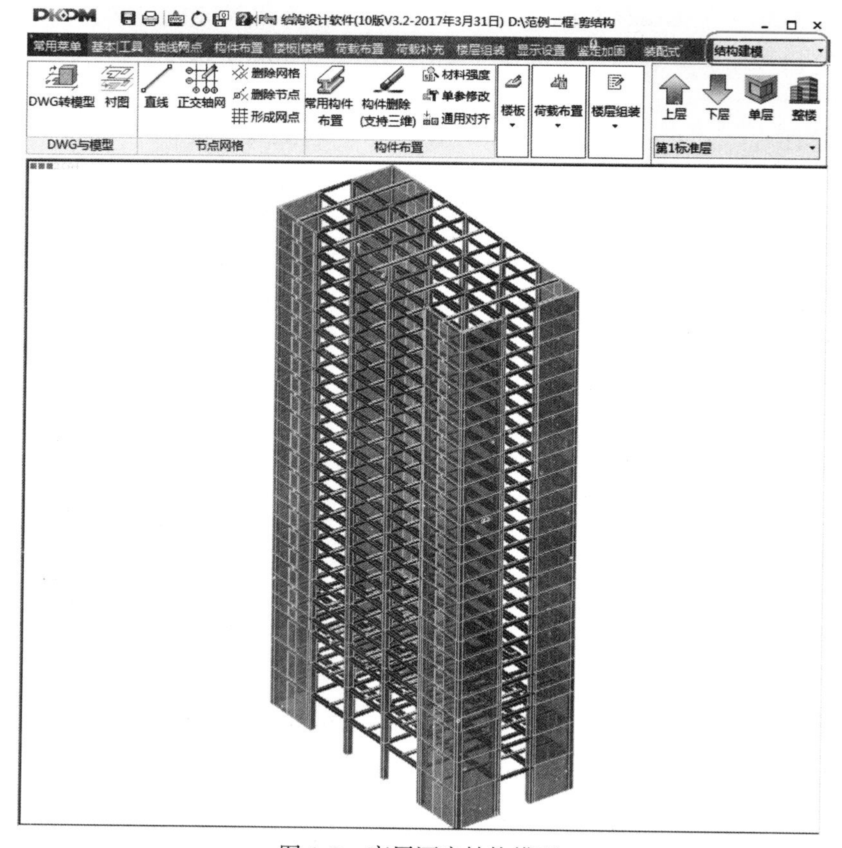

图 4.2　高层酒店结构模型

4.5　设计参数选取

1. 建模设计参数

点选【结构建模】→【楼层组装】→【设计参数】进入设计参数设置界面，包括总信息、材料信息、地震信息、风荷载信息和钢筋信息共五项内容，如图4.3~图4.6所示。

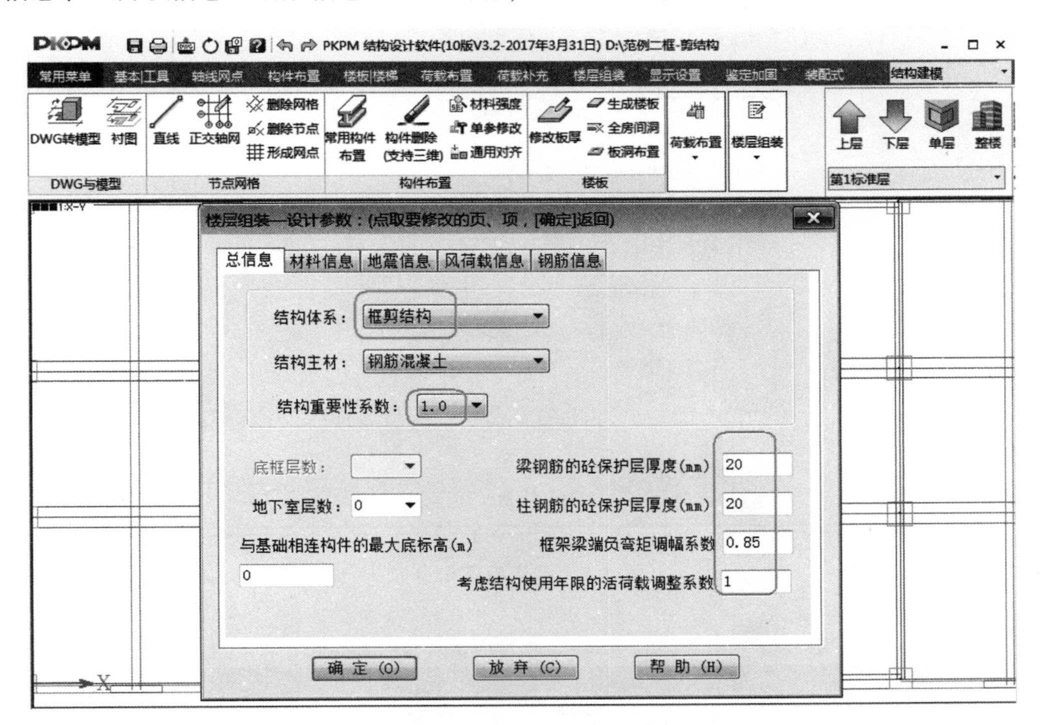

图4.3　建模总信息

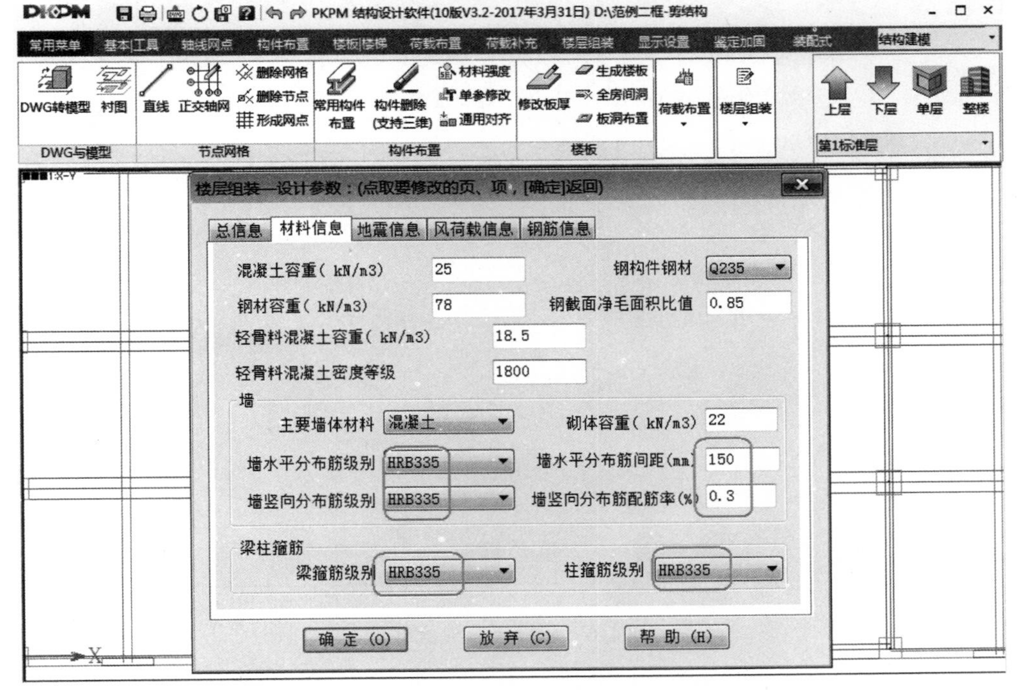

图4.4　建模材料信息

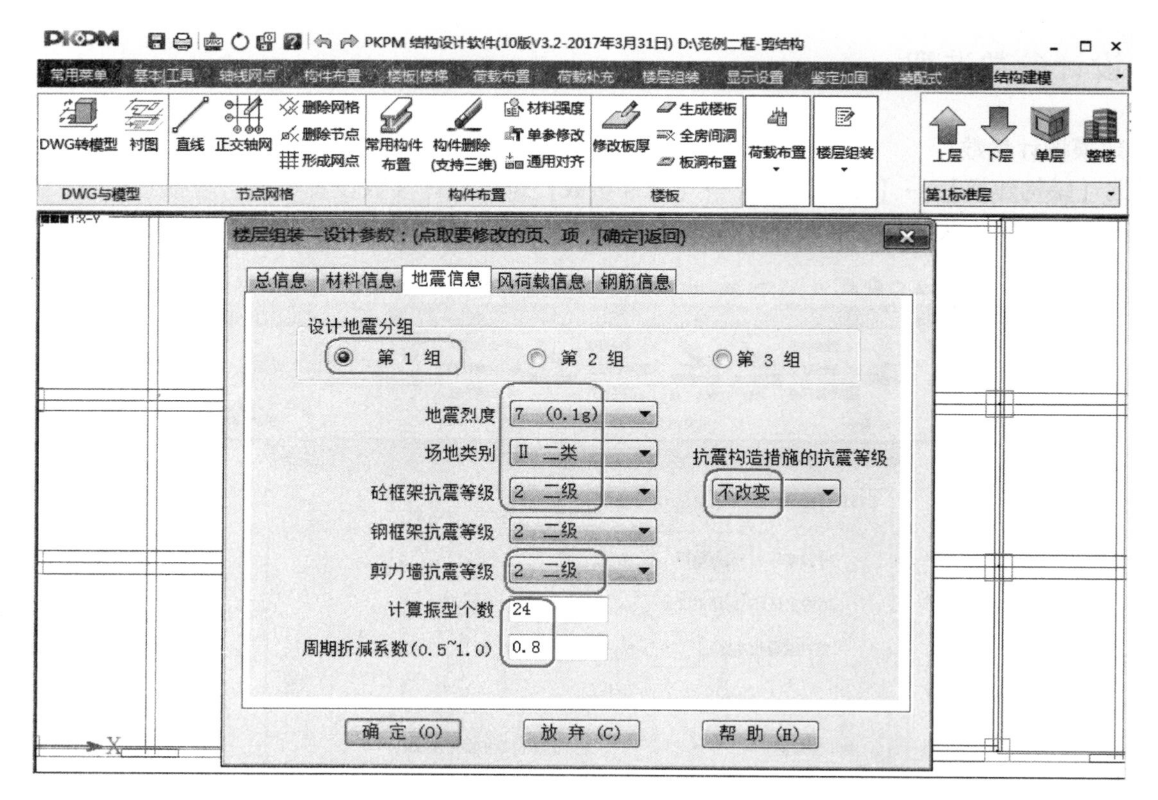

图 4.5　建模地震信息

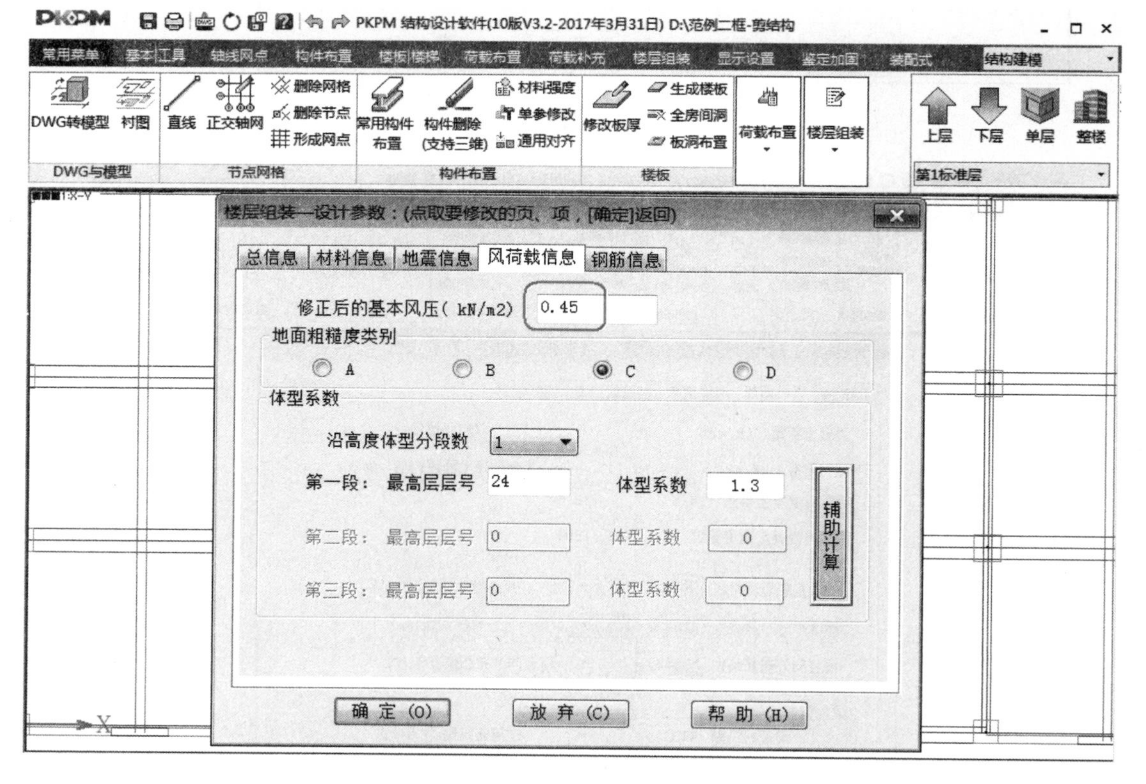

图 4.6　建模风荷载信息

钢筋信息一般情况采用模块默认值。

2. 本层信息中参数

点选【结构建模】→【楼层组装】→【本层信息】进入本标准层信息设置界面，对于每一个标准层，在本层信息中可以确定板的厚度、钢筋类别、强度等级及层高等，如图4.7所示。

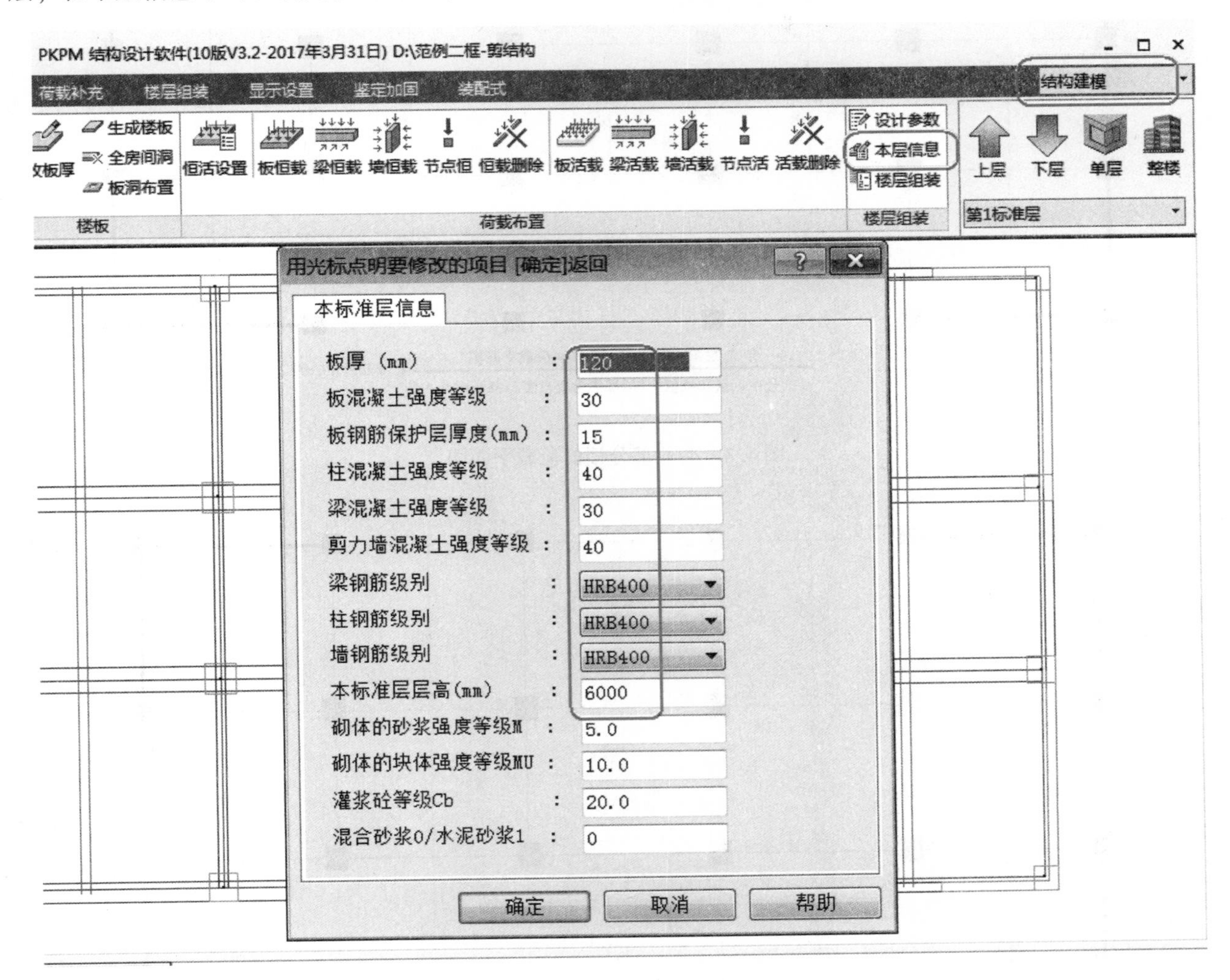

图4.7　标准层信息

4.6　SATWE分析设计

完成结构建模后，点选【SATWE分析设计】，可对建好的模型进行分析计算，主要包括：平面荷载校核、设计模型前处理、分析模型及计算。

4.6.1　平面荷载校核

可以显示不同自然层楼面恒载、活荷载、墙体荷载等，如图4.8、图4.9所示。

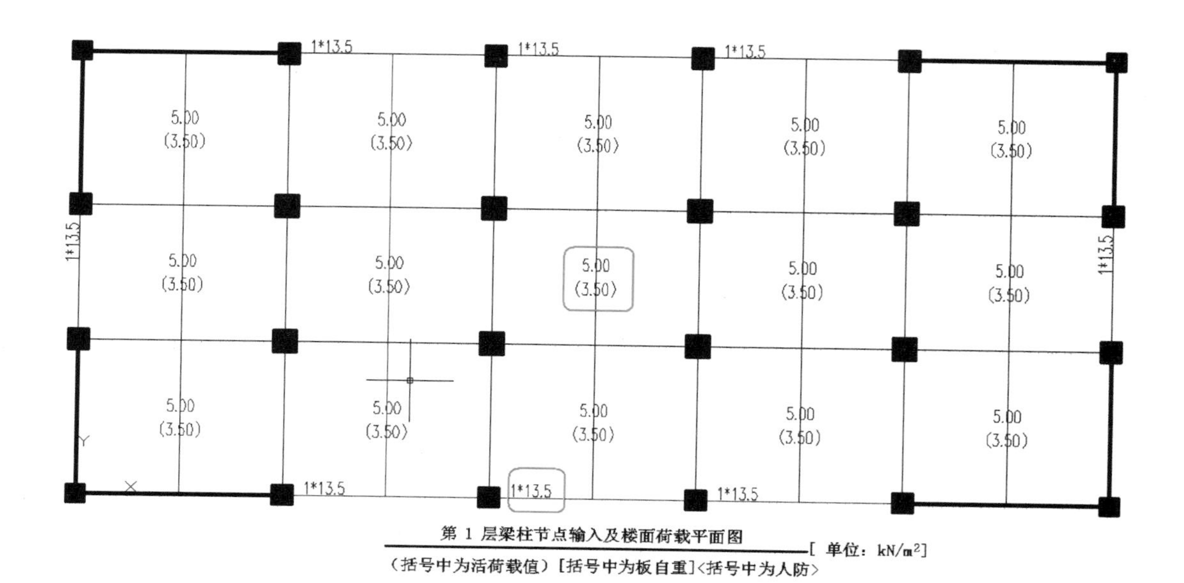

图 4.8　商业部分楼面荷载平面图

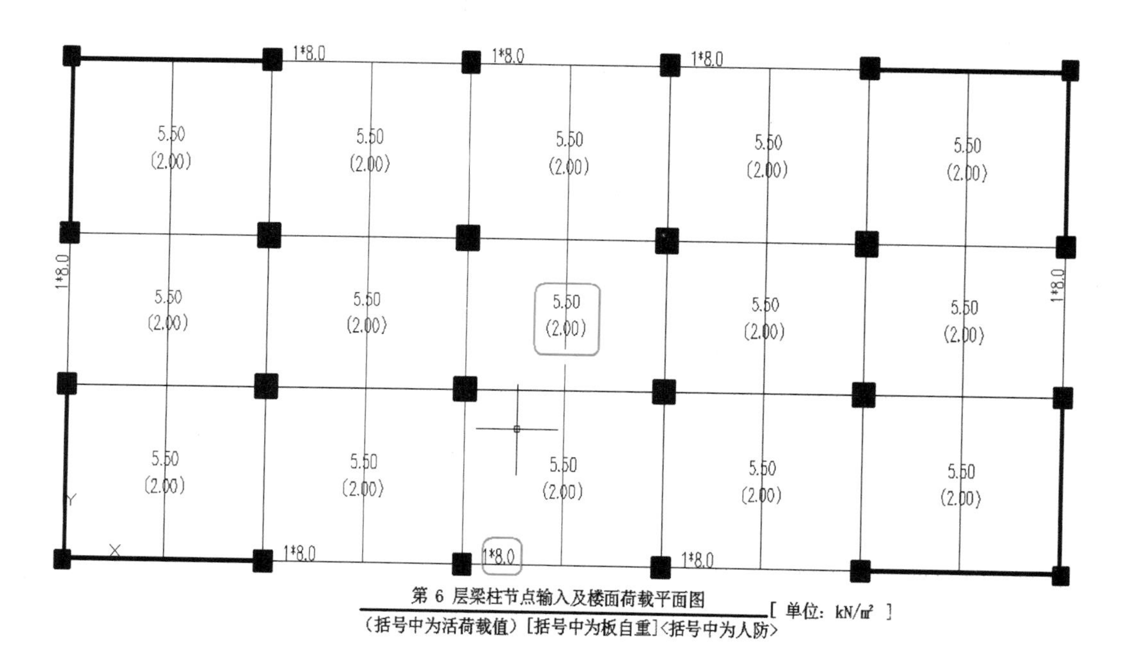

图 4.9　客房部分楼面荷载平面图

4.6.2　设计模型前处理

1. 参数补充定义

点选【SATWE 分析设计】→【设计模型前处理】→【参数定义】菜单，可对高层酒店结构建模中设计参数进行补充完善，各参数的具体含义可参见第 2 章相应内容。

（1）总信息（图 4.10）

分析和设计参数补充定义

总信息
多模型及包络
计算控制信息
高级参数
风荷载信息
地震信息
地震信息
隔震信息
活荷信息
调整信息
调整信息1
调整信息2
设计信息
设计信息1
设计信息2
配筋信息
钢筋信息
配筋信息
荷载组合
工况信息
组合信息
地下室信息
砌体结构
广东规程
性能设计
鉴定加固

水平力与整体坐标夹角(度) 0
混凝土容重 (kN/m3) 25
钢材容重 (kN/m3) 78
裙房层数 0
转换层所在层号 0
嵌固端所在层号 1
地下室层数 0
墙元细分最大控制长度(m) 1
弹性板细分最大控制长度(m) 1
转换层指定为薄弱层
墙梁跨中节点作为刚性楼板从节点
考虑梁板顶面对齐
构件偏心方式 传统移动节点方式

结构材料信息 钢筋混凝土结构
结构体系 框剪结构
恒活荷载计算信息 模拟施工加载 3
风荷载计算信息 计算水平风荷载
地震作用计算信息 计算水平地震作用
结构所在地区 全国
"规定水平力"的确定方式 楼层剪力差方法(规范方法)
高位转换结构等效侧向刚度比计算 传统方法
墙倾覆力矩计算方法 考虑墙的所有内力贡献

墙梁转框架梁的控制跨高比(0=不转) 0
框架连梁按壳元计算控制跨高比(改进及适用条件见下方说明) 0
扣除构件重叠质量和重量
刚性楼板假定
不采用强制刚性楼板假定
全楼强制采用刚性楼板假定
整体指标计算采用强刚，其他结果采用非强刚(结果查看方法见下方说明)
楼梯计算
不考虑楼梯刚度
带楼梯参与整体计算
以上两种模型进行包络设计
楼梯模型 壳单元
(以上均自动考虑楼梯自重)

施工次序
联动调整 +1 -1

层号	次序号
1	1
2	2
3	3
4	4
5	5
6	6
7	7
8	8
9	9
10	10
11	11
12	12
13	13
14	14
15	15
16	16
17	17
18	18
19	19
20	20
21	21
22	22

自定义构件施工次序

提示：当下方说明内容显示不全时，可通过调整对话框大小使其显示完整。

说明：整体指标计算采用强刚，其他结果采用非强刚

选择此项时，程序自动完成强刚和非强刚两个模型的计算，并在结果中提供强刚模型的整体指标（包括位移比、周期比、刚度比等）及非强刚模型完整的分析和设计结果。"新版文本查看"及"计算书"菜单中同时输出强刚模型和非强刚模型的位移比、周期比、刚度比三项指标；"旧版文本查看"菜单需在"s强刚"目录下查看强刚模型的相应指标；建议采用新版方式进行结果查看。

参数导入　参数导出　恢复默认　　确定　取消

图 4.10　总信息

（2）风荷载信息（图 4.11）

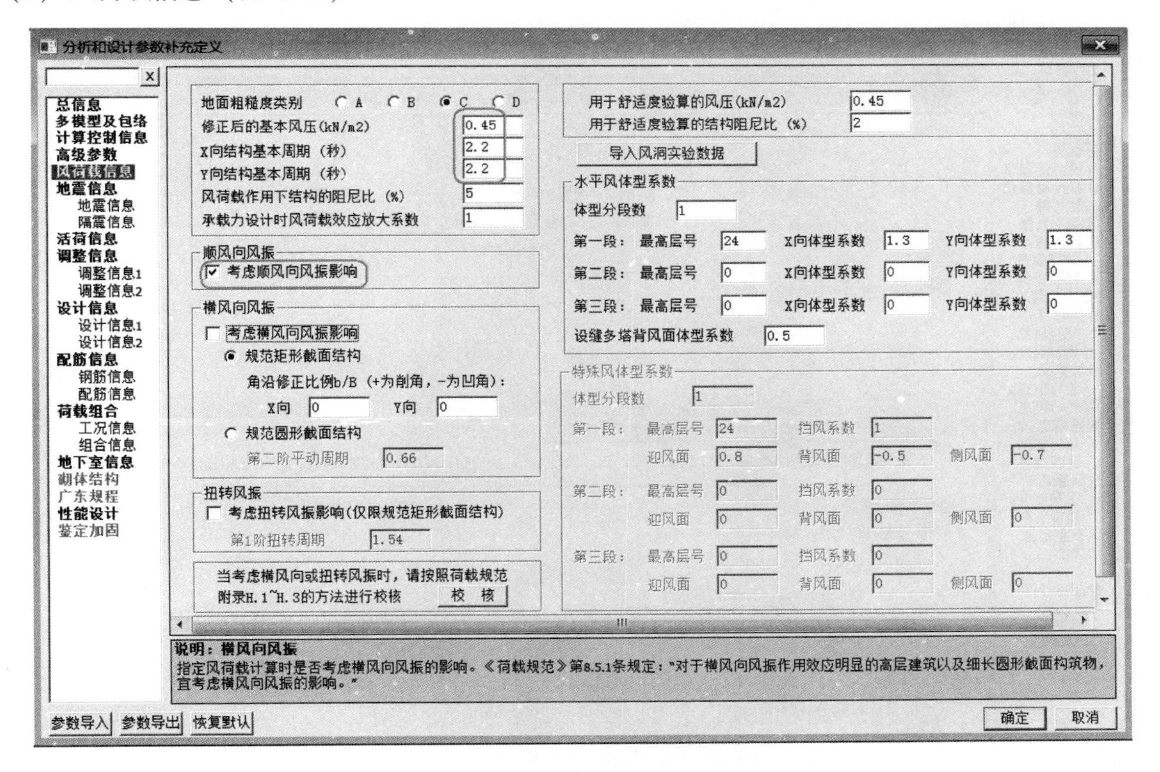

图 4.11　风荷载信息

按照《荷载规范》第 8.4.1 条规定，对于高度大于 30m 且高宽比大于 1.5 的房屋，以及基本自振周期 T_1 大于 0.25s 的各种高耸结构，应考虑风压脉动对结构产生顺风向风振的影响。该酒店高度 81.2m，高宽比 4.27 > 1.5，应考虑顺风向风振的影响，不考虑横风向风振的影响。

（3）地震信息（图 4.12）

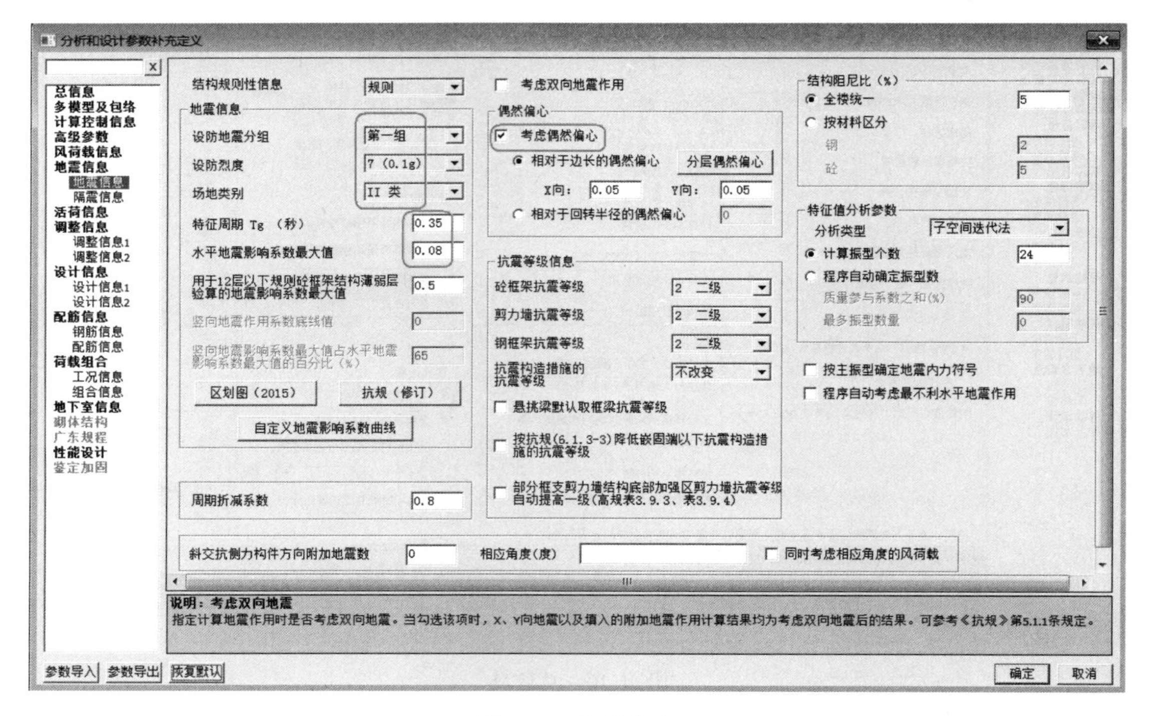

图 4.12　地震信息

（4）活荷载信息（图 4.13）

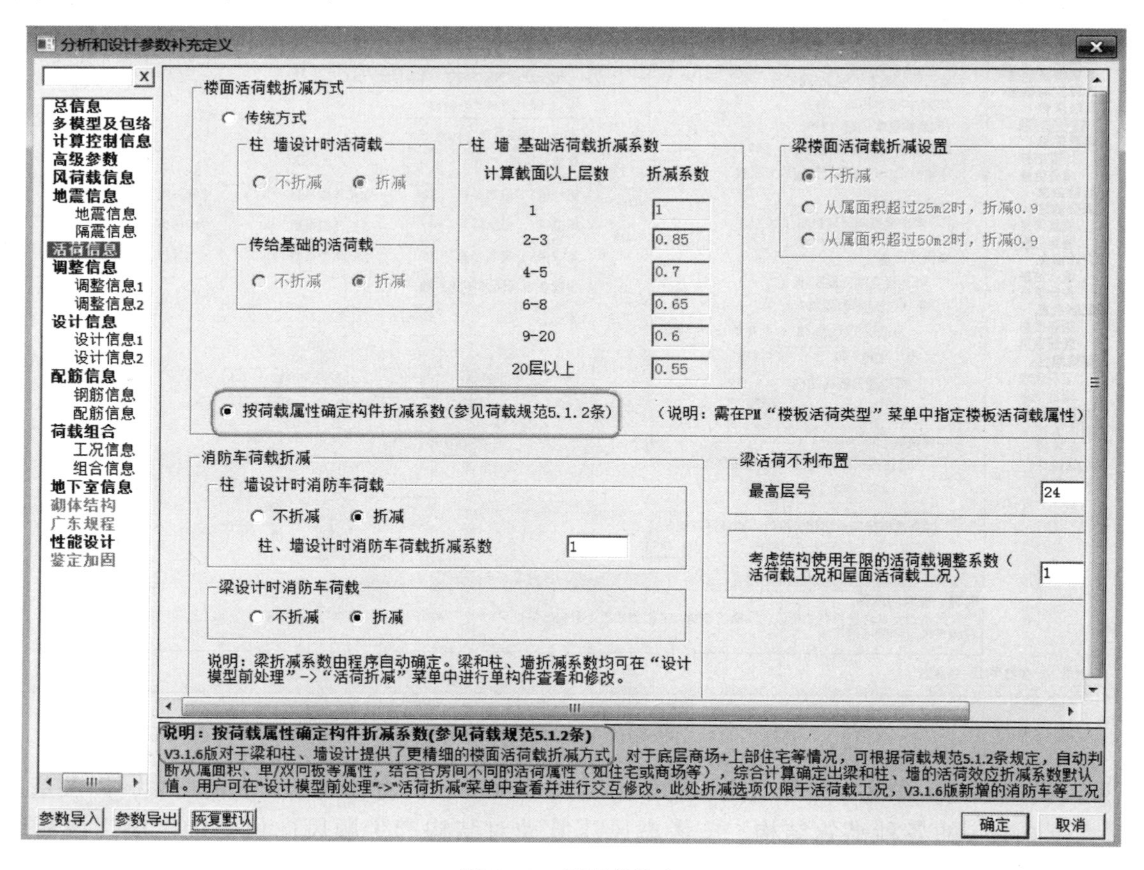

图 4.13　活荷载信息

（5）调整信息（图 4.14、图 4.15）

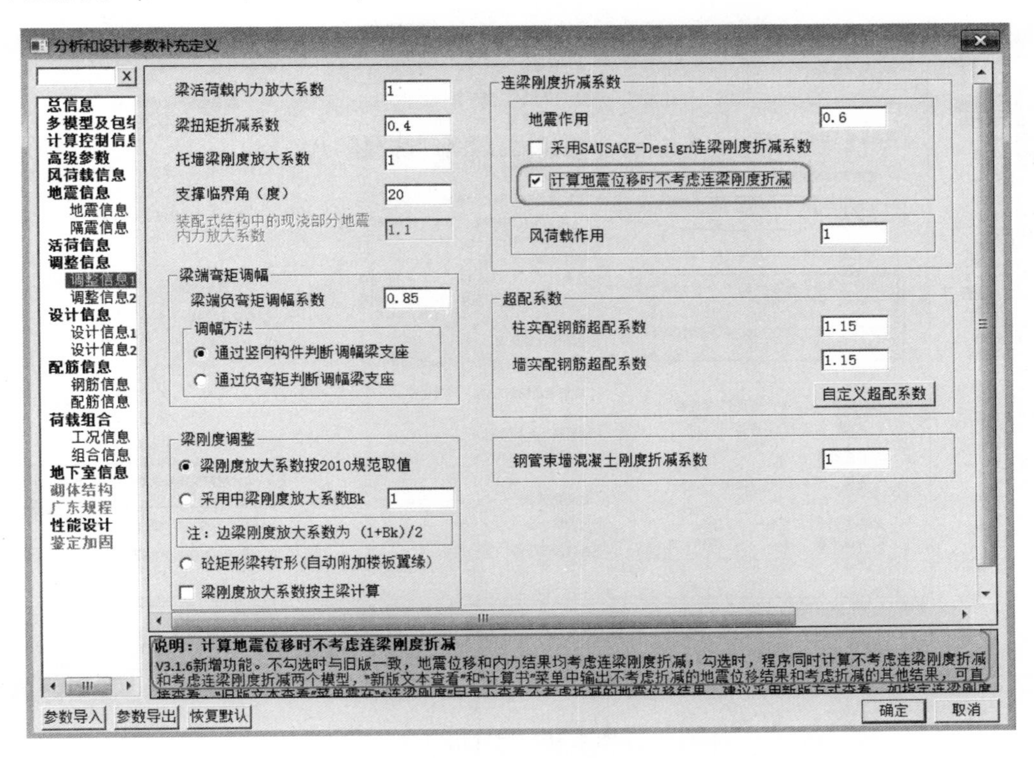

图 4.14　调整信息 1

设计人员需注意，程序自动按楼层刚度比判断薄弱层并对薄弱层进行地震内力放大，但对于竖向抗侧力构件不连续或承载力变化不满足要求的楼层，不能自动判断为薄弱层。由于该酒店经计算后发现第 3 楼层受剪承载力不满足要求，如果设计人员不勾选“受剪承载力突变形成的薄弱层自动进行调整”，则需要用户在此指定薄弱层个数及薄弱层地震内力放大系数，如图 4.15 所示。

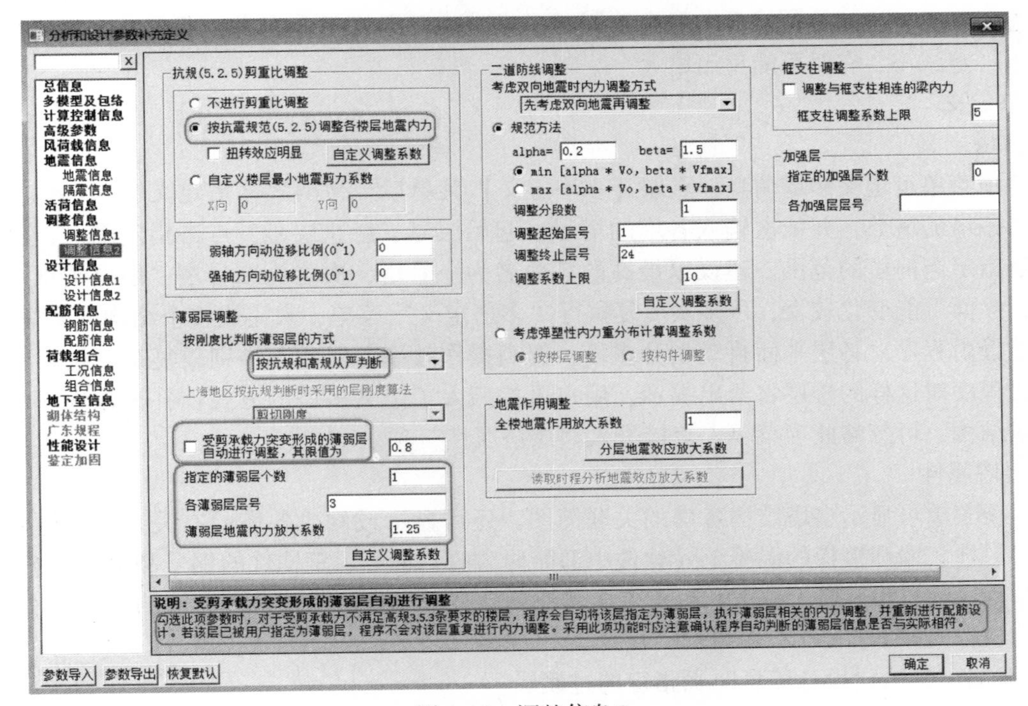

图 4.15　调整信息 2

（6）设计信息（图 4.16）

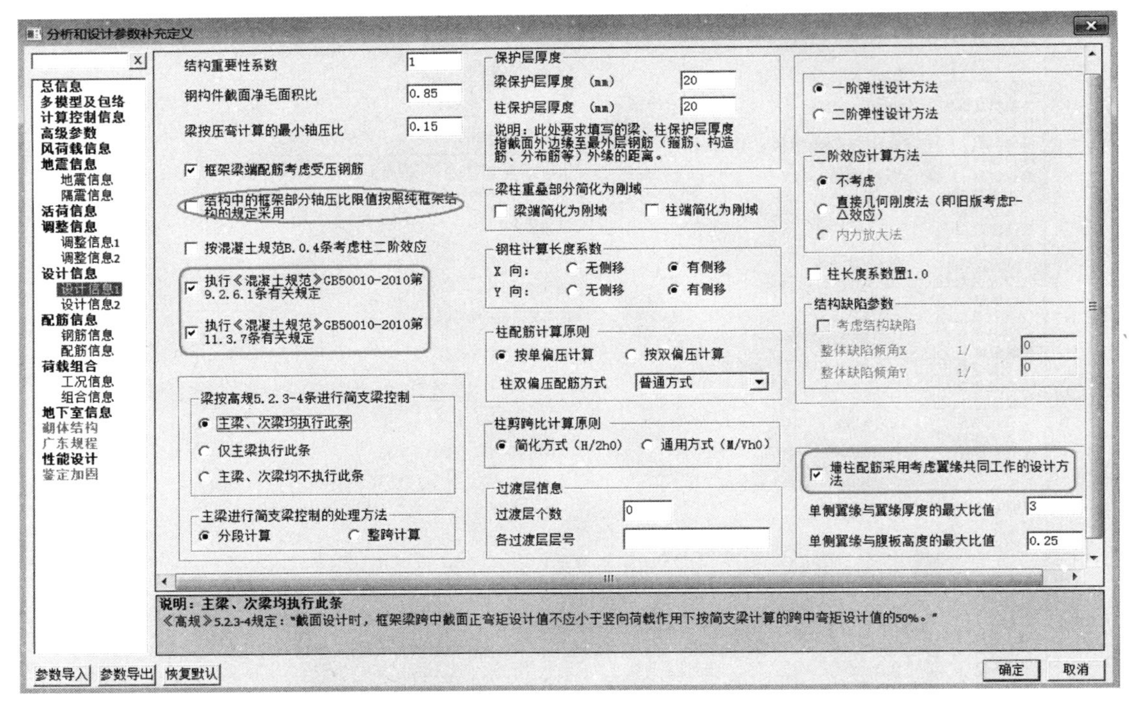

图 4.16　设计信息

根据《高规》第 8.1.3.4 条规定：当框架部分承受的地震倾覆力矩大于结构总地震倾覆力矩的 80% 时，按框架—剪力墙结构进行设计，但其最大适用高度宜按框架结构采用，框架部分的抗震等级和轴压比限值应按框架结构的规定采用。该酒店框架部分承受的地震倾覆力矩小于结构总地震倾覆力矩的 50%，可不勾选“结构中框架部分轴压比限值抗震按照纯框架结构的规定采用”。另外，软件新增加了“墙柱配筋采用考虑翼缘共同工作的设计方法”选项，设计人员可根据实际情况选用，但应注意的是，考虑翼缘时，虽然截面增大，但由于同时考虑端柱和翼缘部分内力，即内力也相应增大，因此配筋结果不一定减小，有时可能反而增大。

2. 多塔定义

（1）多塔定义

通过这项菜单可定义多塔信息，点取【多塔定义】菜单后，弹出“多塔定义”对话框，用户在其中输入定义多塔的塔数，并依次输入各塔的塔号、起始层号、终止层号，点击指定围区，以闭合折线围区的方法指定当前塔的范围。建议以最高的塔命名为一号塔，次之为二号塔，依此类推。对于一个复杂工程，立面可能变化较大，可多次反复执行“多塔定义”菜单，来完成整个结构的多塔定义工作。用户可以选择由程序对各层平面自动划分多塔，提高操作效率。但对于个别较复杂的楼层不能对多塔自动划分，程序对这样的楼层将给出提示，用户可按照人工定义多塔的方式作补充输入即可。该高层酒店为单塔结构，可忽略此项菜单，直接进入“层塔属性”项。

（2）层塔属性

通过这项菜单可显示多塔结构各塔的关联简图，还可显示或修改各塔的有关参数，包括各层各塔的层高、梁、柱、墙和楼板的混凝土（软件中都简称为砼）标号、钢构件的钢号和梁柱保护层厚度等。用户均可在程序缺省值基础上修改，也可点击属性删除，程序将删除用户自定义的数据，恢复缺省值。各项参数的缺省值如下：

1）过渡层：参数“设计信息”页指定的过渡层。

2）加强层：参数“调整信息”页指定的加强层。

3）薄弱层：参数“调整信息”页指定的薄弱层。

4）底部加强区：程序按照《高规》第7.1.4条和10.2.2条规定执行。

$$H_s = \mathrm{Max}(H_1 + H_2, H/10) \tag{4-1}$$

$$N_S = \mathrm{Max}(N_T, N_Q, N_{S1}) \tag{4-2}$$

式中 H_s——剪力墙底部加强区高度；

H_1，H_2——扣除地下室部分的结构底部起算第1、2自然层层高；

H——扣除地下室部分的结构总高度，当为多塔结构时取1号塔的总高度；

N_S——剪力墙底部加强区最高层号；

N_T——转换层所在层号+2；

N_Q——裙房层数+1；

N_{S1}——H_s高度对应的楼层号，H_s位于楼层中间位置时包含该层；

起始层号=嵌固端所在层号-1。

SATWE程序根据建筑高度、转换层所在层号、裙房层数等自动求出剪力墙底部加强区的层数。程序对底部加强区的定义提供了交互功能，用户可以在多塔定义中对程序默认的底部加强区根据自己的需要进行修改。该工程总高81.2m，第一层层高6.0m，第二、三层层高5.0m，第四层层高2.2m，剪力墙底部加强区高度 H_s=Max（11.0，81.2/10）=11.0（m）。剪力墙底部加强区最高层号 N_S=2，因此，取底部2层为加强区，如图4.17所示。

5）约束边缘构件。《高规》第7.2.14规定：剪力墙两端和洞口两侧应设置边缘构件，并应符合下列规定：一、二、三级剪力墙底层墙肢底截面的轴压比大于表4.8的规定值时，以及部分框支剪力墙结构的剪力墙，应在底部加强部位及相邻的上一层设置约束边缘构件。

表4.8 剪力墙可不设约束边缘构件的最大轴压比

等级或烈度	一级（9度）	一级（6、7、8度）	二、三级
轴压比	0.1	0.2	0.3

依据规范要求，程序自动算出约束边缘构件层为底部3层，如图4.18所示。

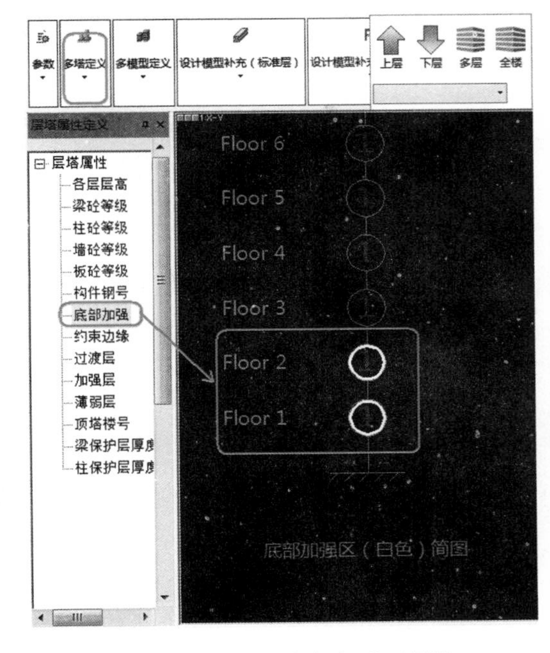

图4.17 剪力墙底部加强区层数

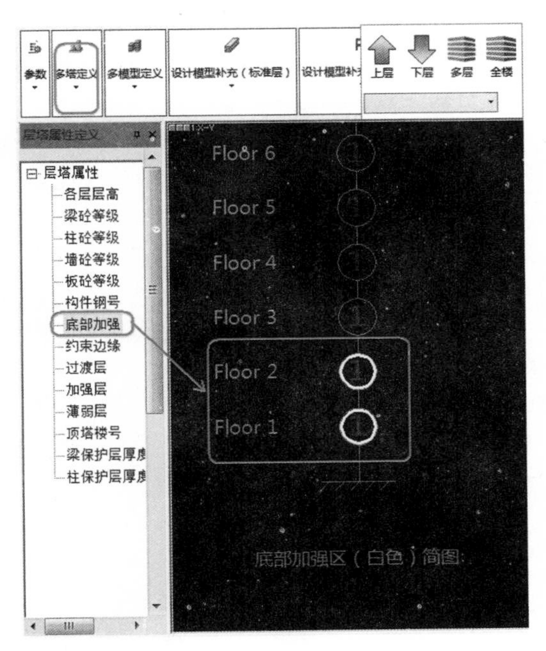

图4.18 剪力墙约束边缘构件层数

3. 设计模型补充

对一些特殊的梁、柱、墙和板以及温度荷载、特殊风荷载、活荷载折减等，设计人员可在“设计模型补充”菜单中点选任一按钮，选择交互定义，对相应的构件进行修改，如图 4.19 所示。

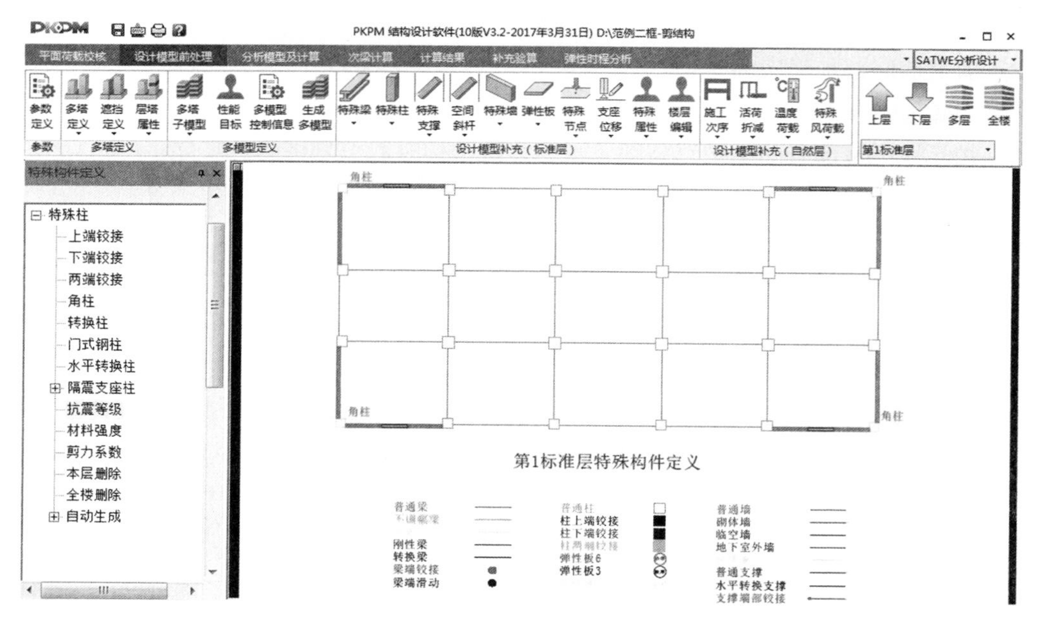

图 4.19　设计模型补充界面

4.6.3　分析模型及计算

执行完“设计模型前处理”内容后，进入“分析模型及计算”菜单，就可以对建立的结构模型进行分析和计算。设计人员可以直接点选“生成数据 + 全部计算”菜单，一键完成结构模型全部计算，并自动进入“计算结果”查看菜单页面，如图 4.20 所示。

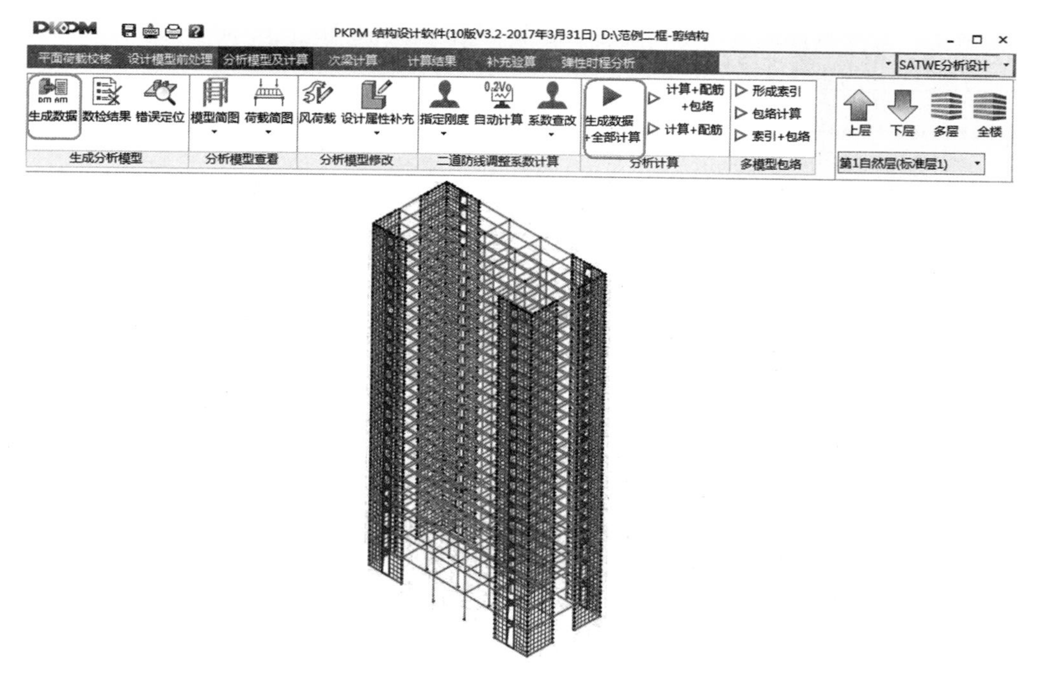

图 4.20　酒店分析及计算模型

4.6.4　计算结果查看和分析

SATWE 计算结果查看菜单项包括分析结果（位移、内力、挠度），设计结果（轴压比、配筋图、边缘构件图、内力包络图）和文本结果（文本查看、计算书）等内容。

1. 分析结果内容

（1）振型与局部振动

振型菜单用于查看结构的三维振型图及其动画，从图 4.21 可以看出，该酒店前三个振型中第 1、2 振型为平动，第 3 振型为扭转。由于局部振动按钮为灰色，可以确认该结构模型不存在明显的错误或缺陷。

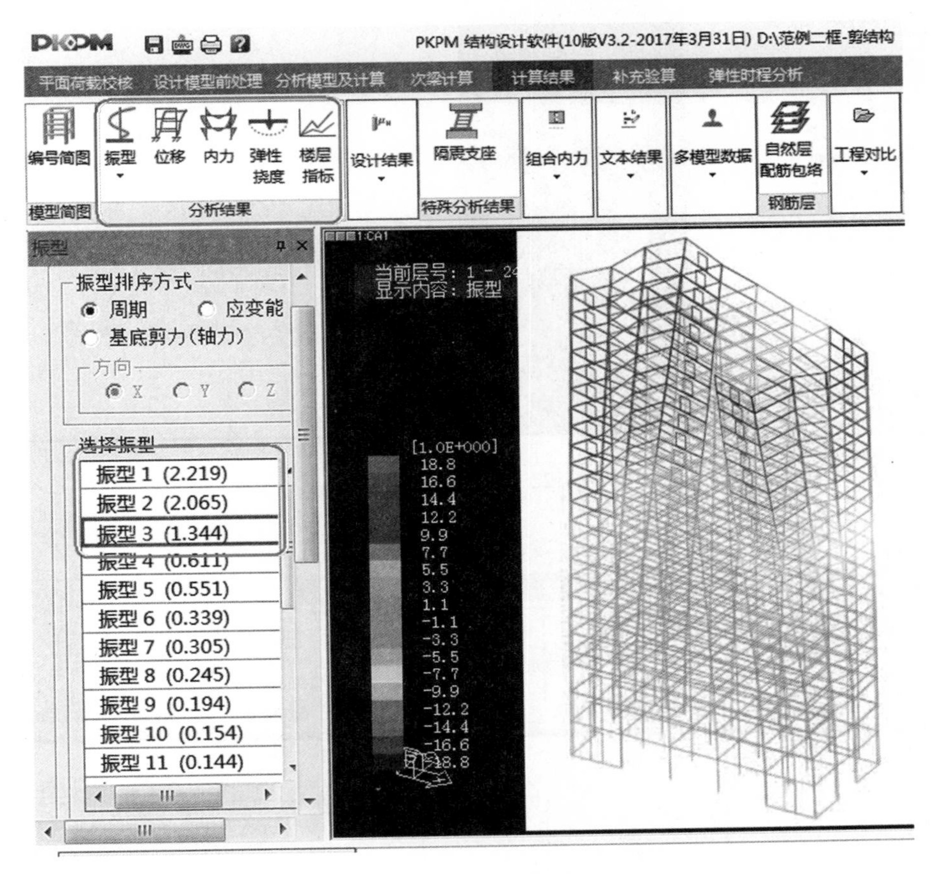

图 4.21　某酒店三维振型图

（2）位移

此项菜单用来查看不同荷载工况作用下结构的空间变形情况，如图 4.22 所示。通过“位移云图”选项可以清楚地显示不同荷载工况作用下结构的变形过程。

（3）内力图

通过此项菜单可以查看不同荷载工况下各类构件的内力图，该菜单包括设计模型内力和设计模型内力云选项，如图 4.23 所示。

（4）弹性挠度

通过此项菜单可查看梁在各个工况下的垂直位移，如图 4.24 所示。

（5）楼层指标

此项菜单用于查看地震作用和风荷载作用下的楼层位移、层间位移角、侧向荷载、楼层剪力和楼层弯矩的简图以及地震、风荷载和规定水平力作用下的位移比简图等，如图 4.25 所示。

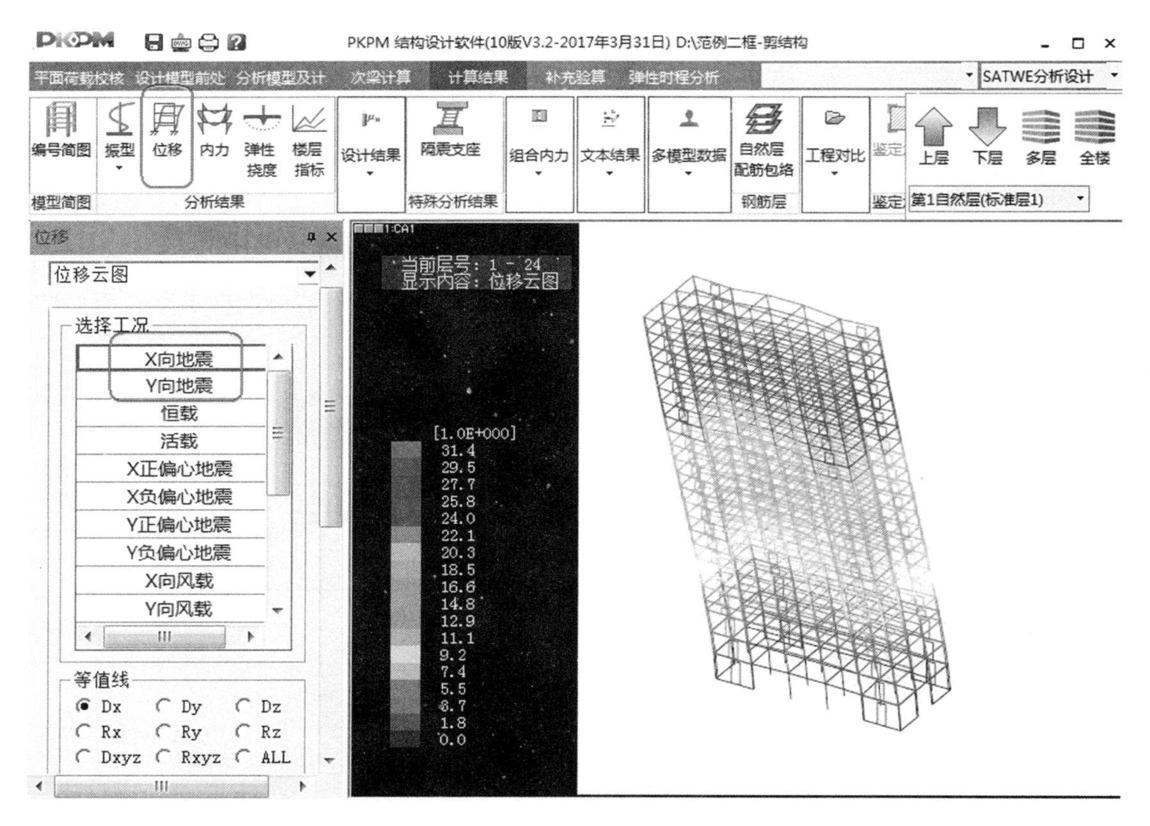

图 4.22　某酒店位移云图

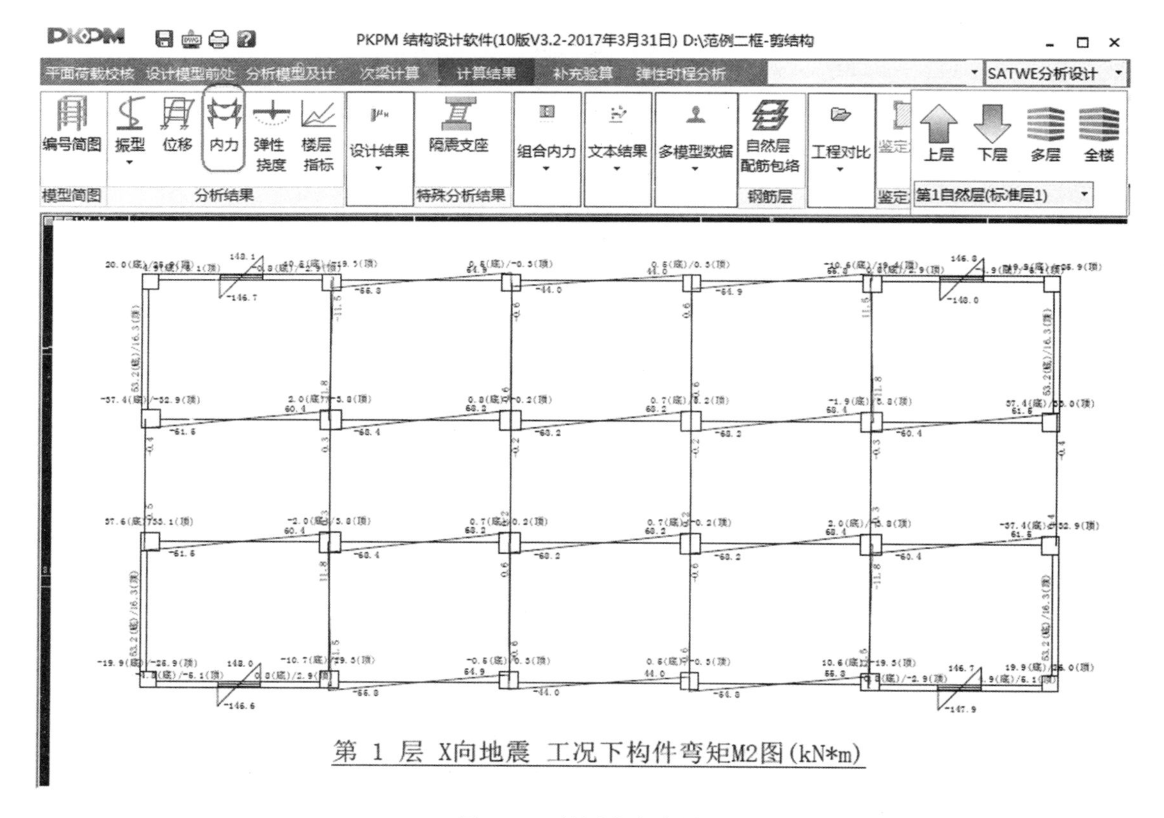

图 4.23　某酒店内力图

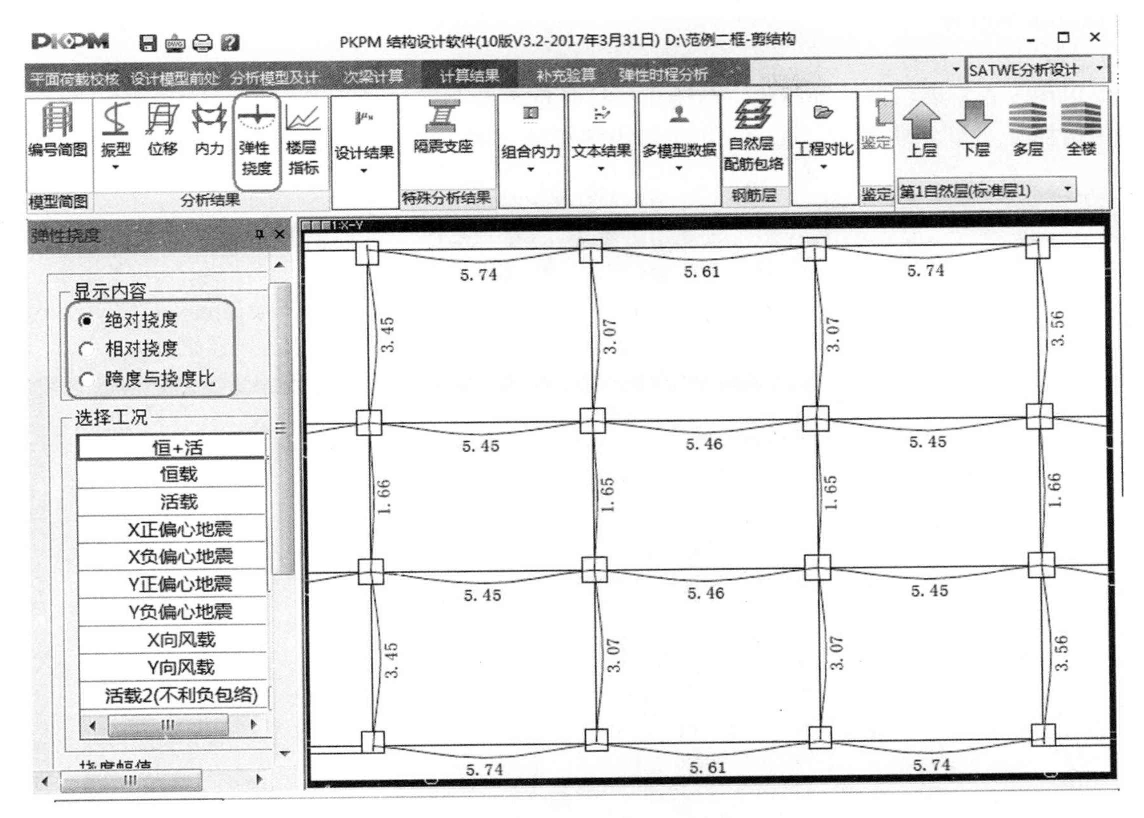

图 4.24　某酒店梁绝对挠度图

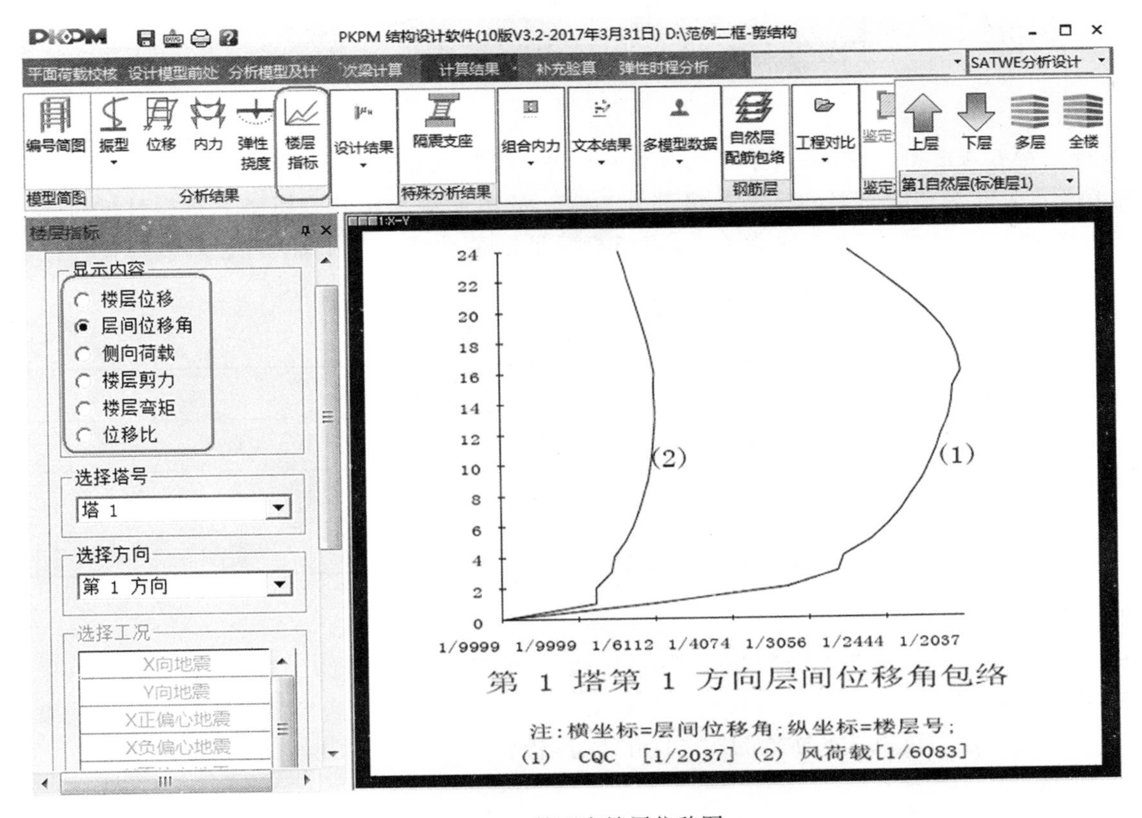

图 4.25　某酒店楼层位移图

2. 设计结果内容

（1）轴压比

此菜单用于查看墙、柱的轴压比，剪跨比，柱长度系数，梁柱节点验算等，如图 4.26 所示。轴压比菜单中增加了“组合轴压比”选项，用于考虑翼缘部分对于剪力墙轴压比的贡献。

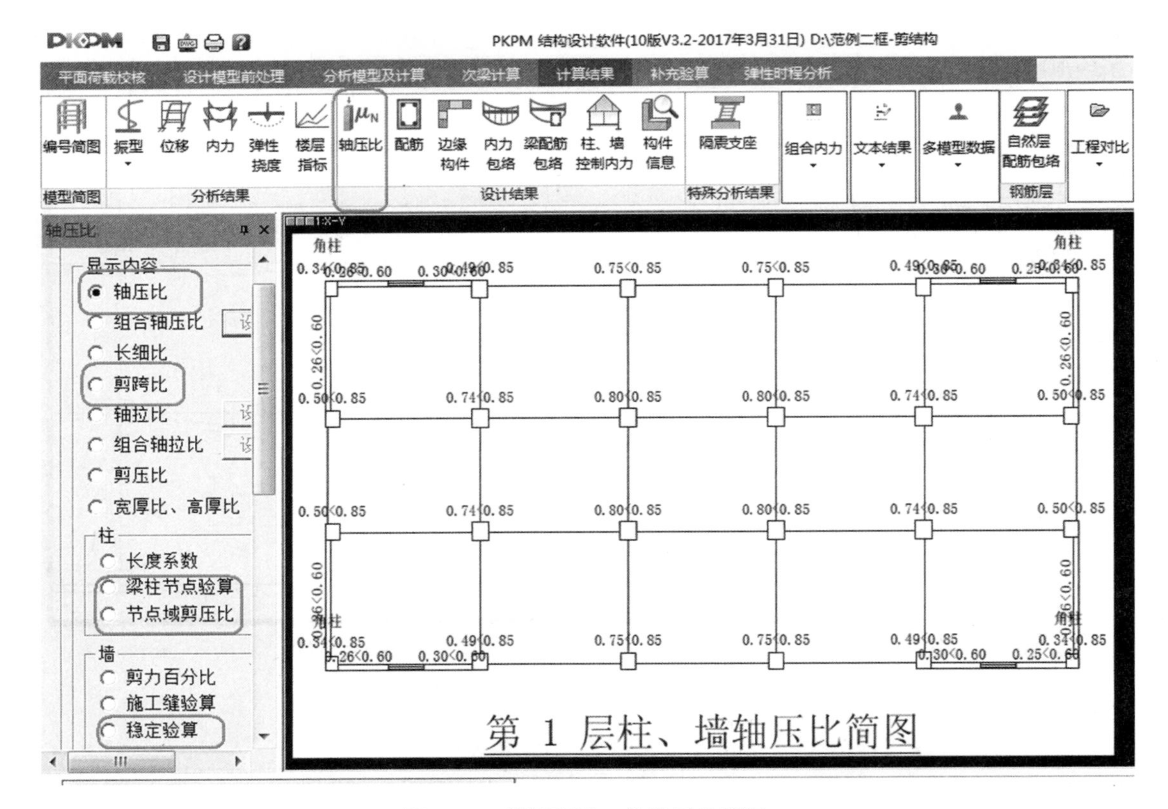

图 4.26　某酒店墙、柱轴压比简图

《高规》第 6.4.2 条，《抗规》第 6.3.6 条对框架—剪力墙结构轴压比都给出了限值，见表 4.9。

由于该酒店框架和剪力墙的抗震等级都为二级，从图形输出文件中可知，首层柱的轴压比最大为 0.80 < 0.85，墙肢最大轴压比为 0.3 < 0.6，满足规范要求，因此轴压比无须调整，柱墙截面合适。

表 4.9　墙、柱轴压比限值

框架—剪力墙	抗震等级				
	一级（9 度）	一级（6、7、8 度）	二级	三级	四级
剪力墙	0.4	0.5	0.6	0.6	—
框架柱	0.75	0.75	0.85	0.90	0.95

（2）构件配筋图

通过此项菜单可以查看构件的配筋验算结果，如图 4.27 所示。点选“边缘构件”，可以只查看边缘构件的配筋。如果没有显示红色的数据，表示梁、柱和墙截面取值基本合适，没有超筋现象，符合配筋计算和构造要求。可以进入后续的构件优化设计阶段。

（3）梁设计内力包络

通过该菜单可以查看梁各截面设计的内力包络图，如图 4.28 所示。

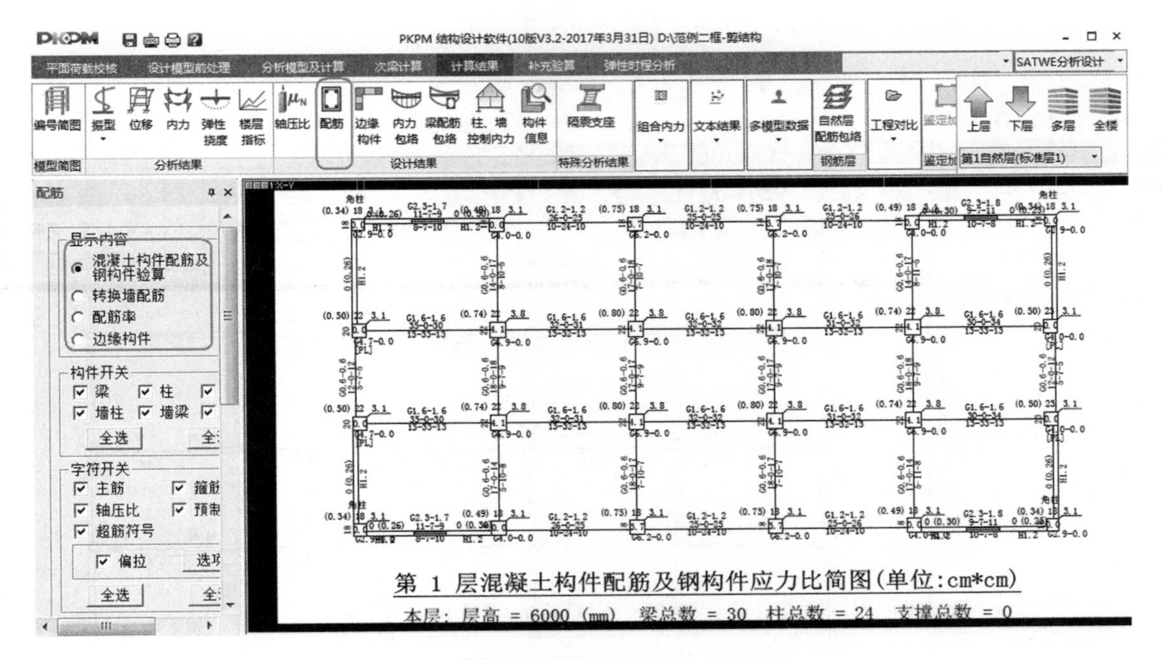

图 4.27　某酒店构件配筋

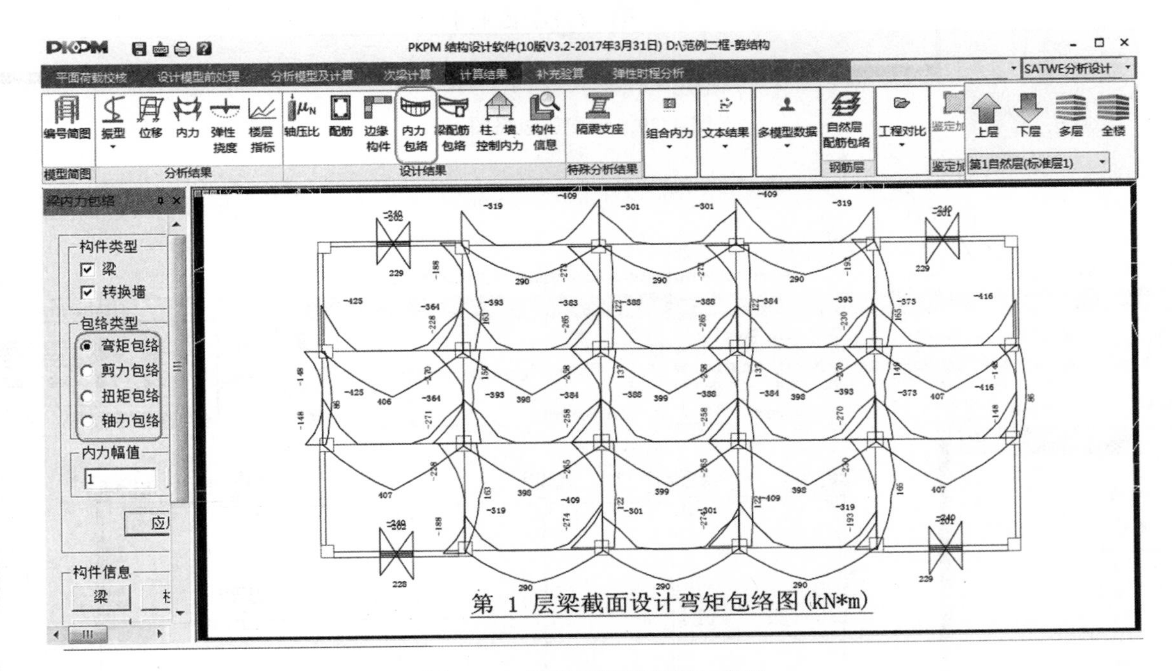

图 4.28　梁截面设计弯矩包络图

(4) 梁设计配筋包络

通过该菜单可以查看梁各截面设计配筋包络图，如图 4.29 所示。

(5) 柱和墙截面设计控制内力

通过此项菜单可以查看柱和墙的截面设计控制内力，如图 4.30 所示。

(6) 构件信息

通过此项菜单可以查看在前面设计信息及 SATWE 补充信息中设计人员填入及调整修改的一些构件信息，如框架梁柱抗震等级、材料强度、保护层厚度、调整系数、折减系数等，如图 4.31 所示。

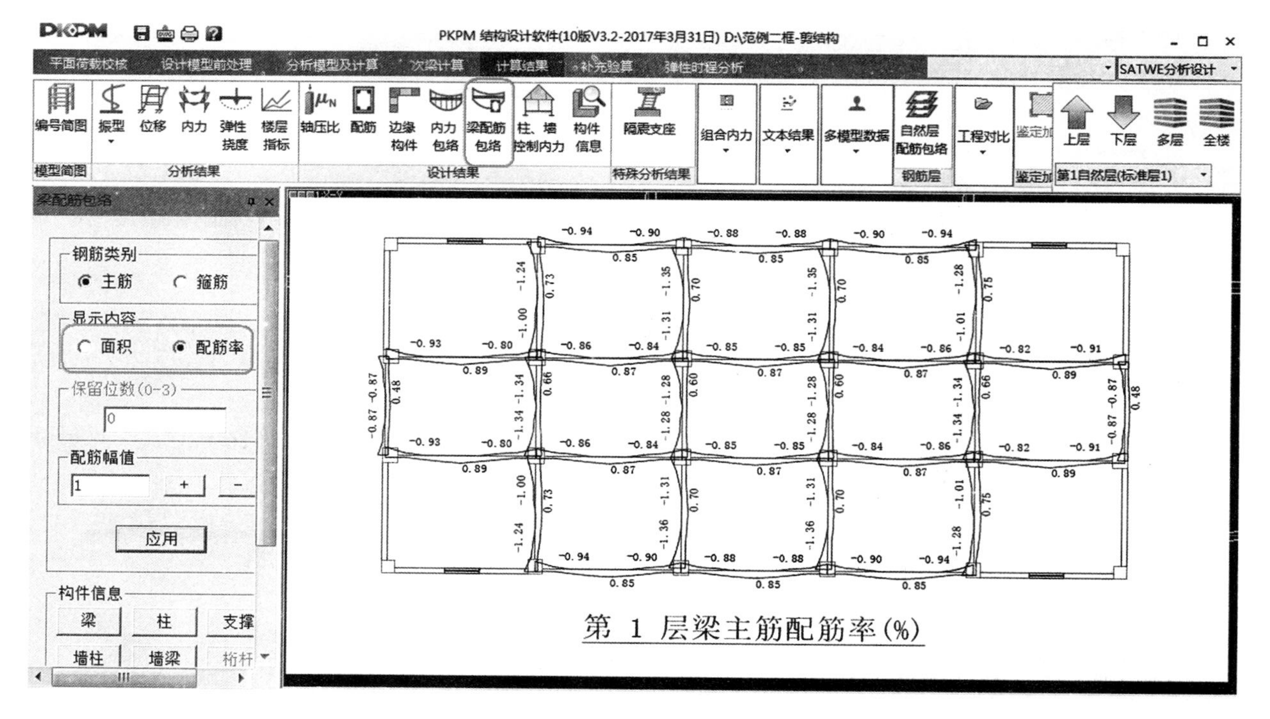

图 4.29　梁配筋包络图

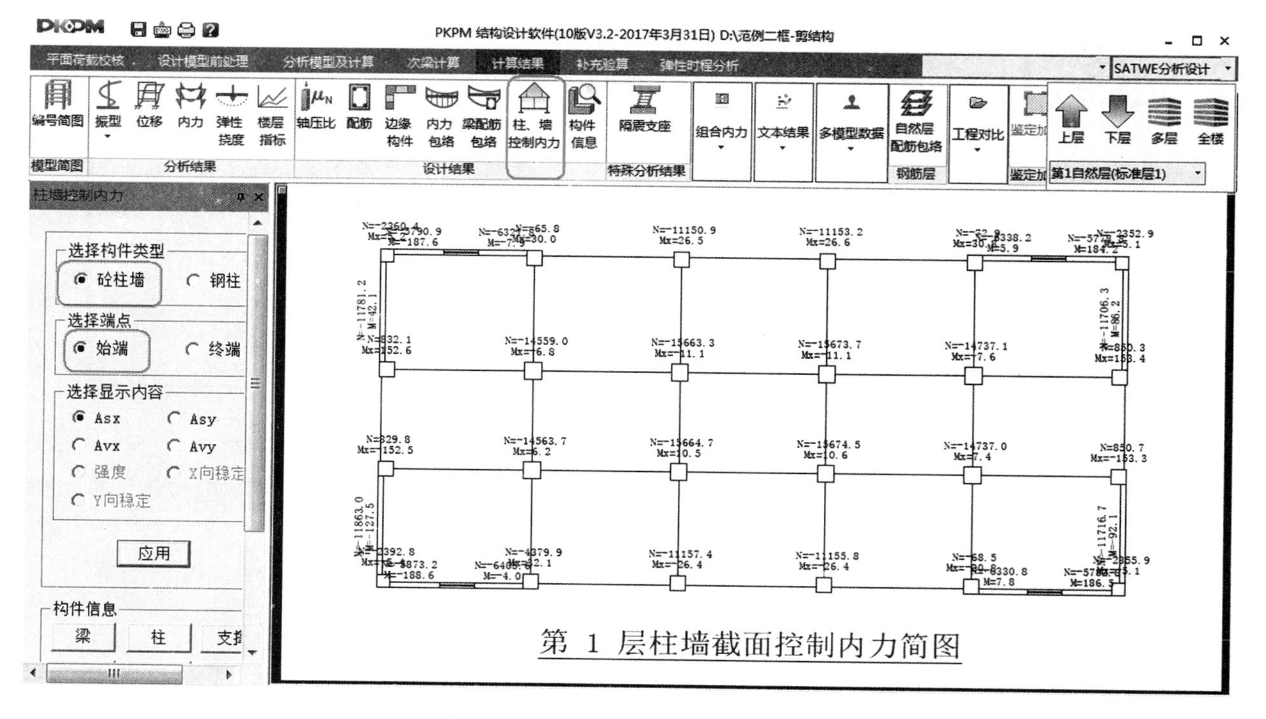

图 4.30　柱和墙截面设计控制内力图

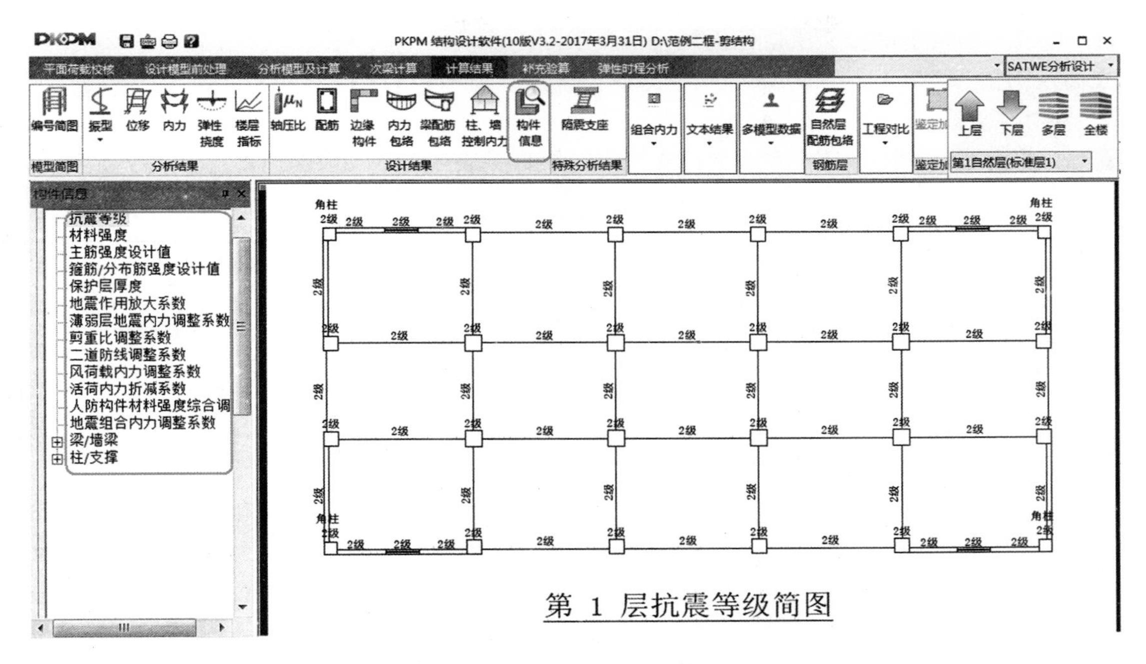

图 4.31　框架—剪力墙构件信息界面

4.6.5　计算结果分析对比

1. 建筑质量信息

质量均匀分布判定

《高规》第 3.5.6 条规定： 楼层质量沿高度宜均匀分布，楼层质量不宜大于相邻下部楼层的 1.5 倍。

该酒店各层质量分布及质量比详见表 4.10，及如图 4.32、图 4.33 所示。

表 4.10　酒店各层质量分布　（单位：t）

层号	恒载质量	活载质量	层质量	质量比	层号	恒载质量	活载质量	层质量	质量比
5	869.6	81.1	950.7	1.07	17～24	808.2	81.2	889.4	1.00
4	807.2	81.1	888.3	0.79	16	807.9	81.2	889.1	0.95
3	1019.9	101.0	1120.9	0.89	10～15	850.1	81.1	931.2	1.00
2	1112.4	141.4	1253.8	0.94	9	850.1	81.1	931.2	0.98
1	1198.2	141.4	1339.6	1.00	6～8	869.6	81.1	950.7	1.00

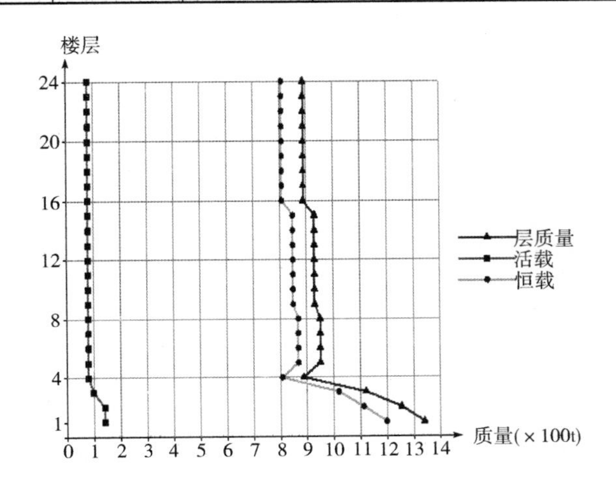

图 4.32　恒载、活载、层质量分布曲线

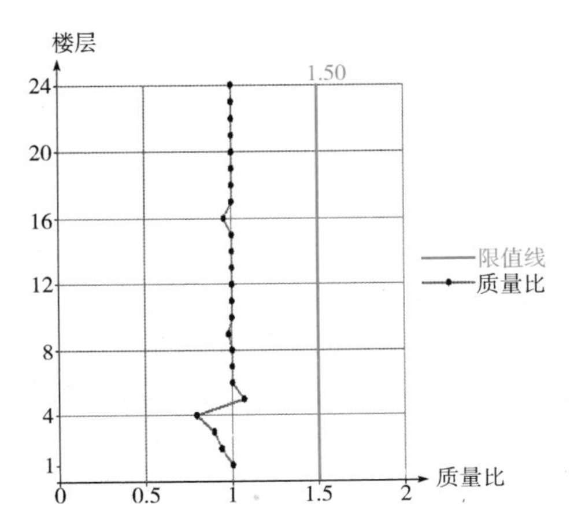

图 4.33　质量比分布曲线

判定：该酒店结构全部楼层质量比满足规范要求。

2. 立面规则性

（1）刚度比

该框架—剪力墙结构刚度比 1 和刚度比 2 计算结果详见表 4.11，如图 4.34、图 4.35 所示。

表 4.11　综合楼楼层刚度比

层号	Ratx1	Raty1	Ratx2	Raty2	Rat2_min	层号	Ratx1	Raty1	Ratx2	Raty2	Rat2_min
11	1.38	1.41	1.05	1.07	0.90	24	1.00	1.00	1.00	1.00	1.00
10	1.38	1.43	1.05	1.08	0.90	23	2.44	2.47	1.70	1.73	0.90
9	1.39	1.46	1.06	1.09	0.90	22	1.84	1.85	1.29	1.30	0.90
8	1.41	1.50	1.07	1.10	0.90	21	1.64	1.65	1.15	1.15	0.90
7	1.42	1.52	1.07	1.11	0.90	20	1.56	1.55	1.09	1.09	0.90
6	1.44	1.56	1.08	1.13	0.90	19	1.46	1.45	1.06	1.05	0.90
5	1.47	1.60	1.09	1.15	0.90	18	1.39	1.38	1.04	1.04	0.90
4	2.17	2.34	1.12	1.15	0.90	17	1.36	1.34	1.04	1.03	0.90
3	*0.67*	*0.77*	*1.06*	1.23	1.10	16	1.34	1.33	1.04	1.03	0.90
2	1.03	1.33	1.22	1.41	0.90	15	1.37	1.35	1.06	1.05	0.90
1	1.68	2.15	1.91	2.08	1.50	14	1.36	1.35	1.04	1.04	0.90

注：1. 刚度比 1（Ratx1，Raty1）：X、Y 方向本层塔侧移刚度与上一层相应塔侧移刚度 70% 的比值或上三层平均侧移刚度 80% 的比值中之较小值（按《抗规》第 3.4.3 条；《高规》第 3.5.2－1 条）。

2. 刚度比 2（Ratx2，Raty2）：X、Y 方向本层塔侧移刚度与本层层高的乘积与上一层相应塔侧移刚度与上层层高的乘积的比值（《高规》第 3.5.2－2 条）。

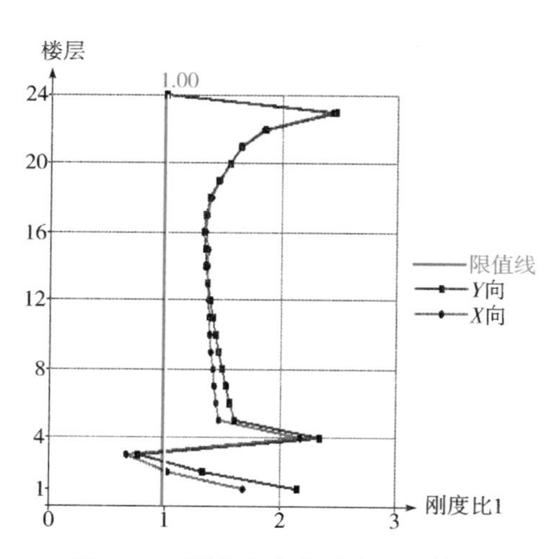

图 4.34　酒店多方向刚度比 1 简图

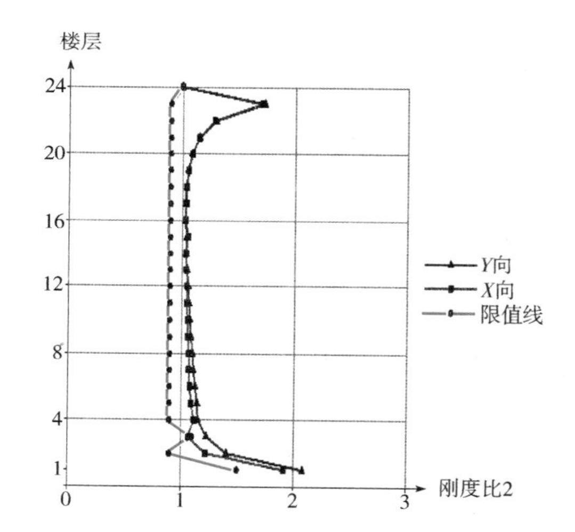

图 4.35　酒店多方向刚度比 2 简图

《高规》第 3.5.2－2 条规定：对非框架结构，楼层与其相邻上层的侧向刚度比，本层与相邻上层的比值不宜小于 0.9；当本层层高大于相邻上层层高的 1.5 倍时，该比值不宜小于 1.1；对结构底部嵌固层，该比值不宜小于 1.5。

《抗规》第 3.4.3－2 条对于侧向刚度不规则的定义为：该层的侧向刚度小于相邻上一层的 70%，或小于其上相邻三个楼层侧向刚度平均值的 80%。

判定：根据表 4.11 中计算结果可以看出，该框架—剪力墙结构第 3 楼层侧向刚度比不满足规范要求，应进行调整。

（2）各楼层受剪承载力

该酒店各楼层受剪承载力及承载力比值结果详见表 4.12，如图 4.36 所示。

表 4.12　各楼层受剪承载力及承载力比值

层号	V_x/kN	V_y/kN	V_x/V_{xp}	V_y/V_{yp}	比值判断	层号	V_x/kN	V_y/kN	V_x/V_{xp}	V_y/V_{yp}	比值判断
12	31360.72	31578.03	1.14	1.14	满足	24	11764.56	11425.53	1.00	1.00	满足
11	32215.30	32433.74	1.03	1.03	满足	23	13028.34	12837.41	1.11	1.12	满足
10	33005.61	33225.38	1.02	1.02	满足	22	14282.94	14080.30	1.10	1.10	满足
9	33803.86	34026.50	1.02	1.02	满足	21	15454.32	15239.55	1.08	1.08	满足
8	40462.07	40686.94	1.20	1.20	满足	20	16446.10	16219.77	1.06	1.06	满足
7	41388.30	41614.11	1.02	1.02	满足	19	17389.55	17152.21	1.06	1.06	满足
6	42233.50	42459.27	1.02	1.02	满足	18	18204.32	17957.54	1.05	1.05	满足
5	43009.81	43230.76	1.02	1.02	满足	17	18938.75	18684.88	1.04	1.04	满足
4	60451.11	60656.05	1.41	1.40	满足	16	19585.49	19341.66	1.03	1.04	满足
3	36520.60	36800.86	0.60	0.61	×	15	25977.05	26152.05	1.33	1.35	满足
2	37247.17	37515.04	1.02	1.02	满足	14	26797.72	26975.76	1.03	1.03	满足
1	34025.84	34376.11	0.91	0.92	满足	13	27526.23	27704.95	1.03	1.03	满足

注：V_x、V_y 为楼层受剪承载力（X、Y 方向）；V_x/V_{xp}、V_y/V_{yp}为本层与上层楼层承载力的比值（X，Y 方向）。

《高规》第 3.5.3 条规定：A 级高度高层建筑的楼层抗侧力结构的层间受剪承载力不宜小于其相邻上一层受剪承载力的 80%，不应小于其相邻上一层受剪承载力的 65%；B 级高度高层建筑的楼层抗侧力结构的层间受剪承载力不应小于其相邻上一层受剪承载力的 75%。

判定：结构设定的限值是 80.0%，通过表 4.12 各楼层承载力比值可以看出，该酒店第 3 楼层受剪承载力不满足规范规定，需进行调整。

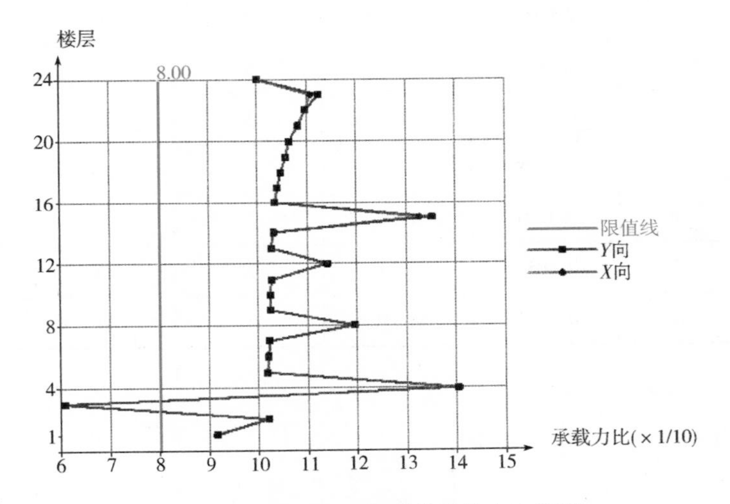

图 4.36　酒店 X、Y 向受剪承载力比简图

（3）楼层薄弱层调整系数

软件对薄弱层和软弱层给出的判断标准如下：

1）软弱层：刚度比不满足规范要求的楼层。

2）刚度比判断方式：按照《抗规》第 3.4.3 条和《高规》第 3.5.2－1 条规定，从严判断。

3）软弱层判断原则：“楼层剪力/层间位移”刚度的刚度比 1 及刚度比 2。

4）薄弱层：受剪承载力不满足规范要求的楼层。

判定：根据以上第（1）和（2）项可知，该酒店第 3 楼层刚度比 1、刚度比 2 和受剪承载力不满足规范要求，综合判定该酒店第 3 楼层为软弱层和薄弱层，程序按照《高规》第 3.5.8 条规定，对应于地震作用标准值的剪力应乘以 1.25 的增大系数，详见表 4.13。

表 4.13　软弱层、薄弱层调整系数

层号	方向	用户指定薄弱层	软弱层	薄弱层	C_def	C_user	C_final
4～24	X，Y				1.00		1.00
3	X，Y		√	√	1.25		1.25
1，2	X，Y				1.00		1.00

注：C_def 是默认的薄弱层调整系数（综合以上三项判断得到）；C_user 是用户定义的薄弱层调整系数；C_final 是程序综合判断最终采用的薄弱层调整系数。

应提醒设计人员注意的是，该框架—剪力墙结构存在受剪承载力比值小于给定限值的情况，程序并未进行自动调整，如果确认是薄弱层，设计人员应在参数中指定薄弱层。点选【参数定义】→【调整信息】菜单，将薄弱层号填入，如果需要自动调整，可勾选“受剪承载力突变形成的薄弱层自动调整”。

3. 抗震分析及调整

（1）结构周期及振型方向

1）地震作用的最不利方向角：0.00°。

2）综合楼前 8 个振型结构周期及振型方向见表 4.14，如图 4.37 所示。

（2）周期比判定

《高规》第 3.4.5 条规定：结构扭转为主的第一自振周期 T_t 与平动为主的第一自振周期 T_1 之比，A 级高度高层建筑不应大于 0.9。

表 4.14　结构周期及振型方向

振型号	周期/s	方向角/度	类型	扭振成分	X 侧振成分	Y 侧振成分	总侧振成分	阻尼比
1	**2.2191**	89.84	Y	0%	0%	100%	100%	5.00%
2	**2.0655**	179.85	X	-0%	100%	0%	100%	5.00%
3	**1.3443**	74.04	T	100%	0%	0%	0%	5.00%
4	0.6114	0.60	X	0%	100%	0%	100%	5.00%
5	0.5508	90.58	Y	0%	0%	100%	100%	5.00%
6	0.3394	174.63	T	100%	0%	0%	0%	5.00%
7	0.3054	0.34	X	0%	100%	0%	100%	5.00%
8	0.2450	90.31	Y	0%	0%	100%	100%	5.00%

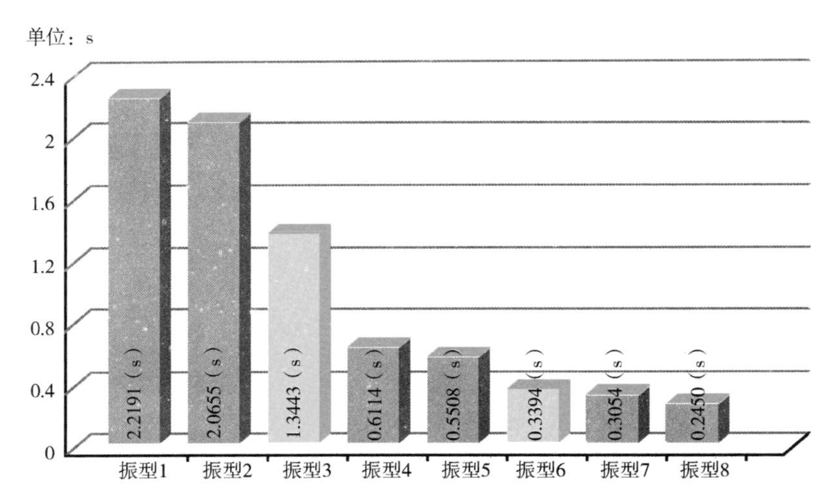

图 4.37　综合楼前 8 个振型周期简图

（注：图中灰色表示侧振成分，红色表示扭振成分）

判定：该工程第 1 振型为平动（扭转成分 0%），第 3 振型为扭转（扭转成分 100%），周期比为 0.606 <0.9，满足规范要求，无须调整。

（3）有效质量系数

该酒店各地震方向参与振型的有效质量系数见表 4.15。

表 4.15　各地震方向参与振型的有效质量系数

振型号	EX	EY	振型号	EX	EY	振型号	EX	EY	振型号	EX	EY
1	0.00%	67.69%	2	72.20%	0.00%	3	0.00%	0.00%	4	16.55%	0.00%
5	0.00%	17.77%	6	0.00%	0.00%	7	4.76%	0.00%	8	0.00%	6.71%
9	2.05%	0.00%	10	0.00%	0.00%	11	0.00%	3.05%	12	1.18%	0.00%
13	0.91%	0.00%	14	0.00%	1.62%	15	0.00%	0.00%	16	0.82%	0.00%
17	0.00%	1.05%	18	0.65%	0.00%	19	0.00%	0.00%	20	0.00%	0.79%
21	0.33%	0.00%	22	0.00%	0.58%	23	0.16%	0.00%	24	0.00%	0.00%
合计										**99.59%**	**99.28%**

《高规》第 5.1.13 条规定：各振型的参与质量之和不应小于总质量的 90%。

判定：1）第 1 地震方向 EX 的有效质量系数为 99.59%，参与振型足够。

2）第 2 地震方向 EY 的有效质量系数为 99.28%，参与振型足够。

（4）地震作用下结构剪重比及其调整

该综合楼地震作用下计算所得的结构剪重比及其调整系数详见表 4.16，如图 4.38、图 4.39 所示。

表 4.16　EX、EY 工况下结构剪重比和调整系数

层号	V_x/kN	RSWx	V_y/kN	RSWy	Coef2	Coef_RSWx	Coef_RSWy
24	544.3	6.12%	631.6	7.10%	1.00	1.00	1.00
23	984.2	5.53%	1120.6	6.30%	1.00	1.00	1.00
22	1333.6	5.00%	1479.5	5.54%	1.00	1.00	1.00
21	1610.9	4.53%	1734.4	4.88%	1.00	1.00	1.00
20	1829.4	4.11%	1911.4	4.30%	1.00	1.00	1.00
19	2000.6	3.75%	2033.5	3.81%	1.00	1.00	1.00
18	2136.0	3.43%	2120.5	3.41%	1.00	1.00	1.00
17	2246.2	3.16%	2186.8	3.07%	1.00	1.00	1.00
16	2339.9	2.92%	2242.6	2.80%	1.00	1.00	1.00
15	2429.1	2.72%	2299.5	2.57%	1.00	1.00	1.00
14	2517.5	2.55%	2364.4	2.40%	1.00	1.00	1.00
13	2607.9	2.42%	2440.9	2.26%	1.00	1.00	1.00
12	2702.5	2.30%	2531.9	2.16%	1.00	1.00	1.00
11	2803.3	2.21%	2640.0	2.09%	1.00	1.00	1.00
10	2911.5	2.14%	2764.7	2.03%	1.00	1.00	1.00
9	3027.9	2.08%	2905.2	2.00%	1.00	1.00	1.00
8	3155.9	2.04%	3062.9	1.98%	1.00	1.00	1.00
7	3292.6	2.00%	3231.6	1.97%	1.00	1.00	1.00
6	3436.0	1.98%	3406.5	1.96%	1.00	1.00	1.00
5	3582.4	1.95%	3582.8	1.96%	1.00	1.00	1.00
4	3717.0	1.93%	3741.5	1.95%	1.00	1.00	1.00
3	3893.7	1.91%	3943.2	1.94%	1.00	1.00	1.00
2	4040.8	1.87%	4109.6	1.90%	1.00	1.00	1.00
1	4126.3	1.80%	4206.4	1.83%	1.00	1.00	1.00

注：V_x，V_y（kN）是地震作用下结构楼层的剪力；RSW 是剪重比；Coef2 是按《抗规》第 5.2.5 条计算的剪重比调整系数；Coef_RSW 是程序综合考虑最终采用的剪重比调整系数。

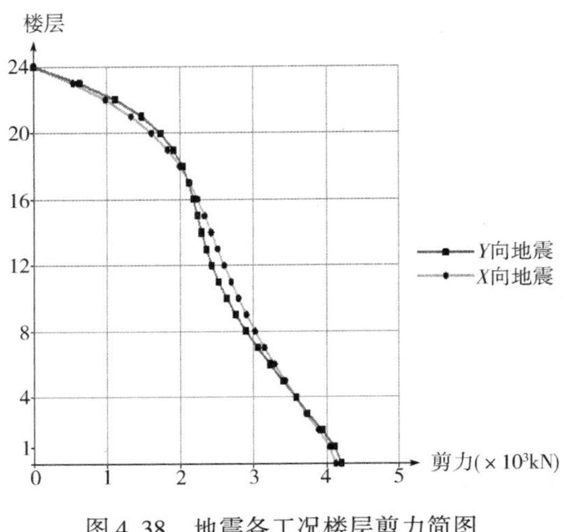

图 4.38　地震各工况楼层剪力简图

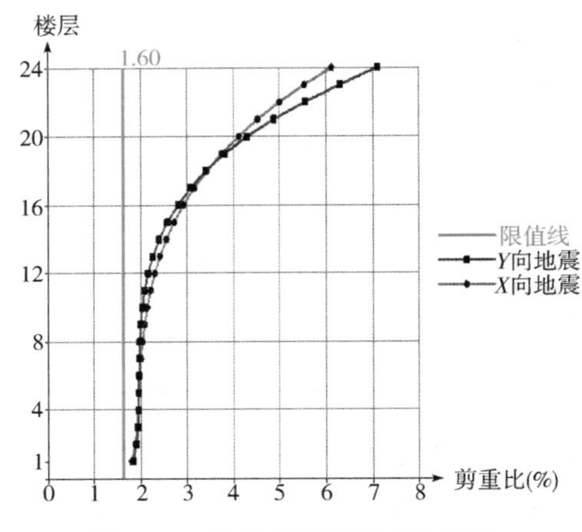

图 4.39　地震各工况剪重比简图

《抗规》第 5.2.5 条规定：7 度（0.10g）设防地区，水平地震影响系数最大值为 0.08，楼层剪重比不应小于 1.60%。

判定：由表 4.16 可见，X、Y 向地震剪重比都符合规范要求，不需进行调整。

如果剪重比不满足要求，用户可自定义剪重比调整系数，程序给出按《抗规》第 5.2.5 条计算的剪重比调整系数，如果用户定义了则采用用户的定义值。

4. 结构体系指标及二道防线调整

（1）竖向构件倾覆力矩及百分比（抗规方式）

该框架—剪力墙结构竖向构件在 X、Y 向静震工况下的倾覆力矩及百分比详见表 4.17、表 4.18，如图 4.40、图 4.41 所示。

表 4.17　X 向静震工况下的倾覆力矩及百分比　　（单位：kN · m）

层号	框架柱	普通墙	总弯矩	层号	框架柱	普通墙	总弯矩
12	29356.0（36.9%）	50139.8（63.1%）	79495.8	24	2446.8（142.8%）	−733.4（−42.8%）	1713.5
11	31693.6（35.9%）	56606.2（64.1%）	88299.8	23	4281.0（89.0%）	529.0（11.0%）	4810.0
10	34019.5（34.9%）	63423.4（65.1%）	97442.9	22	6323.5（70.2%）	2680.7（29.8%）	9004.2
9	36158.5（33.8%）	70793.5（66.2%）	1.1e+5	21	8434.3（59.9%）	5636.6（40.1%）	14071.0
8	38588.6（33.0%）	78274.6（67.0%）	1.2e+5	20	10618.9（53.6%）	9204.7（46.4%）	19823.5
7	40790.8（32.1%）	86414.0（67.9%）	1.3e+5	19	12857.4（49.2%）	13254.9（50.8%）	26112.3
6	42955.1（31.1%）	95042.4（68.9%）	1.4e+5	18	15127.4（46.1%）	17698.6（53.9%）	32826.0
5	44986.2（30.1%）	1.0e+5（69.9%）	1.5e+5	17	17445.0（43.7%）	22439.3（56.3%）	39884.3
4	47095.6（29.9%）	1.1e+5（70.1%）	1.6e+5	16	19579.3（41.4%）	27699.3（58.6%）	47278.6
3	49474.6（27.9%）	1.3e+5（72.1%）	1.8e+5	15	22186.8（40.4%）	32722.5（59.6%）	54909.3
2	51594.3（26.2%）	1.5e+5（73.8%）	2.0e+5	14	24582.1（39.1%）	38234.8（60.9%）	62817.0
1	53705.8（**24.2%**）	1.7e+5（75.8%）	2.2e+5	13	26962.5（38.0%）	44045.6（62.0%）	71008.2

表 4.18　Y 向静震工况下的倾覆力矩及百分比　（单位：kN · m）

层号	框架柱	普通墙	总弯矩	层号	框架柱	普通墙	总弯矩
12	20849.4 (26.4%)	58035.5 (73.6%)	78884.9	24	1982.6 (99.7%)	6.4 (0.3%)	1989.0
11	22428.5 (25.7%)	64742.3 (74.3%)	87170.8	23	3355.9 (60.9%)	2159.0 (39.1%)	5514.9
10	23988.3 (25.0%)	71860.2 (75.0%)	95848.5	22	4872.1 (47.9%)	5295.4 (52.1%)	10167.5
9	25401.9 (24.2%)	79565.6 (75.8%)	1.0e+5	21	6401.2 (41.0%)	9218.9 (59.0%)	15620.1
8	26995.0 (23.6%)	87587.3 (76.4%)	1.1e+5	20	7958.4 (36.8%)	13670.3 (63.2%)	21628.8
7	28397.3 (22.8%)	96330.6 (77.2%)	1.2e+5	19	9534.1 (34.0%)	18484.0 (66.0%)	28018.1
6	29749.7 (22.0%)	1.1e+5 (78.0%)	1.4e+5	18	11118.1 (32.1%)	23561.7 (67.9%)	34679.8
5	30917.8 (21.1%)	1.2e+5 (78.9%)	1.5e+5	17	12728.1 (30.6%)	28820.1 (69.4%)	41548.2
4	32238.0 (20.8%)	1.2e+5 (79.2%)	1.6e+5	16	14207.0 (29.2%)	34428.5 (70.8%)	48635.6
3	33307.5 (19.1%)	1.4e+5 (80.9%)	1.7e+5	15	15963.2 (28.6%)	39891.8 (71.4%)	55855.0
2	34136.6 (17.5%)	1.6e+5 (82.5%)	2.0e+5	14	17601.7 (27.8%)	45675.6 (72.2%)	63277.3
1	35235.4 (**16.0%**)	1.9e+5 (84.0%)	2.2e+5	13	19225.0 (27.1%)	51713.6 (72.9%)	70938.6

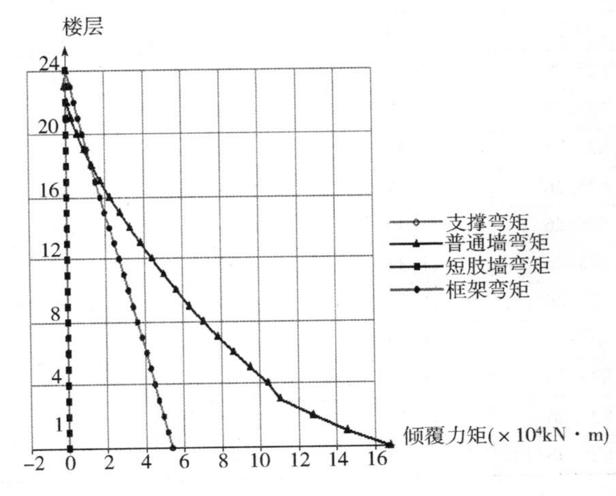

图 4.40　X 向静震下倾覆力矩简图

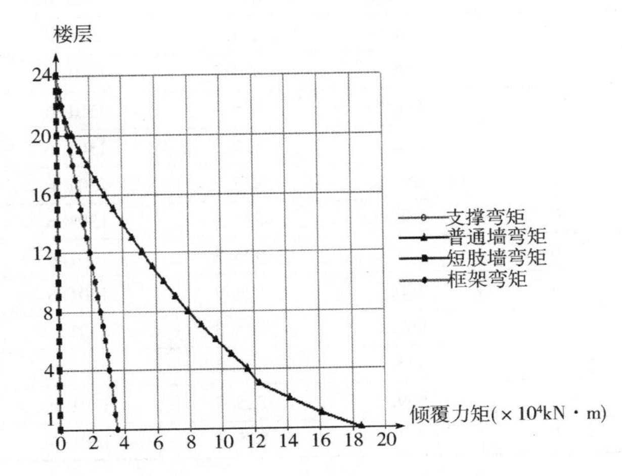

图 4.41　Y 向静震下倾覆力矩简图

《高规》第 8.1.3-2 条规定：抗震设计的框架—剪力墙结构，应根据在规定的水平力作用下结构底层框架部分承受的地震倾覆力矩与结构总地震倾覆力矩的比值，确定相应的设计方法，结构框架部分承受的地震倾覆力矩大于结构总地震倾覆力矩的 10% 但不大于 50% 时，按框架—剪力墙结构进行设计。

判定：从表 4.17、表 4.18 可以看出，该框架—剪力墙结构在规定的水平力作用下结构底层框架部分承受的地震倾覆力矩与结构总地震倾覆力矩的比值，X 向、Y 向分别为 24.2% 和 16.0%，大于 10% 但不大于 50%，可按标准的框架—剪力墙结构进行设计。

（2）单塔多塔通用的框架 $0.2V_0$（$0.25V_0$）调整系数

根据《高规》第 8.1.4 条规定：框架—剪力墙结构各层框架所承担的地震剪力不应小于结构底部总剪力 20% 和框架部分地震剪力最大值的 1.5 倍二者较小值。该框架—剪力墙结构各楼层的调整情况具体见表 4.19、表 4.20，如图 4.42 所示，其中：

$0.2V_0$ 调整中 V_0 的系数：　alpha = 0.20

$0.2V_0$ 调整中 V_{max} 的系数：　beta = 1.50

$0.2V_0$ 调整方式：　alpha × V_0 和 beta × V_{max} 两者取小

$0.2V_0$ 调整上限：　KQ_L = 10.00

0.2V_0 调整分段数：　VSEG = 1

第 1 段位置：　1 ~ 24 层

表 4.19　*X* 向地震工况下的各层塔的框架剪力　（单位：kN）

层　号	V_{c_p}	alpha × V_0	beta × V_{max}	V_{c_f}	Coef2	C02v_c	C02v_w
24	654.0	825.3	1301.6	825.26	1.26	1.26	1.00
23	491.5	825.3	1301.6	825.26	1.68	1.68	1.00
22	551.2	825.3	1301.6	825.26	1.50	1.50	1.00
21	574.6	825.3	1301.6	825.26	1.44	1.44	1.00
20	599.9	825.3	1301.6	825.26	1.38	1.38	1.00
19	619.7	825.3	1301.6	825.26	1.33	1.33	1.00
18	632.9	825.3	1301.6	825.26	1.30	1.30	1.00
17	650.0	825.3	1301.6	825.26	1.27	1.27	1.00
16	602.1	825.3	1301.6	825.26	1.37	1.37	1.00
15	736.2	825.3	1301.6	825.26	1.12	1.12	1.00
14	679.8	825.3	1301.6	825.26	1.21	1.21	1.00
13	677.3	825.3	1301.6	825.26	1.22	1.22	1.00
12	681.0	825.3	1301.6	825.26	1.21	1.21	1.00
11	666.7	825.3	1301.6	825.26	1.24	1.24	1.00
10	664.1	825.3	1301.6	825.26	1.24	1.24	1.00
9	612.1	825.3	1301.6	825.26	1.35	1.35	1.00
8	696.6	825.3	1301.6	825.26	1.18	1.18	1.00
7	633.6	825.3	1301.6	825.26	1.30	1.30	1.00
6	623.8	825.3	1301.6	825.26	1.32	1.32	1.00
5	590.2	825.3	1301.6	825.26	1.40	1.40	1.00
4	867.7	825.3	1301.6	867.73	1.00	1.00	1.00
3	443.2	825.3	1301.6	825.26	1.86	1.86	1.00
2	399.1	825.3	1301.6	825.26	2.07	2.07	1.00
1	344.6	825.3	1301.6	825.26	2.39	2.39	1.00

表 4.20　*Y* 向地震工况下的各层塔的框架剪力　（单位：kN）

层　号	V_{c_p}	alpha × V_0	beta × V_{max}	V_{c_f}	Coef2	C02v_c	C02v_w
24	499.0	841.3	779.1	779.07	1.56	1.56	1.00
23	345.6	841.3	779.1	779.07	2.25	2.25	1.00
22	383.1	841.3	779.1	779.07	2.03	2.03	1.00
21	388.1	841.3	779.1	779.07	2.01	2.01	1.00
20	397.0	841.3	779.1	779.07	1.96	1.96	1.00
19	403.4	841.3	779.1	779.07	1.93	1.93	1.00
18	407.0	841.3	779.1	779.07	1.91	1.91	1.00
17	414.8	841.3	779.1	779.07	1.88	1.88	1.00
16	383.8	841.3	779.1	779.07	2.03	2.03	1.00
15	454.1	841.3	779.1	779.07	1.72	1.72	1.00
14	426.3	841.3	779.1	779.07	1.83	1.83	1.00
13	424.2	841.3	779.1	779.07	1.84	1.84	1.00
12	424.6	841.3	779.1	779.07	1.83	1.83	1.00
11	414.9	841.3	779.1	779.07	1.88	1.88	1.00
10	411.2	841.3	779.1	779.07	1.89	1.89	1.00

（续）

层　号	V_{c_p}	alpha × V_0	beta × V_{max}	V_{c_f}	Coef2	C02v_c	C02v_w
9	374.5	841.3	779.1	779.07	2.08	2.08	1.00
8	423.9	841.3	779.1	779.07	1.84	1.84	1.00
7	376.0	841.3	779.1	779.07	2.07	2.07	1.00
6	363.8	841.3	779.1	779.07	2.14	2.14	1.00
5	318.7	841.3	779.1	779.07	2.44	2.44	1.00
4	519.4	841.3	779.1	779.07	1.50	1.50	1.00
3	184.6	841.3	779.1	779.07	4.22	4.22	1.00
2	144.5	841.3	779.1	779.07	5.39	5.39	1.00
1	175.7	841.3	779.1	779.07	4.43	4.43	1.00

注：V_{c_p}是调整前的本层框架剪力；V_{c_f}是调整后的本层框架剪力；Coef1 是用户定义的 0.2V_0 调整系数；Coef2 是本层柱的 0.2V_0 调整系数计算值；C02v_c 是本层柱的 0.2V_0 调整系数最终采用值（如果用户定义采用用户定义值）；C02v_w 是本层墙的剪力调整系数。

5. 变形验算

普通结构楼层位移指标统计。

（1）最大层间位移角

该酒店框架—剪力墙结构 X、Y 向地震工况和 X、Y 向风荷载工况的最大位移、最大层间位移角见表 4.21，如图 4.45 所示。

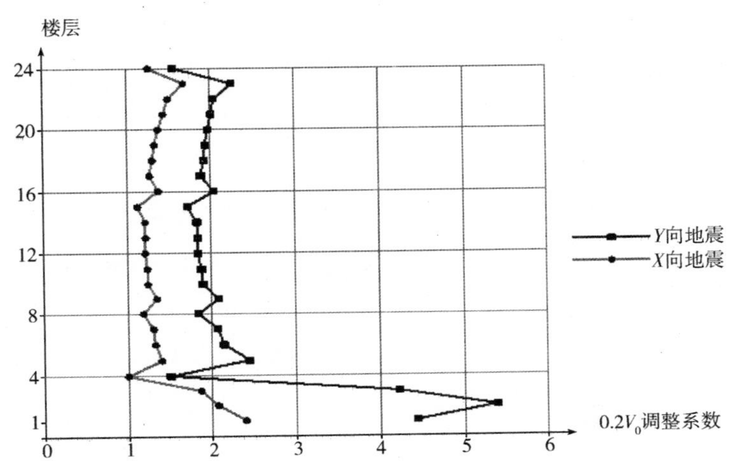

图 4.42　酒店最终采用 0.2V_0 调整系数简图

《高规》第 3.7.3 条规定：对于高度不大于 150m 的框架—剪力墙结构，按弹性方法计算的风荷载或多遇地震标准值作用下的楼层层间最大水平位移与层高之比 $\Delta u/h$ 不宜大于 1/800，对于高度不小于 250m 的高层建筑，其楼层层间最大位移与层高之比 $\Delta u/h$ 不宜大于 1/500。

判定：结构设定的限值为 1/800，该框架—剪力墙结构在地震工况下最大层间位移角为 1/1752（17 层），在风荷载工况下最大层间位移角为 1/2139（16 层），结构所有工况下最大层间位移角均满足规范要求。

表 4.21　X、Y 向地震工况和风荷载工况的位移

层号	X 向地震工况		Y 向地震工况		X 向风荷载工况		Y 向风荷载工况	
	最大位移	最大层间位移角	最大位移	最大层间位移角	最大位移	最大层间位移角	最大位移	最大层间位移角
24	31.37	1/2688	35.19	1/1914	11.20	1/7839	30.39	1/2491
23	30.27	1/2534	33.63	1/1864	10.79	1/7528	29.12	1/2434
22	29.12	1/2404	32.04	1/1830	10.38	1/7270	27.83	1/2389
21	27.92	1/2288	30.43	1/1799	9.94	1/7005	26.51	1/2339
20	26.67	1/2196	28.80	1/1776	9.49	1/6760	25.16	1/2289
19	25.38	1/2126	27.15	1/1760	9.03	1/6544	23.79	1/2242
18	24.05	1/2078	25.48	**1/1752**	8.55	1/6360	22.38	1/2201
17	22.68	1/2049	23.81	**1/1752**	8.05	1/6215	20.95	1/2167
16	21.29	**1/2037**	22.12	1/1757	7.54	1/6101	19.50	**1/2139**
15	19.89	1/2075	20.43	1/1790	7.03	1/6134	18.03	1/2148

（续）

层号	X 向地震工况		Y 向地震工况		X 向风荷载工况		Y 向风荷载工况	
	最大位移	最大层间位移角	最大位移	最大层间位移角	最大位移	最大层间位移角	最大位移	最大层间位移角
14	18.49	1/2081	18.76	1/1809	6.51	1/6089	16.56	1/2145
13	17.09	1/2098	17.10	1/1837	6.00	**1/6083**	15.09	1/2155
12	15.70	1/2130	15.46	1/1879	5.48	1/6134	13.63	1/2183
11	14.31	1/2157	13.84	1/1923	4.97	1/6180	12.19	1/2219
10	12.93	1/2190	12.25	1/1981	4.46	1/6264	10.77	1/2273
9	11.56	1/2229	10.71	1/2052	3.95	1/6383	9.38	1/2346
8	10.20	1/2290	9.20	1/2150	3.46	1/6584	8.04	1/2454
7	8.87	1/2349	7.76	1/2267	2.98	1/6807	6.76	1/2589
6	7.56	1/2430	6.39	1/2428	2.52	1/7125	5.54	1/2778
5	6.29	1/2545	5.11	1/2646	2.08	1/7576	4.41	1/3041
4	5.07	1/2746	3.93	1/2925	1.66	1/8322	3.37	1/3378
3	4.28	1/2791	3.18	1/3413	1.40	1/8544	2.72	1/3964
2	2.49	1/3290	1.72	1/4609	0.81	1/9999	1.46	1/5410
1	0.97	1/6168	0.64	1/9378	0.32	1/9999	0.53	1/9999

（2）位移比。

该酒店 X、Y 向地震工况（规定水平力）的最大位移见表 4.22，如图 4.43、图 4.44 所示。

表 4.22　X、Y 向正负偏心静震（规定水平力）工况的位移

层号	X 向正偏心		X 向负偏心		Y 向正偏心		Y 向负偏心	
	位移比	层间位移比	位移比	层间位移比	位移比	层间位移比	位移比	层间位移比
8~24	1.02	1.02	1.02	1.02	1.07	1.08	1.07	1.07
7	1.02	1.02	1.01	1.02	1.07	1.07	1.08	1.07
4~6	1.01	1.02	1.01	1.02	1.07	1.08	1.08	1.07
3	1.01	1.01	1.01	1.01	1.07	1.07	1.08	1.08
2	1.01	1.01	1.01	1.01	1.08	1.07	1.08	1.08
1	1.01	1.01	1.01	1.01	1.08	1.08	1.08	1.08

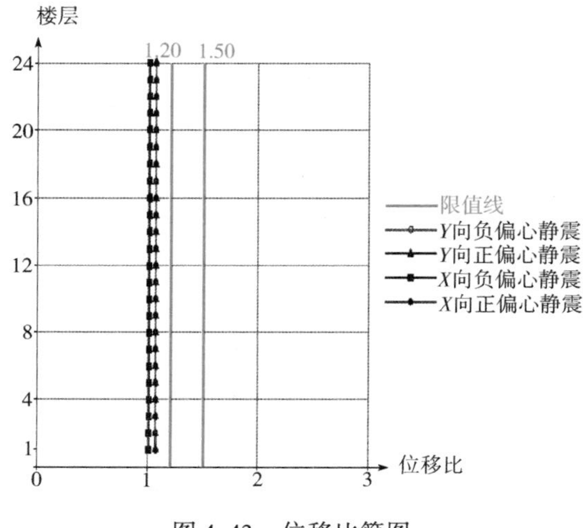

图 4.43　位移比简图

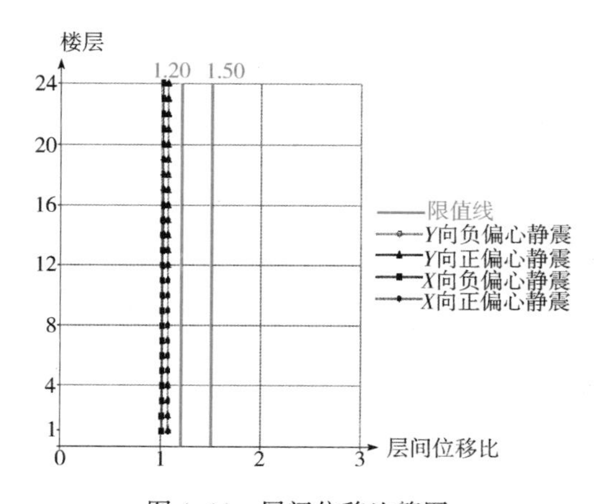

图 4.44　层间位移比简图

《抗规》第 3.4.3－1 条对于扭转不规则的定义为：在规定的水平力作用下，楼层的最大弹性水平位移（或层间位移），大于该楼层两端弹性水平位移（或层间位移）平均值的 1.2 倍。

《高规》第 3.4.5 条规定：结构在考虑偶然偏心影响的规定水平地震力作用下，楼层竖向构件最大的水平位移和层间位移，A 级高度高层建筑不宜大于该楼层平均值的 1.2 倍，不应大于该楼层平均值的 1.5 倍；B 级高度高层建筑、超过 A 级高度的混合结构及复杂高层建筑不宜大于该楼层平均值的 1.2 倍，不应大于该楼层平均值的 1.4 倍。

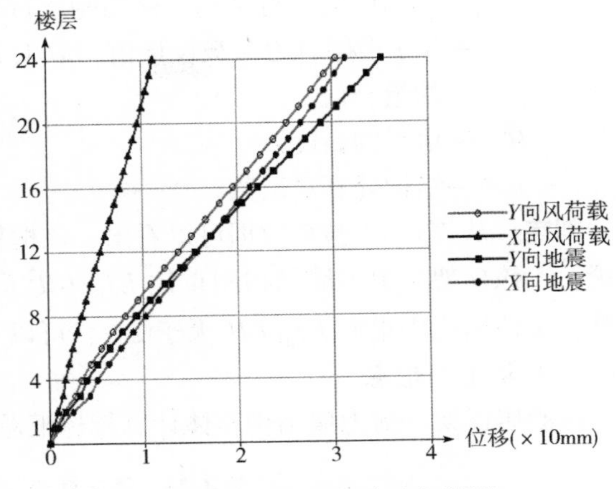

图 4.45　最大层间位移角简图

判定：该框架—剪力墙结构设定的判断扭转不规则的位移比为 1.20，位移比的限值为 1.50，从表 4.22 可以看出，结构最大位移比为 1.08 <1.2，所有工况下位移比、层间位移比均满足规范要求，不属于扭转不规则。

6. 抗倾覆和稳定验算

（1）抗倾覆验算

该酒店框架—剪力墙结构的抗倾覆验算结果见表 4.23。

《高规》第 12.1.7 条规定：在重力荷载与水平荷载标准值或重力荷载代表值与多遇水平地震标准值共同作用下，高宽比大于 4 的高层建筑，基础底面不宜出现零应力区；高宽比不大于 4 的高层建筑，基础底面与地基之间零应力区面积不应超过基础底面面积的 15%。

表 4.23　综合楼抗倾覆验算

工　况	抗倾覆力矩 M_r/(kN·m)	倾覆力矩 M_{ov}/(kN·m)	比值 M_r/M_{ov}	零应力区（%）
EX	4.87e+6	2.23e+5	21.79	0.00
EY	2.23e+6	2.28e+5	9.81	0.00
WX	5.05e+6	80506.40	62.67	0.00
WY	2.31e+6	1.71e+5	13.56	0.00

判定：该酒店高宽比为 4.27，基础底面零应力区面积比为 0.00%，符合规范要求。

（2）整体稳定刚重比验算

酒店框架—剪力墙结构在地震作用和风荷载作用下的刚重比验算见表 4.24。

表 4.24　基于地震作用和风荷载作用的刚重比验算

工况（地震作用）	验算公式	验算值	工况（风荷载）	验算公式	验算值
EX	EJ_d/GH^2	5.00	WX	EJ_d/GH^2	5.12
EY	EJ_d/GH^2	4.32	WY	EJ_d/GH^2	**4.19**

《高规》第 5.4.1－1 规定：当高层框架—剪力墙结构满足下式规定时，弹性计算分析时可不考虑重力二阶效应的不利影响。

$$EJ_d \geqslant 2.7H^2 \sum_{i=1}^{n} G_i \tag{4-3}$$

《高规》第 5.4.4－1 规定：高层框架—剪力墙结构的整体稳定性应符合下式规定：

$$EJ_d \geqslant 1.4H^2 \sum_{i=1}^{n} G_i \tag{4-4}$$

公式　EJ_d——结构一个主轴方向的弹性等效侧向刚度，可按倒三角形分布荷载作用下结构顶点位移相等的原则，将结构的侧向刚度折算为竖向悬臂受弯构件的等效侧向刚度；

G_i——第 i 楼层重力荷载设计值，取 1.2 倍的永久荷载标准值与 1.4 倍的楼面可变荷载标准值的组合值；

H——房屋的高度；

n——结构计算总层数。

判定：从表 4.24 验算数据可以看出，该框架—剪力墙结构最小剪重比为 4.19，因此可以得出以下结论：①该框架—剪力墙结构刚重比 EJ_d/GH^2 = 大于 1.4，能够通过《高规》第 5.4.4－1 的整体稳定验算；②该结构刚重比 EJ_d/GH^2 大于 2.7，可以不考虑重力二阶效应。

7. 指标汇总信息

该酒店框架—剪力墙结构整体计算指标汇总见表 4.25。

表 4.25 酒店框架—剪力墙结构整体计算指标汇总

指标项		汇总信息
总质量/t		22928.57
质量比		1.07 < [1.5] (5 层 1 塔)
最小刚度比 1	X 向	0.67 < [1.00] (3 层 1 塔)
	Y 向	0.77 < [1.00] (3 层 1 塔)
最小刚度比 2	X 向	1.00 > [1.00] (24 层 1 塔)
	Y 向	1.00 > [1.00] (24 层 1 塔)
最小楼层受剪承载力比值	X 向	0.60 < [0.80] (3 层 1 塔)
	Y 向	0.61 < [0.80] (3 层 1 塔)
结构自振周期/s		T_1 = 2.0655 (X)
		T_3 = 2.2191 (Y)
		T_5 = 1.3443 (T)
有效质量系数	X 向	99.59% > [90%]
	Y 向	99.28% > [90%]
最小剪重比	X 向	1.80% > [1.60%] (1 层 1 塔)
	Y 向	1.83% > [1.60%] (1 层 1 塔)
最大层间位移角	X 向	1/2037 < [1/800] (16 层 1 塔)
	Y 向	1/1752 < [1/800] (17 层 1 塔)
最大位移比	X 向	1.02 < [1.50] (24 层 1 塔)
	Y 向	1.08 < [1.50] (1 层 1 塔)
最大层间位移比	X 向	1.02 < [1.20] (24 层 1 塔)
	Y 向	1.08 < [1.20] (1 层 1 塔)

4.7 框架—剪力墙结构方案评议

1. 结构方案评价

1）从表 4.25 可以看出，第 3 层最小刚度比 1 和最小楼层抗剪承载力之比不满足规范要求，形成软弱层和薄弱层。

2）9 层以上边跨柱截面偏大。

3）楼面梁不宜支承在剪力墙的连梁上。

2. 优化建议

1）对第 3 层薄弱层，按《高规》第 3.5.8 条要求对该层地震作用标准值的地震剪力乘以 1.25 的增大系数。

2）9 层以上按楼层可逐级减小边跨柱截面。

3）楼面梁支承在连梁上时，连梁产生扭转，一方面不能有效约束楼面梁，另一方面连梁受力十分不利，因此要尽量避免。楼板次梁等截面较小的梁支承在连梁上时，次梁端部可按铰接处理。

4.8 框架—剪力墙结构施工图绘制

完成该酒店结构模型的建立、结构分析和计算后，当确认构件截面及配筋适当，没有超限信息，可切换到【混凝土结构施工图】模块下，进行混凝土结构的施工图绘制工作。其绘图流程同框架结构绘图流程一样，设计人员可参考第 3 章有关内容。

1. 梁平法施工图

点选【混凝土结构施工图】→【梁】菜单，可进入梁绘图界面，在“设置”菜单设计人员可对“设计参数”和“设钢筋层”中参数进行修改，并可对梁裂缝和挠度进行验算和校核。首层梁局部平面配筋图如图 4.46 所示。

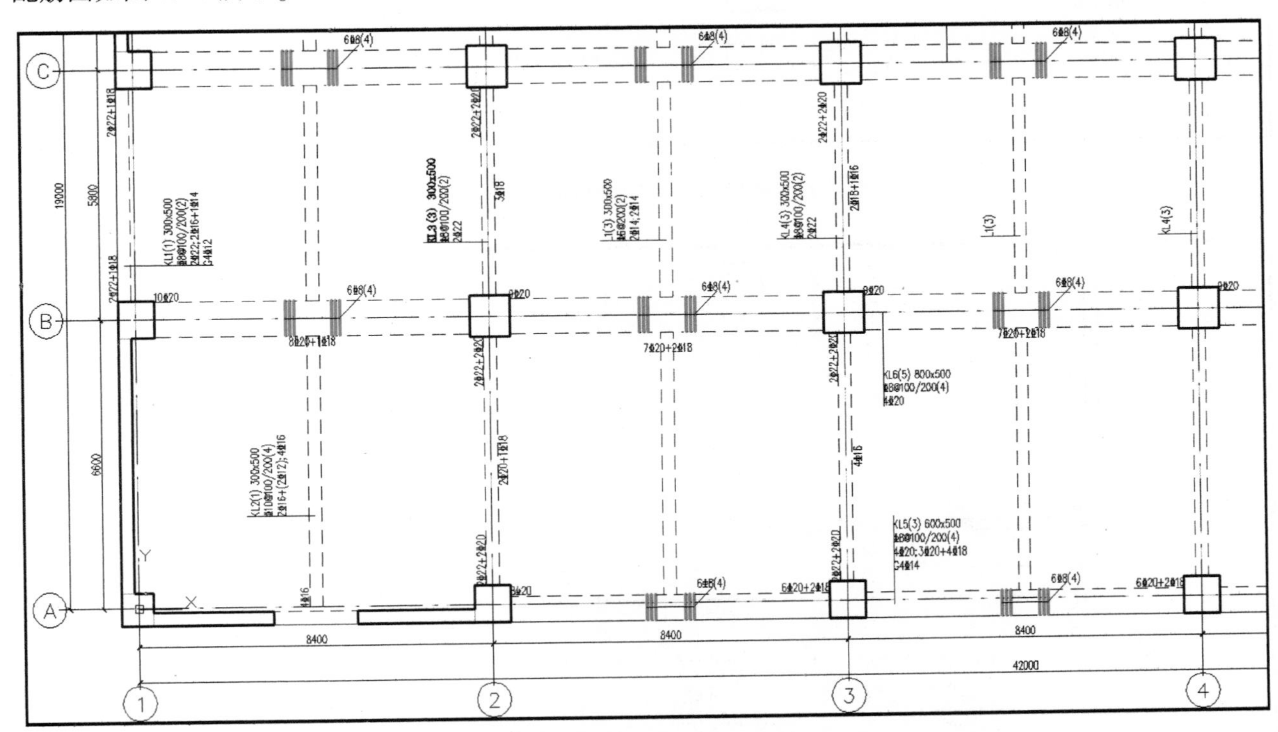

图 4.46　高层酒店第 1 层梁局部配筋平面图

2. 柱平法施工图

点选【混凝土结构施工图】→【柱】菜单，可进入柱绘图界面，在“设置”菜单设计人员可对“设计参数”和“设钢筋层”中的参数进行修改，并可选用不同的方法绘制柱施工图，如图 4.47 所示。

3. 墙平法施工图

点选【混凝土结构施工图】→【墙】菜单，可进入剪力墙绘图界面，同样可在“设置”菜单中对“设计参数”和“设钢筋层”中的参数进行修改，并可选用“截面注写”或“列表注写”绘制剪力墙施工图，如图 4.48 所示。

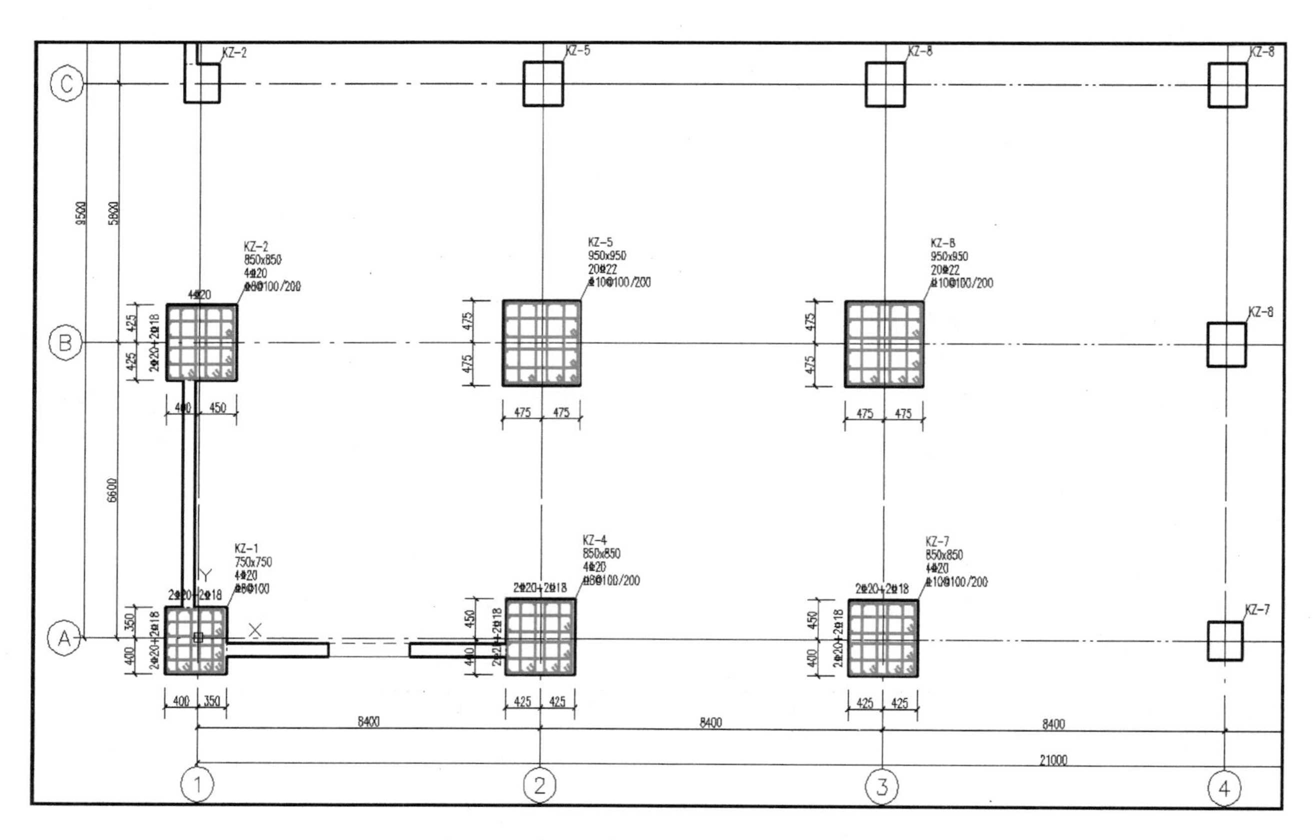

图 4.47　高层酒店第 1 层柱局部配筋平面图

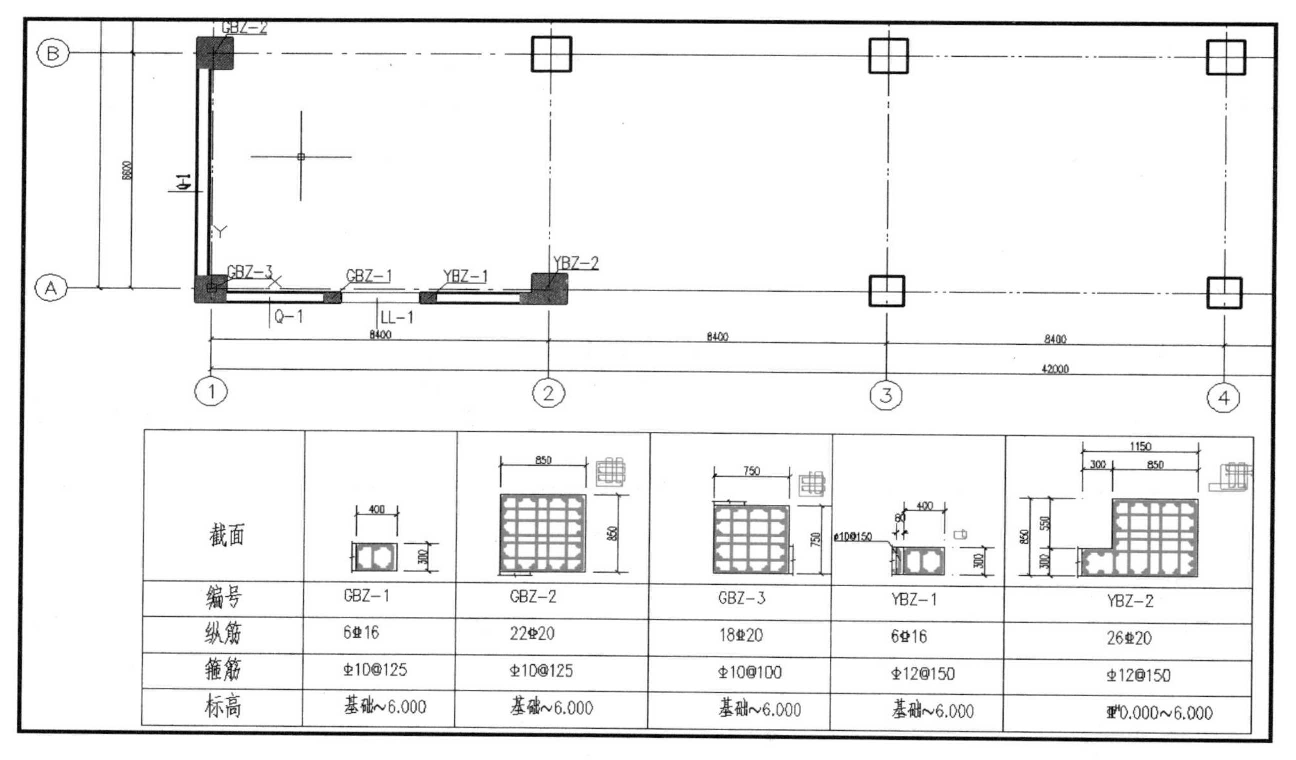

截面					
编号	GBZ-1	GBZ-2	GBZ-3	YBZ-1	YBZ-2
纵筋	6Φ16	22Φ20	18Φ20	6Φ16	26Φ20
箍筋	Φ10@125	Φ10@125	Φ10@100	Φ12@150	Φ12@150
标高	基础~6.000	基础~6.000	基础~6.000	基础~6.000	0.000~6.000

图 4.48　高层酒店第 1 层墙局部配筋平面图

第5章　剪力墙结构设计

剪力墙结构是由纵向和横向不同钢筋混凝土剪力墙组成，用以承受竖向荷载和抵抗侧向水平力的结构体系。其结构的整体性好，承载力及侧向刚度大。合理设计的延性剪力墙具有良好的抗震性能，大量应用于高层住宅建筑中。但由于剪力墙结构平面布置不够灵活，墙与墙之间的间距较小，不适合要求大空间的建筑，如车库、商场、体育馆等。

5.1　剪力墙结构设计要点

1. 结构体系方面

（1）避免采用短肢剪力墙

短肢剪力墙是指截面厚度不大于300mm、各肢截面高度与厚度之比的最大值大于4但不大于8的剪力墙。由于短肢剪力墙抗震性能较差，设计人员布置剪力墙时应尽量避免采用短肢剪力墙，因建筑功能需要无法避免时，在抗震设防地区，高层建筑结构不应全部采用短肢剪力墙；B级高度高层建筑以及抗震设防烈度为9度的A级高度高层建筑，不宜布置短肢剪力墙，不应采用具有较多短肢剪力墙的剪力墙结构。当采用具有较多短肢剪力墙的剪力墙结构时，应符合下列规定：

1）在规定的水平地震作用下，短肢剪力墙承担的底部倾覆力矩不宜大于结构底部总地震倾覆力矩的50%。

2）房屋适用高度应比规范规定的剪力墙结构的最大适用高度适当降低，7度、8度（0.2g）和8度（0.3g）时分别不应大于100m、80m和60m。

3）具有较多短肢剪力墙的剪力墙结构，是指在规定的水平地震作用下，短肢剪力墙承担的底部倾覆力矩不小于结构底部总地震倾覆力矩的30%的剪力墙结构。

（2）当剪力墙墙肢的截面高度与厚度之比不大于4时，宜按框架柱进行截面设计。

（3）跨高比小于5的连梁应按规范的有关规定设计，跨高比不小于5的连梁宜按框架梁设计。

2. 构件截面设计

（1）剪力墙的厚度

1）一、二级剪力墙：底部加强部位不应小于200mm，其他部位不应小于160mm；一字形独立剪力墙底部加强部位不应小于220mm，其他部位不应小于180mm。

2）三、四级剪力墙：不应小于160mm，一字形独立剪力墙的底部加强部位尚不应小于180mm。

3）非抗震设计时不应小于160mm。

4）剪力墙井筒中，分隔电梯井或管道井的墙肢截面厚度可适当减小，但不宜小于160mm。

（2）构造要求

1）短肢剪力墙的全部竖向钢筋的配筋率，底部加强部位一、二级不宜小于1.2%，三、四级不宜小于1.0%；其他部位一、二级不宜小于1.0%，三、四级不宜小于0.8%。

2）剪力墙竖向和水平分布钢筋的配筋率，一、二、三级时均不应小于0.25%，四级和非抗震设计时均不应小于0.20%。

5.2　剪力墙布置原则及截面初估

1. 剪力墙布置原则

1）平面布置宜简单、规则，宜沿两个主轴方向或其他方向双向布置，两个方向的侧向刚度不宜相差过大。抗震设计时，不应采用仅单向有墙的结构布置。

2）宜自下到上连续布置，避免刚度突变。

3）门窗洞口宜上下对齐、成列布置，形成明确的墙肢和连梁；宜避免造成墙肢宽度相差悬殊的洞口设置；抗震设计时，一、二、三级剪力墙的底部加强部位不宜采用上下洞口不对齐的错洞墙，全高均不宜采用洞口局部重叠的叠合错洞墙。

4）剪力墙不宜过长，较长剪力墙宜设置跨高比较大的连梁将其分成长度较均匀的若干墙段，各墙段的高度与墙段长度之比不宜小于3，墙段长度不宜大于8m。

2. 剪力墙规定及截面初估

（1）剪力墙结构最大适用高度、抗震等级和最大高宽比

剪力墙结构最大适用高度、抗震等级和最大高宽比的确定见表5.1。

表5.1　剪力墙结构最大高度、抗震等级和最大高宽比

设防烈度		非抗震设计	6		7		8（0.2g）		8（0.3g）		9
高度/m	全部落地剪力墙	150	140		120		100		80		60
	部分框支剪力墙	130	120		100		80		50		不采用
抗震等级	高度/m	—	≤80	>80	≤80	>80	≤80	>80	≤80	>80	≤60
	剪力墙	—	四	三	三	二	二	一	二	一	一
最大高宽比		7	6		6		5				4

注：建筑场地为Ⅰ类时，除6度外应允许按表内降低一度所对应的抗震等级采取抗震构造措施，但相应的计算要求不应降低。

（2）剪力墙结构伸缩缝、沉降缝和防震缝宽度

规范规定剪力墙结构伸缩缝的最大间距为45m，防震缝宽度见表5.2。

表5.2　剪力墙结构防震缝宽度

设防烈度	6		7		8		9	
高度 H/m	≤15	>15	≤15	>15	≤15	>15	≤15	>15
防震缝宽度/mm	≥100	≥100+4h×0.5	≥100	≥100+5h×0.5	≥100	≥100+7h×0.5	≥100	≥100+10h×0.5

注：1. 防震缝两侧结构类型不同时，宜按需要较宽防震缝的结构类型和较低房屋高度确定缝宽。

2. 抗震设计时，伸缩缝、沉降缝的宽度应满足防震缝的要求。

3. 表中 $h=H-15$。

（3）剪力墙底部加强区高度的确定

1）抗震设计时，剪力墙底部加强部位的范围，应符合下列规定：

①底部加强部位的高度，应从地下室顶板算起。

②底部加强部位的高度可取底部两层和墙体总高度的1/10二者的较大值。

③当结构计算嵌固端位于地下一层底板或以下时，底部加强部位宜延伸到计算嵌固端。

2）带转换层的高层建筑结构，其剪力墙底部加强部位的高度应从地下室顶板算起，宜取至转换层以上两层且不宜小于房屋高度的1/10。

（4）剪力墙截面厚度初估

首次结构建模时，剪力墙的截面厚度可参考表5.3给出的数据初定一个数，然后通过计算再进行截面调整，最终确定出合适的截面厚度。

表5.3　剪力墙截面厚度初估值　　（单位：mm）

层　数	11~15	16	17~20	21~25	26~30	31~40
6.6m~8.0m开间	200（180）	200	250	300	350	400
3.3m~3.9m开间	200（160）	200（180）	200（180）	250	300	350

注：括号内数字用于内墙厚度。

5.3　剪力墙结构设计范例

某高层住宅楼，地上 34 层，总高度 98.6m，现浇钢筋混凝土剪力墙结构，平面如图 5.1 所示。地下一层为车库、设备用房，抗震设防烈度 7 度，地震分组第一组，Ⅱ类场地，基本风压为 0.77kN/m^2，地面粗糙度 C 类，丙类建筑。

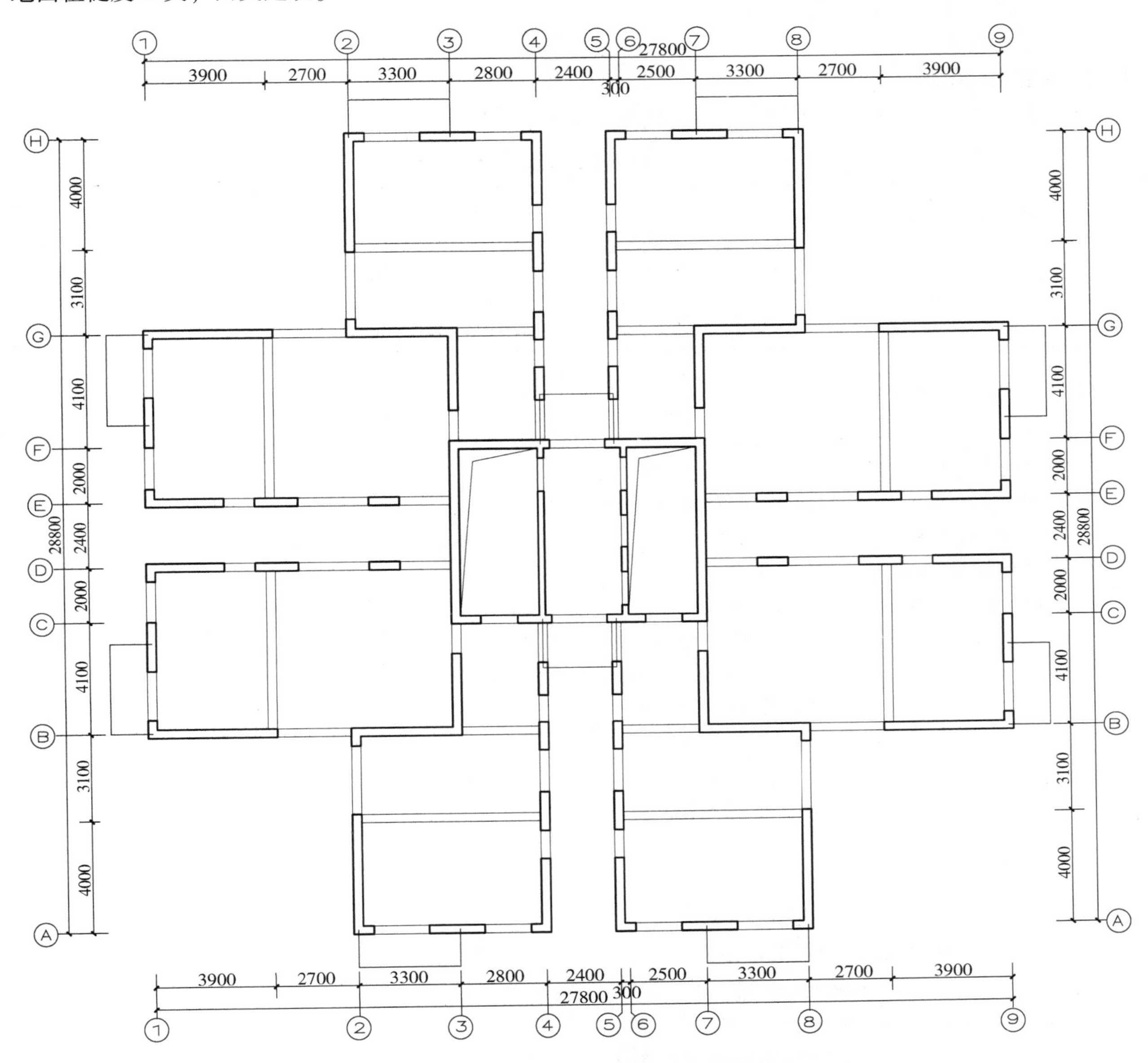

图 5.1　某高层住宅楼结构平面图

1. 基本条件

1）建筑结构安全等级：二级

2）结构重要性系数：1.0

3）环境类别：地面以上为一类，地面以下为二 a 类

4）风荷载

基本风压：0.77kN/m^2

地面粗糙度：C 类

5）地震参数

抗震设防烈度：7 度

设计基本地震加速度：0.1g

地震分组：第一组

建筑场地类别：Ⅱ类

特征周期：0.35s

抗震设防类别：标准设防类（丙类）

剪力墙抗震等级：二级

2. 主要结构材料

（1）各层柱、墙、梁和板采用的混凝土强度等级和钢筋牌号（表 5.4）

表 5.4　混凝土强度等级和钢筋牌号

构件名称		墙		梁		板	
		受力钢筋	分布钢筋	纵筋	箍筋	受力钢筋	分布钢筋
钢筋牌号		HRB400	HPB335	HRB400	HPB400	HRB400	HPB335
混凝土强度等级	1～10	C40		C30		C30	
	11～34	C30		C30		C30	

（2）板厚的确定

6000mm×6100mm 的板：　　150mm

3900mm×6100mm 的板：　　120mm

4000mm×6100mm 和 3100mm×6100mm 的板：　　100mm

2800mm 和 2700mm 单向板：　　100mm

3. 设计荷载取值

1）6000mm×6100mm 的板（150mm）：

板重：0.15×25＝3.75（kN/m^2）

楼面：
粉面底（包括吊顶管道）　　1.0kN/m^2
室内轻质隔墙折均布　　2.25kN/m^2

屋面：
屋面保温防水　　2.85kN/m^2
吊顶（管道）或板底粉刷　　0.4kN/m^2

恒载：　　7.0kN/m^2
活荷载：　　2.0kN/m^2

2）3900mm×6100mm 的板（120mm）：

板重：0.12×25＝3.0（kN/m^2）

楼面：
粉面底（包括吊顶管道）　　1.0kN/m^2
室内轻质隔墙折均布　　2.0kN/m^2

屋面：
屋面保温防水　　2.6kN/m^2
吊顶（管道）或板底粉刷　　0.4kN/m^2

恒载：　　6.0kN/m^2
活荷载：　　2.0kN/m^2

3）其余 100mm 厚的板：

板重：0.10×25＝2.5（kN/m^2）

楼面：　粉面底（包括吊顶管道）　$1.0kN/m^2$
　　　　室内轻质隔墙折均布　$2.0kN/m^2$

屋面：　屋面保温防水　$2.6kN/m^2$
　　　　吊顶（管道）或板底粉刷　$0.4kN/m^2$

　　　　恒载：　$5.5kN/m^2$
　　　　活荷载：　$2.0kN/m^2$

4）住宅阳台：
　　　　恒载：　$5.5kN/m^2$
　　　　活荷载：　$2.5kN/m^2$

5）楼梯间活荷载：　$3.5kN/m^2$

6）餐厅、浴室、卫生间、盥洗室活荷载：　$4.0kN/m^2$

7）电梯机房活荷载：　$7.0kN/m^2$

8）内隔墙（100mm 加气混凝土，容重 $13kN/m^3$）：　$4.0kN/m$

5.4　结构模型建立

点选【结构建模】菜单，设计人员可建立高层住宅楼结构计算分析模型，如图 5.2 所示，剪力墙相关参数详见表 5.5。

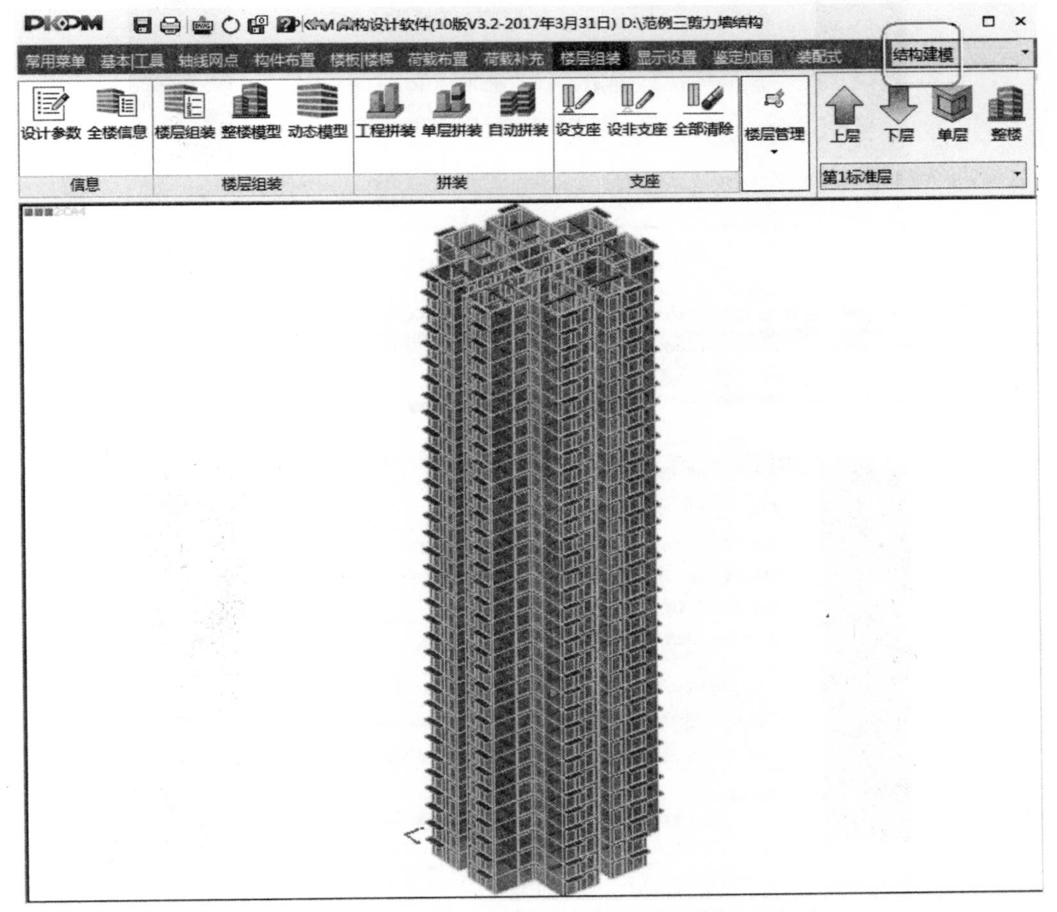

图 5.2　某高层住宅楼结构模型

表 5.5　高层住宅楼剪力墙建模参数

自然层	标准层	层高/m	连梁	板厚/mm	剪力墙	电梯内筒分隔墙	混凝土强度等级
1～10	1	2900	300×500	150、120、100	300	200	C40
11～34	2	2900	300×500	150、120、100	300	200	C30

5.5　设计参数选取

1. 建模设计参数

点选【结构建模】→【楼层组装】→【设计参数】进入高层住宅楼设计参数设置界面，包括总信息、材料信息、地震信息、风荷载信息和钢筋信息共五项内容，如图 5.3～5.6 所示。

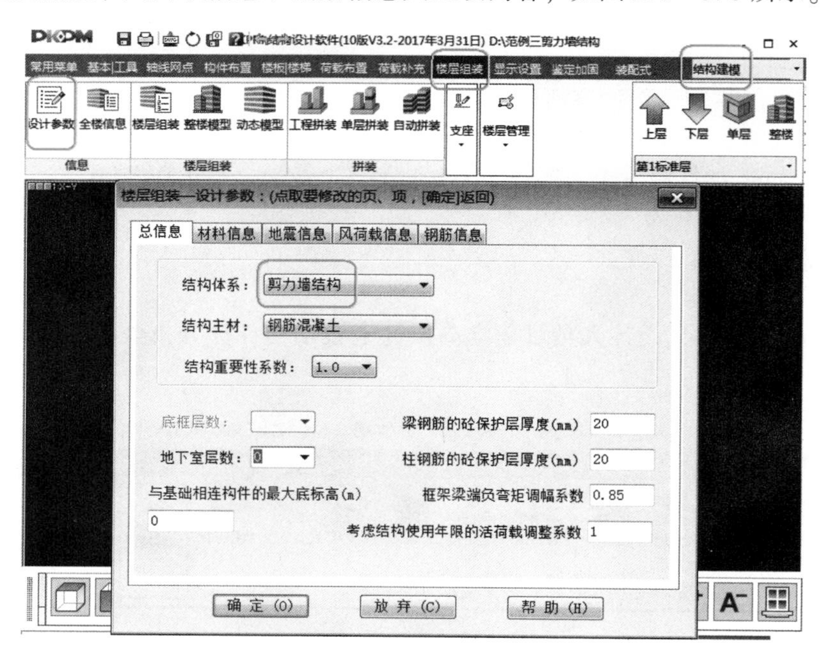

图 5.3　建模总信息

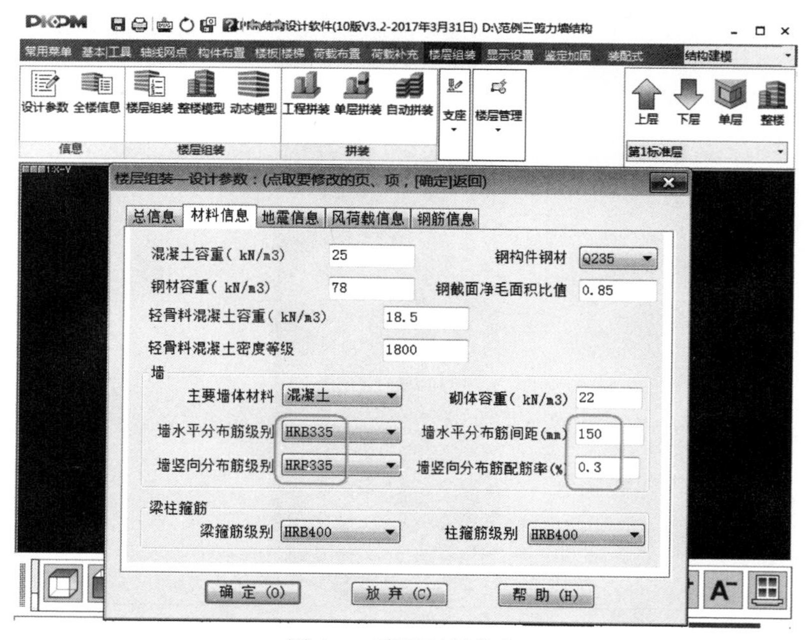

图 5.4　建模材料信息

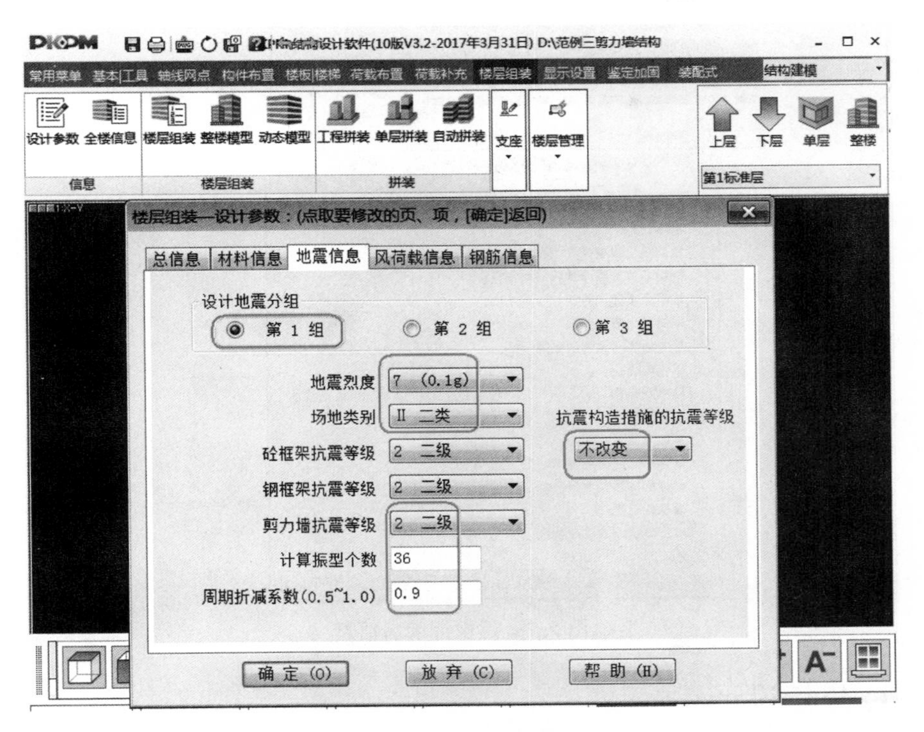

图 5.5　建模地震信息

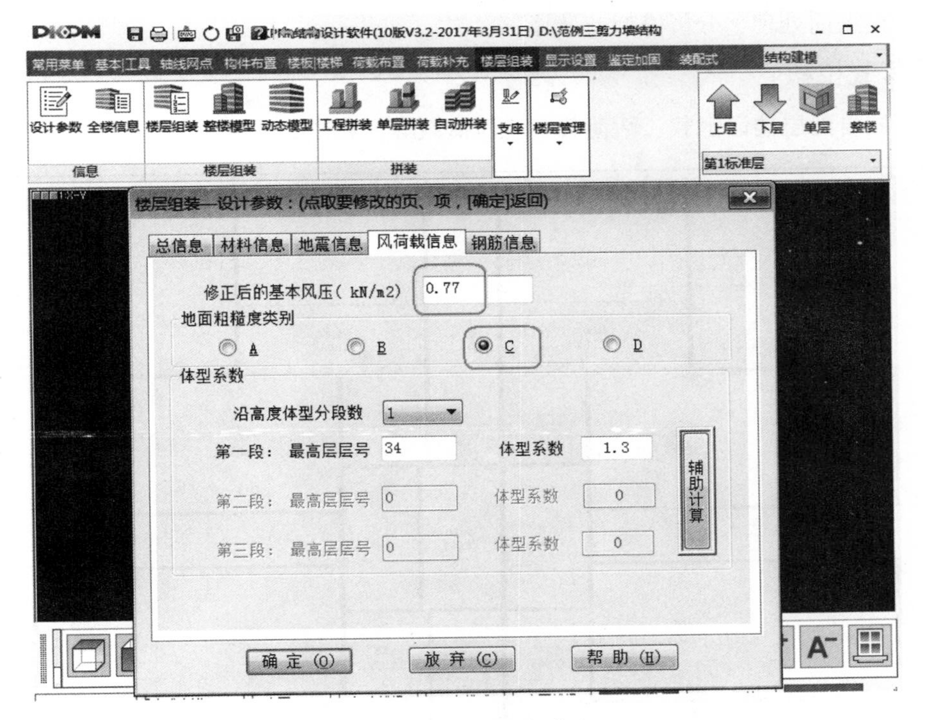

图 5.6　建模风荷载信息

钢筋信息一般情况采用软件默认值。

2. 本层信息中参数

点选【结构建模】→【楼层组装】→【本层信息】进入本标准层信息设置界面，对于每一个标准层，在本层信息中可以确定板的厚度、钢筋类别、强度等级及层高等，如图 5.7 所示。

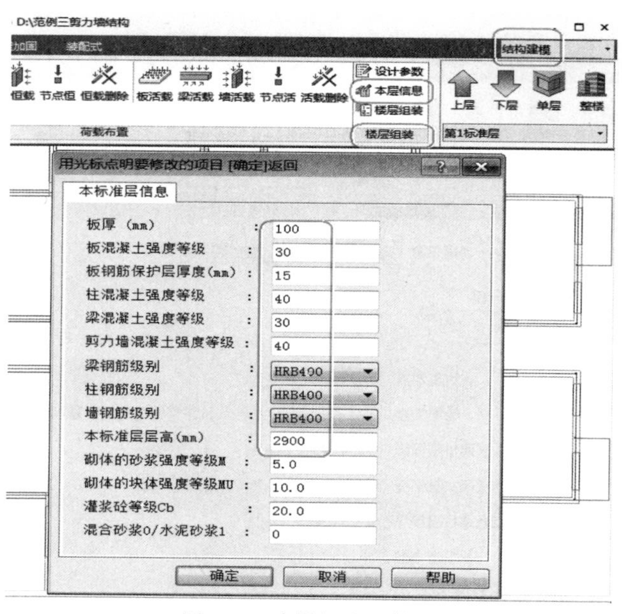

图 5.7　建模标准层信息

5.6　SATWE 分析设计

完成结构建模后，点选【SATWE 分析设计】可对建成的结构模型进行分析计算，主要包括：平面荷载校核、设计模型前处理、分析模型及计算。

5.6.1　平面荷载校核

可以显示不同自然层楼面恒载、活荷载、墙体荷载等，如图 5.8 所示。

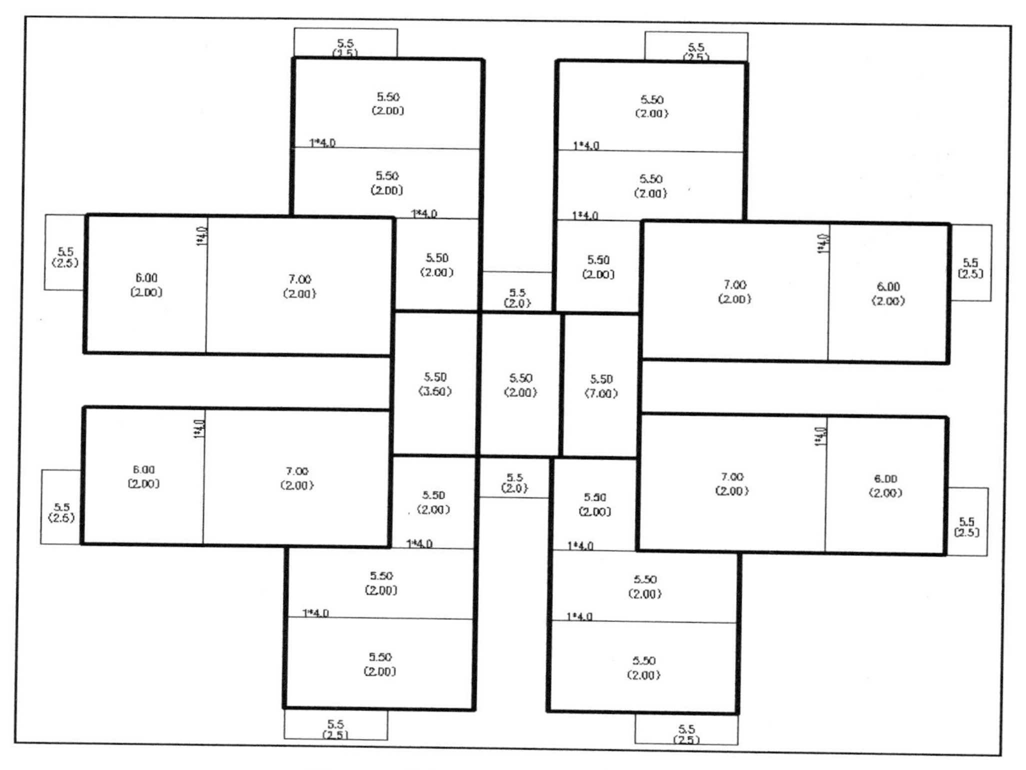

图 5.8　某高层住宅楼楼面荷载平面图

5.6.2　设计模型前处理

1. 参数补充定义

点选【SATWE 分析设计】→【设计模型前处理】→【参数定义】菜单，可对该高层住宅楼结构建模中设计参数进行补充完善，各参数的具体含义可参见第 2 章内容。

(1) 总信息（图 5.9）

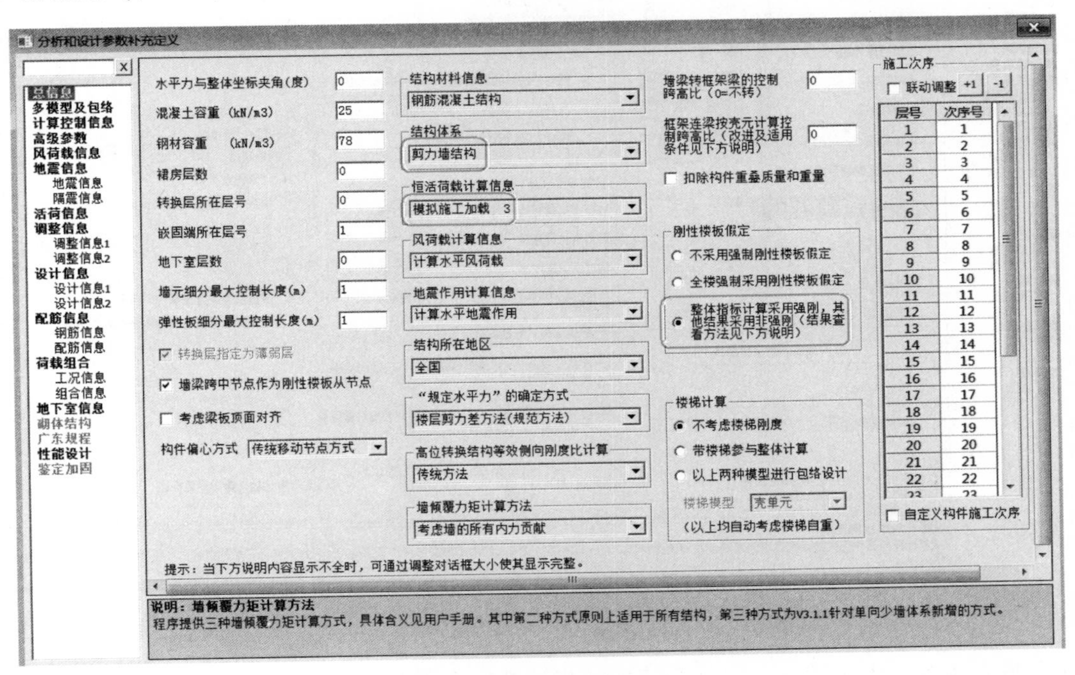

图 5.9　计算总信息

(2) 风荷载信息（图 5.10）

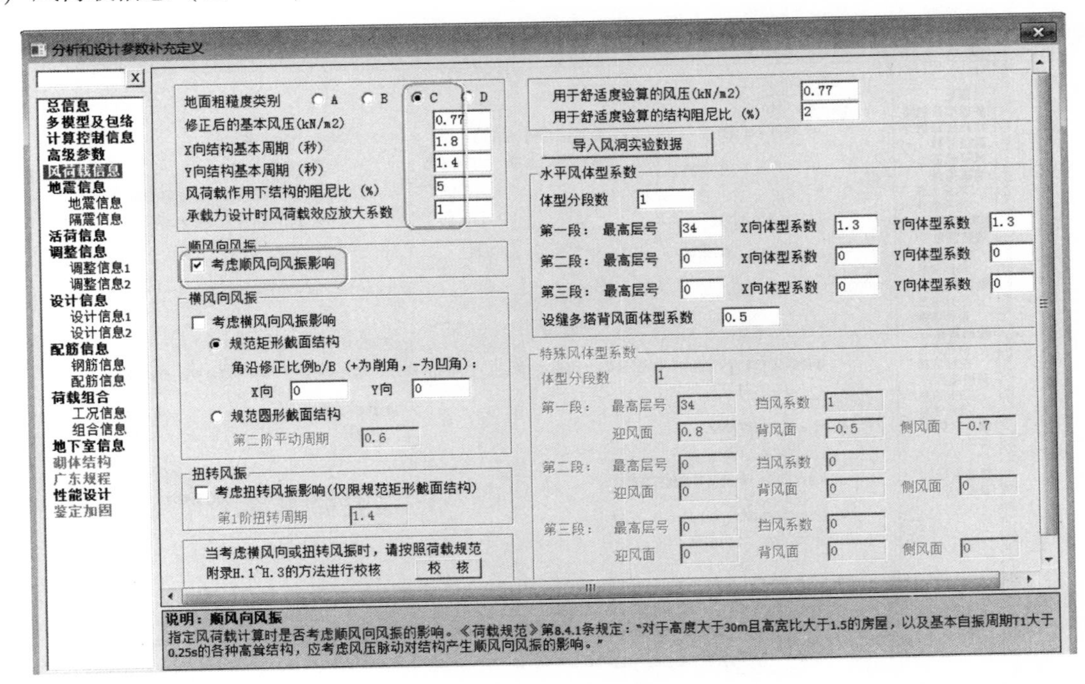

图 5.10　风荷载信息

按照《荷载规范》第 8.4.1 条规定，对于高度大于 30m 且高宽比大于 1.5 的房屋，以及基本自振周期 T_1 大于 0.25s 的各种高耸结构，应考虑风压脉动对结构产生顺风向风振的影响。该住宅高度 98.6m，高宽比 3.55 >1.5，应考虑顺风向风振的影响，不考虑横风向风振的影响。

（3）地震信息（图 5.11）

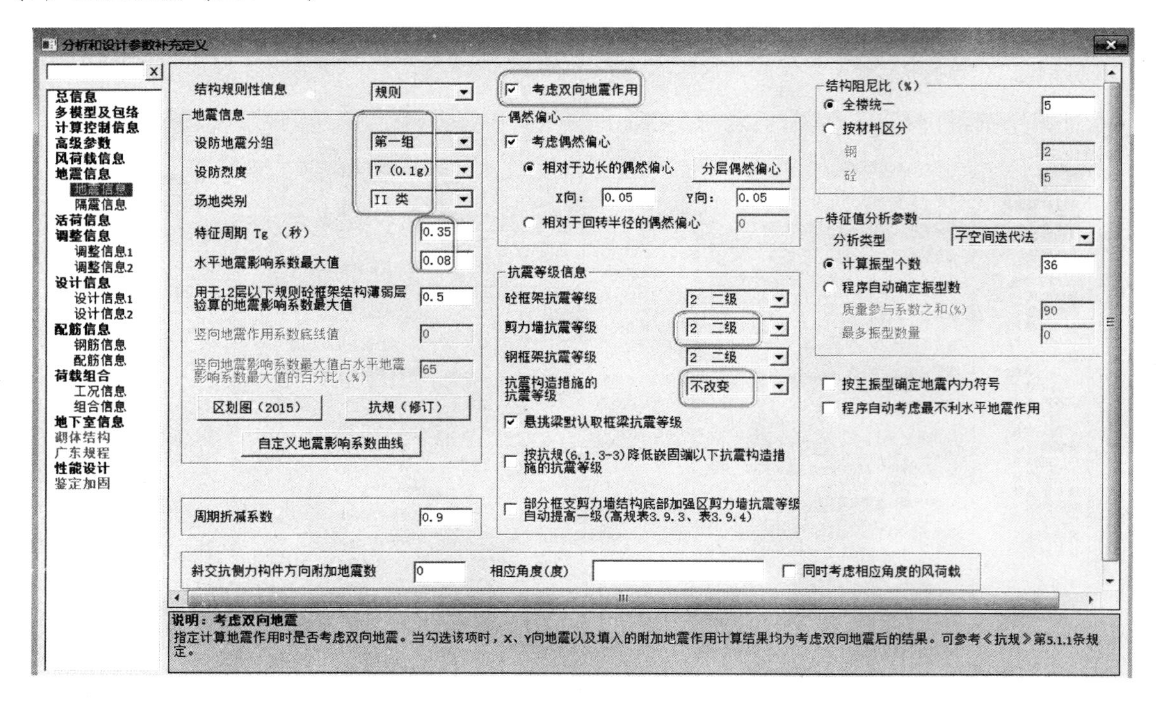

图 5.11　地震信息

设计人员应注意，由于该剪力墙结构建模初步计算后发现其位移比大于 1.2，属于扭转不规则，因此，在“地震信息”菜单界面中，必须勾选“考虑双向地震作用”。

（4）活荷载信息（图 5.12）

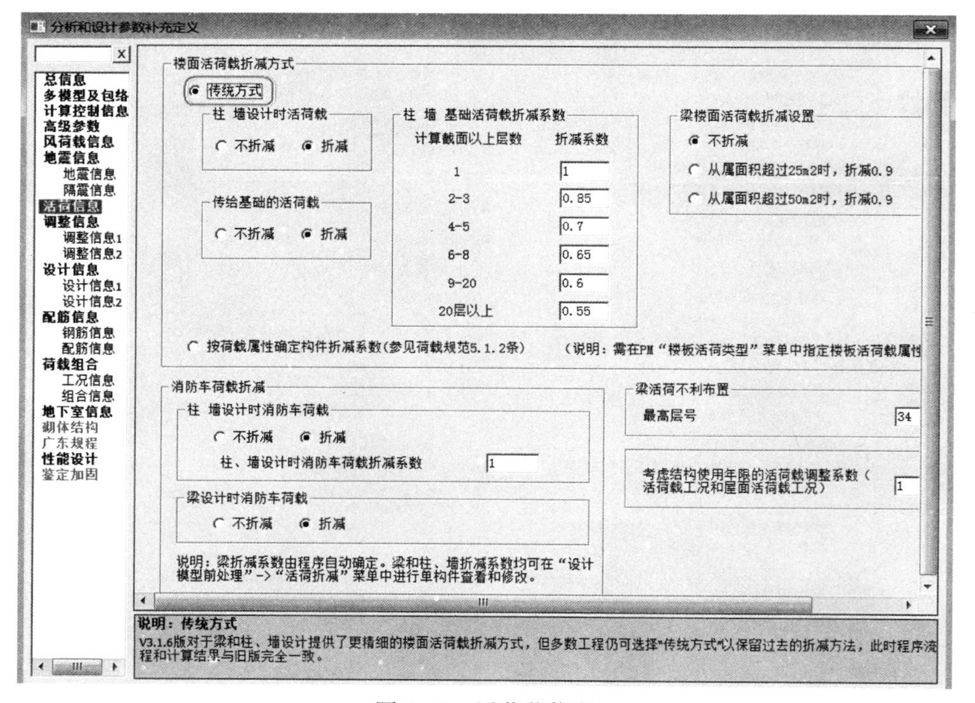

图 5.12　活荷载信息

（5）调整信息1（图5.13）

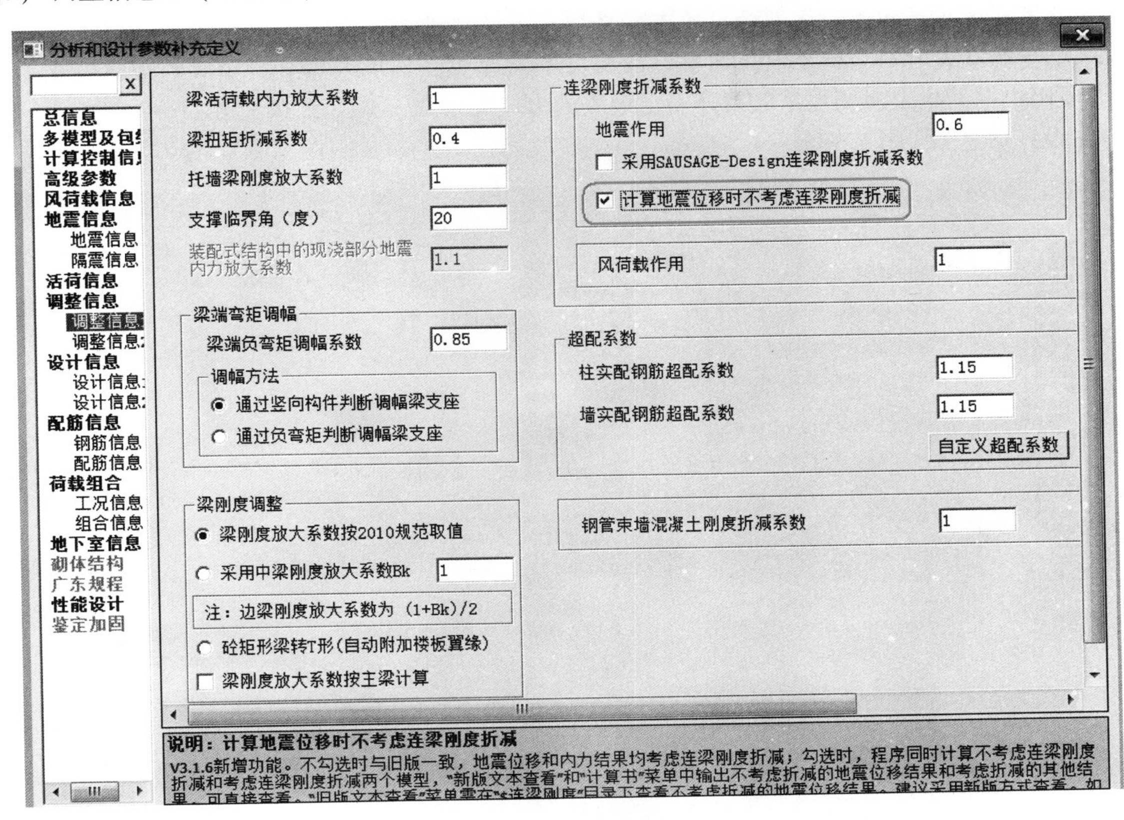

图5.13　调整信息1

（6）调整信息2（图5.14）

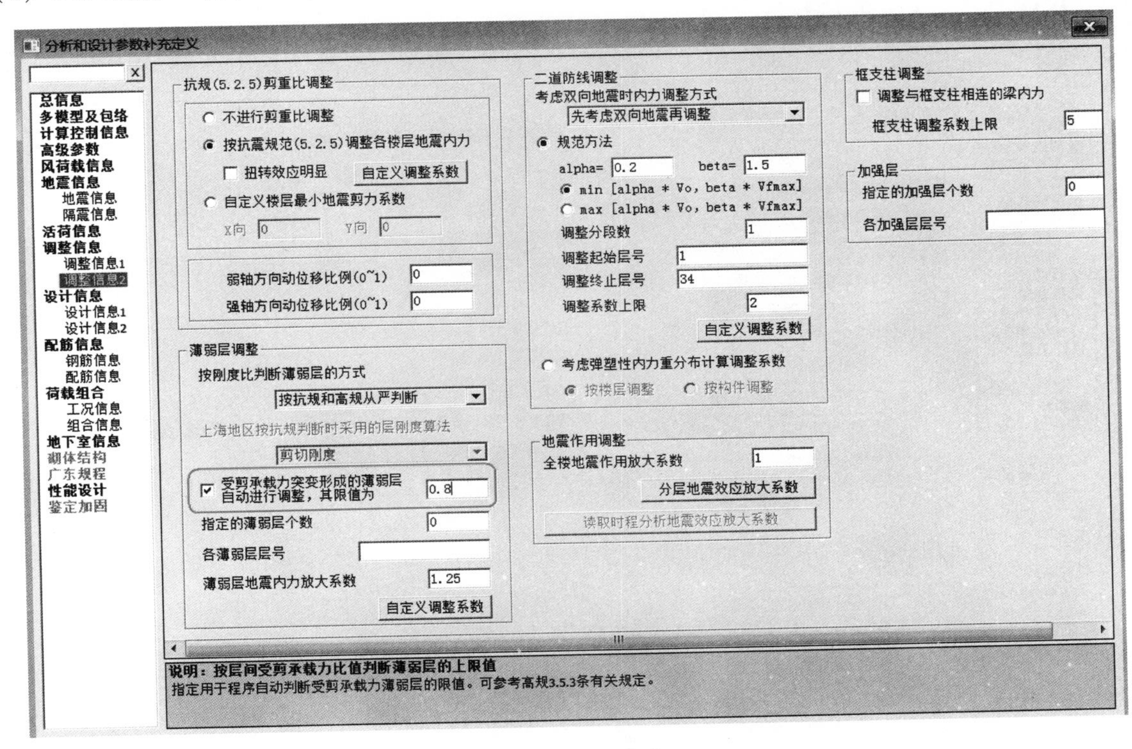

图5.14　调整信息2

设计人员需注意，程序自动按楼层刚度比判断薄弱层并对薄弱层进行地震内力放大，但对于竖向抗侧力构件不连续或承载力变化不满足要求的楼层，不能自动判断为薄弱层。由于该住宅经计算后发现第3楼层受剪承载力不满足要求，如果设计人员不勾选“受剪承载力突变形成的薄弱层自动进行调整”，需要用户在此指定薄弱层个数及薄弱层地震内力放大系数，如图5.14所示。

（7）设计信息1（图5.15）

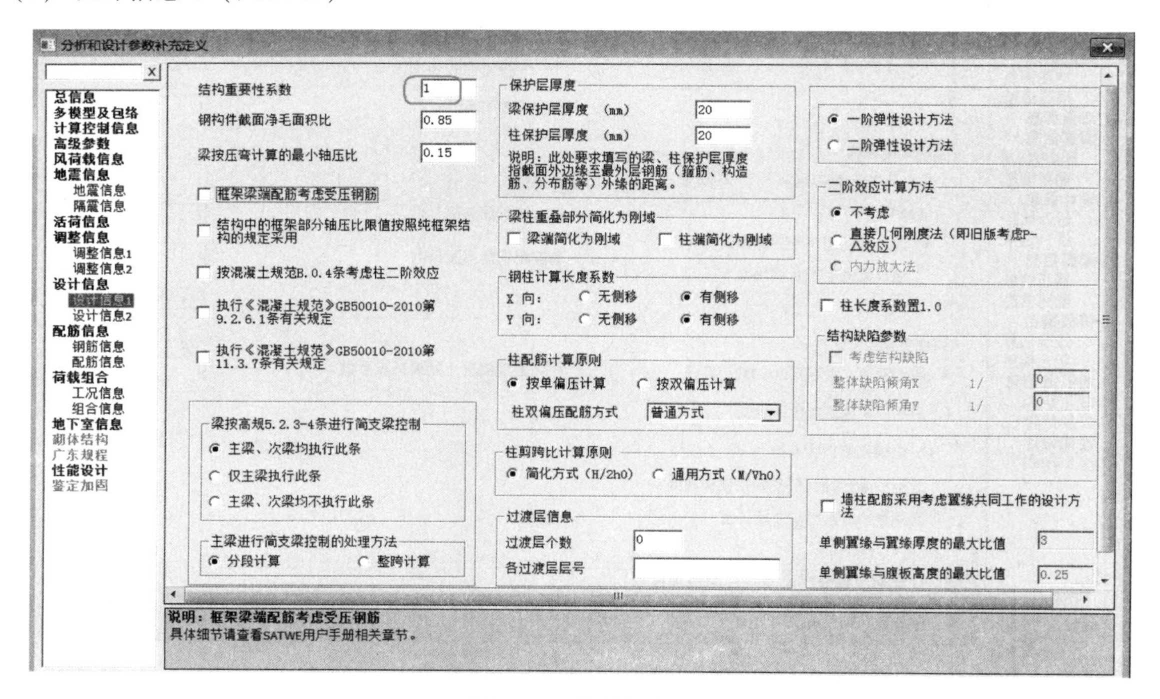

图5.15　设计信息1

（8）设计信息2（图5.16）

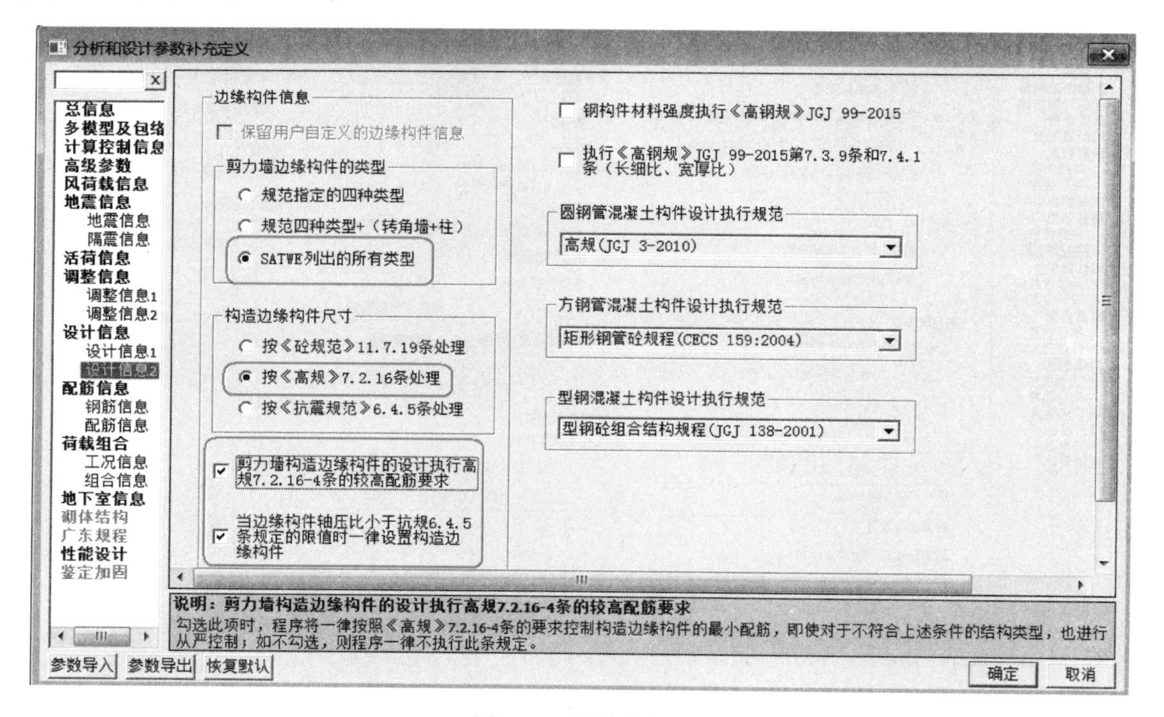

图5.16　设计信息2

2. 多塔定义

（1）多塔定义

这是一项补充输入菜单，通过这项菜单，可补充定义结构的多塔信息。对于一个非多塔结构，可跳过此项菜单，设计人员可点选“设计模型补充”菜单，进行其他操作。该高层住宅楼工程为非多塔结构。

（2）层塔属性

用户可通过这项菜单修改各塔的有关参数，包括层高、梁、柱、墙和楼板的混凝土标号和梁柱保护层厚度等。

1）底部加强区高度：程序根据建筑高度、转换层所在层号、裙房层数等自动求出剪力墙底部加强区的层数。程序对底部加强区的定义提供了交互功能，用户可以在多塔定义中对程序默认的底部加强区根据自己的需要进行修改。

本工程总高 98.6m，层高 2900mm，剪力墙底部加强区高度应取 9.86m。剪力墙底部加强区取底部 4 层，如图 5.17 所示。

2）约束边缘构件确定：依据规范要求，程序自动算出约束边缘构件层为底部 5 层，如图 5.18 所示。

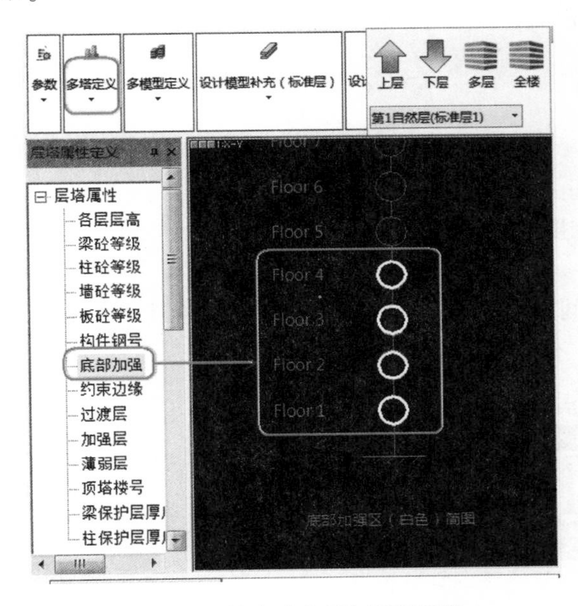

图 5.17　剪力墙底部加强区层数

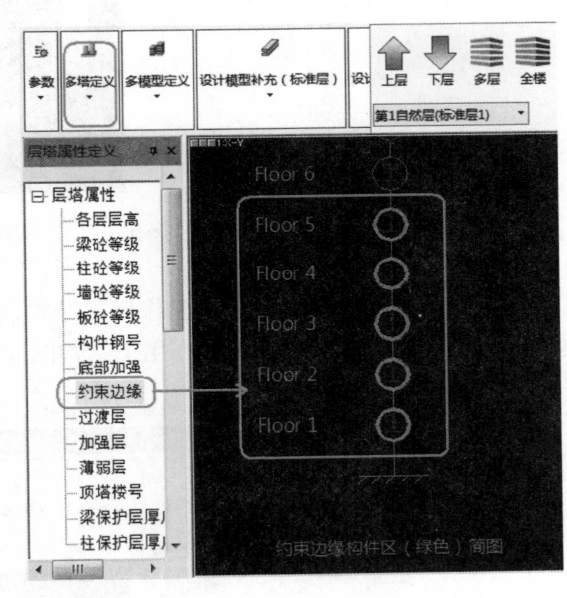

图 5.18　剪力墙约束边缘构件层数

3. 设计模型补充

对一些特殊的梁、柱、墙和板以及温度荷载、特殊风荷载、活荷载折减等，设计人员可在“设计模型补充”菜单中点选任一按钮，选择交互定义，对相应的构件进行修改。

5.6.3　计算结果查看和分析

执行完“设计模型前处理”内容后，进入“分析模型及计算”菜单，就可以对建立的结构模型进行分析和计算。设计人员可以直接点选【生成数据 + 全部计算】菜单，一键完成结构模型全部计算，并进入“计算结果”查看菜单页面。SATWE 计算结果查看菜单项包括分析结果（位移、内力、挠度），设计结果（轴压比、配筋图、边缘构件图、内力包络图）和文本结果（文本查看、计算书）等内容。

1. 分析结果内容

（1）振型与局部振动

振型菜单用于查看结构的三维振型图及其动画，从图 5.19 可以看出，该高层住宅前三个振型中第 1、3 振型为平动，第 2 振型为扭转。由于局部振动按钮为灰色，可以确认该结构模型无明显的错误或缺陷。

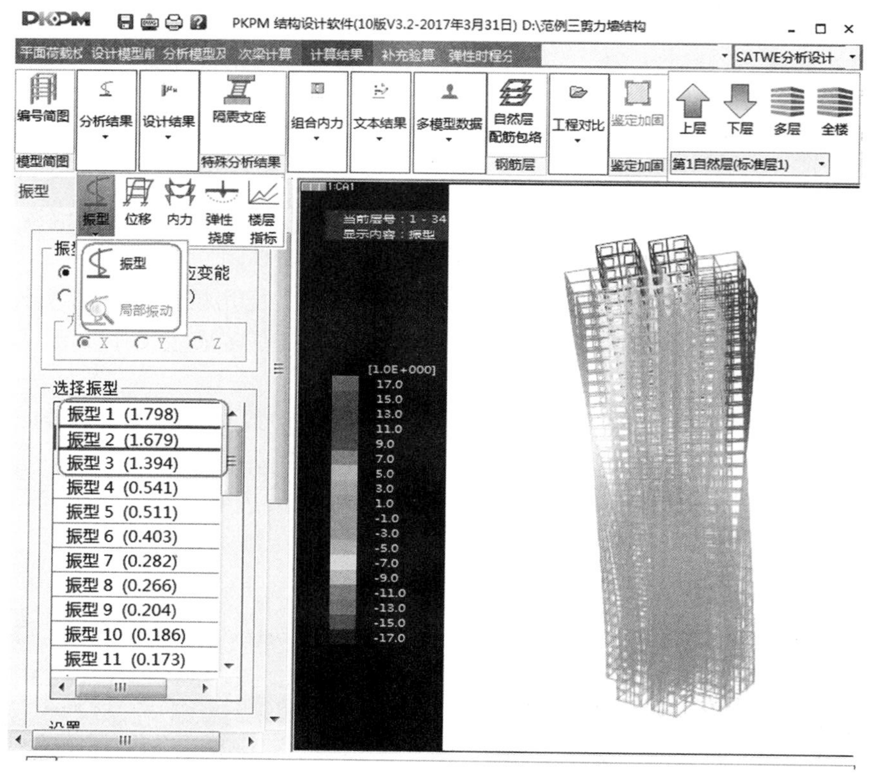

图 5.19　某高层住宅楼三维振型图

（2）位移

此项菜单用来查看不同荷载工况作用下结构的空间变形情况，如图 5.20 所示。通过“位移云图”选项可以清楚地显示不同荷载工况作用下结构的变形，校核模型是否存在问题。

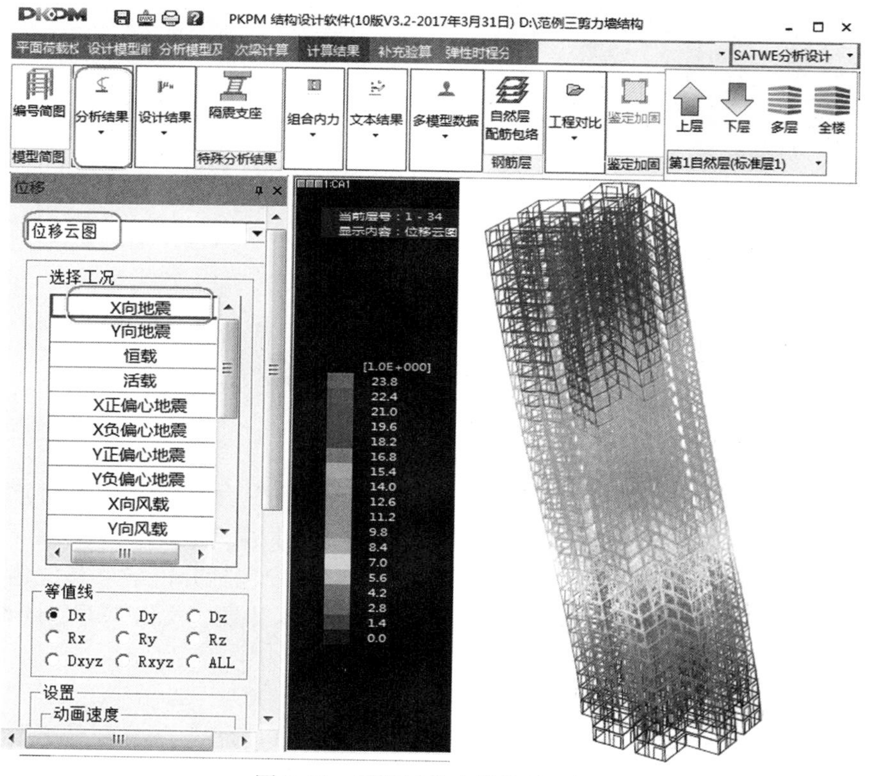

图 5.20　某高层住宅楼位移云图

(3) 内力图

通过此项菜单可以查看不同荷载工况下各类构件的内力图，如图5.21所示。

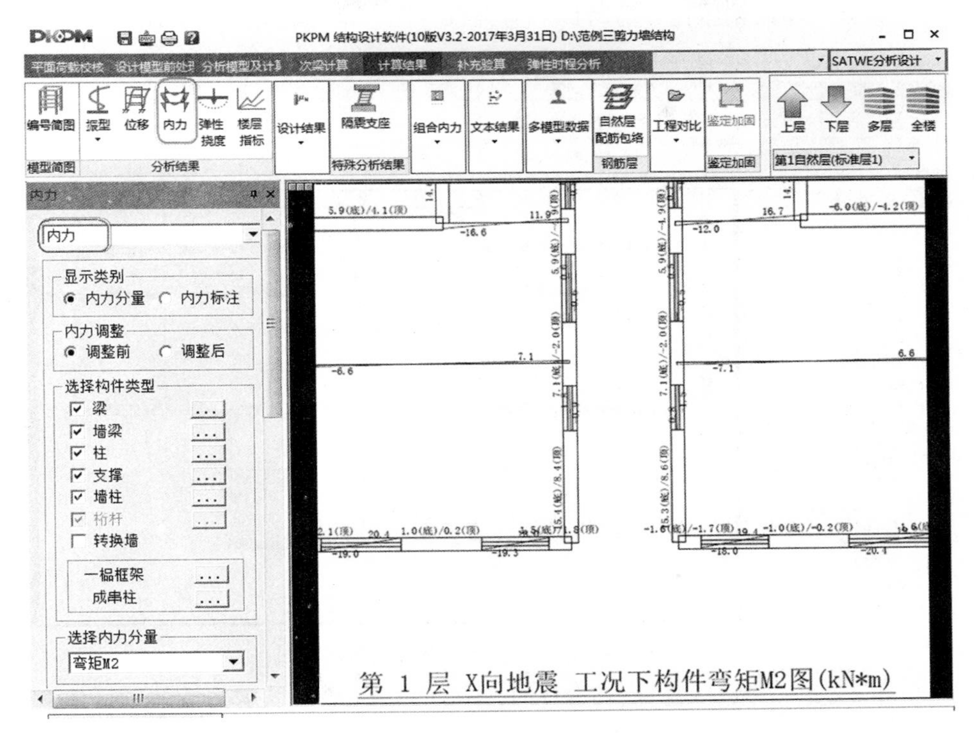

图5.21　某高层住宅楼内力图

(4) 楼层指标

此项菜单用于查看地震作用和风荷载作用下的楼层位移、层间位移角、侧向荷载、楼层剪力和楼层弯矩的简图以及地震、风荷载和规定水平力作用下的位移比简图等，如图5.22所示。

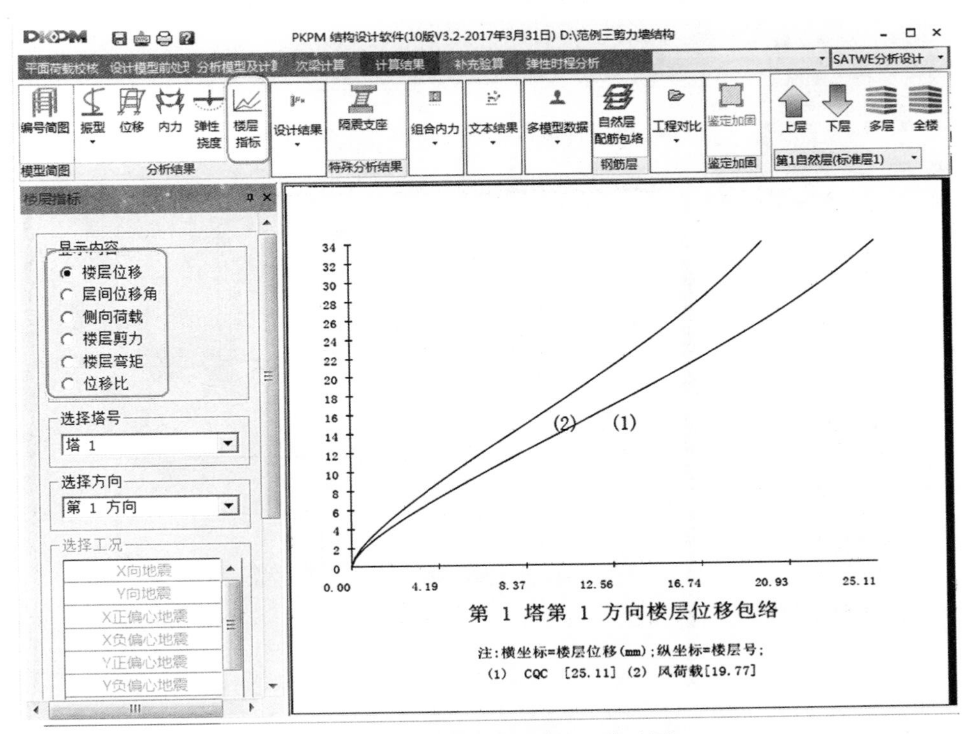

图5.22　某高层住宅楼楼层位移图

2. 设计结果内容

（1）轴压比

此菜单用于查看剪力墙的轴压比、剪跨比、剪力百分比、稳定验算等，如图 5.23 所示。

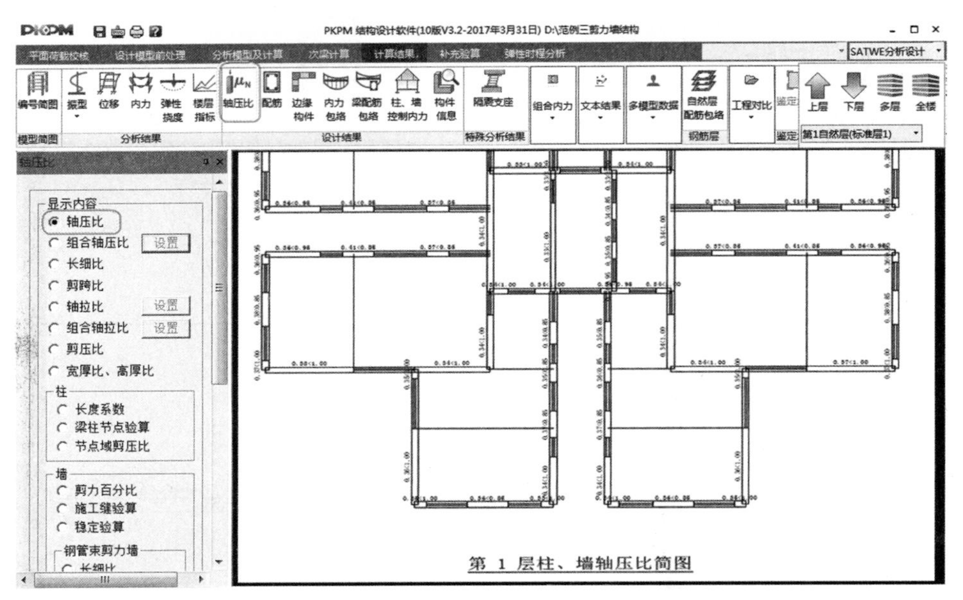

图 5.23　某高层住宅楼剪力墙轴压比简图

根据《高规》第 7.2.2－2 条规定：抗震设计时，一、二、三级短肢剪力墙的轴压比，分别不宜大于 0.45、0.50、0.55，一字形截面短肢剪力墙的轴压比限值应相应减少 0.1。从图 5.23 可看出，该住宅楼一字形短肢剪力墙墙肢轴压比 0.41 >0.40，不满足规范要求，应进行调整，由原先 300mm 厚墙调整为 350mm。

（2）剪力墙稳定验算

按照《高规》第 7.2.1 条规定，剪力墙的截面厚度应符合《高规》附录 D 的墙体稳定验算要求。点选“稳定验算”项，可对剪力墙进行稳定验算，验算结果如图 5.24 所示。

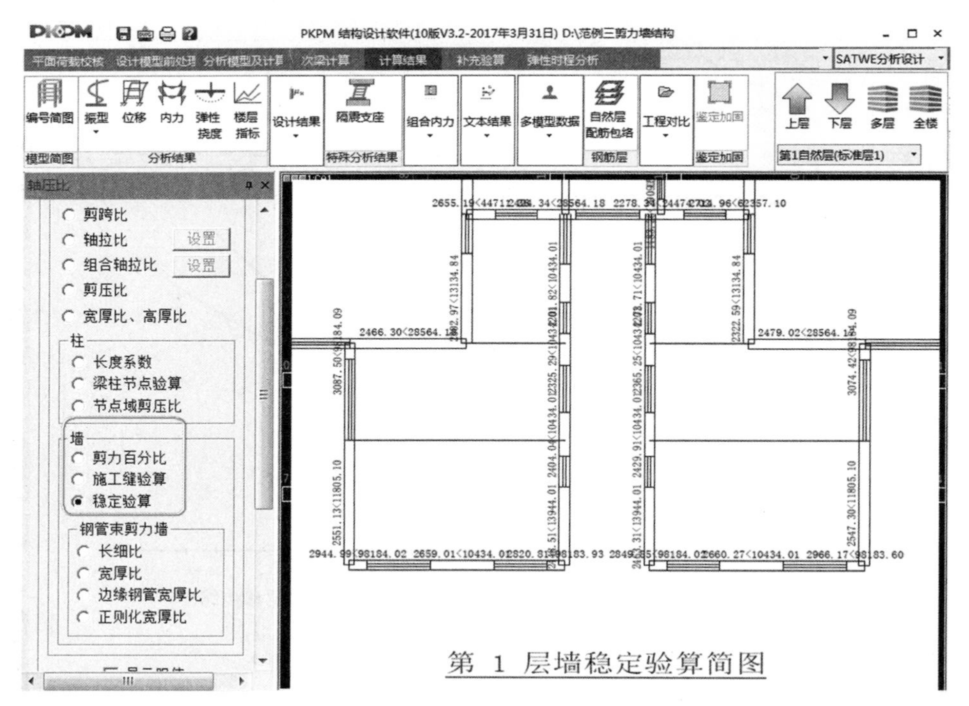

图 5.24　某高层住宅墙稳定验算简图

（3）构件配筋图

通过此项菜单可以查看剪力墙和连梁的配筋验算结果，如图 5.25 所示。点选“边缘构件”，可以只查看边缘构件的配筋。如果没有显示红色的数据，表示墙和连梁截面取值基本合适，没有超筋现象，符合配筋计算和构造要求，可以进入后续的构件优化设计阶段。

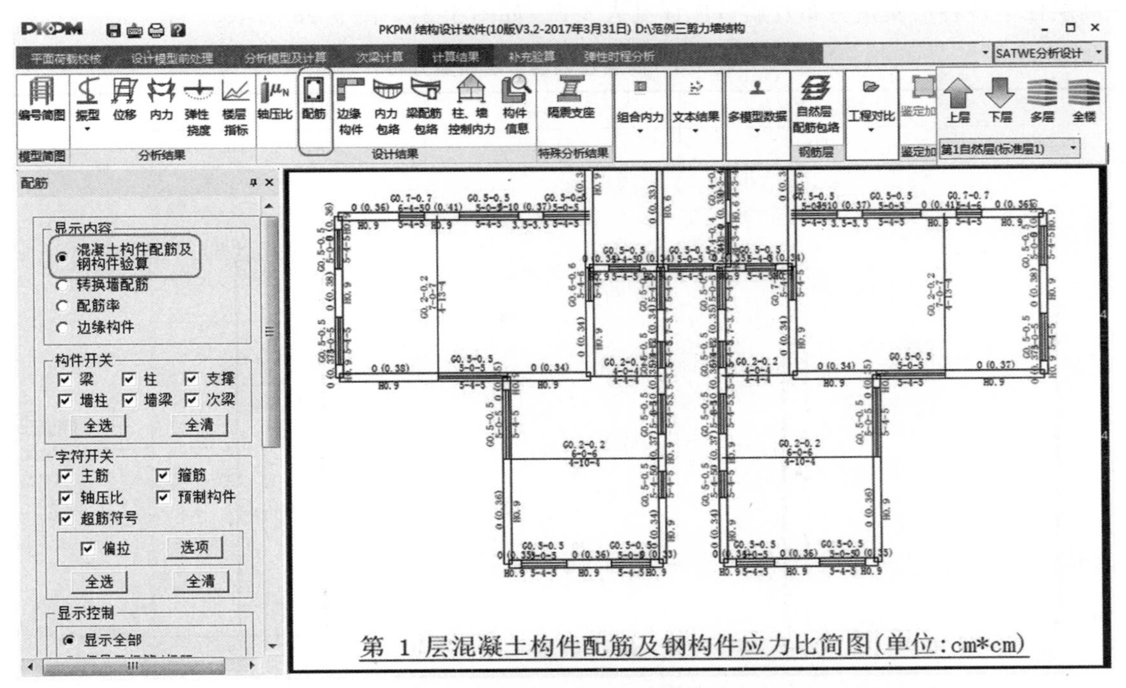

图 5.25　某高层住宅楼构件配筋简图

（4）构件信息

通过此项菜单可以查看在前面设计信息及 SATWE 补充信息中设计人员填入及调整修改的一些构件信息，如剪力墙抗震等级、材料强度、保护层厚度、调整系数、折减系数等，如图 5.26 所示。

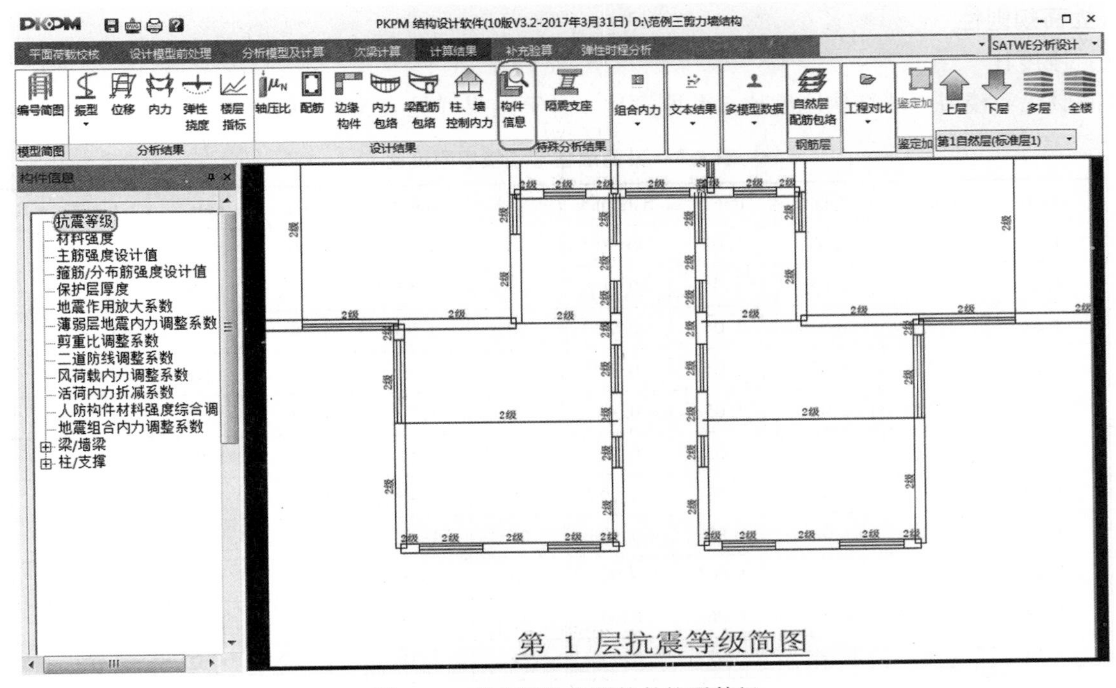

图 5.26　某高层住宅楼构件抗震等级

5.6.4　计算结果分析对比

1. 建筑质量信息

质量均匀分布判定

该高层住宅楼各层质量分布及质量比详见表 5.6，如图 5.27、图 5.28 所示。

表 5.6　高层住宅楼各层质量分布

层　号	恒载质量/t	活载质量/t	层质量/t	质量比
1 ~ 34	748.7	61.8	810.5	1.00

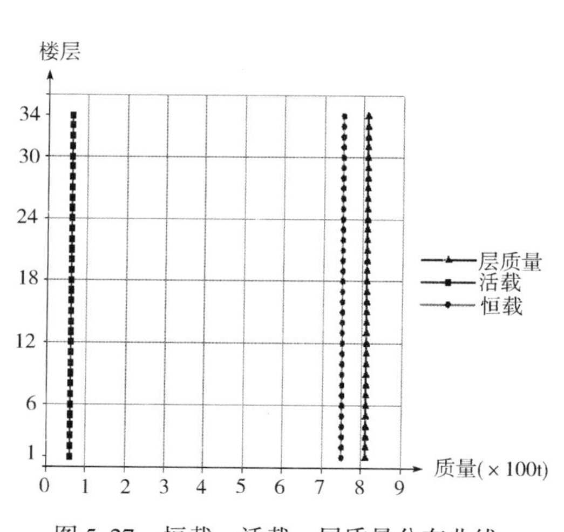

图 5.27　恒载、活载、层质量分布曲线

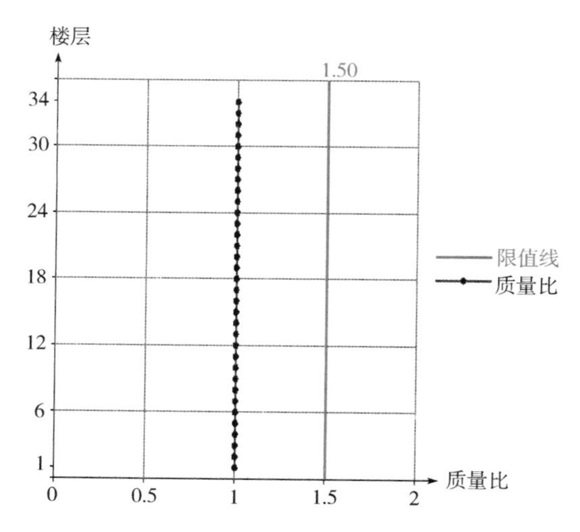

图 5.28　质量比分布曲线

《高规》第 3.5.6 条规定：楼层质量沿高度宜均匀分布，楼层质量不宜大于相邻下部楼层的 1.5 倍。

判定：从表 5.6 和图 5.27、图 5.28 可以看出，该高层住宅楼全部楼层质量比满足规范要求。

2. 立面规则性

（1）刚度比

该高层住宅楼剪力墙结构刚度比 1 和刚度比 2 计算结果详见表 5.7，如图 5.29、图 5.30 所示。

表 5.7　某高层住宅楼楼层刚度比

层号	Ratx1	Raty1	Ratx2	Raty2	Rat2_min	层号	Ratx1	Raty1	Ratx2	Raty2	Rat2_min
17	1.32	1.33	1.03	1.03	0.90	34	1.00	1.00	1.00	1.00	1.00
16	1.32	1.34	1.03	1.04	0.90	33	2.55	2.61	1.78	1.82	0.90
15	1.32	1.35	1.03	1.04	0.90	32	1.90	1.94	1.33	1.36	0.90
14	1.33	1.35	1.03	1.04	0.90	31	1.69	1.72	1.18	1.21	0.90
13	1.34	1.37	1.04	1.05	0.90	30	1.59	1.62	1.11	1.13	0.90
12	1.35	1.37	1.04	1.05	0.90	29	1.52	1.56	1.08	1.09	0.90
11	1.36	1.39	1.05	1.06	0.90	28	1.43	1.47	1.05	1.07	0.90
10	1.38	1.41	1.06	1.07	0.90	27	1.38	1.41	1.04	1.05	0.90
9	1.39	1.41	1.05	1.06	0.90	26	1.35	1.37	1.03	1.04	0.90
8	1.39	1.41	1.06	1.06	0.90	25	1.33	1.34	1.03	1.03	0.90
7	1.40	1.41	1.06	1.07	0.90	24	1.31	1.32	1.02	1.03	0.90

（续）

层号	Ratx1	Raty1	Ratx2	Raty2	Rat2_min	层号	Ratx1	Raty1	Ratx2	Raty2	Rat2_min
6	1. 42	1. 43	1. 07	1. 08	0. 90	23	1. 30	1. 31	1. 02	1. 02	0. 90
5	1. 46	1. 46	1. 09	1. 09	0. 90	22	1. 30	1. 31	1. 02	1. 02	0. 90
4	1. 52	1. 50	1. 12	1. 11	0. 90	21	1. 30	1. 30	1. 02	1. 02	0. 90
3	1. 64	1. 60	1. 18	1. 16	0. 90	20	1. 30	1. 31	1. 02	1. 02	0. 90
2	1. 90	1. 82	1. 33	1. 28	0. 90	19	1. 31	1. 31	1. 02	1. 03	0. 90
1	2. 86	2. 61	2. 00	1. 83	1. 50	18	1. 31	1. 32	1. 03	1. 03	0. 90

注：1. 刚度比 1（Ratx1，Raty1）：*X*、*Y* 方向本层塔侧移刚度与上一层相应塔侧移刚度 70% 的比值或上三层平均侧移刚度 80% 的比值中之较小值（按《抗规》3. 4. 3；《高规》3. 5. 2 – 1）。

2. 刚度比 2（Ratx2，Raty2）：*X*、*Y* 方向本层塔侧移刚度与本层层高的乘积与上一层相应塔侧移刚度与上层层高的乘积的比值（《高规》3. 5. 2 – 2）。

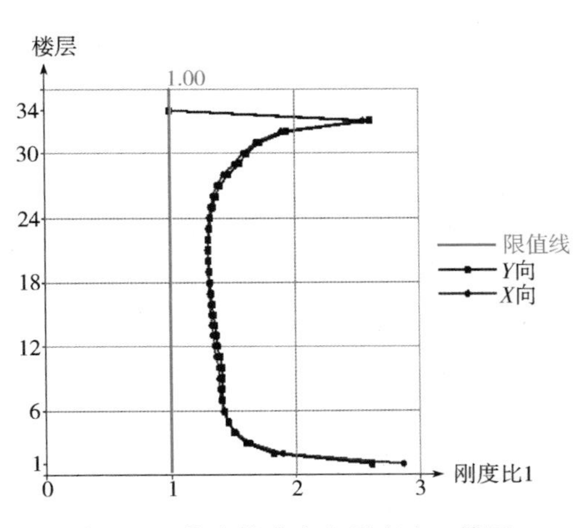

图 5. 29　住宅楼多方向刚度比 1 简图

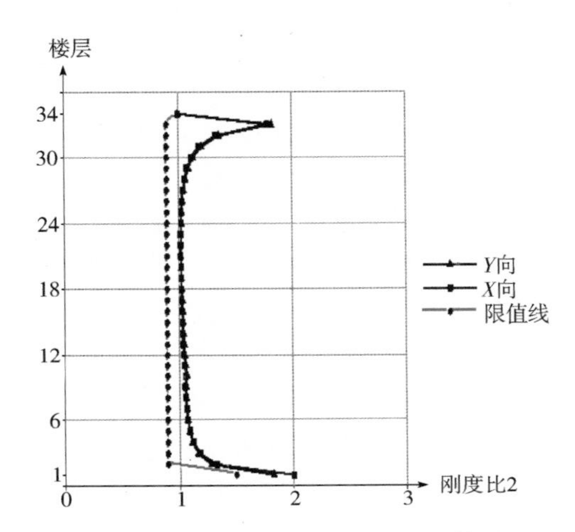

图 5. 30　住宅楼多方向刚度比 2 简图

《高规》第 3. 5. 2 – 2 条规定：对非框架结构，楼层与其相邻上层的侧向刚度比，本层与相邻上层的比值不宜小于 0. 9；当本层层高大于相邻上层层高的 1. 5 倍时，该比值不宜小于 1. 1；对结构底部嵌固层，该比值不宜小于 1. 5。

《抗规》第 3. 4. 3 – 2 条对于侧向刚度不规则的定义为：该层的侧向刚度小于相邻上一层的 70%，或小于其上相邻三个楼层侧向刚度平均值的 80%。

判定：根据表 5. 7 中计算结果和图 5. 29、图 5. 30 可以看出，该住宅剪力墙结构无侧向刚度不规则的情况。

（2）各楼层受剪承载力

该高层住宅楼各楼层受剪承载力及承载力比值结果详见表 5. 8，如图 5. 31 所示。

表 5. 8　各楼层受剪承载力及承载力比值

层号	V_x/kN	V_y/kN	V_x/V_{xp}	V_y/V_{yp}	比值判断	层号	V_x/kN	V_y/kN	V_x/V_{xp}	V_y/V_{yp}	比值判断
17	30134. 56	37745. 03	1. 01	1. 01	满足	34	25821. 88	32739. 08	1. 00	1. 00	满足
16	30385. 55	38035. 71	1. 01	1. 01	满足	33	26028. 44	32816. 47	1. 01	1. 00	满足
15	30636. 35	38345. 80	1. 01	1. 01	满足	32	26207. 39	33121. 75	1. 01	1. 01	满足
14	30876. 11	38635. 74	1. 01	1. 01	满足	31	26529. 61	33526. 79	1. 01	1. 01	满足
13	31085. 13	38893. 27	1. 01	1. 01	满足	30	26823. 03	33833. 64	1. 01	1. 01	满足
12	31275. 55	39191. 56	1. 01	1. 01	满足	29	27111. 28	34115. 47	1. 01	1. 01	满足

（续）

层号	V_x/kN	V_y/kN	V_x/V_{xp}	V_y/V_{yp}	比值判断	层号	V_x/kN	V_y/kN	V_x/V_{xp}	V_y/V_{yp}	比值判断
11	31381.02	39355.40	1.00	1.00	满足	28	27369.61	34421.40	1.01	1.01	满足
10	35777.18	44456.38	1.14	1.13	满足	27	27623.92	34701.95	1.01	1.01	满足
9	36026.70	44767.51	1.01	1.01	满足	26	27867.83	34999.80	1.01	1.01	满足
8	36277.90	45057.18	1.01	1.01	满足	25	28105.51	35287.43	1.01	1.01	满足
7	36528.29	45357.94	1.01	1.01	满足	24	28344.79	35607.38	1.01	1.01	满足
6	36757.69	45651.28	1.01	1.01	满足	23	28591.45	35906.93	1.01	1.01	满足
5	36988.61	45937.75	1.01	1.01	满足	22	28840.74	36238.21	1.01	1.01	满足
4	37138.75	46187.90	1.00	1.01	满足	21	29128.44	36548.64	1.01	1.01	满足
3	37230.43	46336.71	1.00	1.00	满足	20	29379.60	36841.00	1.01	1.01	满足
2	37246.80	46362.49	1.00	1.00	满足	19	29631.37	37141.27	1.01	1.01	满足
1	35544.58	44964.95	0.95	0.97	满足	18	29881.70	37450.41	1.01	1.01	满足

注：V_x、V_y 为楼层受剪承载力（X、Y 方向）；V_x/V_{xp}、V_y/V_{yp} 为本层与上层楼层承载力的比值（X，Y 方向）。

《高规》第 3.5.3 条规定：A 级高度高层建筑的楼层抗侧力结构的层间受剪承载力不宜小于其相邻上一层受剪承载力的 80%，不应小于其相邻上一层受剪承载力的 65%；B 级高度高层建筑的楼层抗侧力结构的层间受剪承载力不应小于其相邻上一层受剪承载力的 75%。

判定：结构设定的限值是 80%。通过表 5.8 和图 5.31 中各楼层承载力比值可以看出，该高层住宅楼在 X、Y 向受剪承载力比符合规范要求，无楼层承载力突变的情况。

（3）楼层薄弱层调整系数

判定：根据以上第（1）和（2）项可知，该高层住宅楼刚度比 1、刚度比 2 和受剪承载力均满足规范要求，不存在软弱层和薄弱层，无须调整。

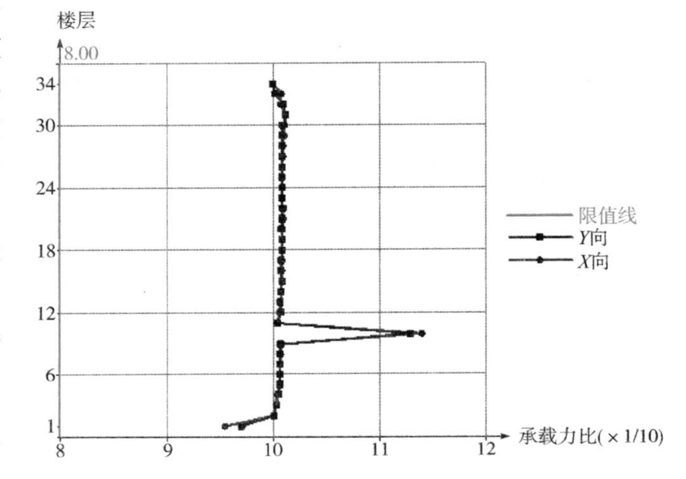

图 5.31　高层住宅 X、Y 向受剪承载力比简图

3. 抗震分析及调整

（1）结构周期及振型方向

1）地震作用的最不利方向角：0.27°。

2）住宅楼前 8 个振型结构周期及振型方向见表 5.9，如图 5.32 所示。

表 5.9　结构周期及振型方向

振型号	周期/s	方向角/度	类型	扭振成分	X 侧振成分	Y 侧振成分	总侧振成分	阻尼比
1	**1.7976**	0.04	X	16%	84%	0%	84%	5.00%
2	**1.6788**	2.36	T	84%	16%	0%	16%	5.00%
3	**1.3936**	90.41	Y	0%	0%	100%	100%	5.00%
4	0.5411	0.06	X	34%	66%	0%	66%	5.00%
5	0.5107	0.99	T	66%	34%	0%	34%	5.00%
6	0.4028	90.38	Y	0%	0%	100%	100%	5.00%
7	0.2824	0.05	T	67%	33%	0%	33%	5.00%
8	0.2657	0.47	X	33%	67%	0%	67%	5.00%

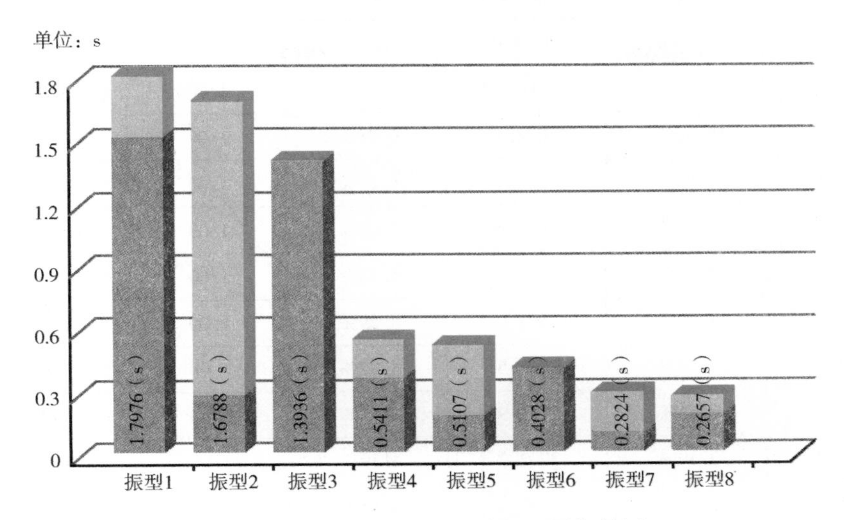

图 5.32　高层住宅楼前 8 个振型周期简图

（注：图中灰色表示侧振成分，红色表示扭振成分）

（2）周期比判定

《高规》第 3.4.5 条规定：结构扭转为主的第一自振周期 T_t 与平动为主的第一自振周期 T_1 之比，A 级高度高层建筑不应大于 0.9。

判定：该高层住宅楼第一振型为 X 向平动（扭转成分 16%），第二振型为扭转（扭转成分 84%），第三振型为 Y 向平动（扭转成分 0%），周期比为 0.934 >0.9，不满足规范要求，需进行调整。具体调整时主要减小内筒剪力墙及部分外边剪力墙截面面积，调整后的周期比满足规范要求。

（3）有效质量系数

该高层住宅楼各地震方向参与振型的有效质量系数见表 5.10。

表 5.10　高层住宅楼各地震方向参与振型的有效质量系数

振型号	EX	EY	振型号	EX	EY	振型号	EX	EY	振型号	EX	EY
1	59.93%	0.00%	2	11.55%	0.02%	19	0.00%	1.03%	20	0.72%	0.00%
3	0.00%	70.57%	4	9.66%	0.00%	21	0.04%	0.00%	22	0.56%	0.00%
5	5.02%	0.00%	6	0.00%	16.10%	23	0.00%	0.74%	24	0.03%	0.00%
7	1.55%	0.00%	8	3.08%	0.00%	25	0.44%	0.00%	26	0.00%	0.55%
9	0.00%	4.65%	10	0.56%	0.00%	27	0.02%	0.00%	28	0.35%	0.00%
11	1.91%	0.00%	12	0.19%	0.38%	29	0.03%	0.00%	30	0.00%	0.44%
13	0.04%	2.02%	14	1.31%	0.00%	31	0.00%	0.00%	32	0.30%	0.00%
15	0.12%	0.00%	16	0.00%	1.47%	33	0.00%	0.35%	34	0.00%	0.00%
17	0.97%	0.00%	18	0.07%	0.00%	35	0.25%	0.00%	36	0.00%	0.28%
									合计	98.71%	98.59%

《高规》第 5.1.13 条规定：各振型的参与质量之和不应小于总质量的 90%。

判定：1）第 1 地震方向 EX 的有效质量系数为 98.71%，参与振型足够。

2）第 2 地震方向 EY 的有效质量系数为 98.59%，参与振型足够。

（4）地震作用下结构剪重比及其调整

该高层住宅楼地震作用下计算所得的结构剪重比及其调整系数详见表 5.11，如图 5.33、图 5.34 所示。

表 5.11　EX、EY 工况下结构剪重比和调整系数

层　号	V_x/kN	RSWx	V_y/kN	RSWy	Coef2	Coef_RSWx	Coef_RSWy
34	468.3	5.78%	581.8	7.18%	1.00	1.00	1.00
33	869.1	5.36%	1098.4	6.78%	1.00	1.00	1.00
32	1208.5	4.97%	1550.7	6.38%	1.00	1.00	1.00
31	1496.0	4.61%	1943.5	5.99%	1.00	1.00	1.00
30	1739.8	4.29%	2282.2	5.63%	1.00	1.00	1.00
29	1947.4	4.00%	2571.9	5.29%	1.00	1.00	1.00
28	2125.1	3.75%	2818.5	4.97%	1.00	1.00	1.00
27	2277.8	3.51%	3026.9	4.67%	1.00	1.00	1.00
26	2409.9	3.30%	3202.2	4.39%	1.00	1.00	1.00
25	2525.4	3.12%	3349.4	4.13%	1.00	1.00	1.00
24	2628.0	2.95%	3473.5	3.90%	1.00	1.00	1.00
23	2721.1	2.80%	3579.7	3.68%	1.00	1.00	1.00
22	2807.9	2.66%	3673.1	3.49%	1.00	1.00	1.00
21	2890.7	2.55%	3759.2	3.31%	1.00	1.00	1.00
20	2971.9	2.44%	3842.8	3.16%	1.00	1.00	1.00
19	3053.0	2.35%	3928.9	3.03%	1.00	1.00	1.00
18	3135.4	2.28%	4021.4	2.92%	1.00	1.00	1.00
17	3220.2	2.21%	4123.5	2.83%	1.00	1.00	1.00
16	3308.1	2.15%	4237.5	2.75%	1.00	1.00	1.00
15	3399.8	2.10%	4364.3	2.69%	1.00	1.00	1.00
14	3495.8	2.05%	4503.7	2.65%	1.00	1.00	1.00
13	3596.1	2.02%	4654.5	2.61%	1.00	1.00	1.00
12	3700.7	1.99%	4814.7	2.58%	1.00	1.00	1.00
11	3809.1	1.96%	4981.2	2.56%	1.00	1.00	1.00
10	3920.3	1.93%	5150.7	2.54%	1.00	1.00	1.00
9	4032.9	1.91%	5320.2	2.52%	1.00	1.00	1.00
8	4145.3	1.89%	5485.6	2.51%	1.00	1.00	1.00
7	4254.7	1.87%	5642.8	2.49%	1.00	1.00	1.00
6	4358.8	1.85%	5787.9	2.46%	1.00	1.00	1.00
5	4454.3	1.83%	5916.1	2.43%	1.00	1.00	1.00
4	4536.9	1.81%	6022.7	2.40%	1.00	1.00	1.00
3	4602.2	1.77%	6103.6	2.35%	1.00	1.00	1.00
2	4645.7	1.74%	6155.3	2.30%	1.00	1.00	1.00
1	4663.7	1.69%	6176.4	2.24%	1.00	1.00	1.00

注：V_x，V_y 是地震作用下结构楼层的剪力；RSW 是剪重比；Coef2 是按《抗规》第 5.2.5 条计算的剪重比调整系数；Coef_RSW 是程序综合考虑最终采用的剪重比调整系数。

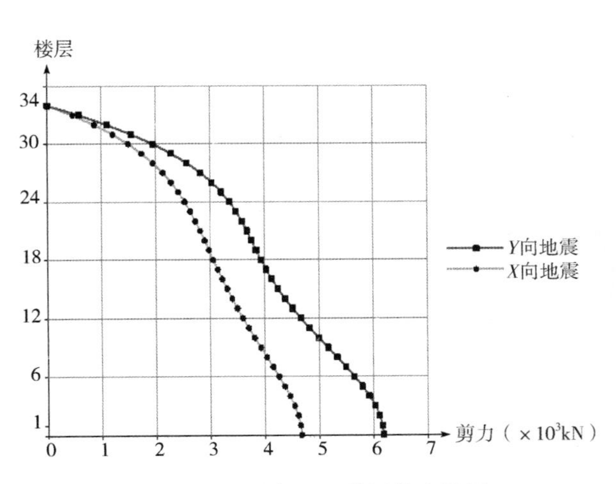

图 5.33　地震各工况楼层剪力简图

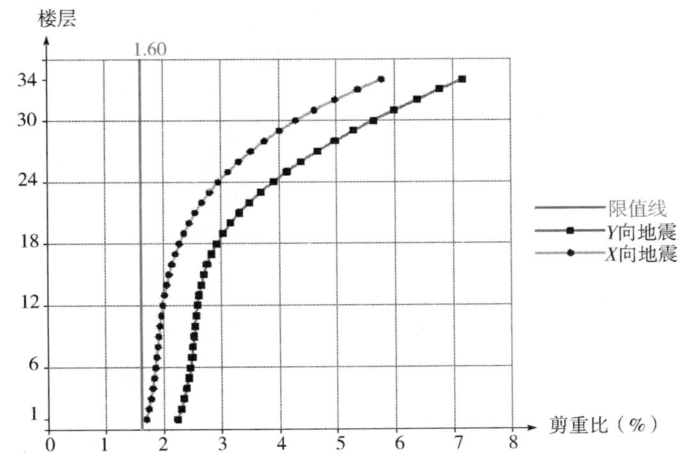

图 5.34　地震各工况剪重比简图

《抗规》第 5.2.5 条规定：7 度（0.10g）设防地区，水平地震影响系数最大值为 0.08，楼层剪重比不应小于 1.60%。

判定：由表 5.12、图 5.33 和图 5.34 可以看出，该高层住宅楼剪力墙结构在 X、Y 向地震剪重比都符合规范要求，无须进行调整。

4. 结构体系指标及二道防线调整

竖向构件倾覆力矩及百分比（抗规方式）

该框剪结构竖向构件在 X、Y 向静震工况下的倾覆力矩及百分比详见表 5.12、表 5.13，如图 5.35、图 5.36 所示。

表 5.12　*X* 向静震工况下的倾覆力矩及百分比　（单位：kN·m）

层号	短肢墙	普通墙	总弯矩	层号	短肢墙	普通墙	总弯矩
17	36380.4（32.1%）	76986.3（67.9%）	1.1e+5	34	395.3（29.4%）	950.5（70.6%）	1345.8
16	39497.0（32.2%）	83053.2（67.8%）	1.2e+5	33	1082.5（28.3%）	2742.6（71.7%）	3825.0
15	42654.9（32.3%）	89333.1（67.7%）	1.3e+5	32	2055.1（28.3%）	5202.6（71.7%）	7257.8
14	45970.5（32.4%）	95721.5（67.6%）	1.4e+5	31	3311.0（28.8%）	8186.2（71.2%）	11497.2
13	49376.5（32.6%）	1.0e+5（67.4%）	1.5e+5	30	4784.1（29.1%）	11630.1（70.9%）	16414.2
12	52854.8（32.6%）	1.1e+5（67.4%）	1.6e+5	29	6472.4（29.5%）	15435.7（70.5%）	21908.0
11	56508.4（32.8%）	1.2e+5（67.2%）	1.7e+5	28	8341.5（29.9%）	19550.6（70.1%）	27892.2
10	60337.9（32.9%）	1.2e+5（67.1%）	1.8e+5	27	10372.0（30.2%）	23920.1（69.8%）	34292.1
9	64235.9（33.0%）	1.3e+5（67.0%）	1.9e+5	26	12523.6（30.5%）	28529.1（69.5%）	41052.8
8	68285.3（33.1%）	1.4e+5（66.9%）	2.1e+5	25	14824.4（30.8%）	33301.2（69.2%）	48125.5
7	72418.8（33.2%）	1.5e+5（66.8%）	2.2e+5	24	17191.9（31.0%）	38282.3（69.0%）	55474.2
6	76649.6（33.3%）	1.5e+5（66.7%）	2.3e+5	23	19679.1（31.2%）	43393.7（68.8%）	63072.8
5	80893.5（33.3%）	1.6e+5（66.7%）	2.4e+5	22	22237.2（31.4%）	48665.8（68.6%）	70903.0
4	85108.5（33.3%）	1.7e+5（66.7%）	2.6e+5	21	24896.9（31.5%）	54058.5（68.5%）	78955.4
3	89150.0（33.2%）	1.8e+5（66.8%）	2.7e+5	20	27652.0（31.7%）	59571.8（68.3%）	87223.7
2	92891.6（33.0%）	1.9e+5（67.0%）	2.8e+5	19	30467.2（31.8%）	65244.1（68.2%）	95711.3
1	96812.3（**32.9%**）	2.0e+5（**67.1%**）	2.9e+5	18	33388.6（32.0%）	71035.3（68.0%）	1.0e+5

表 5.13　*Y* 向静震工况下的倾覆力矩及百分比　　　　（单位：kN · m）

层号	短肢墙	普通墙	总弯矩	层号	短肢墙	普通墙	总弯矩
17	40504.1（27.0%）	1.1e+5（73.0%）	1.5e+5	34	886.4（52.9%）	788.9（47.1%）	1675.4
16	43746.3（27.0%）	1.2e+5（73.0%）	1.6e+5	33	1879.4（38.9%）	2946.8（61.1%）	4826.2
15	47018.5（27.0%）	1.3e+5（73.0%）	1.7e+5	32	3145.7（34.0%）	6118.0（66.0%）	9263.7
14	50395.9（27.0%）	1.4e+5（73.0%）	1.9e+5	31	4647.3（31.4%）	10172.5（68.6%）	14819.9
13	53902.5（26.9%）	1.5e+5（73.1%）	2.0e+5	30	6363.0（29.8%）	14972.5（70.2%）	21335.6
12	57428.3（26.9%）	1.6e+5（73.1%）	2.1e+5	29	8284.5（28.9%）	20387.1（71.1%）	28671.6
11	61154.3（26.8%）	1.7e+5（73.2%）	2.3e+5	28	10398.2（28.3%）	26301.5（71.7%）	36699.6
10	65076.8（26.9%）	1.8e+5（73.1%）	2.4e+5	27	12621.4（27.9%）	32693.9（72.1%）	45315.3
9	69061.0（26.8%）	1.9e+5（73.2%）	2.6e+5	26	15007.2（27.6%）	39410.2（72.4%）	54417.4
8	73083.3（26.8%）	2.0e+5（73.2%）	2.7e+5	25	17517.8（27.4%）	46413.2（72.6%）	63931.1
7	77110.7（26.7%）	2.1e+5（73.3%）	2.9e+5	24	20110.0（27.3%）	53676.5（72.7%）	73786.5
6	81195.5（26.6%）	2.2e+5（73.4%）	3.1e+5	23	22809.3（27.2%）	61125.1（72.8%）	83934.5
5	85210.5（26.5%）	2.4e+5（73.5%）	3.2e+5	22	25598.7（27.1%）	68737.5（72.9%）	94336.2
4	89053.8（26.3%）	2.5e+5（73.7%）	3.4e+5	21	28393.3（27.0%）	76581.6（73.0%）	1.0e+5
3	92653.4（26.0%）	2.6e+5（74.0%）	3.6e+5	20	31309.6（27.0%）	84531.9（73.0%）	1.2e+5
2	95711.5（25.6%）	2.8e+5（74.4%）	3.7e+5	19	34306.8（27.0%）	92639.7（73.0%）	1.3e+5
1	98847.6（**25.2%**）	2.9e+5（**74.8%**）	3.9e+5	18	37358.7（27.0%）	1.0e+5（73.0%）	1.4e+5

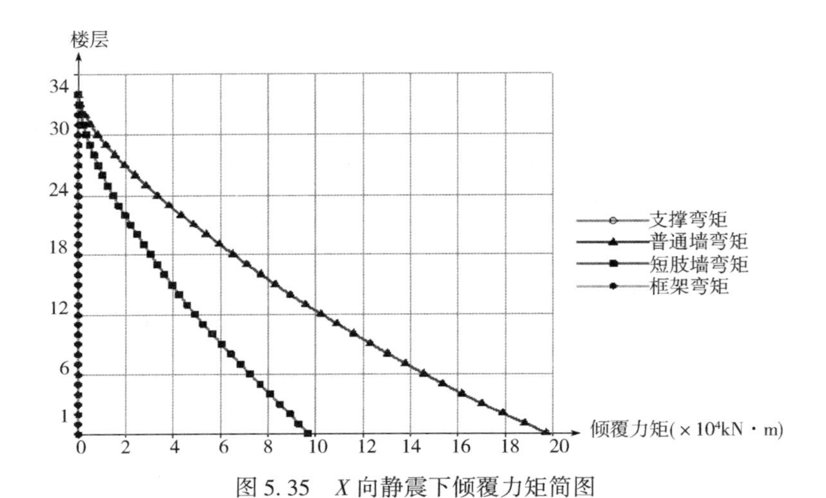

图 5.35　*X* 向静震下倾覆力矩简图

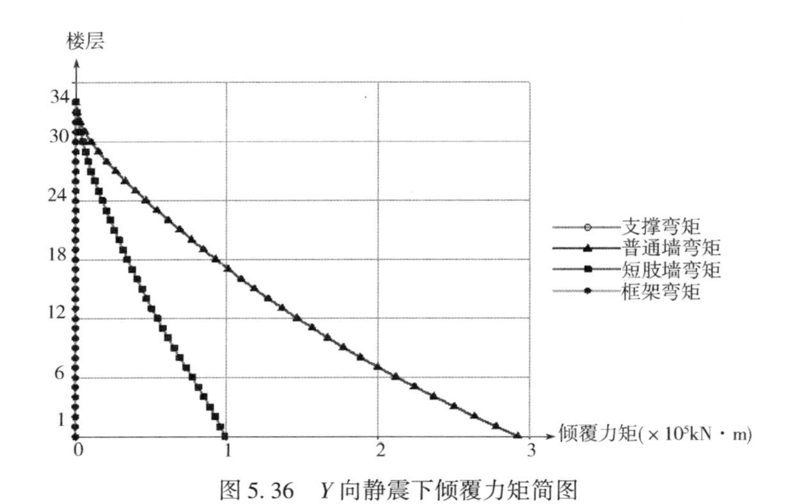

图 5.36　*Y* 向静震下倾覆力矩简图

《高规》第7.1.8条规定：抗震设计时，高层建筑结构不应全部采用短肢剪力墙；B级高度高层建筑以及抗震设防烈度为9度的A级高度高层建筑，不宜布置短肢剪力墙，不应采用具有较多短肢剪力墙的剪力墙结构。当采用具有较多短肢剪力墙的剪力墙结构时，应符合下列规定：

1）在规定的水平地震作用下，短肢剪力墙承担的底部倾覆力矩不宜大于结构底部总地震倾覆力矩的50%。

2）房屋适用高度应比规范规定的剪力墙结构的最大适用高度适当降低，7度、8度（0.2g）和8度（0.3g）时分别不应大于100m、80m和60m。

其中：短肢剪力墙是指截面厚度不大于300mm、各肢截面高度与厚度之比的最大值大于4但不大于8的剪力墙；具有较多短肢剪力墙的剪力墙结构是指在规定的水平地震作用下，短肢剪力墙承担的底部倾覆力矩不小于结构底部总地震倾覆力矩的30%的剪力墙结构。

判定：从表5.12和表5.13可以看出，该剪力墙结构在X向静震工况下的倾覆力矩百分比为32.9%>30%，应该属于具有较多短肢剪力墙的剪力墙结构。但在X、Y向静震工况下的倾覆力矩百分比小于50%，总高度小于100m，满足规范要求。

5. 变形验算

普通结构楼层位移指标统计。

1）最大层间位移角。该高层住宅楼剪力墙结构X、Y向地震工况和X、Y向风荷载工况的最大位移、最大层间位移角见表5.14，如图5.39所示。

表5.14 X、Y向地震工况和风荷载工况的位移 （单位：mm）

层号	X向地震工况		Y向地震工况		X向风荷载工况		Y向风荷载工况	
	最大位移	最大层间位移角	最大位移	最大层间位移角	最大位移	最大层间位移角	最大位移	最大层间位移角
34	23.78	1/4831	16.82	1/5969	19.62	1/6371	11.93	1/9093
33	23.21	1/4642	16.35	1/5794	19.17	1/6202	11.61	1/8908
32	22.63	1/4439	15.87	1/5608	18.70	1/6008	11.29	1/8700
31	22.02	1/4242	15.38	1/5432	18.22	1/5802	10.95	1/8490
30	21.39	1/4067	14.87	1/5271	17.72	1/5602	10.61	1/8281
29	20.74	1/3913	14.35	1/5135	17.20	1/5410	10.26	1/8089
28	20.07	1/3787	13.82	1/5021	16.66	1/5236	9.90	1/7905
27	19.37	1/3678	13.29	1/4928	16.11	1/5069	9.53	1/7741
26	18.66	1/3593	12.74	1/4860	15.54	1/4923	9.16	1/7591
25	17.94	1/3524	12.19	1/4808	14.95	1/4789	8.78	1/7463
24	17.19	1/3469	11.63	1/4771	14.34	1/4668	8.39	1/7345
23	16.44	1/3427	11.06	1/4750	13.72	1/4561	7.99	1/7252
22	15.67	1/3396	10.50	**1/4742**	13.09	1/4468	7.59	1/7167
21	14.89	1/3370	9.93	1/4743	12.44	1/4380	7.19	1/7099
20	14.10	1/3360	9.36	1/4771	11.78	1/4313	6.78	1/7052
19	13.31	**1/3356**	8.79	1/4800	11.10	1/4258	6.37	1/7026
18	12.51	1/3360	8.22	1/4841	10.42	1/4216	5.96	**1/7008**
17	11.70	1/3369	7.66	1/4895	9.74	1/4185	5.54	1/7020
16	10.89	1/3384	7.10	1/4958	9.04	1/4168	5.13	1/7043
15	10.08	1/3400	6.54	1/5026	8.35	**1/4158**	4.72	1/7091
14	9.27	1/3429	5.99	1/5108	7.65	1/4170	4.31	1/7157
13	8.46	1/3462	5.44	1/5205	6.95	1/4196	3.91	1/7273
12	7.65	1/3512	4.90	1/5318	6.26	1/4249	3.51	1/7402
11	6.84	1/3587	4.37	1/5477	5.58	1/4339	3.11	1/7626
10	6.05	1/3701	3.85	1/5724	4.91	1/4481	2.73	1/7957

（续）

层号	X 向地震工况		Y 向地震工况		X 向风荷载工况		Y 向风荷载工况	
	最大位移	最大层间位移角	最大位移	最大层间位移角	最大位移	最大层间位移角	最大位移	最大层间位移角
9	5.28	1/3791	3.36	1/5912	4.27	1/4605	2.37	1/8239
8	4.53	1/3895	2.87	1/6124	3.64	1/4754	2.02	1/8554
7	3.79	1/4028	2.41	1/6382	3.03	1/4950	1.68	1/8960
6	3.08	1/4210	1.96	1/6721	2.44	1/5213	1.36	1/9483
5	2.39	1/4462	1.53	1/7149	1.88	1/5572	1.05	1/9999
4	1.74	1/4863	1.12	1/7778	1.36	1/6133	0.77	1/9999
3	1.15	1/5554	0.75	1/8815	0.89	1/7083	0.51	1/9999
2	0.62	1/7107	0.42	1/9999	0.48	1/9180	0.28	1/9999
1	0.22	1/9999	0.16	1/9999	0.17	1/9999	0.10	1/9999

《高规》第 3.7.3 条规定：对于高度不大于 150m 的剪力墙结构，按弹性方法计算的风荷载或多遇地震标准值作用下的楼层层间最大水平位移与层高之比 $\Delta u/h$ 不宜大于 1/1000，对于高度不小于 250m 的高层建筑，其楼层层间最大位移与层高之比 $\Delta u/h$ 不宜大于 1/500。

判定：结构设定的限值为 1/1000，该高层住宅楼剪力墙结构在地震工况下最大层间位移角为 1/3356（19 层），在风荷载工况下最大层间位移角为 1/4158（15 层），结构所有工况下最大层间位移角均满足规范要求。

2）位移比。该高层住宅楼在 X、Y 向地震（规定水平力）下的最大位移见表 5.15 ~ 表 5.18，如图 5.37 ~ 图 5.39 所示。

表 5.15　X 向正偏心静震（规定水平力）工况的位移

层号	位移比	层间位移比	层号	位移比	层间位移比	层号	位移比	层间位移比	层号	位移比	层间位移比
6	1.24	1.22	13 ~ 15	1.22	1.20	25 ~ 27	1.20	1.17	34	1.19	1.14
5	1.24	1.23	11，12	1.22	1.21	23，24	1.20	1.18	31 ~ 33	1.19	1.15
4	1.24	1.24	9，10	1.23	1.21	20 ~ 22	1.21	1.18	30	1.19	1.16
1 ~ 3	1.25	1.25	7，8	1.23	1.22	16 ~ 19	1.21	1.19	28，29	1.20	1.16

表 5.16　X 向负偏心静震（规定水平力）工况的位移

层号	位移比	层间位移比	层号	位移比	层间位移比	层号	位移比	层间位移比	层号	位移比	层间位移比
3，4	1.12	1.11	15	1.10	1.08	28，29	1.08	1.07	34	1.08	1.05
2	1.13	1.12	8 ~ 14	1.10	1.09	23 ~ 27	1.09	1.07	31 ~ 33	1.08	1.06
1	1.14	1.14	5 ~ 7	1.11	1.10	16 ~ 22	1.09	1.08	30	1.08	1.06

表 5.17　Y 向正偏心静震（规定水平力）工况的位移

层号	位移比	层间位移比	层号	位移比	层间位移比	层号	位移比	层间位移比	层号	位移比	层间位移比
9	1.24	1.22	17	1.22	1.18	26	1.20	1.15	34	1.18	1.11
7，8	1.25	1.23	15，16	1.22	1.19	23 ~ 25	1.20	1.16	32，33	1.18	1.12
6	1.25	1.24	13，14	1.23	1.20	22	1.20	1.17	31	1.19	1.13
4，5	1.26	1.25	12	1.23	1.21	20，21	1.21	1.17	28 ~ 30	1.19	1.14
1 ~ 3	1.27	1.27	10，11	1.24	1.21	18，19	1.21	1.18	27	1.19	1.15

表 5.18　*Y* 向负偏心静震（规定水平力）工况的位移

层号	位移比	层间位移比	层号	位移比	层间位移比	层号	位移比	层间位移比	层号	位移比	层间位移比
8	1.26	1.24	16	1.23	1.21	25 ~ 27	1.21	1.17	34	1.20	1.13
6，7	1.26	1.25	14，15	1.24	1.21	22 ~ 24	1.22	1.18	32，33	1.20	1.14
5	1.27	1.26	12，13	1.24	1.22	20，21	1.22	1.19	30，31	1.20	1.15
2 ~ 4	1.27	1.27	10，11	1.25	1.23	19	1.23	1.19	29	1.21	1.16
1	1.26	1.26	9	1.25	1.24	17，18	1.23	1.20	28	1.21	1.16

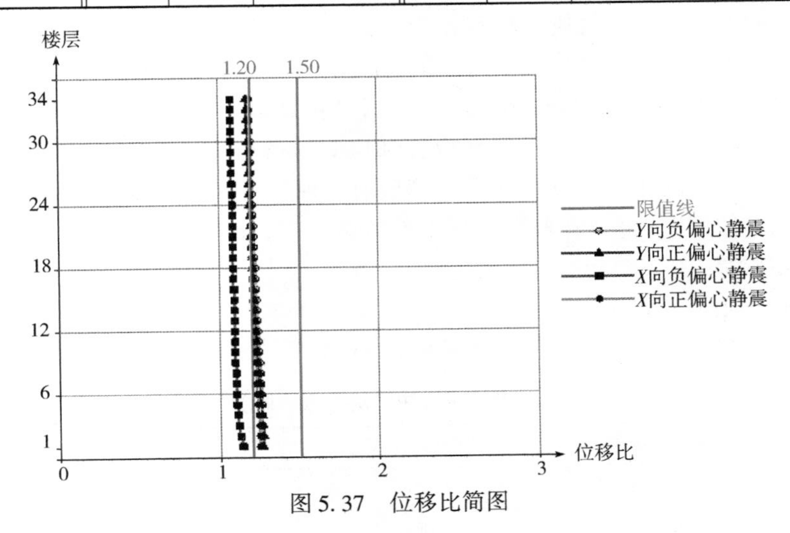

图 5.37　位移比简图

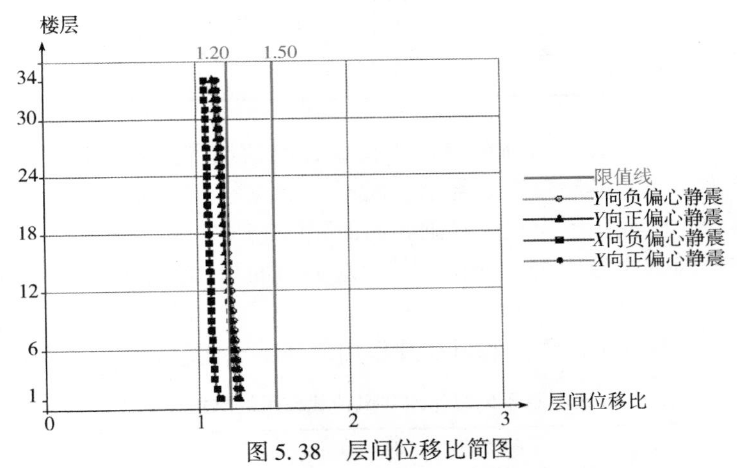

图 5.38　层间位移比简图

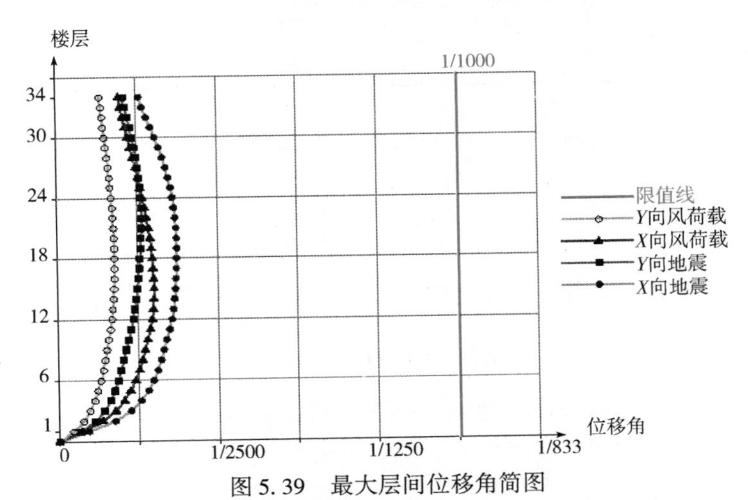

图 5.39　最大层间位移角简图

《抗规》第3.4.3－1条对于扭转不规则的定义为：在规定的水平力作用下，楼层的最大弹性水平位移（或层间位移），大于该楼层两端弹性水平位移（或层间位移）平均值的1.2倍。

《高规》第3.4.5条规定：结构在考虑偶然偏心影响的规定水平地震力作用下，楼层竖向构件最大的水平位移和层间位移，A级高度高层建筑不宜大于该楼层平均值的1.2倍，不应大于该楼层平均值的1.5倍；B级高度高层建筑、超过A级高度的混合结构及复杂高层建筑不宜大于该楼层平均值的1.2倍，不应大于该楼层平均值的1.4倍。

判定：结构设定的判断扭转不规则的位移比为1.20，位移比的限值为1.50，从表5.15～5.18可以看出，该高层住宅楼在X向正偏心静震、Y向正负偏心静震工况作用下的层间位移比超过限值，最大位移比为1.27＞1.2，该剪力墙结构属扭转不规则。根据《抗规》第3.4.4条规定，扭转不规则时，应计入扭转影响，且楼层竖向构件最大的弹性水平位移和层间位移分别不宜大于楼层两端弹性水平位移和层间位移平均值的1.5倍。设计人员应在【设计模型前处理】→【参数定义】→【地震信息】菜单界面勾选“考虑双向地震作用”，这样在模型计算中就考虑了双向地震扭转效应。

6. 抗倾覆和稳定验算

（1）抗倾覆验算

该高层住宅楼剪力墙结构的抗倾覆验算结果见表5.19。

表5.19　高层住宅楼抗倾覆验算

（单位：kN·m）

工　况	抗倾覆力矩 M_r	倾覆力矩 M_{ov}	比值 M_r/M_{ov}	零应力区（%）
EX	3.83e+6	3.07e+5	12.49	0.00
EY	3.96e+6	4.06e+5	9.76	0.00
WX	3.95e+6	3.11e+5	12.68	0.00
WY	4.08e+6	2.96e+5	13.79	0.00

《高规》第12.1.7条规定：在重力荷载与水平荷载标准值或重力荷载代表值与多遇水平地震标准值共同作用下，高宽比大于4的高层建筑，基础底面不宜出现零应力区；高宽比不大于4的高层建筑，基础底面与地基之间零应力区面积不应超过基础底面面积的15%。

判定：该高层住宅楼高宽比为3.55，基础底面零应力区面积比为0.00%，符合规范要求。

（2）整体稳定刚重比验算

该高层住宅楼剪力墙结构在地震作用和风荷载作用下的刚重比验算见表5.20。

表5.20　基于地震作用和风荷载作用的刚重比验算

工况(地震作用)	验算公式	验算值	工况(风荷载)	验算公式	验算值
EX	EJ_d/GH^2	**8.19**	WX	EJ_d/GH^2	9.60
EY	EJ_d/GH^2	13.20	WY	EJ_d/GH^2	14.76

《高规》第5.4.1－1规定：当高层剪力墙结构满足下式规定时，弹性计算分析时可不考虑重力二阶效应的不利影响。

$$EJ_d \geq 2.7H^2 \sum_{i=1}^{n} G_i \tag{5-1}$$

《高规》第5.4.4－1规定：高层剪力墙结构的整体稳定性应符合下式规定：

$$EJ_d \geq 1.4H^2 \sum_{i=1}^{n} G_i \tag{5-2}$$

式中　EJ_d——结构一个主轴方向的弹性等效侧向刚度，可按倒三角形分布荷载作用下结构顶点位移相等的原则，将结构的侧向刚度折算为竖向悬臂受弯构件的等效侧向刚度；

G_i——第i楼层重力荷载设计值，取1.2倍的永久荷载标准值与1.4倍的楼面可变荷载标准值的组合值；

H——房屋的高度；

n——结构计算总层数。

判定：从表 5.20 中数据可以看出，该剪力墙结构最小剪重比为 8.19，因此可以得出以下结论：①该剪力墙结构刚重比 EJ_d/GH^2 大于 1.4，能够通过《高规》第 5.4.4－1 的整体稳定验算；②该结构刚重比 EJ_d/GH^2 大于 2.7，可以不考虑重力二阶效应。

7. 指标汇总信息

该高层住宅楼剪力墙结构整体计算指标汇总见表 5.21。

表 5.21　高层住宅楼结构整体计算指标汇总

指标项		汇总信息
总质量/t		27558.63
质量比		1.00 < [1.5]（34 层 1 塔）
最小刚度比 1	X 向	1.00 > = [1.00]（34 层 1 塔）
	Y 向	1.00 > = [1.00]（34 层 1 塔）
最小刚度比 2	X 向	1.00 > [1.00]（34 层 1 塔）
	Y 向	1.00 > [1.00]（34 层 1 塔）
最小楼层受剪承载力比值	X 向	0.95 > [0.80]（1 层 1 塔）
	Y 向	0.97 > [0.80]（1 层 1 塔）
结构自振周期/s		T_1 = 1.7976（X）
		T_3 = 1.3936（Y）
		T_5 = 1.6788（T）
有效质量系数	X 向	98.71% > [90%]
	Y 向	98.59% > [90%]
最小剪重比	X 向	1.69% > [1.60%]（1 层 1 塔）
	Y 向	2.24% > [1.60%]（1 层 1 塔）
最大层间位移角	X 向	1/3356 < [1/1000]（19 层 1 塔）
	Y 向	1/4742 < [1/1000]（22 层 1 塔）
最大位移比	X 向	1.25 < [1.50]（1 层 1 塔）
	Y 向	1.27 < [1.50]（2 层 1 塔）
最大层间位移比	X 向	1.25 > [1.20]（1 层 1 塔）
	Y 向	1.27 > [1.20]（2 层 1 塔）

5.7　剪力墙结构方案评议

1. 结构方案

1）从表 5.21 可以看出，该剪力墙结构最大层间位移比大于 1.2，属于扭转不规则。

2）个别墙肢轴压比超规范规定。

3）周期比大于 0.9。

4）如果不调整周期比，该高层住宅楼属于特别不规则结构（有两项不规则），应申报超限审查。

2. 优化建议

1）调整剪力墙墙肢截面，调整后周期比不大于0.9，属于不规则结构，可采取加强措施，无须申报超限审查。

2）增大短肢剪力墙截面厚度，满足轴压比要求。

3）由于该剪力墙结构属于扭转不规则，因此计算中应考虑双向水平地震作用下的扭转影响。

5.8　剪力墙结构施工图

完成高层住宅楼剪力墙结构模型的建立、结构分析和计算后，当确认整体指标满足规范要求，构件截面及配筋适当，没有超限信息时，可切换到【混凝土结构施工图】模块下，进行剪力墙结构的施工图绘制工作。其绘图流程同框架—剪力墙结构绘图流程一样，设计人员可查看第4章有关内容。

1. 梁平法施工图

点选【混凝土结构施工图】→【梁】菜单，可进入该高层住宅楼梁绘图界面，在“设置”菜单设计人员可对“设计参数”和“设钢筋层”中参数进行修改，并可对梁裂缝和挠度进行验算和校核。该高层住宅楼首层梁局部配筋平面图如图5.40所示。

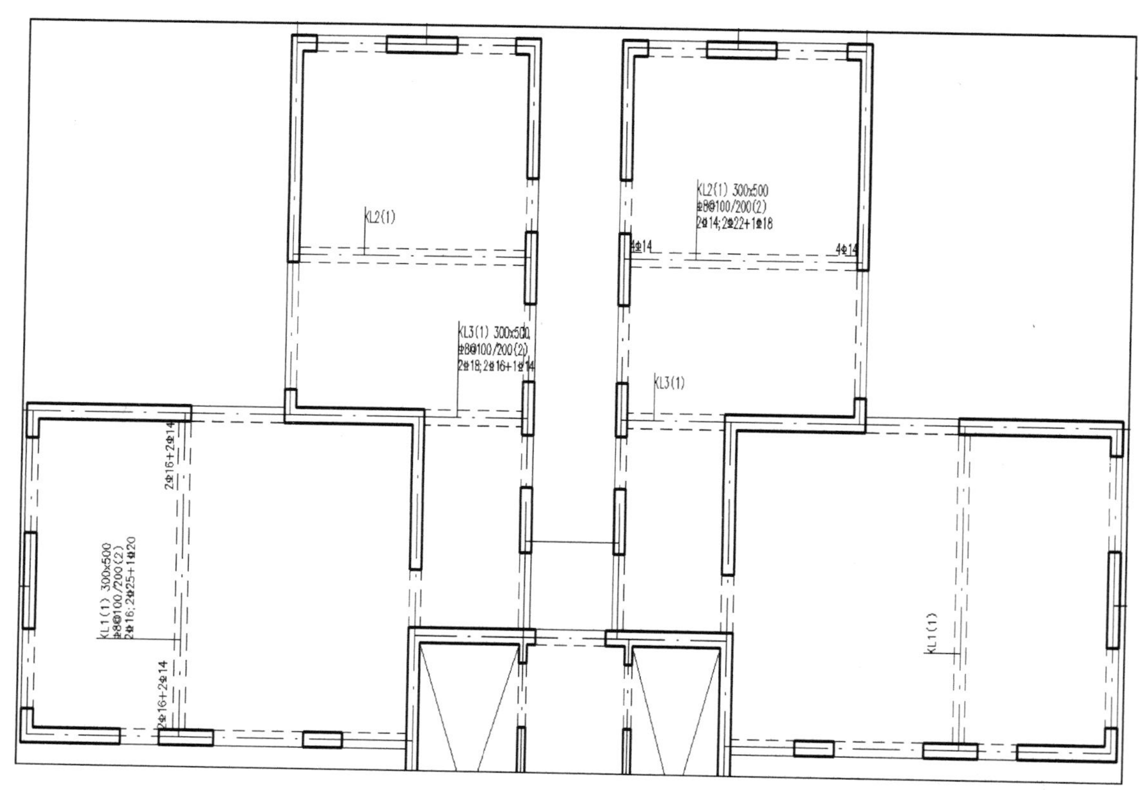

图5.40　高层住宅楼梁首层局部配筋平面图

2. 墙平法施工图

点选【混凝土结构施工图】→【墙】菜单，可进入剪力墙绘图界面，同样可在“设置”菜单中对“设计参数”和“设钢筋层”中参数进行修改，并可选用“截面注写”或“列表注写”绘制剪力墙施工图，图5.41为采用截面注写绘制的住宅楼剪力墙边缘构件和连梁配筋平面图。

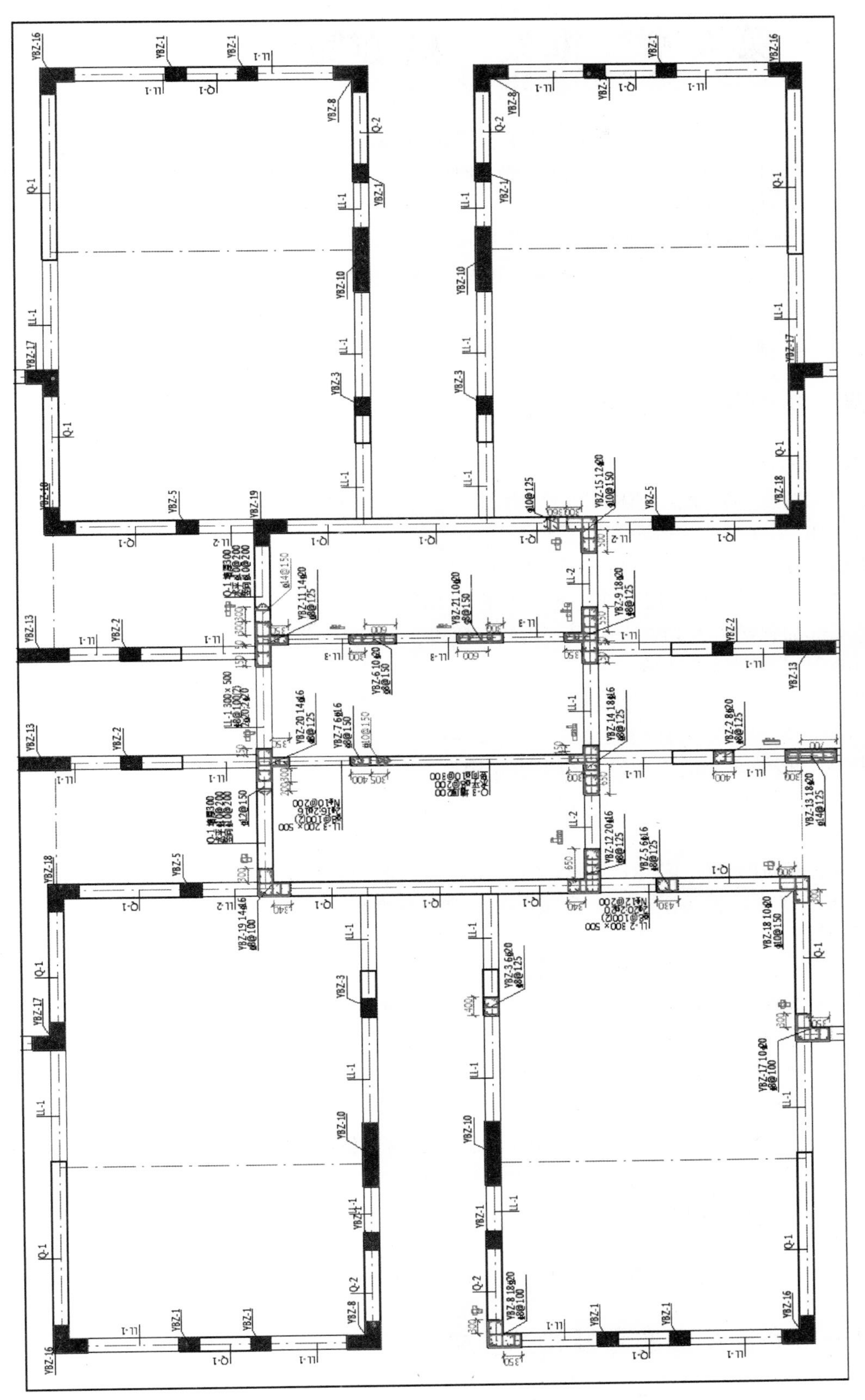

图5.41　高层住宅楼剪力墙局部配筋平面图

第 6 章　框架—核心筒结构设计

随着建筑层数的增多，高度的增加，采用剪力墙结构体系受到各方面限制，同时也不经济，如何充分有效地利用建筑面积，降低单位面积造价，便成为超高层设计中迫切需要解决的重要课题。根据多年来实践经验，将竖向电梯和楼梯、卫生间、管道系统等集中布置在楼层平面的核心部位，将办公用房布置在外圈，可以取得良好的效果。结构工程师一般将位于建筑核心的剪力墙设计成空间薄壁筒体，再沿建筑四周布置框架结构，从而形成了框架—核心筒结构体系。其中筒体是竖向悬臂箱形构件，具有很大的抗推刚度和强度，可以作为结构的主要抗侧力构件，承担绝大部分的水平荷载，而周边的框架则主要承担竖向荷载。框架—核心筒结构体系多用于超高层综合楼、酒店等建筑。

6.1　框架—核心筒结构设计要点

1. 核心筒的设计

1）核心筒的宽度不宜小于筒体总高的 1/12，当筒体结构设置角筒、剪力墙或增强结构整体刚度的构件时，核心筒的宽度可适当减小。

2）筒体墙的厚度不应小于 160mm 且不宜小于层高或无支长度的 1/20，底部加强部位的抗震墙厚度不应小于 200mm 且不宜小于层高或无支长度的 1/16。

3）筒体底部加强部位及相邻上一层，当侧向刚度无突变时不宜改变墙体厚度。

4）内筒的门洞不宜靠近转角。

5）框架—核心筒结构一、二级筒体角部的边缘构件宜按下列要求加强：底部加强部位，约束边缘构件范围内宜全部采用箍筋，且约束边缘构件沿墙肢的长度宜取墙肢截面高度的 1/4，底部加强部位以上的全高范围内宜按转角墙的要求设置约束边缘构件。

6）筒体角部附近不宜开洞，当不可避免时，筒角内壁至洞口的距离不应小于 500mm 和开洞墙截面厚度的较大值。

7）核心筒或内筒的外墙不宜在水平方向连续开洞，洞间墙肢的截面高度不宜小于 1.2m；当洞间墙肢的截面高度与厚度之比小于 4 时，宜按框架柱进行截面设计。

2. 框架的设计

1）框架—核心筒结构的周边柱间必须设置框架梁。

2）楼面大梁不宜支承在内筒连梁上。楼面大梁与内筒或核心筒墙体平面外连接时，不宜支承在洞口连梁上；沿梁轴线方向宜设置与梁连接的抗震墙，梁的纵筋应锚固在墙内；也可在支承梁的位置设置扶壁柱或暗柱，并应按计算确定其截面尺寸和配筋。

3）除加强层及其相邻上下层外，按框架—核心筒计算分析的框架部分各层地震剪力的最大值不宜小于结构底部总地震剪力的 10%。当小于 10% 时，核心筒墙体的地震剪力应适当提高，边缘构件的抗震构造措施应适当加强；任一层框架部分承担的地震剪力不应小于结构底部总地震剪力的 15%。

4）加强层的大梁或桁架应与核心筒内的墙肢贯通；大梁或桁架与周边框架柱的连接宜采用铰接或半刚性连接。

5）抗震设计时，框筒柱和框架柱的轴压比限值可按框架—剪力墙结构的规定采用。

6.2　框架—核心筒平面布置及构造要求

1. 框架—核心筒平面布置要求

1）墙肢宜均匀、对称布置。

2）当内筒偏置、长宽比大于 2 时，宜采用框架—双筒结构。

3）核心筒与框架之间的楼盖宜采用梁板体系；部分楼层采用平板体系时应有加强措施。

4）核心筒宜贯通建筑物全高。

5）对内筒偏置的框架—筒体结构，应控制结构在考虑偶然偏心影响的规定地震力作用下，最大楼层水平位移和层间位移不应大于该楼层平均值的 1.4 倍，结构扭转为主的第一自振周期 T_t 与平动为主的第一自振周期 T_1 之比不应大于 0.85，且 T_1 的扭转成分不宜大于 30%。

6）当框架—双筒结构的双筒间楼板开洞时，其有效楼板宽度不宜小于楼板典型宽度的 50%，洞口附近楼板应加厚，并应采用双层双向配筋，每层单向配筋率不应小于 0.25%；双筒间楼板宜按弹性板进行细化分析。

7）核心筒或内筒的外墙与外框柱间的中距，非抗震设计大于 15m、抗震设计大于 12m 时，宜采取增设内柱等措施。

2. 框架—核心筒的构造要求

1）底部加强部位主要墙体的水平和竖向分布钢筋的配筋率均不宜小于 0.30%。

2）底部加强部位角部墙体约束边缘构件沿墙肢的长度宜取墙肢截面高度的 1/4，约束边缘构件范围内应主要采用箍筋。

3）底部加强部位以上角部墙体宜按《高规》第 7.2.15 条的规定设置约束边缘构件。

4）筒体墙的水平、竖向配筋不应少于两排，其竖向和水平分布钢筋的配筋率，一、二、三级时均不应小于 0.25%，四级和非抗震设计时均不应小于 0.20%。

5）一、二级核心筒和内筒中跨高比不大于 2 的连梁，当梁截面宽度不小于 400mm 时，可采用交叉暗柱配筋，并应设置普通箍筋；截面宽度小于 400mm 但不小于 200mm 时，除配置普通箍筋外，可另增设斜向交叉构造钢筋。

3. 框架—核心筒规定及墙截面初估

1）框架—核心筒高度、抗震等级和高宽比。框架—核心筒结构最大适用高度、抗震等级和最大高宽比的确定见表 6.1。

表 6.1　框架—核心筒最大适用高度、抗震等级和最大高宽比

<table>
<tr><td colspan="3">设防烈度</td><td>非抗震</td><td colspan="2">6</td><td colspan="2">7</td><td colspan="2">8（0.2g）</td><td colspan="2">8（0.3g）</td><td>9</td></tr>
<tr><td>高度/m</td><td colspan="2">框架—核心筒</td><td>160</td><td colspan="2">150</td><td colspan="2">130</td><td colspan="2">100</td><td colspan="2">90</td><td>70</td></tr>
<tr><td rowspan="3">抗震等级</td><td colspan="2">高度/m</td><td>—</td><td>≤80</td><td>>80</td><td>≤80</td><td>>80</td><td>≤80</td><td>>80</td><td>≤80</td><td>>80</td><td>≤60</td></tr>
<tr><td rowspan="2">框架—核心筒</td><td>框架</td><td>—</td><td colspan="2">三</td><td colspan="2">二</td><td colspan="2">一</td><td colspan="2">一</td><td>一</td></tr>
<tr><td>核心筒</td><td>—</td><td colspan="2">二</td><td colspan="2">二</td><td colspan="2">一</td><td colspan="2">一</td><td>一</td></tr>
<tr><td colspan="3">高宽比</td><td>8</td><td colspan="2">7</td><td colspan="2">7</td><td colspan="4">6</td><td>4</td></tr>
</table>

注：1. 建筑场地为 I 类时，除 6 度外应允许按表内降低一度所对应的抗震等级采取抗震构造措施，但相应的计算要求不应降低。
2. 当框架—核心筒结构的高度不超过 60m 时，其抗震等级应允许按框架—剪力墙结构采用。

2）筒体墙厚度的确定。筒体墙应按《高规》附录 D 验算墙体稳定，且外墙厚度不应小于 200mm，内墙厚度不应小于 160mm。设计人员在结构建模时，可参照表 6.2 给出的筒体墙的初估厚度进行试算，再进行截面调整，直到整体指标符合要求。

表 6.2　筒体墙截面厚度初估值　（单位：mm）

设防烈度	25～29 层	30～34 层	35～39 层	40～44 层	45～49 层	50 层
6 度	350	400	450	500	550	600
7 度	400	450	500	550	600	650
8 度	450	500	550	600	650	700

6.3　框架—核心筒结构设计范例

某高层酒店，地上 30 层，总高度 98.7m，采用现浇钢筋混凝土框架—核心筒结构，平面如图 6.1 所示。该酒店底部为 7 层商业、第 8 层为酒店内部办公兼设备管道层，9～30 层为客房，下设 2 层地下室，主要用作停车库和设备用房。抗震设防烈度 7 度，场地类别Ⅱ类，地震分组第一组。基本风压 $0.385\mathrm{kN/m^2}$，地面粗糙度 C 类，丙类建筑。

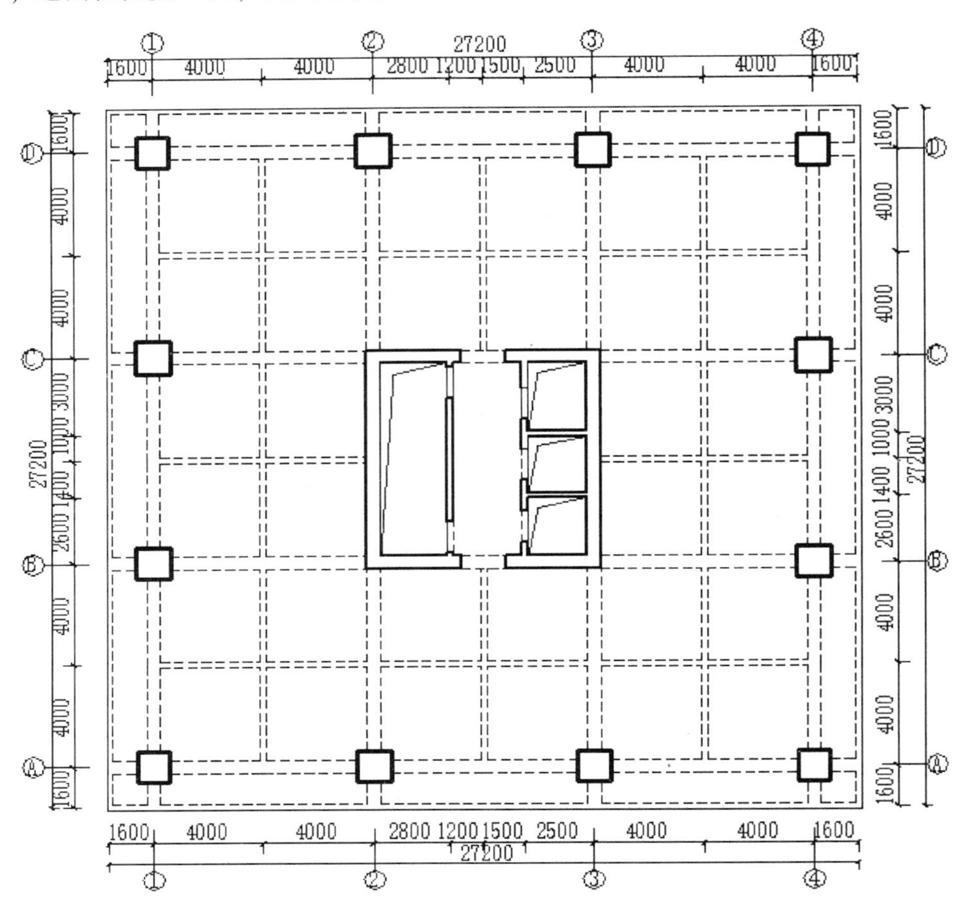

图 6.1　某高层酒店结构平面图

1. 设计基本条件

1）建筑结构安全等级：二级

2）结构重要性系数：1.0

3）环境类别：地面以上为一类，地面以下为二 a 类

4）风荷载

基本风压：$0.385\mathrm{kN/m^2}$

地面粗糙度：C 类

5）地震参数

抗震设防烈度：7 度

设计基本地震加速度：$0.1g$

地震分组：第一组

建筑场地类别：Ⅱ类

特征周期 T_g（s）：0.35

抗震设防类别：标准设防类（丙类）

框架抗震等级：二级

核心筒抗震等级：二级

2. 主要结构材料

各层梁、板、柱采用的混凝土强度等级和钢筋牌号见表 6.3。

表 6.3　混凝土强度等级和钢筋牌号

构件名称		柱		墙		梁		板	
		纵筋	箍筋	受力钢筋	分布钢筋	纵筋	箍筋	受力钢筋	分布钢筋
钢筋牌号		HRB400	HPB400	HRB400	HRB335	HRB400	HRB400	HRB400	HRB335
强度等级	1 ~ 10	C40		C40		C30		C30	
	11 ~ 30	C30		C30		C30		C30	

3. 设计荷载取值

1）屋面恒载、活荷载取值：

板厚 100mm	2.5kN/m²
屋面保温防水	2.6kN/m²
吊顶（管道）或板底粉刷	0.4kN/m²
总计	5.5kN/m²
活荷载（上人屋面）	2.0kN/m²

2）2 ~ 7 层商业楼面恒载、活荷载取值：

楼板 100mm 厚	2.5kN/m²
粉面底（包括吊顶管道）	1.5kN/m²
室内轻质隔墙（满计）	1.0kN/m²
总计	5.0kN/m²
活荷载	3.5kN/m²

3）8 层办公楼，9 ~ 30 层客房楼面恒载、活荷载取值：

楼板 100mm 厚	2.5kN/m²
楼面底（包括吊顶管道）	1.0kN/m²
室内填充墙（未计梁上墙重）	2.0kN/m²
总计	5.5kN/m²
活荷载	2.0kN/m²

4）楼梯间活荷载：　3.5kN/m²

5）通风机房、电梯机房活荷载：　7.0kN/m²

6）餐厅、浴室、卫生间、盥洗室活荷载：　4.0kN/m²

7）走廊、门厅活荷载：　2.5kN/m²

8）梁上填充墙重（200mm 加气混凝土，容重 13kN/m³）

8 ~ 30 层楼面及屋面内次梁（220 × 500）　5.6kN/m

边梁（200 × 500）　6.2kN/m

内双向框梁（200 × 500）　5.6kN/m

1～7 层商业楼面边梁（200×600）　10.6kN/m

9）筒体墙厚度：1～30 层，外筒 500mm，内隔墙 200mm

10）连梁：2～7 层，600mm 高，8～31 层 500mm 高。

6.4　结构模型建立

点选【结构建模】菜单，设计人员可在此菜单下建立该高层酒店结构计算分析模型，如图 6.2 所示（建模过程略），其中高层酒店梁板柱等构件的截面尺寸详见表 6.4、表 6.5。

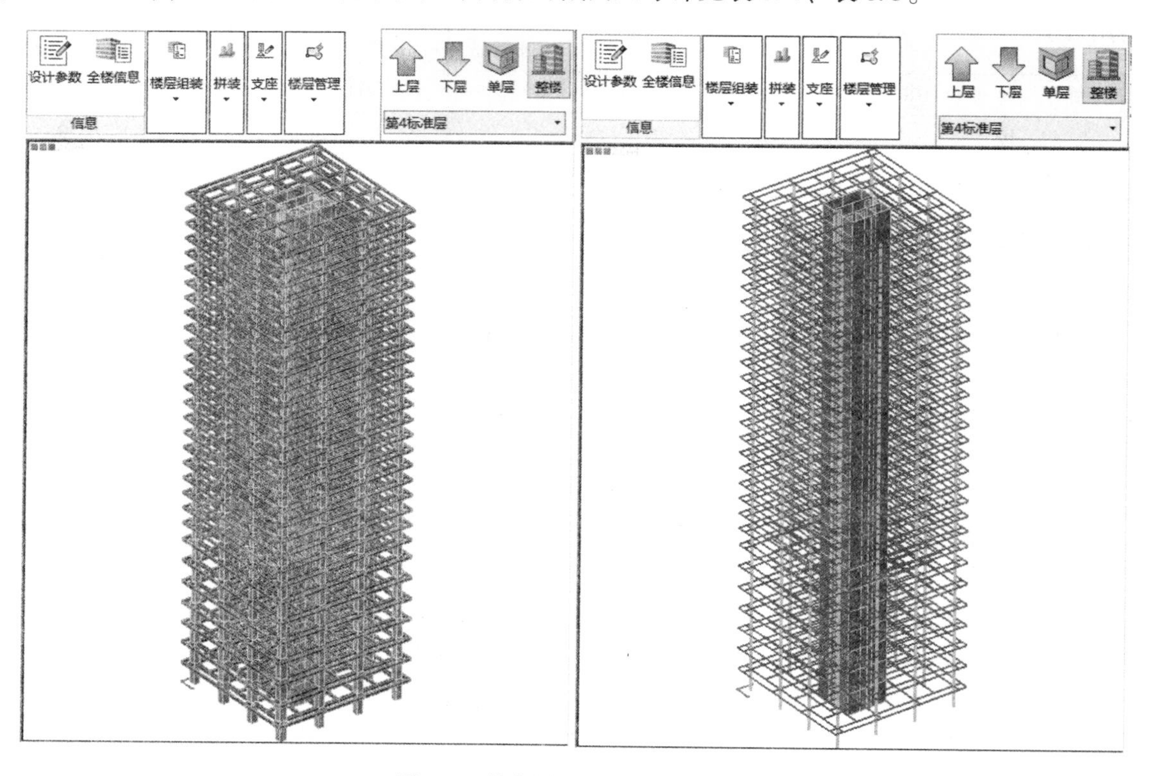

图 6.2　某高层酒店结构计算模型

表 6.4　某高层酒店结构建模参数一

自然层	标准层	层高/mm	边柱/mm	角柱/mm	核心筒/mm		混凝土强度等级
					外筒	内隔墙	
1～4	1	4200	1250×1250	1200×1200	500	200	C40
5～6	2	4200	1150×1150	1100×1100	500	200	C40
7	3	4200	1150×1150	1100×1100	500	200	C40
8	4	3300	1150×1150	1100×1100	500	200	C40
9～10	5	3000	1150×1150	1100×1100	500	200	C40
11～13	6	3000	1100×1100	1100×1100	500	200	C30
14～16	7	3000	1050×1050	1000×1000	500	200	C30
17～20	8	3000	900×900	900×900	500	200	C30
21～23	9	3000	800×800	800×800	500	200	C30
24～29	10	3000	650×650	650×650	500	200	C30
30	11	3000	650×650	650×650	500	200	C30

表6.5　某高层酒店结构建模参数二

自然层	标准层	层高/mm	内次梁/mm	边梁/mm	内双向框梁/mm	边框梁/mm	混凝土强度等级
1~4	1	4200	220×600	200×600	500×600	500×600	C30
5~6	2	4200	220×600	200×600	500×600	500×600	C30
7	3	4200	220×600	200×600	500×600	500×600	C30
8	4	3300	220×500	200×500	500×500	500×500	C30
9~10	5	3000	220×500	200×500	500×500	500×500	C30
11~13	6	3000	220×500	200×500	500×500	500×500	C30
14~16	7	3000	220×500	200×500	500×500	500×500	C30
17~20	8	3000	220×500	200×500	500×500	500×500	C30
21~23	9	3000	220×500	200×500	500×500	500×500	C30
24~29	10	3000	220×500	200×500	500×500	500×500	C30
30	11	3000	220×500	200×500	500×500	500×500	C30

6.5　设计参数选取

1. 建模设计参数

点选【结构建模】→【楼层组装】→【设计参数】进入该高层酒店设计参数设置界面，包括总信息、材料信息、地震信息、风荷载信息和钢筋信息共五项内容，如图6.3~图6.6所示。

图6.3　建模总信息

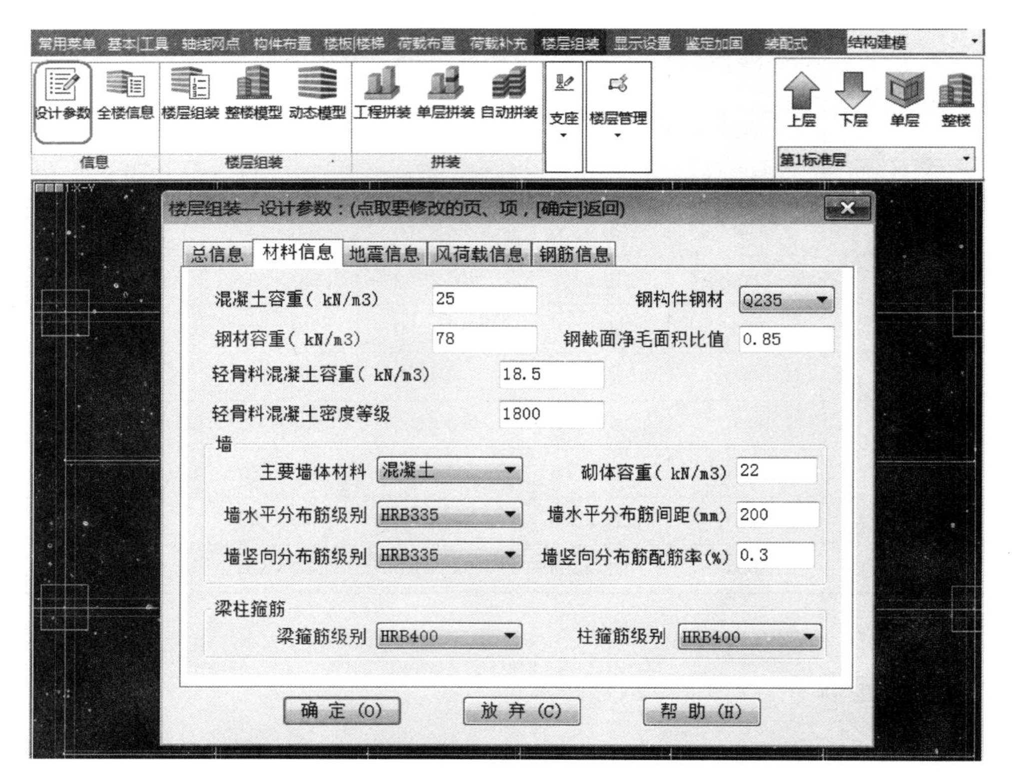

图 6.4　建模材料信息

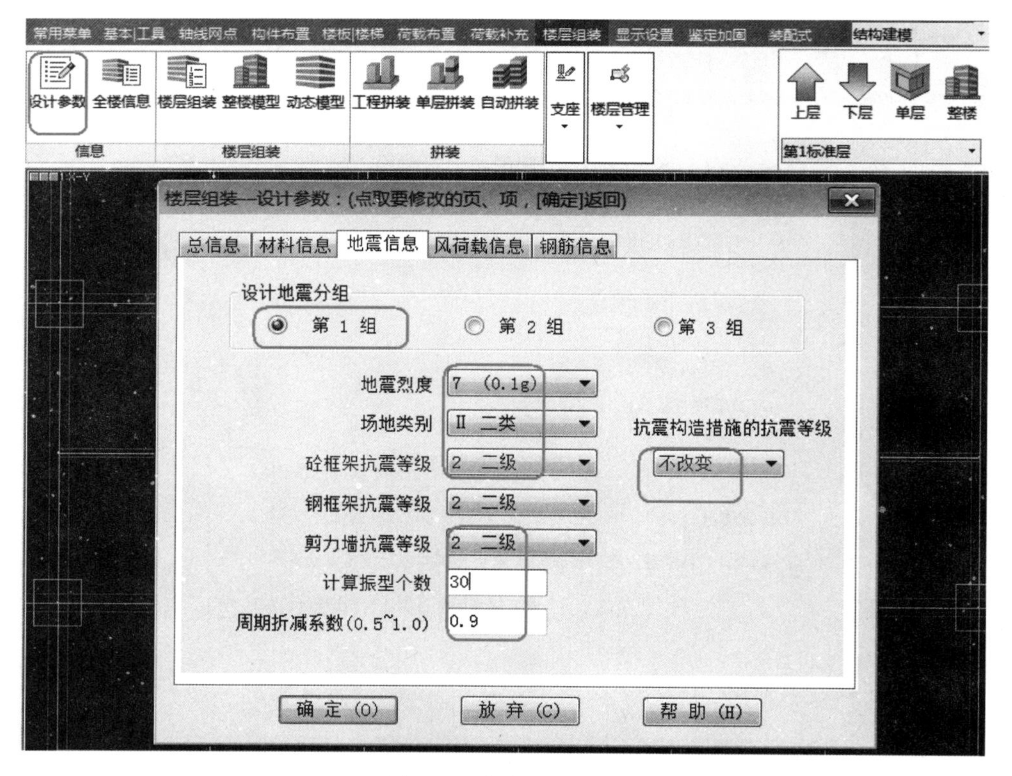

图 6.5　建模地震信息

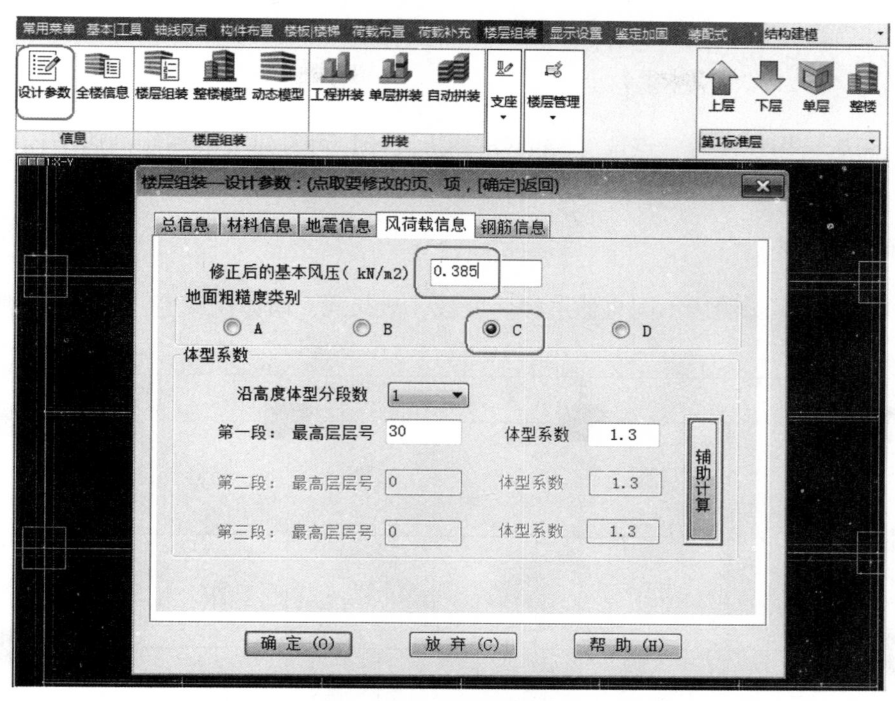

图 6.6　建模风荷载信息

钢筋信息一般采用软件默认值。

2. 本层信息中参数

点选【结构建模】→【楼层组装】→【本层信息】进入本标准层信息设置界面，对于每一个标准层，在本层信息中可以确定板的厚度、钢筋类别、强度等级及层高等，如图 6.7 所示。

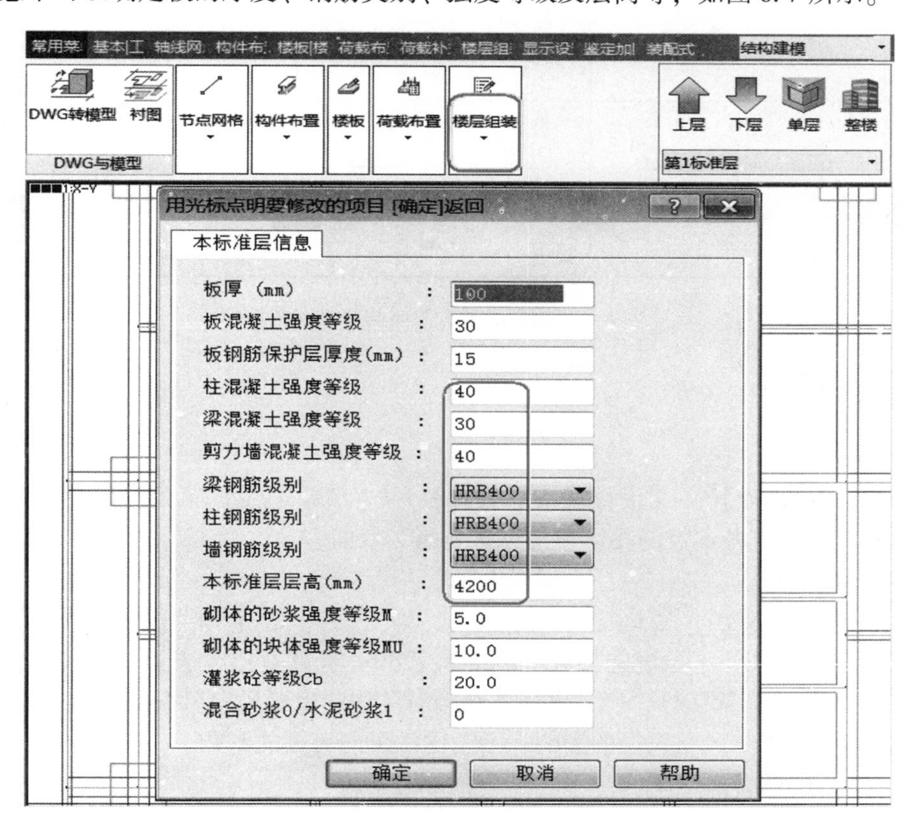

图 6.7　建模标准层信息

6.6 SATWE 分析设计

完成该高层酒店结构建模后，点选【SATWE 分析设计】可对建成的高层酒店结构模型进行分析计算，主要包括：平面荷载校核、设计模型前处理、分析模型及计算。

6.6.1 平面荷载校核

点选该菜单，可以显示酒店不同自然层楼面恒载、活荷载、墙体荷载等，如图 6.8 所示。

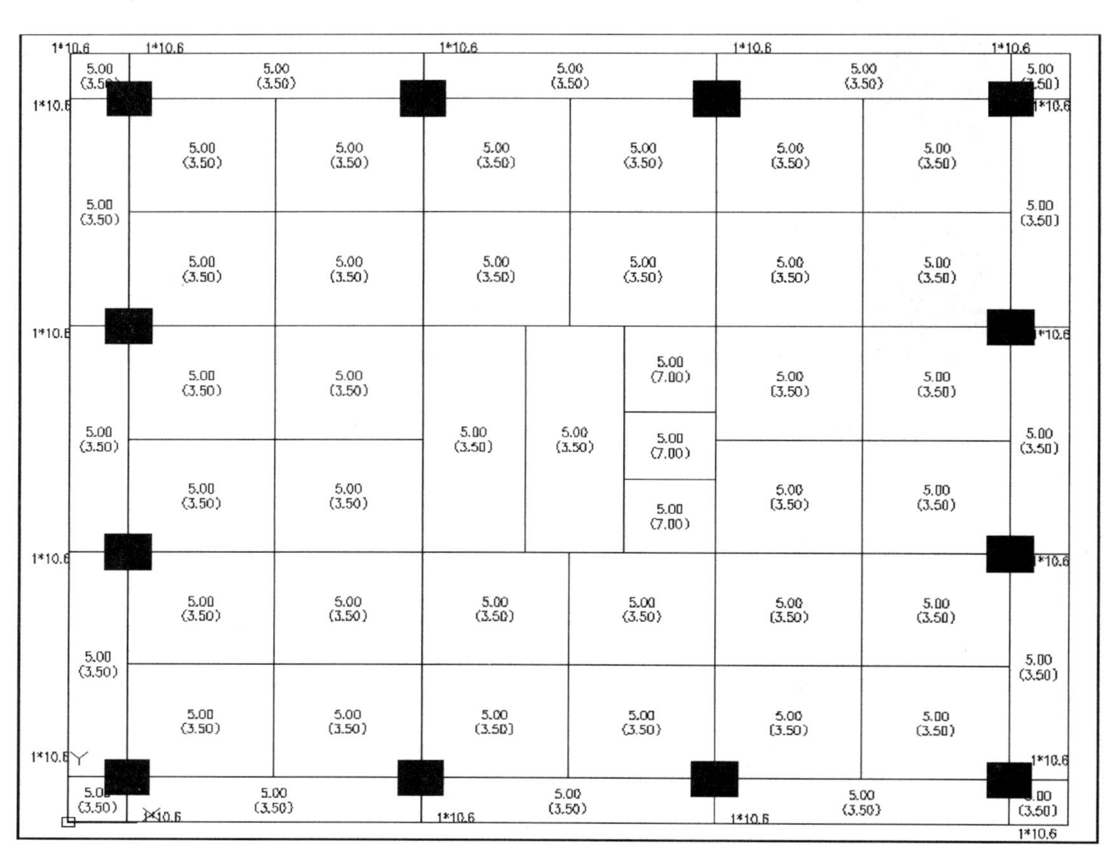

图 6.8 某高层酒店楼面荷载平面图

6.6.2 设计模型前处理

1. 参数补充定义

点选【SATWE 分析设计】→【设计模型前处理】→【参数定义】菜单，可对该酒店结构建模中的设计参数进行补充完善，各参数的具体含义可参见第 2 章内容。

（1）总信息（图 6.9）

（2）风荷载信息（图 6.10）

按照《荷载规范》第 8.4.1 条规定，对于高度大于 30m 且高宽比大于 1.5 的房屋，以及基本自振周期 T_1 大于 0.25s 的各种高耸结构，应考虑风压脉动对结构产生顺风向风振的影响。该酒店高 98.7m，高宽比 3.63 > 1.5，应考虑顺风向风振的影响，不考虑横风向风振的影响。

（3）地震信息（图 6.11）

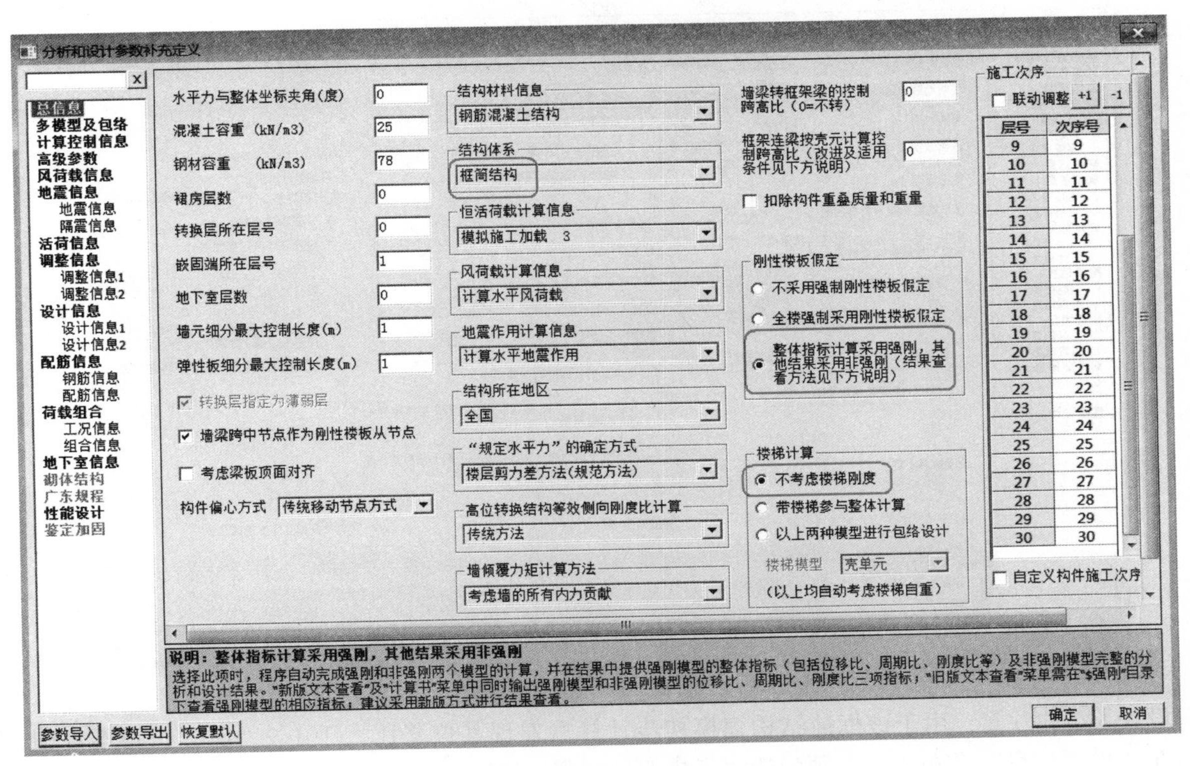

图 6.9　计算总信息

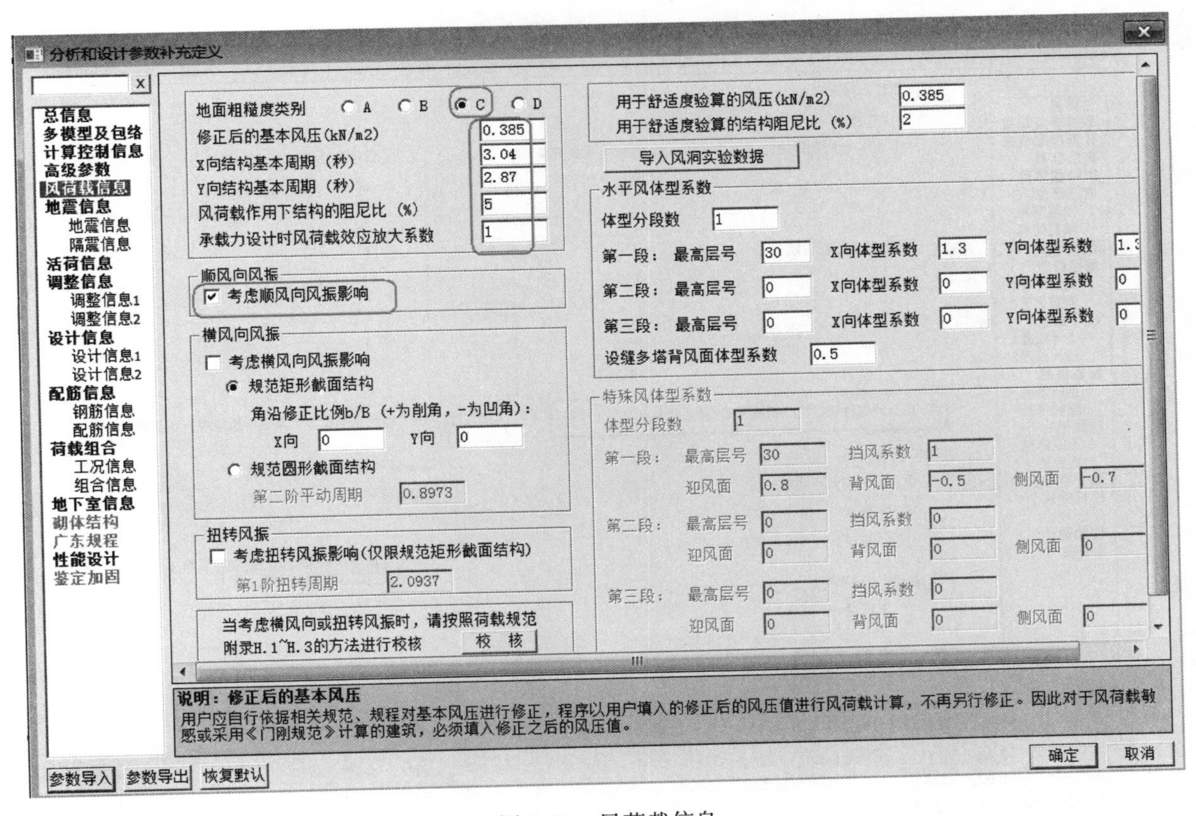

图 6.10　风荷载信息

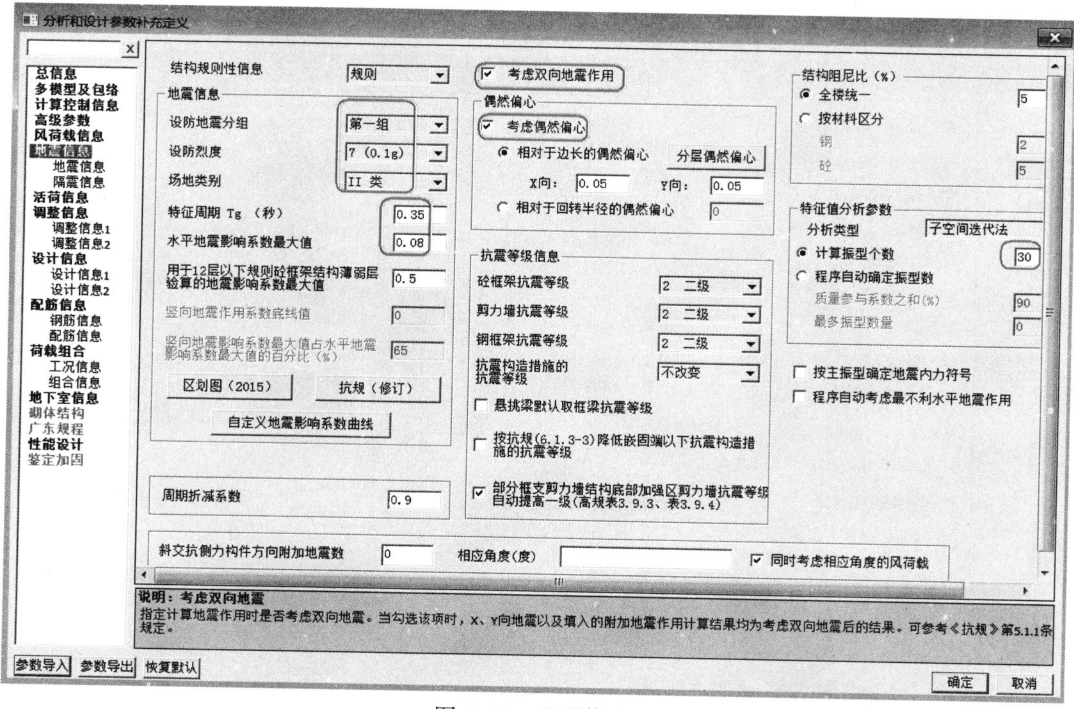

图 6.11　地震信息

设计人员应注意，由于该框筒结构建模初步计算后发现其位移比大于 1.2，属于扭转不规则，因此，在“地震信息”菜单中，必须勾选“考虑双向地震作用”。

（4）活荷载信息（图 6.12）

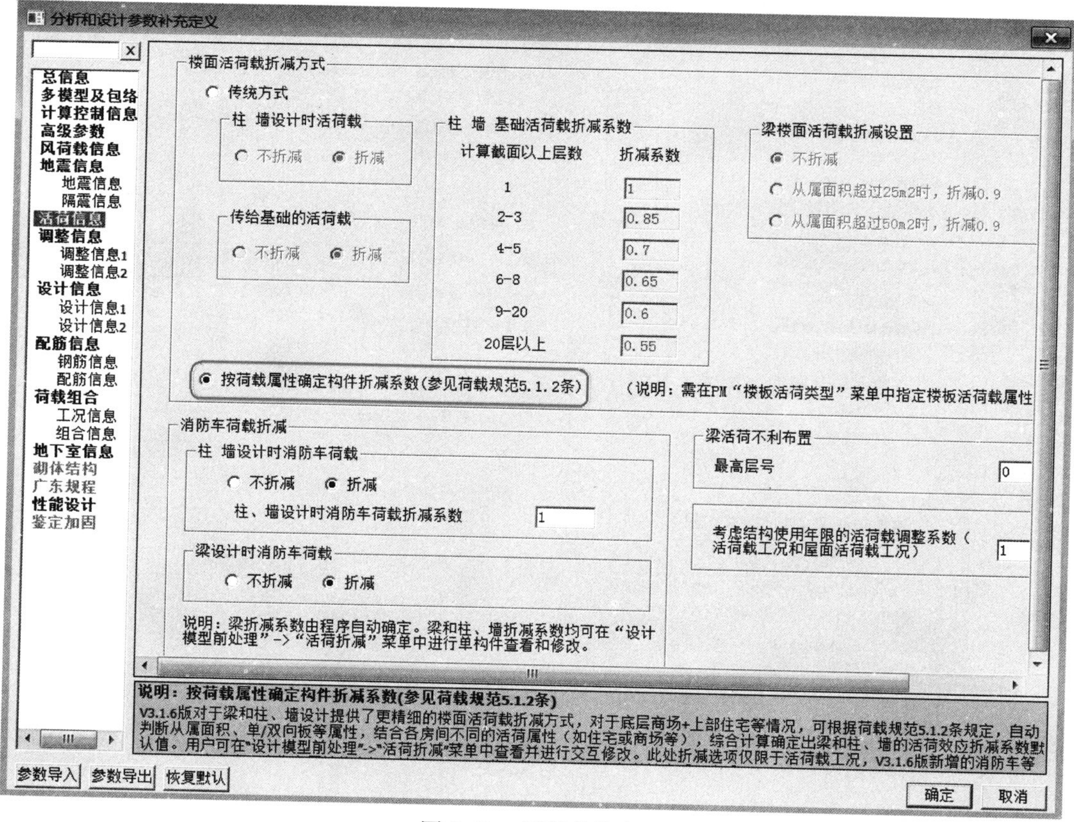

图 6.12　活荷载信息

(5) 调整信息1（图6.13）

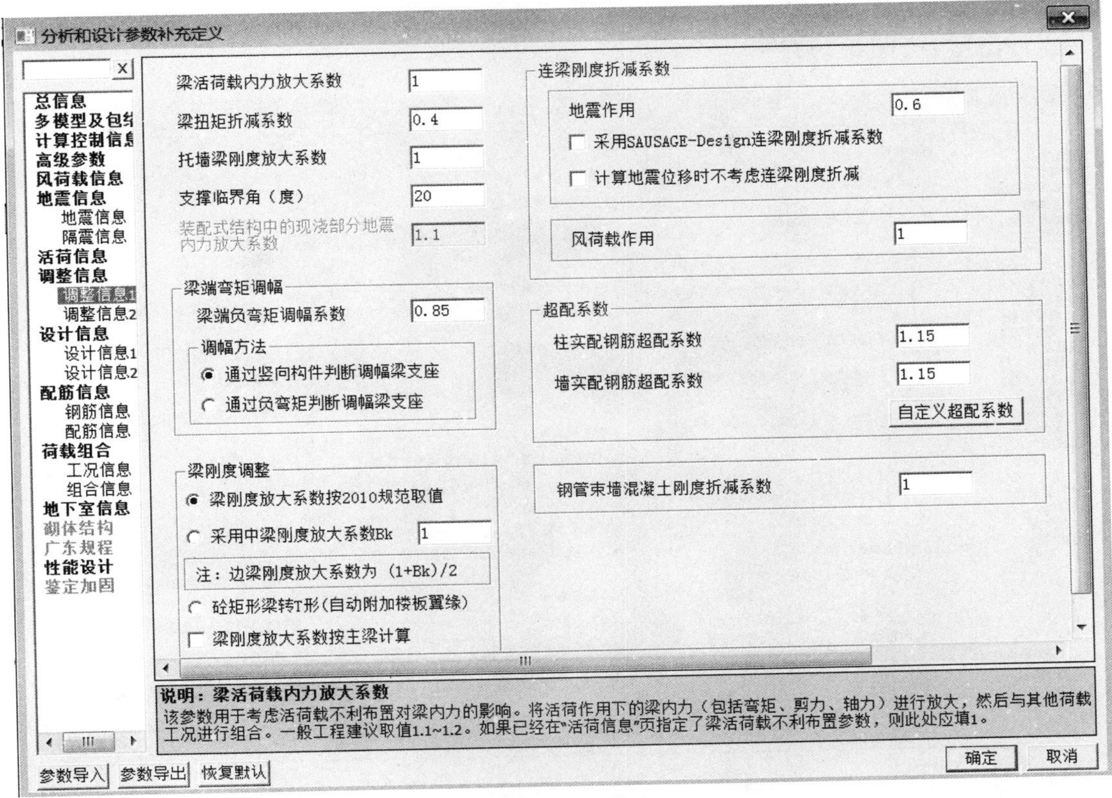

图6.13　调整信息1

(6) 调整信息2（图6.14）

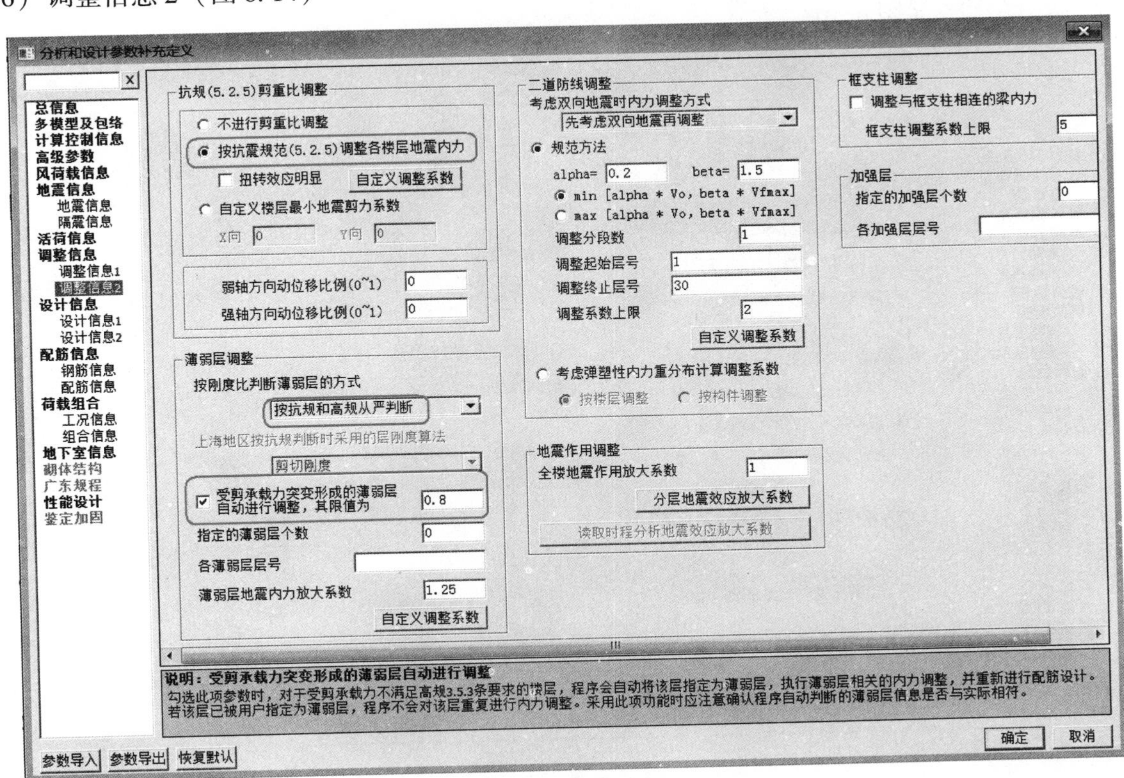

图6.14　调整信息2

设计人员需注意，程序自动按楼层刚度比判断薄弱层并对薄弱层进行地震内力放大，但对于竖向抗侧力构件不连续或承载力变化不满足要求的楼层，不能自动判断为薄弱层。

（7）设计信息 1（图 6.15）

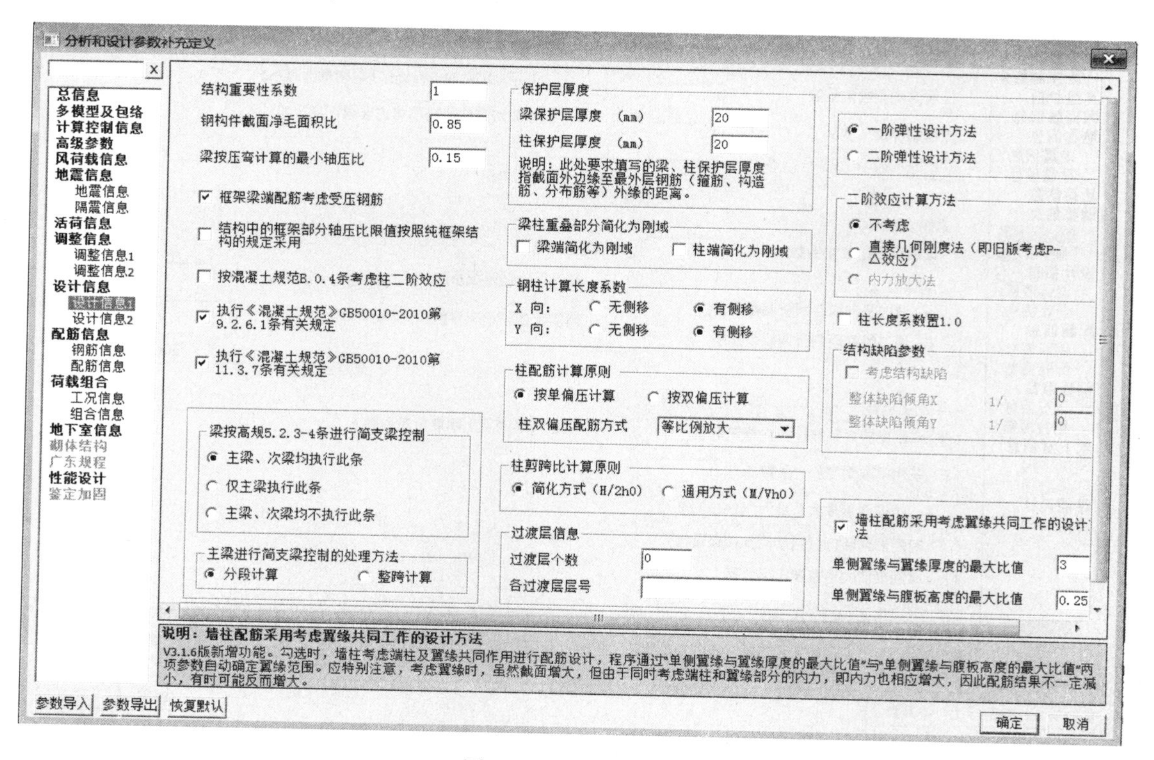

图 6.15　设计信息 1

（8）设计信息 2（图 6.16）

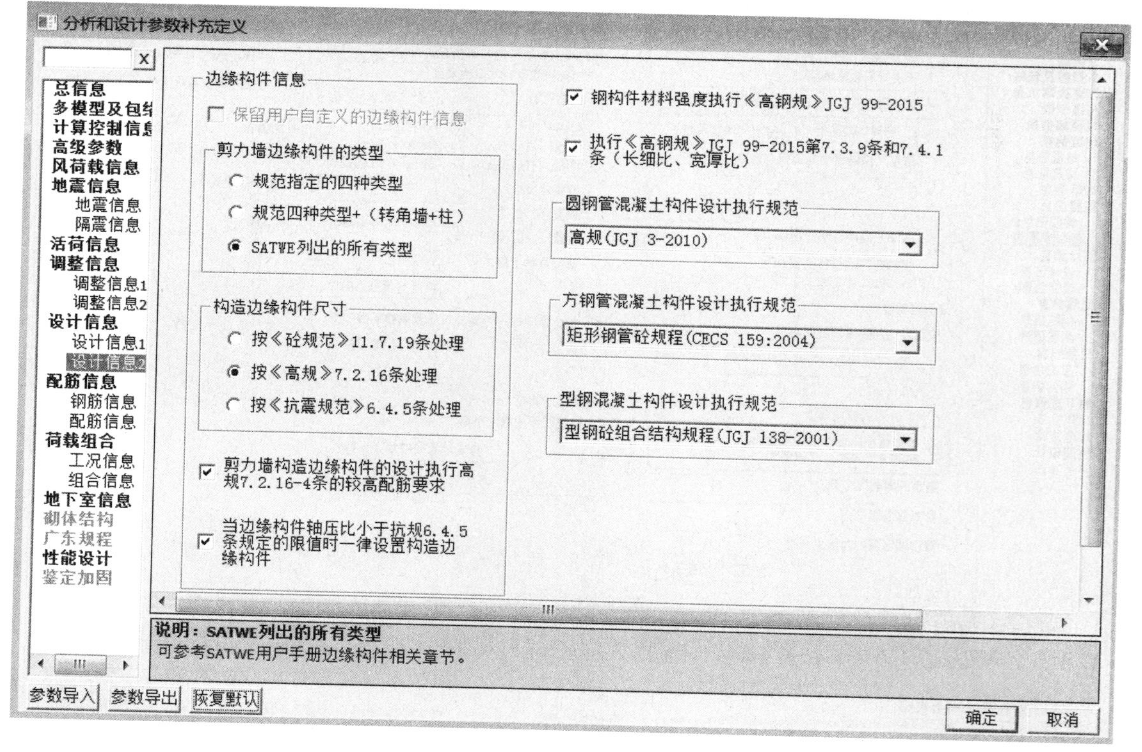

图 6.16　设计信息 2

2. 多塔定义

（1）多塔定义

对于一个非多塔结构，可跳过此项菜单，设计人员可点选“设计模型补充”菜单，进行其他操作。该高层酒店为非多塔结构。

（2）层塔属性

通过这项菜单，用户可在程序缺省值基础上修改各塔的有关参数，包括层高、梁、柱、墙和楼板的混凝土标号和梁柱保护层厚度等。

1）底部加强区高度：程序根据建筑高度、转换层所在层号、裙房层数等自动求出剪力墙底部加强区的层数。程序对底部加强区的定义提供了交互功能，用户可以在多塔定义中对程序默认的底部加强区根据自己的需要进行修改。

该酒店总高98.7m，第1~4层层高4.2m，剪力墙底部加强区高度应取9.87m。剪力墙底部加强区取底部3层，如图6.17所示。

2）约束边缘构件确定：依据《高规》要求，程序自动算出该酒店框架—核心筒结构约束边缘构件层为底部4层，如图6.18所示。

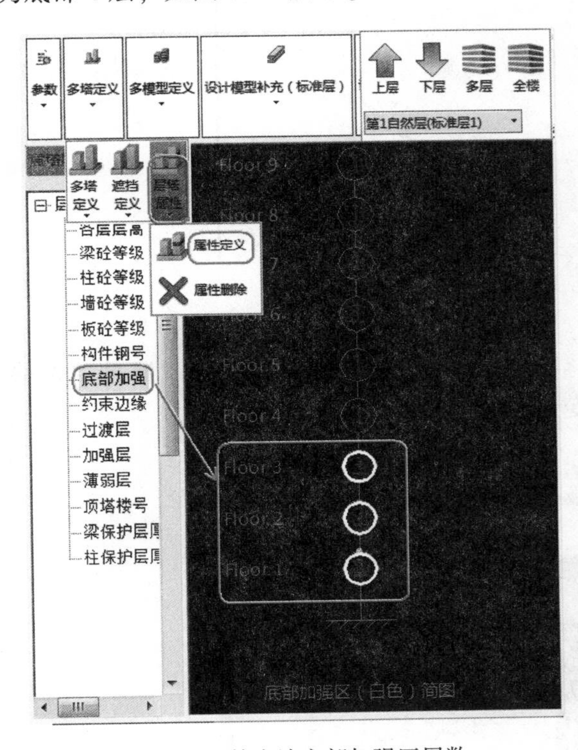

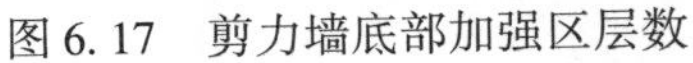

图6.17　剪力墙底部加强区层数

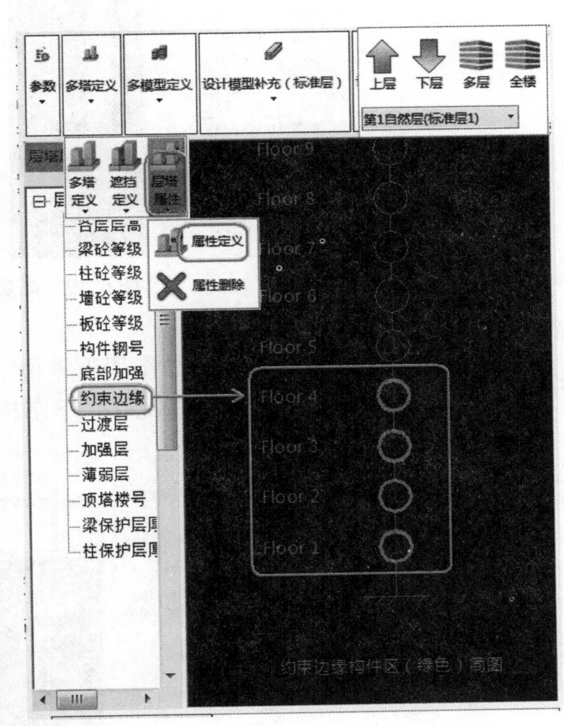

图6.18　剪力墙约束边缘构件层数

3. 设计模型补充

对一些特殊的梁、柱、墙和板以及温度荷载、特殊风荷载、活载折减等，设计人员可在“设计模型补充”菜单中点选任一按钮，选择交互定义，对相应的构件进行修改。

6.6.3　计算结果查看和分析

执行完【设计模型前处理】内容后，点选【分析模型及计算】菜单，就可以对建立的该酒店结构模型进行分析和计算。设计人员可以直接点选【生成数据+全部计算】菜单，一键完成结构模型全部计算，并进入“计算结果”查看菜单页面。SATWE计算结果查看菜单项包括分析结果（位移、内力、挠度），设计结果（轴压比、配筋图、边缘构件图、内力包络图）和文本结果（文本查看、计算书）等内容。

1. 分析结果内容

（1）振型与局部振动

振型菜单用于查看结构的三维振型图及其动画，从图 6.19 可以看出，该高层酒店前三个振型中第 1、2 振型为平动，第 3 振型为扭转。由于局部振动按钮为灰色，可以确认该结构模型不存在明显的错误或缺陷。

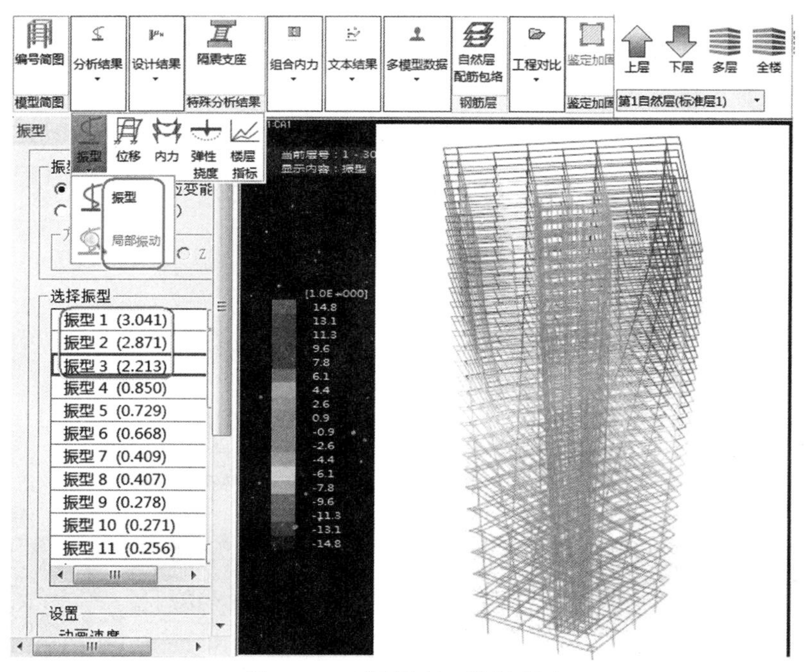

图 6.19　高层酒店三维振型图

（2）位移

此项菜单用来查看不同荷载工况作用下该酒店的空间变形情况，如图 6.20 所示。通过“位移云图”选项可以清楚地显示不同荷载工况作用下结构的变形，校核模型是否存在问题。

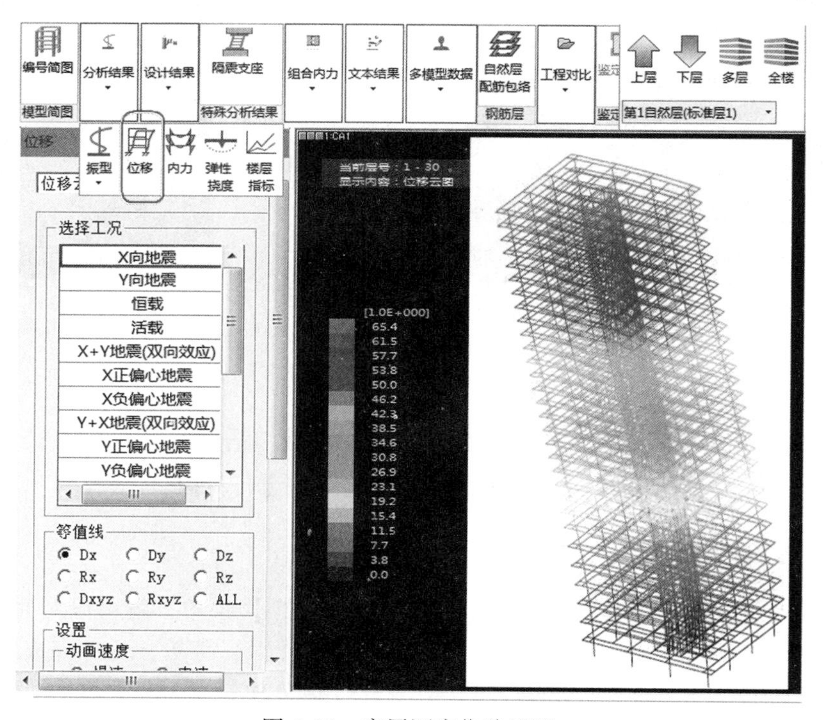

图 6.20　高层酒店位移云图

(3) 内力图

通过此项菜单可以查看不同荷载工况下该酒店不同楼层各类构件的内力图，如图 6.21 所示。

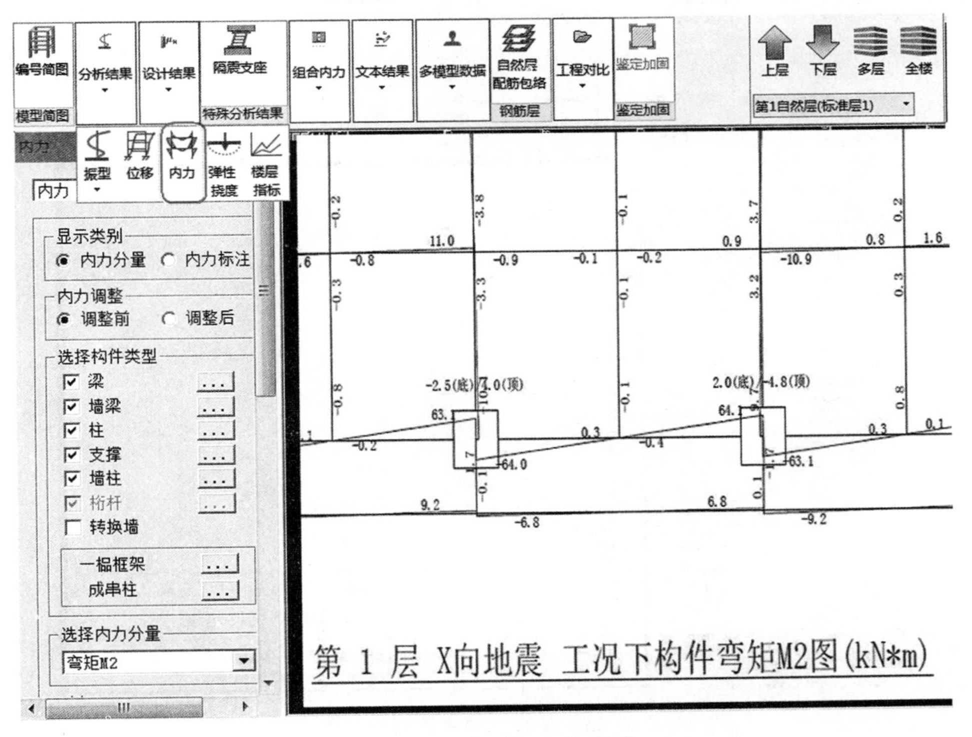

图 6.21　某高层酒店内力图

(4) 弹性挠度

通过此项菜单可查看该酒店不同楼层梁在各个工况下的垂直位移，如图 6.22 所示。

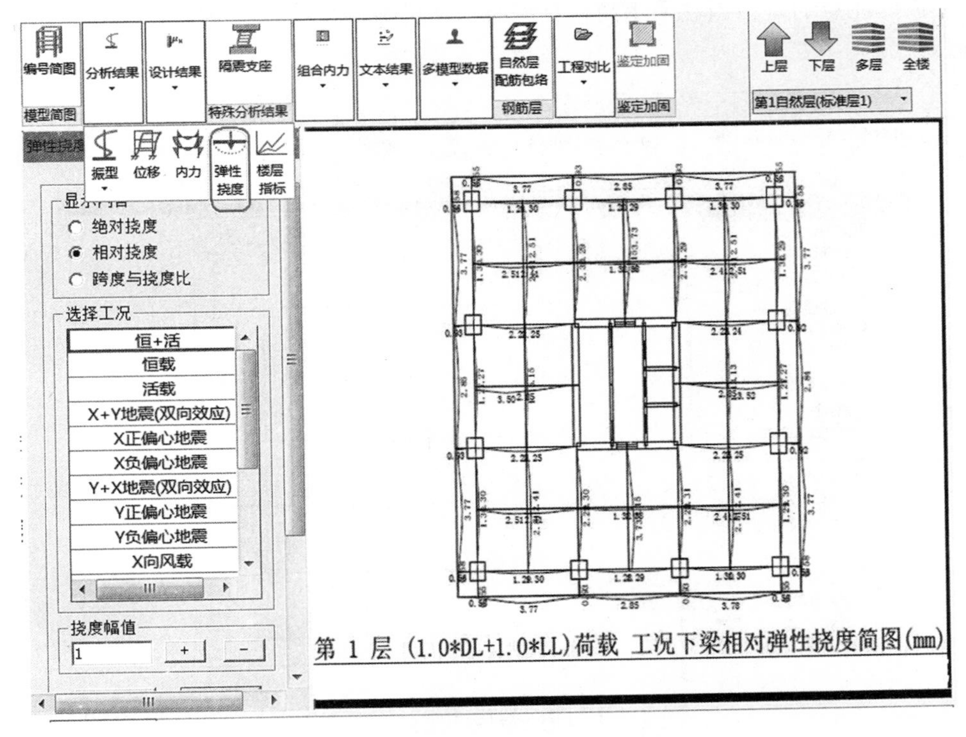

图 6.22　高层酒店框架梁相对挠度图

（5）楼层指标

此项菜单用于查看地震作用和风荷载作用下该高层酒店的楼层位移、层间位移角、侧向荷载、楼层剪力和楼层弯矩的简图以及地震、风荷载和规定水平力作用下的位移比简图等，如图 6.23 所示。

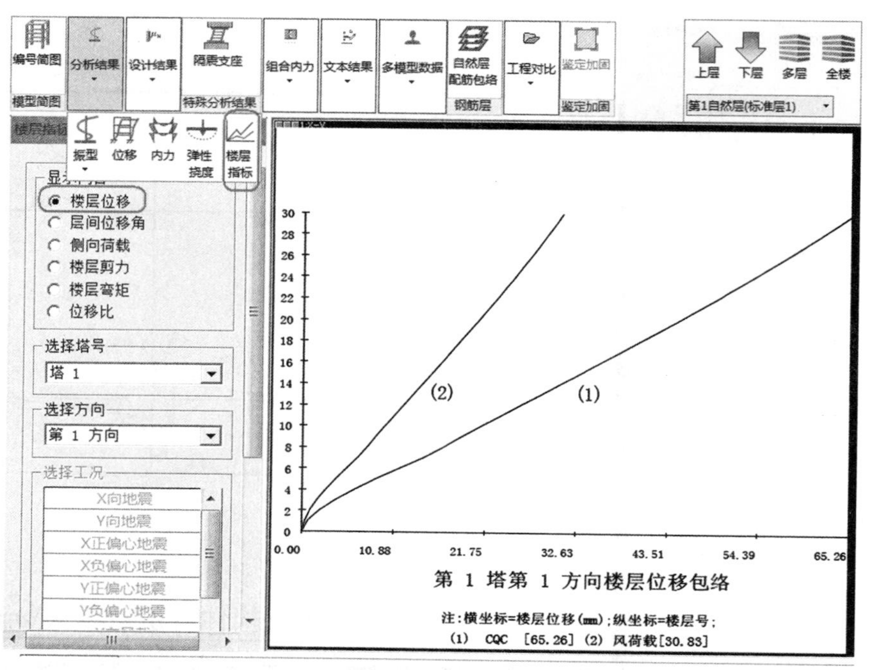

图 6.23　某高层酒店楼层位移图

2. 设计结果内容

（1）剪跨比

选中“剪跨比”选项，点击“应用”按钮即可查看该框架—核心筒结构柱、墙的剪跨比简图，如图 6.24 所示。需要注意的是，当柱采用简化算法时，两个方向剪跨比应不一样，这里两方向都取了最不利方向的剪跨比。

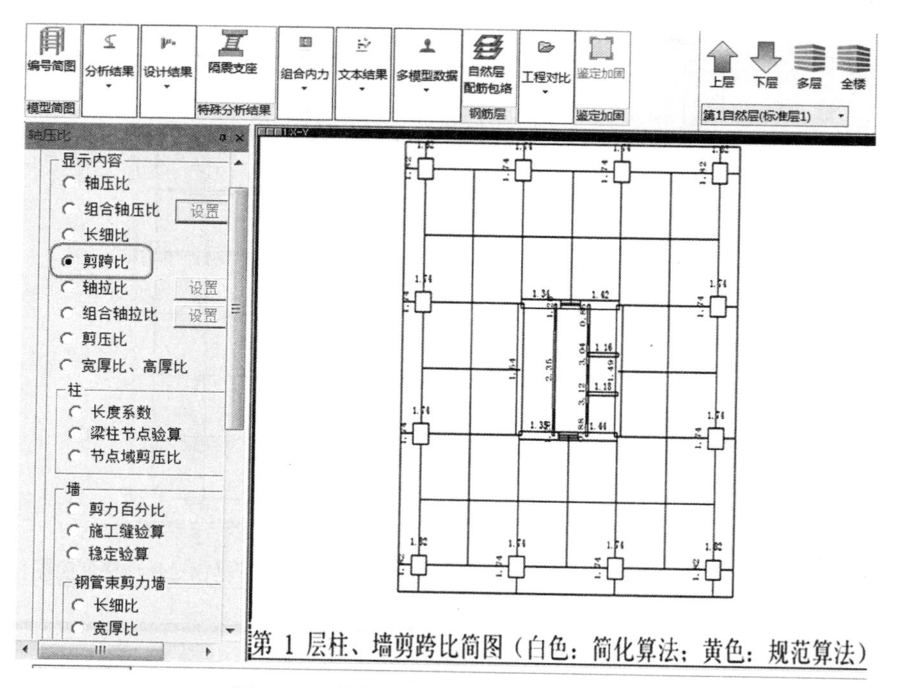

图 6.24　某高层酒店墙和柱剪跨比简图

（2）轴压比

该酒店框架—核心筒结构墙和柱轴压比如图 6. 25 所示。

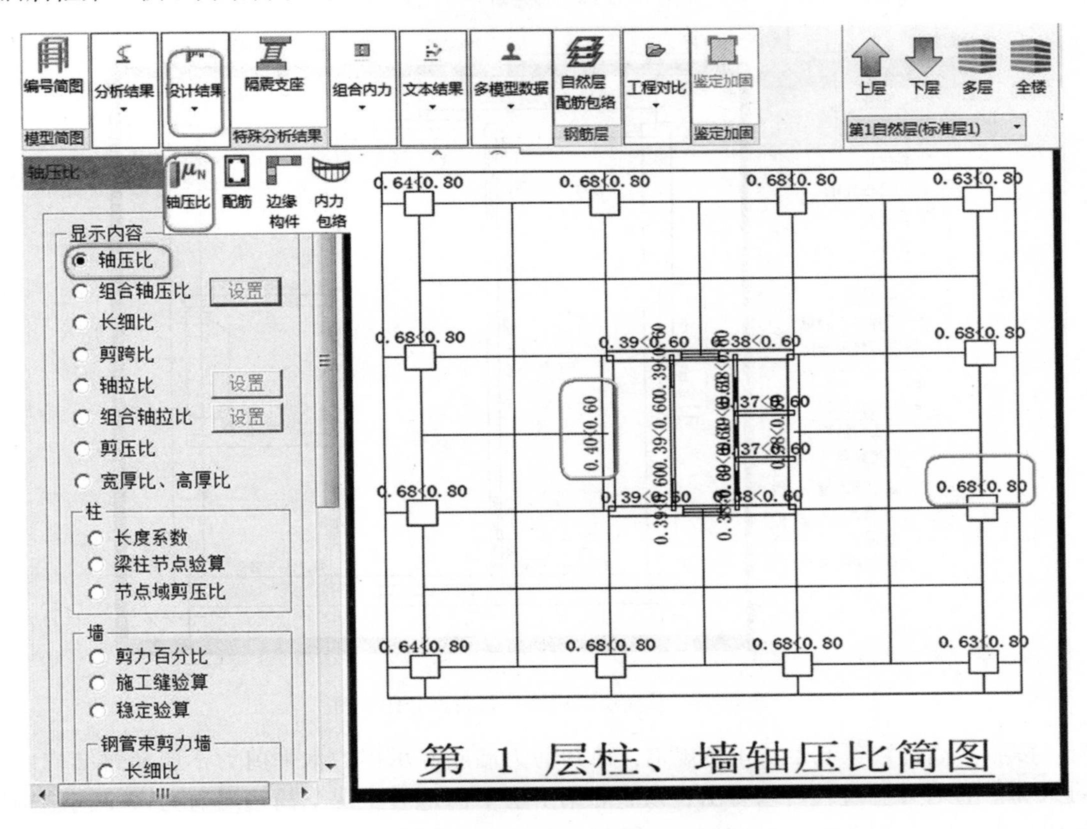

图 6. 25　某高层酒店墙和柱轴压比简图

按照《高规》第 9. 1. 9 条规定，抗震设计时，框筒柱和框架柱的轴压比限值可按框架—剪力墙结构的规定采用。但需注意的是，设计人员首先应根据框架柱所占结构总倾覆力矩的百分比判定，具体内容可参照“结构体系指标及二道防线调整”一节内容。

分析：根据《高规》第 6. 4. 2 条注 3 规定，剪跨比不大于 2 但不小于 1. 5 的框架柱，其轴压比限值应比表 6. 6 中数值减小 0. 05。该酒店框架和核心筒的抗震等级都为二级，从图 6. 24 剪跨比输出文件中可知，该框筒结构的框架柱剪跨比小于 2. 0（大于 1. 5），因此柱轴压比限值为 0. 8，首层柱的轴压比最大为 0. 68 <0. 80，墙肢最大轴压比为 0. 38 <0. 6，满足规范要求，因此轴压比无须调整，框架柱和核心筒墙截面合适。

表 6. 6　墙、柱轴压比限值

框架—核心筒	抗震等级				
	一级（9 度）	一级（6、7、8 度）	二	三	四
墙	0. 4	0. 5	0. 6	0. 6	—
柱	0. 75	0. 75	0. 85	0. 90	0. 95

（3）剪力百分比

点选“剪力百分比”选项，即可查看该高层酒店在地震工况下该墙剪力占结构底部总剪力的百分比，如图 6. 26 所示，从图中可以看出，有部分墙肢剪力百分比不满足要求，应进行调整。

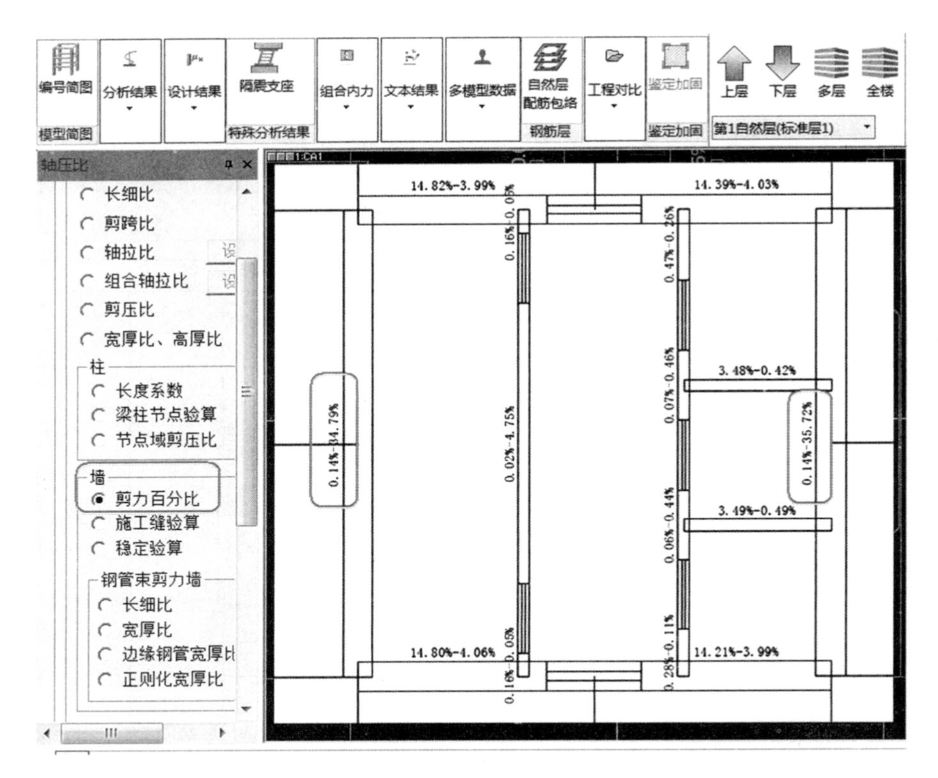

图 6.26　某高层酒店墙肢剪力百分比简图

分析：按照《高规》第 8.1.7.4 条规定，单片剪力墙底部承担的水平剪力不应超过结构底部总水平剪力的 30%。查看计算过程可以看出，该酒店第 1 层 Y 向地震工况下筒边墙剪力占 Y 向结构底部剪力的百分比超限分别为 34.80%（>30%）和 35.76%（>30%），超规范限值。调整措施有：①增加该墙肢长度，但 $h_w \leqslant 8$m；②增大该墙肢厚度 b_w；③增设同方向的墙肢等；④当多数墙肢剪力超限则宜将该层墙的混凝土等级提高。调整后应重新计算。

（4）剪力墙稳定验算

按照《高规》第 7.2.1 条规定，剪力墙的截面厚度应符合《高规》附录 D 的墙体稳定验算要求。点选“稳定验算”项，可对剪力墙进行稳定验算，验算结果如图 6.27 所示。

SATWE 对墙体稳定验算采用的公式如下：

$$q \leqslant \frac{E_c t^3}{10 l_0^{\,2}} \tag{6-1}$$

式中　q——作用于墙顶组合的等效竖向均布荷载设计值；

E_c——剪力墙混凝土的弹性模量；

t——剪力墙墙肢截面厚度；

l_0——剪力墙墙肢计算长度。

经计算后得出：$q = 1583.13 > E_c t^3/10 l_0^{\,2} = 1474$。

判定：从上面计算结果和图 6.27 中可以看出，有部分墙体稳定不满足要求，应从以下几方面调整：

1）减小作用在剪力墙上的荷载值 q。由于这里面的荷载 q 其实是考虑地震后的，所以要想办法减小结构受到的地震力。理论上说，可以通过减弱结构的刚度来达到减小地震力的目的。所以一种可行的办法是，在剪力墙上开大洞，使墙的刚度减弱，从而减少它所受到的荷载。

2）增大剪力墙墙肢截面厚度 t。通过加大剪力墙墙肢截面厚度，可以有效地提高剪力墙的稳定承载力，稳定验算容易通过，但是增大墙厚的同时，也相应地增大了结构的刚度，从而会吸收更大的地

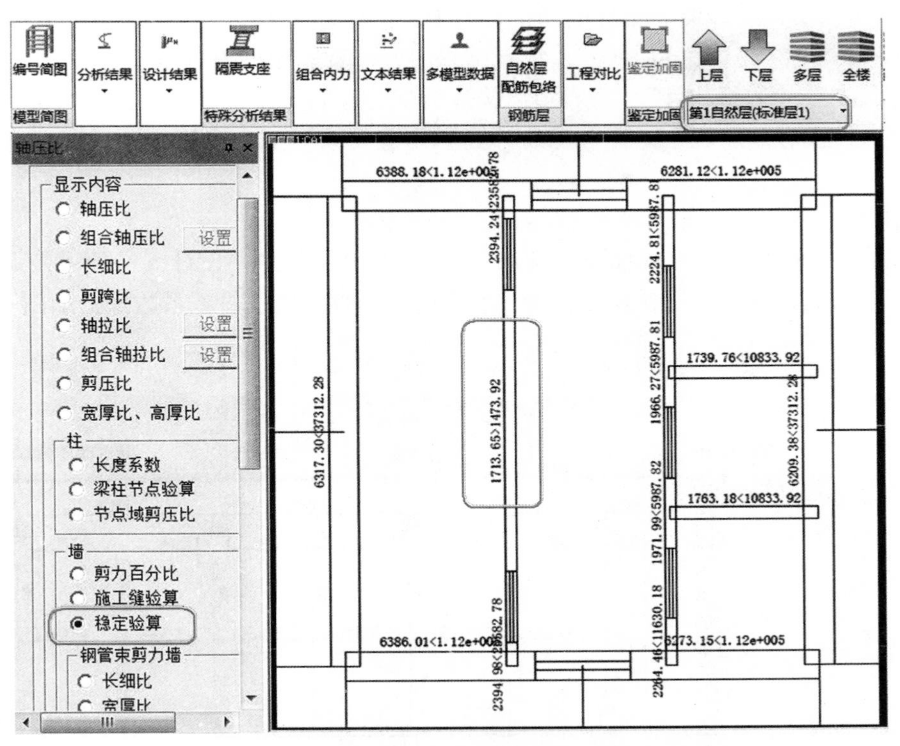

图 6.27　某高层酒店第 1 层墙稳定验算简图

震力，设计人员应综合考虑。

3）把剪力墙墙肢尽量设计成 T 形、L 形等带翼缘的墙肢，也可以有效地改变剪力墙墙肢，稳定验算一般会顺利通过。

(5) 构件配筋简图

通过此项菜单可以查看该酒店剪力墙和框架梁柱的配筋验算结果，如图 6.28 所示。

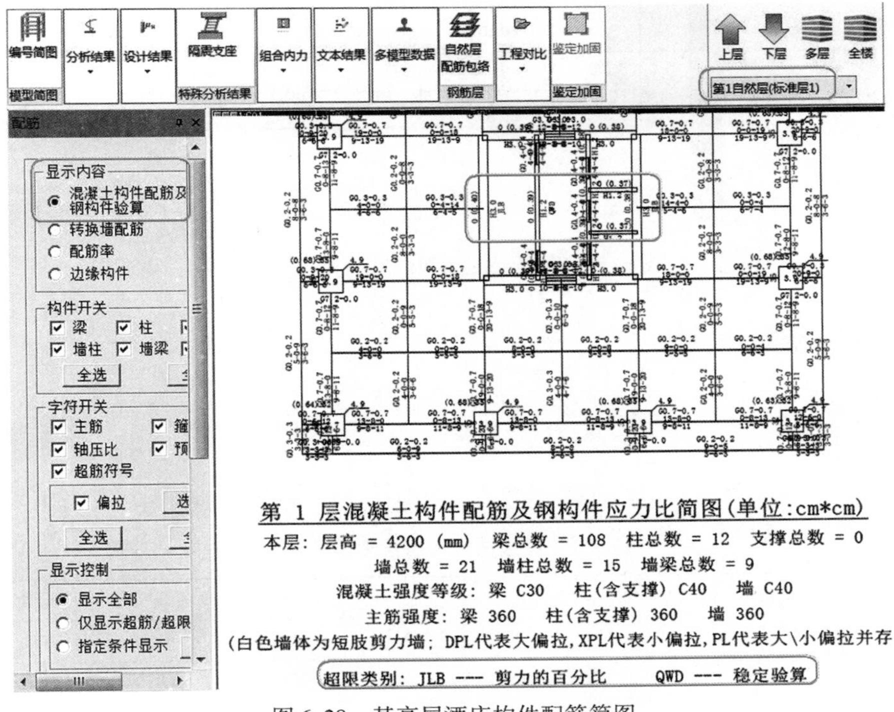

图 6.28　某高层酒店构件配筋简图

从图 6.28 中可以看出，该酒店梁柱配筋符合要求，筒体部分剪力墙的剪力百分比和稳定验算不满足规范要求，应进行调整。这部分和前面“设计结果内容查看”中的内容是一致的。

设计人员可只点选“边缘构件”，查看边缘构件的配筋。如果没有显示红色的数据，表示墙和连梁截面取值基本合适，没有超筋现象，符合配筋计算和构造要求。整个配筋合适后即可进入后续的构件优化设计阶段。

（6）构件信息

通过此项菜单可以查看酒店在前面设计信息及 SATWE 补充信息中设计人员填入及调整修改的一些构件信息，如剪力墙抗震等级、材料强度、保护层厚度、调整系数、折减系数等，如图 6.29 所示。

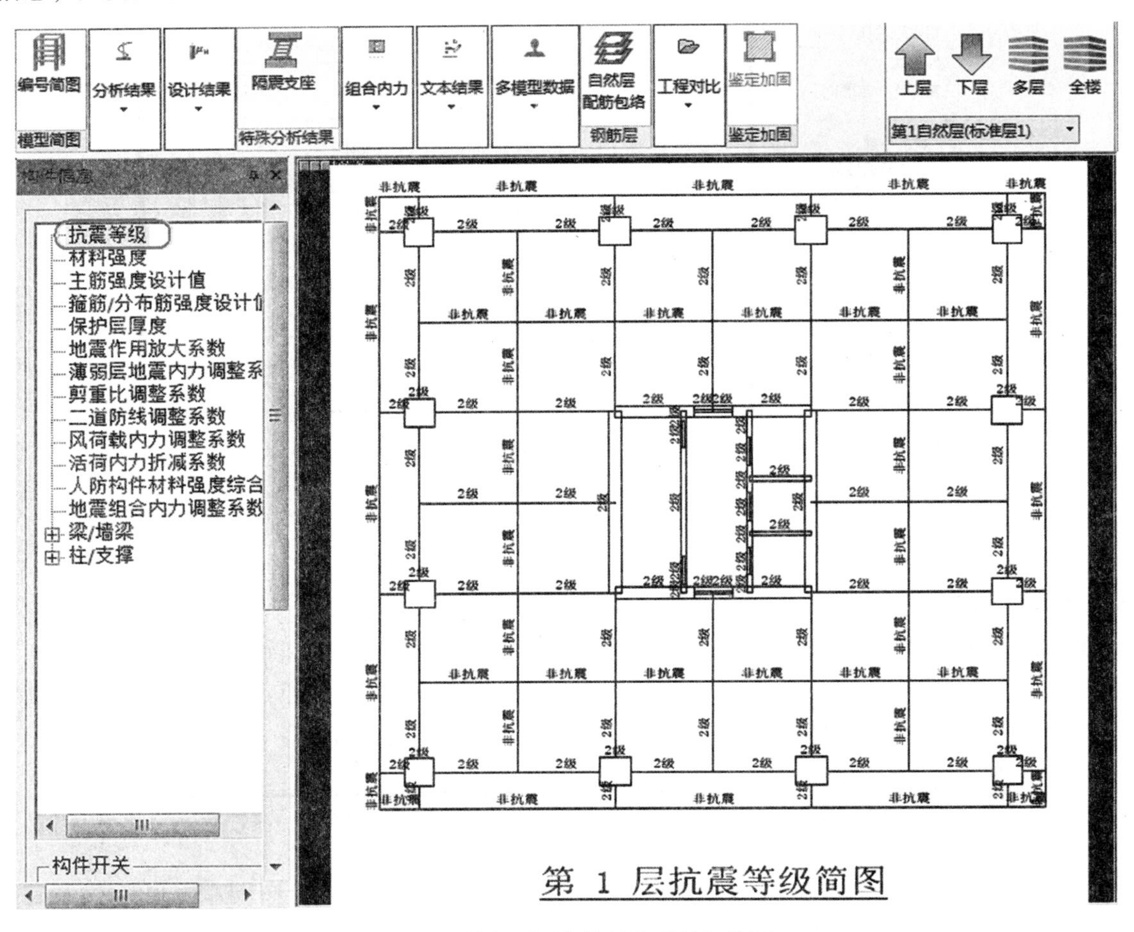

图 6.29　某高层酒店构件抗震等级简图

6.6.4　计算结果分析对比

1. 建筑质量信息

质量均匀分布判定。

该高层酒店各层质量分布及质量比详见表 6.7，如图 6.30、图 6.31 所示。

表 6.7　高层住宅楼各层质量分布　　（单位：t）

层号	恒载质量	活载质量	层质量	质量比	层号	恒载质量	活载质量	层质量	质量比
12，13	847.5	69.7	917.3	1.00	30	801.5	69.7	871.2	1.03
11	847.5	69.7	917.3	0.99	25 ~ 29	776.7	69.7	846.4	1.00
10	854.3	69.7	924.0	1.00	24	776.7	69.7	846.4	0.98

（续）

层号	恒载质量	活载质量	层质量	质量比	层号	恒载质量	活载质量	层质量	质量比
9	854.3	69.7	924.0	0.95	22，23	796.2	69.7	866.0	1.00
8	893.8	74.0	967.8	0.93	21	796.2	69.7	866.0	0.98
7	989.1	52.3	1041.4	0.88	18～20	811.5	69.7	881.3	1.00
6	1048.2	133.0	1181.2	1.00	17	811.5	69.7	881.3	0.97
5	1048.2	133.0	1181.2	0.98	15，16	834.8	69.7	904.5	1.00
1～4	1078.0	133.0	1211.0	1.00	14	834.8	69.7	904.5	0.99

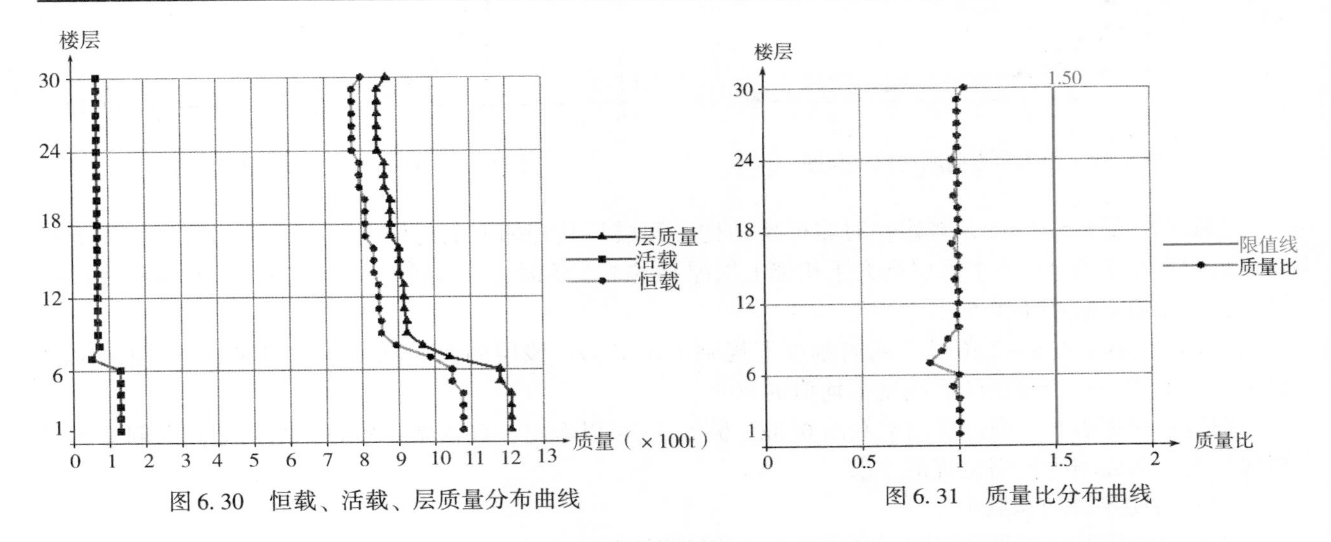

图 6.30　恒载、活载、层质量分布曲线　　图 6.31　质量比分布曲线

《高规》第 3.5.6 条规定：楼层质量沿高度宜均匀分布，楼层质量不宜大于相邻下部楼层的 1.5 倍。

判定：该高层酒店结构全部楼层质量比满足规范要求。

2. 立面规则性

（1）刚度比

该高层酒店框架—核心筒结构刚度比 1 和刚度比 2 计算结果详见表 6.8，如图 6.32、图 6.33 所示。

表 6.8　综合楼楼层刚度比

层号	Ratx1	Raty1	Ratx2	Raty2	Rat2_min	层号	Ratx1	Raty1	Ratx2	Raty2	Rat2_min
13	1.35	1.38	1.04	1.05	0.90	30	1.00	1.00	1.00	1.00	1.00
12	1.35	1.39	1.04	1.06	0.90	29	2.46	2.52	1.72	1.76	0.90
11	1.36	1.40	1.04	1.06	0.90	28	1.86	1.90	1.30	1.33	0.90
10	1.37	1.42	1.05	1.07	0.90	27	1.67	1.69	1.17	1.18	0.90
9	1.37	1.43	1.05	1.07	0.90	26	1.58	1.59	1.11	1.11	0.90
8	1.27	1.32	1.06	1.09	0.90	25	1.50	1.51	1.07	1.07	0.90
7	1.04	1.11	1.07	1.11	0.90	24	1.42	1.43	1.05	1.05	0.90
6	1.20	1.31	1.09	1.15	0.90	23	1.39	1.39	1.05	1.05	0.90
5	1.40	1.55	1.12	1.18	0.90	22	1.37	1.36	1.04	1.04	0.90
4	1.60	1.76	1.16	1.23	0.90	19～21	1.35	1.35	1.04	1.04	0.90
3	1.74	1.87	1.22	1.31	0.90	18	1.34	1.35	1.04	1.04	0.90
2	1.98	2.11	1.39	1.48	0.90	17	1.34	1.36	1.04	1.04	0.90
1	3.19	3.15	2.23	2.21	1.50	14～16	1.35	1.37	1.04	1.05	0.90

注：1. 刚度比 1（Ratx1，Raty1）：X、Y 方向本层塔侧移刚度与上一层相应塔侧移刚度 70% 的比值或上三层平均侧移刚度 80% 的比值中之较小值（按《抗规》3.4.3；《高规》3.5.2－1）。

2. 刚度比 2（Ratx2，Raty2）：X、Y 方向本层塔侧移刚度与本层层高的乘积与上一层相应塔侧移刚度与上层层高的乘积的比值（《高规》3.5.2－2）。

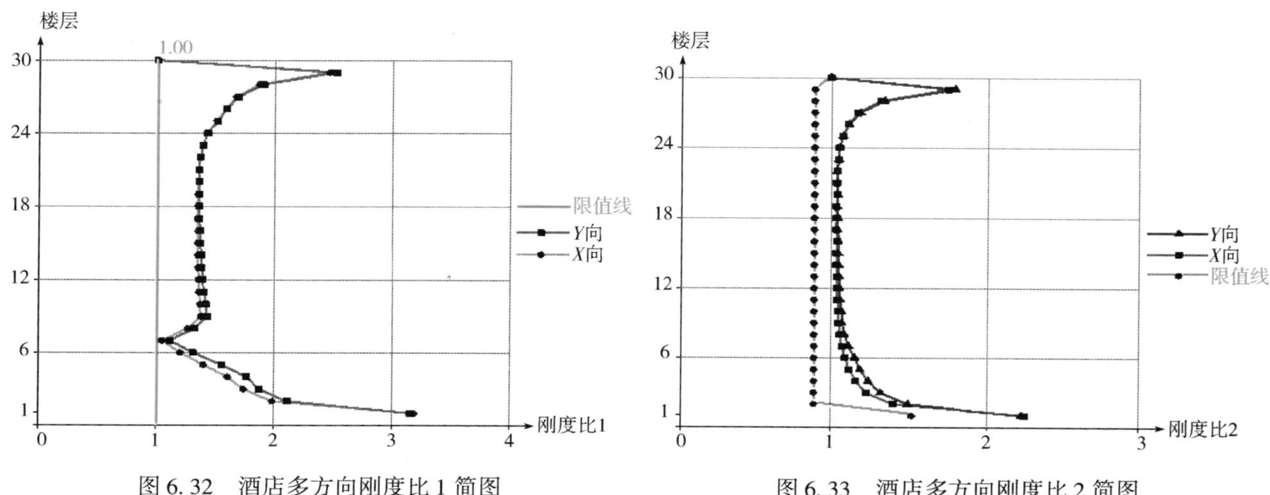

图 6.32　酒店多方向刚度比 1 简图

图 6.33　酒店多方向刚度比 2 简图

《高规》第 3.5.2－2 条规定：对非框架结构，楼层与其相邻上层的侧向刚度比，本层与相邻上层的比值不宜小于 0.9；当本层层高大于相邻上层层高的 1.5 倍时，该比值不宜小于 1.1；对结构底部嵌固层，该比值不宜小于 1.5。

《抗规》第 3.4.3－2 条对于侧向刚度不规则的定义为：该层的侧向刚度小于相邻上一层的 70%，或小于其上相邻三个楼层侧向刚度平均值的 80%。

判定：根据表 6.8 中计算结果和图 6.32，图 6.33 可以看出，该框架—核心筒结构无侧向刚度不规则的情况，侧向刚度比满足规范要求。

（2）各楼层受剪承载力

该高层酒店各楼层受剪承载力及承载力比值结果详见表 6.9，如图 6.34 所示。

表 6.9　各楼层受剪承载力及承载力比值

层号	V_x/kN	V_y/kN	V_x/V_{xp}	V_y/V_{yp}	比值判断	层号	V_x/kN	V_y/kN	V_x/V_{xp}	V_y/V_{yp}	比值判断
15	43875.89	47269.66	1.03	1.02	满足	30	11902.75	14778.69	1.00	1.00	满足
14	44868.81	48298.73	1.02	1.02	满足	29	13152.97	16062.72	1.11	1.09	满足
13	51029.91	54492.76	1.14	1.13	满足	28	14233.36	17172.98	1.08	1.07	满足
12	52100.75	55597.86	1.02	1.02	满足	27	15215.46	18188.79	1.07	1.06	满足
11	53080.24	56600.13	1.02	1.02	满足	26	16022.58	19030.05	1.05	1.05	满足
10	62744.87	66785.19	1.18	1.18	满足	25	16758.86	19800.96	1.05	1.04	满足
9	64023.83	68080.78	1.02	1.02	满足	24	17361.30	20437.71	1.04	1.03	满足
8	59602.77	63482.19	0.93	0.93	满足	23	23204.07	26314.72	1.34	1.29	满足
7	49896.51	53601.89	0.84	0.84	满足	22	24101.62	27250.01	1.04	1.04	满足
6	50956.34	54666.65	1.02	1.02	满足	21	24867.81	28050.12	1.03	1.03	满足
5	51947.74	55607.07	1.02	1.02	满足	20	30535.07	33751.05	1.23	1.20	满足
4	60820.96	64472.96	1.17	1.16	满足	19	31485.60	34737.21	1.03	1.03	满足
3	62748.54	66686.61	1.03	1.03	满足	18	32340.49	35630.01	1.03	1.03	满足
2	63804.08	67733.98	1.02	1.02	满足	17	33102.39	36426.85	1.02	1.02	满足
1	64766.65	68549.57	1.02	1.01	满足	16	42790.93	46150.72	1.29	1.27	满足

注：V_x、V_y 为楼层受剪承载力（X、Y 方向）；V_x/V_{xp}、V_y/V_{yp} 为本层与上层楼层承载力的比值（X，Y 方向）。

《高规》第 3.5.3 条规定：A 级高度高层建筑的楼层抗侧力结构的层间受剪承载力不宜小于其相邻上一层受剪承载力的 80%，不应小于其相邻上一层受剪承载力的 65%；B 级高度高层建筑的楼层抗侧力结构的层间受剪承载力不应小于其相邻上一层受剪承载力的 75%。

判定：结构设定的限值是 80.0%。通过表 6.9 及图 6.34 中各楼层承载力比值可以看出，该高层酒店在 X、Y 向受剪承载力比符合规范要求，无楼层承载力突变的情况。

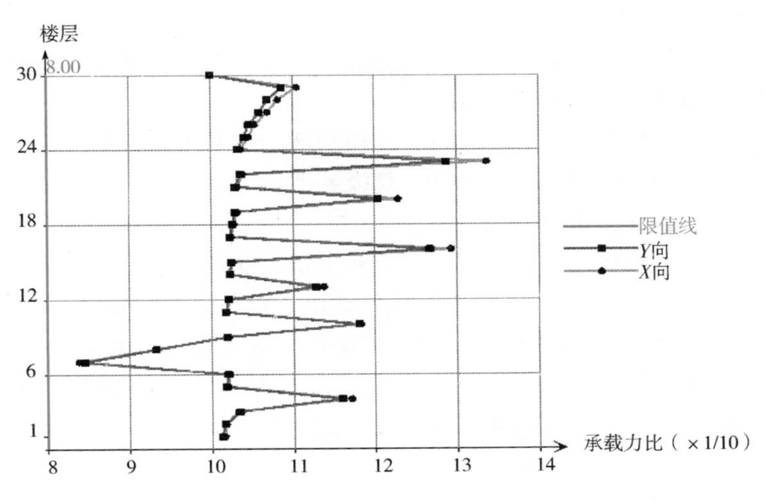

图 6.34　高层酒店 X、Y 向受剪承载力比简图

（3）楼层薄弱层调整系数

判定：根据以上第（1）和（2）项可知，该高层酒店刚度比 1、刚度比 2 和受剪承载力均满足规范要求，无须调整。

3. 抗震分析及调整

（1）结构周期及振型方向

1）地震作用的最不利方向角：0.22°。

2）该高层酒店前 8 个振型结构周期及振型方向见表 6.10，如图 6.35 所示。

表 6.10　高层酒店结构周期及振型方向

振型号	周期/s	方向角/度	类型	扭振成分	X 侧振成分	Y 侧振成分	总侧振成分
1	**3.0395**	0.37	**X**	**0%**	100%	0%	100%
2	**2.8697**	90.37	**Y**	**0%**	0%	100%	100%
3	**2.2128**	91.25	**T**	**100%**	0%	0%	0%
4	0.8503	0.11	X	0%	100%	0%	100%
5	0.7293	89.20	T	100%	0%	0%	0%
6	0.6682	90.11	Y	0%	0%	100%	100%
7	0.4089	0.04	X	0%	100%	0%	100%
8	0.4071	34.57	T	100%	0%	0%	0%

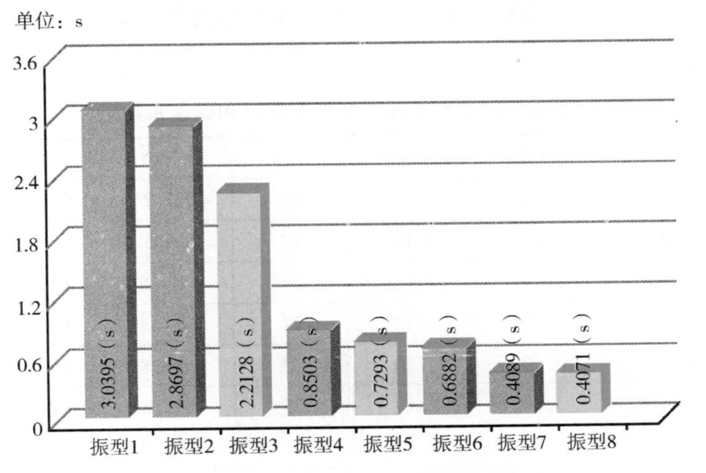

图 6.35　综合楼前 8 个振型周期简图

（注：图中灰色表示侧振成分，红色表示扭振成分）

（2）周期比判定

《高规》第3.4.5条规定：结构扭转为主的第一自振周期 T_t 与平动为主的第一自振周期 T_1 之比，A级高度高层建筑不应大于0.9。

《高规》第3.4.5条规定：结构扭转为主的第一自振周期 T_t 与平动为主的第一自振周期 T_1 之比，A级高度高层建筑不应大于0.9，B级高度高层建筑、超过A级高度的混合结构及本规程第10章所指的复杂高层建筑不应大于0.85。

《高规》第9.2.5条规定：内筒偏置的框架—筒体结构，应控制结构在考虑偶然偏心影响的规定地震力作用下，最大楼层水平位移和层间位移不应大于该楼层平均值的1.4倍，结构扭转为主的第一自振周期 T_t 与平动为主的第一自振周期 T_1 之比不应大于0.85，且 T_1 的扭转成分不宜大于30%。

判定：该高层酒店无内筒偏置情况，从表6.10和图6.35可以看出，该酒店第1、2振型为平动（扭转成分0%），第3振型为扭转（扭转成分100%），周期比为0.728 <0.9，满足规范要求，无须调整。

（3）有效质量系数

该高层酒店各地震方向参与振型的有效质量系数见表6.11。

表6.11　高层酒店各地震方向参与振型的有效质量系数

振型号	EX	EY	振型号	EX	EY	振型号	EX	EY	振型号	EX	EY
1	69.81%	0.00%	2	0.00%	66.16%	3	0.00%	0.00%	4	15.83%	0.00%
5	0.00%	0.03%	6	0.00%	17.56%	7	4.95%	0.00%	8	0.00%	0.00%
9	0.00%	6.47%	10	0.00%	0.04%	11	2.74%	0.00%	12	0.00%	0.00%
13	1.69%	0.00%	14	0.00%	3.49%	15	0.00%	0.00%	16	1.10%	0.00%
17	0.00%	0.00%	18	0.00%	1.97%	19	0.00%	0.00%	20	0.83%	0.00%
21	0.00%	0.00%	22	0.67%	0.00%	23	0.00%	1.15%	24	0.00%	0.00%
25	0.48%	0.00%	26	0.00%	0.00%	27	0.00%	0.82%	28	0.00%	0.00%
29	0.37%	0.00%	30	0.00%	0.00%	合计	**98.47%**	**97.69%**			

《高规》第5.1.13条规定：各振型的参与质量之和不应小于总质量的90%。

判定：1）第1地震方向EX的有效质量系数为98.47%，参与振型足够。

2）第2地震方向EY的有效质量系数为97.69%，参与振型足够。

（4）地震作用下结构剪重比及其调整

该高层酒店地震作用下计算所得的结构剪重比及其调整系数详见表6.12、表6.13，如图6.36、图6.37所示。

表6.12　EX工况下结构剪重比和调整系数

层号	V_x/kN	RSW	Coef2	Coef_RSWx	层号	V_x/kN	RSW	Coef2	Coef_RSWx
15	2836.2	2.04%	1.10	1.10	30	482.2	5.53%	1.10	1.10
14	2932.4	1.98%	1.10	1.10	29	854.5	4.98%	1.10	1.10
13	3024.7	1.93%	1.10	1.10	28	1144.6	4.46%	1.10	1.10
12	3112.2	1.87%	1.10	1.10	27	1374.3	4.03%	1.10	1.10
11	3195.9	1.82%	1.10	1.10	26	1560.8	3.67%	1.10	1.10
10	3278.0	1.78%	1.10	1.10	25	1715.8	3.36%	1.10	1.10
9	3359.4	1.73%	1.10	1.10	24	1849.3	3.11%	1.10	1.10
8	3447.0	1.69%	1.10	1.10	23	1972.0	2.89%	1.10	1.10
7	3546.0	1.66%	1.10	1.10	22	2086.8	2.72%	1.10	1.10

（续）

层号	V_x/kN	RSW	Coef2	Coef_RSWx	层号	V_x/kN	RSW	Coef2	Coef_RSWx
6	3659.7	1.62%	1.10	1.10	21	2197.4	2.57%	1.10	1.10
5	3778.9	*1.59%*	1.10	1.10	20	2308.2	2.45%	1.10	1.10
4	3901.8	*1.56%*	1.10	1.10	19	2417.6	2.34%	1.10	1.10
3	4015.0	*1.53%*	1.10	1.10	18	2525.2	2.26%	1.10	1.10
2	4104.8	*1.50%*	1.10	1.10	17	2630.6	2.18%	1.10	1.10
1	4146.7	*1.45%*	1.10	1.10	16	2735.4	2.11%	1.10	1.10

表 6.13　EY 工况下结构剪重比和调整系数

层号	V_y/kN	RSW	Coef2	Coef_RSWy	层号	V_y/kN	RSW	Coef2	Coef_RSWy
15	2864.9	2.06%	1.01	1.01	30	560.0	6.43%	1.01	1.01
14	2958.0	2.00%	1.01	1.01	29	999.0	5.82%	1.01	1.01
13	3051.2	1.94%	1.01	1.01	28	1337.5	5.22%	1.01	1.01
12	3145.0	1.89%	1.01	1.01	27	1590.7	4.66%	1.01	1.01
11	3241.5	1.85%	1.01	1.01	26	1779.5	4.18%	1.01	1.01
10	3343.3	1.81%	1.01	1.01	25	1923.9	3.77%	1.01	1.01
9	3451.2	1.78%	1.01	1.01	24	2039.5	3.43%	1.01	1.01
8	3572.5	1.76%	1.01	1.01	23	2139.9	3.14%	1.01	1.01
7	3712.6	1.74%	1.01	1.01	22	2231.1	2.90%	1.01	1.01
6	3875.8	1.72%	1.01	1.01	21	2318.6	2.71%	1.01	1.01
5	4042.1	1.70%	1.01	1.01	20	2407.2	2.55%	1.01	1.01
4	4208.8	1.69%	1.01	1.01	19	2496.4	2.42%	1.01	1.01
3	4360.3	1.67%	1.01	1.01	18	2586.2	2.31%	1.01	1.01
2	4474.1	1.63%	1.01	1.01	17	2676.6	2.22%	1.01	1.01
1	4526.5	*1.58%*	1.01	1.01	16	2770.5	2.13%	1.01	1.01

注：V_x、V_y 为地震作用下结构楼层的剪力；RSW 为剪重比；Coef2 为按《抗规》第 5.2.5 条计算的剪重比调整系数；Coef_RSW 为程序综合考虑最终采用的剪重比调整系数。

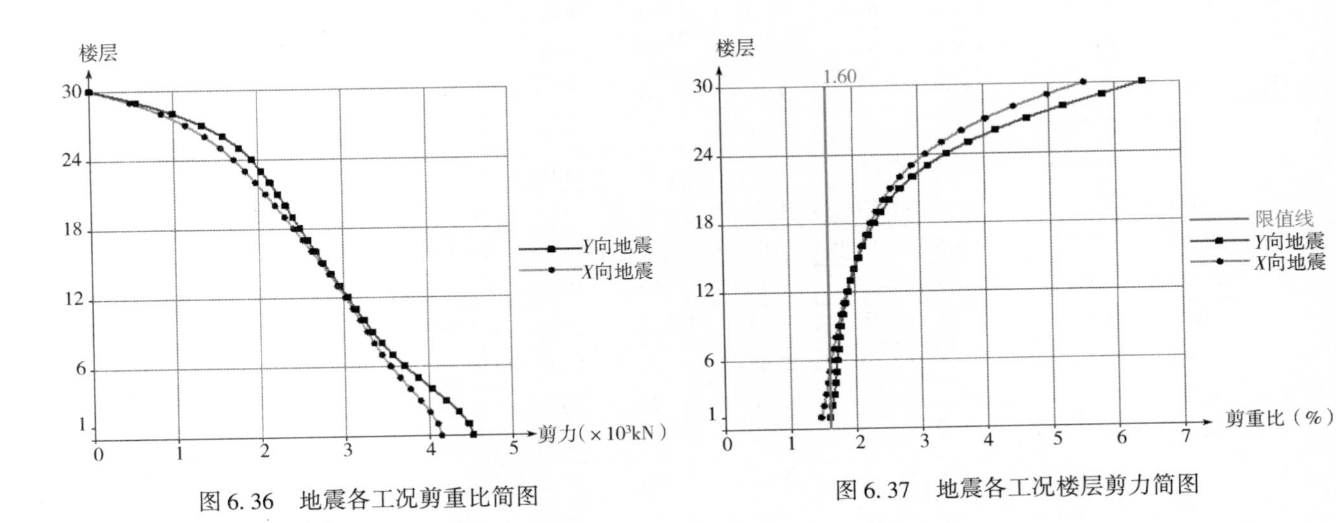

图 6.36　地震各工况剪重比简图　　图 6.37　地震各工况楼层剪力简图

《抗规》第 5.2.5 条规定：7 度（0.10g）设防地区，水平地震影响系数最大值为 0.08，楼层剪重比不应小于1.60%。

判定：由表6.12、表6.13、图6.36和图6.37可以看出，该高层酒店在EX工况下，第1~5层剪重比不满足规范，在EY工况下，第1层剪重比不满足规范，需进行调整。设计人员可以自定义剪重比调整系数，如果未定义，程序则采用按《抗规》第5.2.5条计算的剪重比调整系数。

4. 结构体系指标及二道防线调整

（1）竖向构件倾覆力矩及百分比（抗规方式）

该框架—剪力墙结构竖向构件在*X*、*Y*向静震工况下的倾覆力矩及百分比详见表6.14、表6.15，如图6.38、图6.39所示。

表6.14　*X*向静震工况下的倾覆力矩及百分比　（单位：kN·m）

层号	框架柱	普通墙	总弯矩	层号	框架柱	普通墙	总弯矩
15	39875.5（39.7%）	60585.1（60.3%）	1.0e+5	30	2636.5（166.0%）	-1047.8（-66.0%）	1588.7
14	42706.2（38.8%）	67333.1（61.2%）	1.1e+5	29	4487.7（101.9%）	-84.1（-1.9%）	4403.6
13	45723.4（38.1%）	74196.1（61.9%）	1.2e+5	28	6546.0（80.2%）	1620.8（19.8%）	8166.9
12	48596.7（37.4%）	81489.2（62.6%）	1.3e+5	27	8646.8（68.2%）	4034.2（31.8%）	12681.0
11	51451.6（36.6%）	89073.1（63.4%）	1.4e+5	26	10802.8（60.7%）	7000.2（39.3%）	17803.0
10	54304.9（35.9%）	96928.1（64.1%）	1.5e+5	25	13076.0（55.8%）	10352.8（44.2%）	23428.9
9	57013.0（35.1%）	1.1e+5（64.9%）	1.6e+5	24	15064.2（51.1%）	14423.8（48.9%）	29487.9
8	60429.6（34.6%）	1.1e+5（65.4%）	1.7e+5	23	17869.3（49.7%）	18075.9（50.3%）	35945.2
7	64595.1（33.9%）	1.3e+5（66.1%）	1.9e+5	22	20421.7（47.7%）	22352.2（52.3%）	42773.9
6	68536.6（33.0%）	1.4e+5（67.0%）	2.1e+5	21	22861.0（45.8%）	27100.5（54.2%）	49961.6
5	72286.5（32.1%）	1.5e+5（67.9%）	2.2e+5	20	25745.8（44.8%）	31763.4（55.2%）	57509.2
4	76190.7（31.4%）	1.7e+5（68.6%）	2.4e+5	19	28474.8（43.5%）	36936.3（56.5%）	65411.1
3	79476.2（30.4%）	1.8e+5（69.6%）	2.6e+5	18	31293.9（42.5%）	42368.6（57.5%）	73662.5
2	82231.3（29.4%）	2.0e+5（70.6%）	2.8e+5	17	33895.4（41.2%）	48363.3（58.8%）	82258.8
1	86722.4（**29.0%**）	2.1e+5（**71.0%**）	3.0e+5	16	36984.9（40.6%）	54210.8（59.4%）	91195.7

表6.15　*Y*向静震工况下的倾覆力矩及百分比　（单位：kN·m）

层号	框架柱	普通墙	总弯矩	层号	框架柱	普通墙	总弯矩
15	40363.7（41.1%）	57876.8（58.9%）	98240.4	30	3048.1（179.8%）	-1353.2（-79.8%）	1694.9
14	42940.1（40.1%）	64158.6（59.9%）	1.1e+5	29	5118.2（108.6%）	-404.8（-8.6%）	4713.5
13	45656.8（39.3%）	70580.0（60.7%）	1.2e+5	28	7387.5（84.5%）	1359.9（15.5%）	8747.4
12	48198.2（38.4%）	77457.6（61.6%）	1.3e+5	27	9653.6（71.3%）	3887.8（28.7%）	13541.4
11	50671.2（37.4%）	84692.7（62.6%）	1.4e+5	26	11938.2（63.2%）	6959.8（36.8%）	18898.0
10	53171.8（36.6%）	92207.0（63.4%）	1.5e+5	25	14305.4（58.0%）	10380.3（42.0%）	24685.7
9	55435.0（35.6%）	1.0e+5（64.4%）	1.6e+5	24	16350.5（53.1%）	14465.3（46.9%）	30815.8
8	58372.8（34.9%）	1.1e+5（65.1%）	1.7e+5	23	19222.1（51.6%）	18019.8（48.4%）	37241.9
7	61770.6（33.7%）	1.2e+5（66.3%）	1.8e+5	22	21769.6（49.5%）	22168.9（50.5%）	43938.4
6	64838.7（32.5%）	1.3e+5（67.5%）	2.0e+5	21	24181.6（47.5%）	26711.6（52.5%）	50893.2
5	67658.8（31.3%）	1.5e+5（68.7%）	2.2e+5	20	27031.4（46.5%）	31079.5（53.5%）	58110.9
4	70447.2（30.1%）	1.6e+5（69.9%）	2.3e+5	19	29654.5（45.2%）	35939.3（54.8%）	65593.8
3	72424.7（28.7%）	1.8e+5（71.3%）	2.5e+5	18	32342.5（44.1%）	41000.3（55.9%）	73342.8
2	73692.1（27.2%）	2.0e+5（72.8%）	2.7e+5	17	34792.5（42.8%）	46569.3（57.2%）	81361.8
1	76584.6（**26.4%**）	2.1e+5（**73.6%**）	2.9e+5	16	37726.9（42.1%）	51933.0（57.9%）	89659.9

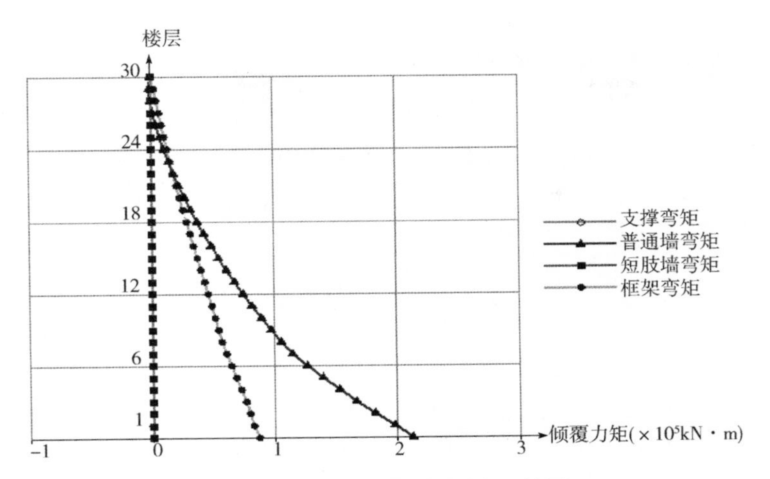

图 6.38　X 向静震下倾覆力矩简图

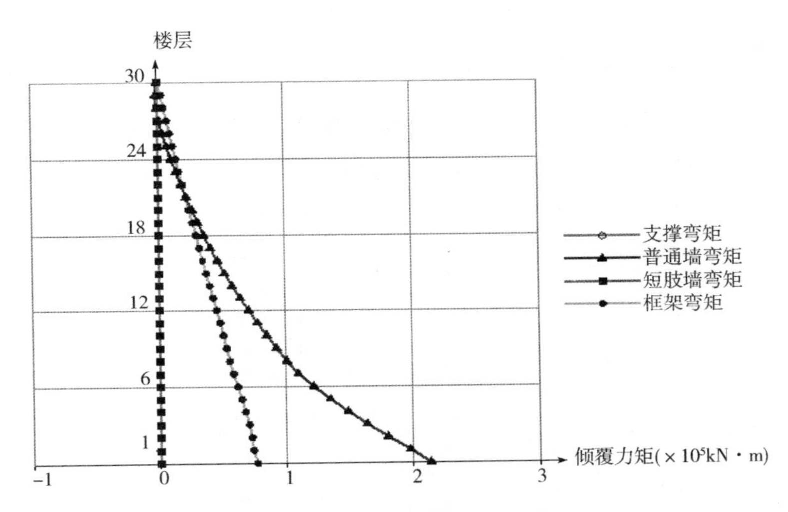

图 6.39　Y 向静震下倾覆力矩简图

《高规》第 9.1.9 条规定：抗震设计时，框筒柱和框架柱的轴压比限值可按框架—剪力墙结构的规定采用。

设计人员应先按照《高规》第 8.1.3 条要求，对框架部分承受的地震倾覆力矩比进行计算，然后判定框架—核心筒结构中框筒柱和框架柱的轴压比是否按纯框架结构的规定采用。

判定：从表 6.14、表 6.15、图 6.38 和图 6.39 可以看出，该高层酒店首层在 X 向静震工况下，框架柱所占总倾覆力矩为 29%，在 Y 向静震工况下，框架柱所占总倾覆力矩为 26.4%，符合《高规》第 8.1.3 -2 条规定（大于 10% 但不大于 50%），框筒柱和框架柱的轴压比限值可按框架—剪力墙结构的规定采用。

（2）单塔多塔通用的框架 $0.2V_0$（$0.25V_0$）调整系数

根据《高规》第 9.1.11 条规定：抗震设计时，筒体结构的框架部分按侧向刚度分配的楼层地震剪力标准值应符合下列规定：

1）框架部分分配的楼层地震剪力标准值的最大值不宜小于结构底部总地震剪力标准值的 10%。

2）当框架部分分配的地震剪力标准值的最大值小于结构底部总地震剪力标准值的 10%，各层框架部分承担的地震剪力标准值应增大到结构底部总地震剪力标准的 15%，各层核心筒墙体的地震剪力值宜乘以增大系数 1.1。

3）当框架部分分配的地震剪力标准值小于结构底部总地震剪力标准值的 20%，但其最大值不小于结构底部总地震剪力标准值的10%时，应按结构底部总地震剪力标准值的20%和框架部分楼层地震剪力标准值中最大值的1.5倍二者的较小值进行调整。

该高层酒店框架—核心筒结构各楼层的调整情况具体见表6.16、表6.17，如图6.40所示。

表6.16 *X*向地震工况下的各层框架剪力调整系数

层号	Coef2	C02v_c	C02v_w	层号	Coef2	C02v_c	C02v_w	层号	Coef2	C02v_c	C02v_w
10~12	1.04	1.04	1.00	21	1.27	1.27	1.00	30	1.23	1.23	1.00
9	1.09	1.09	1.00	20	1.07	1.07	1.00	29	1.75	1.75	1.00
7，8	1.00	1.00	1.00	19	1.12	1.12	1.00	28	1.57	1.57	1.00
6	1.04	1.04	1.00	18	1.08	1.08	1.00	27	1.53	1.53	1.00
5	1.09	1.09	1.00	17	1.17	1.17	1.00	26	1.48	1.48	1.00
4	1.05	1.05	1.00	16	1.00	1.00	1.00	25	1.39	1.39	1.00
3	1.22	1.22	1.00	15	1.04	1.04	1.00	24	1.59	1.59	1.00
2	1.45	1.45	1.00	14	1.06	1.06	1.00	23	1.12	1.12	1.00
1	1.00	1.00	1.00	13	1.00	1.00	1.00	22	1.22	1.22	1.00

表6.17 *Y*向地震工况下的各层框架剪力调整系数

层号	Coef2	C02v_c	C02v_w	层号	Coef2	C02v_c	C02v_w	层号	Coef2	C02v_c	C02v_w
10	1.29	1.29	1.00	20	1.17	1.17	1.00	30	1.12	1.12	1.00
9	1.42	1.42	1.00	19	1.26	1.26	1.00	29	1.65	1.65	1.00
8	1.20	1.20	1.00	18	1.23	1.23	1.00	28	1.50	1.50	1.00
7	1.31	1.31	1.00	17	1.34	1.34	1.00	27	1.50	1.50	1.00
6	1.45	1.45	1.00	16	1.12	1.12	1.00	26	1.48	1.48	1.00
5	1.57	1.57	1.00	15	1.24	1.24	1.00	25	1.42	1.42	1.00
4	1.59	1.59	1.00	14	1.27	1.27	1.00	24	1.65	1.65	1.00
3	2.00	2.00	1.00	13	1.20	1.20	1.00	23	1.17	1.17	1.00
2	2.00	2.00	1.00	12	1.27	1.27	1.00	22	1.31	1.31	1.00
1	1.36	1.36	1.00	11	1.30	1.30	1.00	21	1.38	1.38	1.00

注：Coef1为用户定义的$0.2V_0$调整系数；Coef2为本层柱的$0.2V_0$调整系数计算值；C02v_c为本层柱的$0.2V_0$调整系数最终采用值（如果用户定义采用用户定义值）；C02v_w为本层墙的剪力调整系数。

5. 变形验算

普通结构楼层位移指标统计。

1）最大层间位移角。该酒店框架—核心筒结构*X*、*Y*向地震工况和*X*、*Y*向风荷载工况的最大位移、最大层间位移角见表6.18、表6.19，如图6.43所示。

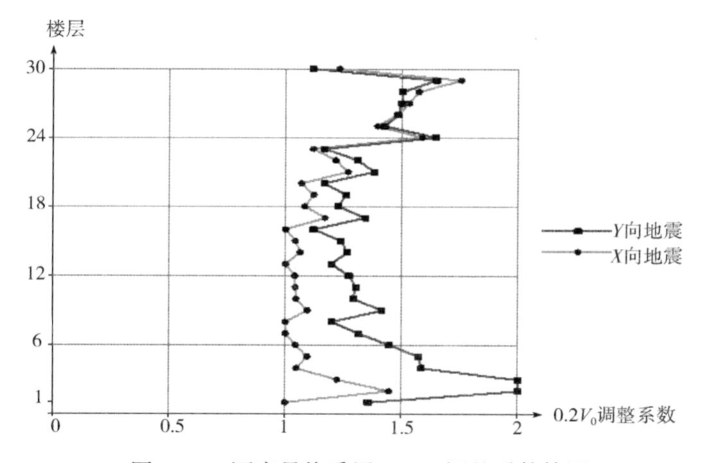

图6.40 酒店最终采用$0.2V_0$调整系数简图

《高规》第3.7.3条规定：对于高度不大于150m的框架—核心筒结构，按弹性方法计算的风荷载或多遇地震标准值作用下的楼层层间最大水平位移与层高之比$\Delta u/h$不宜大于1/800，对于高度不小于250m的高层建筑，其楼层层间最大位移与层高之

比 $\Delta u/h$ 不宜大于 1/500。

判定： 结构设定的限值为 1/800，该高层酒店在 X 向地震工况下最大层间位移角为 1/1220（17 层），在 Y 向地震工况下最大层间位移角为 1/1380（21 层），在 X 向风荷载工况下最大层间位移角为 1/2659（15 层），在 Y 向风荷载工况下最大层间位移角为 1/2651（18 层），结构所有工况下最大层间位移角均满足规范要求。

表 6.18　X、Y 向地震工况的位移

层号	X 向地震工况		Y 向地震工况		层号	X 向地震工况		Y 向地震工况	
	最大位移	最大层间位移角	最大位移	最大层间位移角		最大位移	最大层间位移角	最大位移	最大层间位移角
15	32.98	1/1221	25.06	1/1437	30	65.38	1/1550	56.12	1/1459
14	30.61	1/1224	23.01	1/1461	29	63.51	1/1505	54.11	1/1441
13	28.24	1/1235	21.00	1/1491	28	61.60	1/1466	52.09	1/1430
12	25.88	1/1249	19.02	1/1527	27	59.64	1/1425	50.06	1/1418
11	23.54	1/1269	17.09	1/1571	26	57.64	1/1387	48.01	1/1407
10	21.23	1/1299	15.20	1/1629	25	55.59	1/1353	45.95	1/1398
9	18.97	1/1330	13.38	1/1691	24	53.48	1/1322	43.88	1/1388
8	16.76	1/1377	11.63	1/1778	23	51.34	1/1303	41.79	1/1387
7	14.40	1/1434	9.79	1/1904	22	49.15	1/1280	39.70	1/1382
6	11.51	1/1519	7.60	1/2096	**21**	46.93	1/1260	37.60	**1/1380**
5	8.77	1/1645	5.60	1/2378	20	44.66	1/1249	35.50	1/1383
4	6.23	1/1846	3.84	1/2819	19	42.37	1/1236	33.40	1/1386
3	3.96	1/2190	2.36	1/3567	18	40.05	1/1227	31.30	1/1394
2	2.05	1/2975	1.19	1/5151	**17**	37.71	**1/1220**	29.20	1/1403
1	0.64	1/6568	0.37	1/9999	16	35.35	1/1221	27.12	1/1420

表 6.19　X、Y 向风荷载工况的位移

层号	X 向风荷载工况		Y 向风荷载工况		层号	X 向风荷载工况		Y 向风荷载工况	
	最大位移	最大层间位移角	最大位移	最大层间位移角		最大位移	最大层间位移角	最大位移	最大层间位移角
15	15.38	**1/2659**	13.83	1/2684	30	30.83	1/3323	30.26	1/2898
14	14.25	1/2663	12.72	1/2713	29	29.93	1/3252	29.22	1/2866
13	13.13	1/2681	11.61	1/2756	28	29.01	1/3193	28.18	1/2845
12	12.01	1/2708	10.52	1/2809	27	28.07	1/3127	27.13	1/2820
11	10.90	1/2747	9.45	1/2880	26	27.11	1/3060	26.06	1/2794
10	9.81	1/2812	8.41	1/2976	25	26.13	1/2997	24.99	1/2768
9	8.75	1/2879	7.40	1/3081	24	25.13	1/2933	23.91	1/2738
8	7.70	1/2982	6.43	1/3231	23	24.10	1/2891	22.81	1/2721
7	6.60	1/3110	5.41	1/3453	22	23.07	1/2836	21.71	1/2696
6	5.25	1/3311	4.19	1/3798	21	22.01	1/2789	20.60	1/2676
5	3.98	1/3610	3.09	1/4309	20	20.93	1/2757	19.48	1/2665
4	2.82	1/4082	2.11	1/5116	19	19.84	1/2720	18.35	1/2654
3	1.79	1/4870	1.29	1/6494	**18**	18.74	1/2693	17.22	**1/2651**
2	0.93	1/6623	0.65	1/9429	17	17.63	1/2671	16.09	1/2652
1	0.29	1/9999	0.20	1/9999	16	16.51	1/2667	14.96	1/2667

2）规定水平力下位移比和层间位移比。该高层酒店 *X*、*Y* 向正负偏心静震（规定水平力）工况的位移见表 6.20 ~ 表 6.23，如图 4.41、图 4.42 所示。

表 6.20　X 向正偏心静震（规定水平力）工况的位移

层号	位移比	层间位移比	层号	位移比	层间位移比	层号	位移比	层间位移比	层号	位移比	层间位移比
3，4	1.10	1.09	9 ~ 11	1.08	1.06	20	1.06	1.05	30	1.06	1.02
2	1.11	1.11	7，8	1.08	1.07	15 ~ 19	1.07	1.05	27 ~ 29	1.06	1.03
1	1.12	1.12	5，6	1.09	1.08	12 ~ 14	1.07	1.06	21 ~ 26	1.06	1.04

表 6.21　X 向负偏心静震（规定水平力）工况的位移

层号	位移比	层间位移比	层号	位移比	层间位移比	层号	位移比	层间位移比	层号	位移比	层间位移比
4	1.10	1.08	10，11	1.08	1.06	21 ~ 26	1.06	1.04	30	1.06	1.02
3	1.10	1.09	7 ~ 9	1.08	1.07	20	1.06	1.05	29	1.06	1.03
2	1.11	1.11	6	1.09	1.07	15 ~ 19	1.07	1.05	28	1.06	1.03
1	1.13	1.13	5	1.09	1.08	12 ~ 14	1.07	1.06	27	1.06	1.03

表 6.22　Y 向正偏心静震（规定水平力）工况的位移

层号	位移比	层间位移比	层号	位移比	层间位移比	层号	位移比	层间位移比	层号	位移比	层间位移比
4	1.14	1.11	8，9	1.10	1.07	15 ~ 17	1.08	1.05	30	1.06	1.02
3	1.16	1.13	7	1.11	1.08	13，14	1.08	1.06	26 ~ 29	1.06	1.03
2	1.18	1.17	6	1.12	1.09	11，12	1.09	1.06	24，25	1.06	1.04
1	1.20	1.20	5	1.13	1.10	10	1.09	1.07	18 ~ 23	1.07	1.05

表 6.23　Y 向负偏心静震（规定水平力）工况的位移

层号	位移比	层间位移比	层号	位移比	层间位移比	层号	位移比	层间位移比	层号	位移比	层间位移比
4	1.15	1.13	8，9	1.11	1.08	22 ~ 25	1.07	1.04	30	1.06	1.02
3	1.17	1.15	7	1.12	1.09	17 ~ 21	1.08	1.05	28，29	1.06	1.03
2	1.18	1.18	6	1.13	1.10	13 ~ 16	1.09	1.06	27	1.07	1.03
1	1.20	1.21	5	1.14	1.11	10 ~ 12	1.10	1.07	26	1.07	1.03

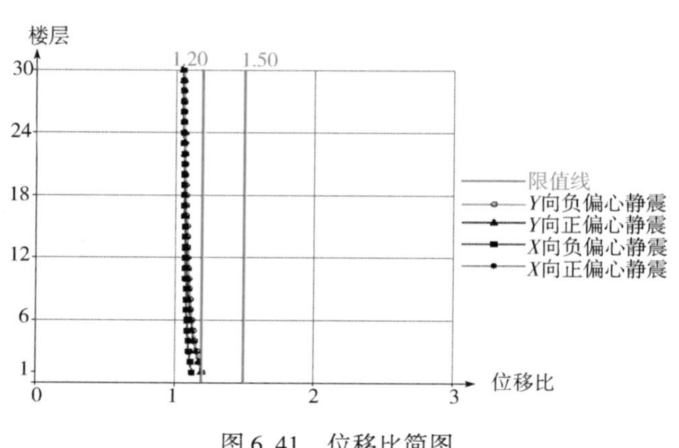

图 6.41　位移比简图

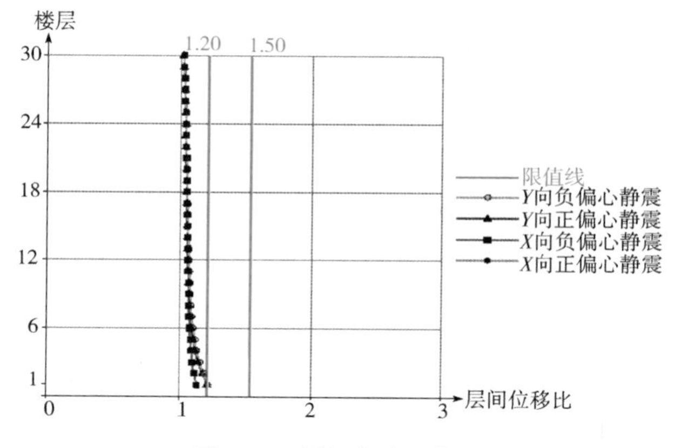

图 6.42　层间位移比简图

《抗规》第 3. 4. 3 - 1 条对于扭转不规则的定义为：在规定的水平力作用下，楼层的最大弹性水平位移（或层间位移），大于该楼层两端弹性水平位移（或层间位移）平均值的 1. 2 倍。

《高规》第 3. 4. 5 条规定：结构在考虑偶然偏心影响的规定水平地震力作用下，楼层竖向构件最大的水平位移和层间位移，A 级高度高层建筑不宜大于该楼层平均值的 1. 2 倍，不应大于该楼层平均值的 1. 5 倍；B 级高度高层建筑、超过 A 级高度的混合结构及复杂高层建筑不宜大于该楼层平均值的 1. 2 倍，不应大于该楼层平均值的 1. 4 倍。

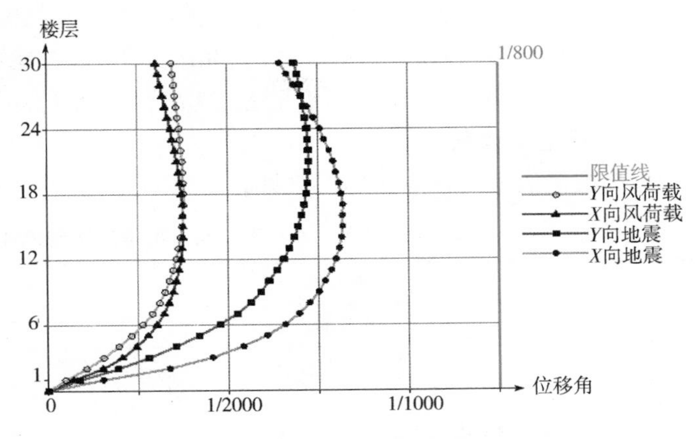

图 6. 43　最大层间位移角简图

《高规》第 9. 2. 5 条规定：对内筒偏置的框架—核心筒结构，应控制结构在考虑偶然偏心影响的规定地震力作用下，最大楼层水平位移和层间位移不应大于该楼层平均值的 1. 4 倍。

判定：程序设定的判断扭转不规则的位移比为 1. 20，位移比的限值为 1. 50，从表 6. 20 ~ 表 6. 23 和图 6. 41、图 6. 42 可以看出，该高层酒店在 *Y* 向负偏心静震工况作用下的层间位移比超过限值 1. 2，结构属于扭转不规则。根据《抗规》第 3. 4. 4 条规定，扭转不规则时，应计入扭转影响，且楼层竖向构件最大的弹性水平位移和层间位移分别不宜大于楼层两端弹性水平位移和层间位移平均值的 1. 5 倍。设计人员应在【设计模型前处理】→【参数定义】→【地震信息】菜单界面勾选“考虑双向地震作用”。

6. 抗倾覆和稳定验算

（1）抗倾覆验算

该高层酒店框架—核心筒结构的抗倾覆验算结果见表 6. 24。

表 6. 24　高层酒店抗倾覆验算　（单位：kN · m）

工　况	抗倾覆力矩 M_r	倾覆力矩 M_{ov}	比值 M_r/M_{ov}	零应力区（%）
EX	3. 42e +6	3. 01e +5	11. 37	0. 00
EY	3. 43e +6	3. 01e +5	11. 40	0. 00
WX	3. 54e +6	1. 48e +5	24. 00	0. 00
WY	3. 55e +6	1. 48e +5	24. 05	0. 00

《高规》第 12. 1. 7 条规定：在重力荷载与水平荷载标准值或重力荷载代表值与多遇水平地震标准值共同作用下，高宽比大于 4 的高层建筑，基础底面不宜出现零应力区；高宽比不大于 4 的高层建筑，基础底面与地基之间零应力区面积不应超过基础底面面积的 15%。

判定：该高层酒店高宽比为 3. 63 <4. 0，基础底面零应力区面积比为 0. 00%，符合规范要求。

（2）整体稳定刚重比验算

该高层酒店在地震作用和风荷载作用下的刚重比验算见表 6. 25。

表 6. 25　基于地震作用和风荷载作用的刚重比验算

工况（地震作用）	验算公式	验算值	工况（风荷载）	验算公式	验算值
EX	EJ_d/GH^2	**2. 74**	WX	EJ_d/GH^2	2. 75
EY	EJ_d/GH^2	3. 04	WY	EJ_d/GH^2	2. 95

判定：从表6.25验算值可以看出，该框架—核心筒结构最小剪重比为2.74，因此可以得出以下结论：

1）该框架—核心筒结构刚重比 EJ_d/GH^2 大于1.4，能够通过《高规》第5.4.4－1的整体稳定验算。

2）该框架—核心筒结构刚重比 EJ_d/GH^2 大于2.7，可以不考虑重力二阶效应。

7. 指标汇总信息

该高层酒店整体计算指标汇总见表6.26。

表6.26　高层酒店整体计算指标汇总

指标项		汇总信息
总质量/t		28602.00
质量比		1.03 < [1.5]（30层1塔）
最小刚度比1	X向	1.00≥[1.00]（30层1塔）
	Y向	1.00≥[1.00]（30层1塔）
最小刚度比2	X向	1.00 > [1.00]（30层1塔）
	Y向	1.00 > [1.00]（30层1塔）
最小楼层受剪承载力比值	X向	0.84 > [0.80]（7层1塔）
	Y向	0.84 > [0.80]（7层1塔）
最小刚度比1（强刚）	X向	1.00≥[1.00]（30层1塔）
	Y向	1.00≥[1.00]（30层1塔）
最小刚度比2（强刚）	X向	1.00 > [1.00]（30层1塔）
	Y向	1.00 > [1.00]（30层1塔）
结构自振周期/s		T_1 =3.0411（X）
		T_3 =2.8710（Y）
		T_5 =2.2128（T）
有效质量系数	X向	98.47% > [90%]
	Y向	97.69% > [90%]
最小剪重比	X向	1.45% < [1.60%]（1层1塔）
	Y向	1.58% < [1.60%]（1层1塔）
结构自振周期[强刚]/s		T_1 =3.0395（X）
		T_3 =2.8697（Y）
		T_5 =2.2128（T）
最大层间位移角	X向	1/1220 < [1/800]（17层1塔）
	Y向	1/1380 < [1/800]（21层1塔）
最大位移比	X向	1.13 < [1.50]（1层1塔）
	Y向	1.20 < [1.50]（1层1塔）
最大层间位移比	X向	1.13 < [1.20]（1层1塔）
	Y向	1.21 > [1.20]（1层1塔）
最大层间位移角（强刚）	X向	1/1221 < [1/800]（17层1塔）
	Y向	1/1381 < [1/800]（21层1塔）
最大位移比（强刚）	X向	1.13 < [1.50]（1层1塔）
	Y向	1.20 < [1.50]（1层1塔）
最大层间位移比（强刚）	X向	1.13 < [1.20]（1层1塔）
	Y向	1.21 > [1.20]（1层1塔）

6.7　框架—核心筒结构方案评议

1. 结构方案

1）从表 6.26 可以看出，该框架—核心筒结构第 1 层最大层间位移比大于 1.2，属于扭转不规则。

2）个别墙肢剪力百分比和稳定性不满足要求。

3）该框架—核心筒结构第 1 ~5 层剪重比不满足规范要求。

2. 优化建议

1）调整筒体墙墙肢截面，满足稳定性和剪力百分比要求。

2）增大短肢剪力墙截面厚度，满足轴压比要求。

3）剪重比太小，说明结构整体刚度偏柔，应进行调整，设计人员可自定义剪重比调整系数。

6.8　框架—核心筒结构施工图

完成该高层酒店框架—核心筒结构模型的建立、结构分析和计算后，当确认整体指标满足规范要求，构件截面及配筋适当，没有超限信息时，可切换到【混凝土结构施工图】模块下，进行该酒店的结构施工图绘制工作。其绘图流程同框架—剪力墙结构绘图流程一样，设计人员可查看第 4 章有关内容。

1. 梁平法施工图

点选【混凝土结构施工图】→【梁】菜单，可进入该高层酒店梁绘图界面，在“设置”菜单设计人员可对“设计参数”和“设钢筋层”中参数进行修改，并可对梁裂缝和挠度进行验算和校核。该高层酒店首层梁局部平面配筋图如图 6.44 所示。

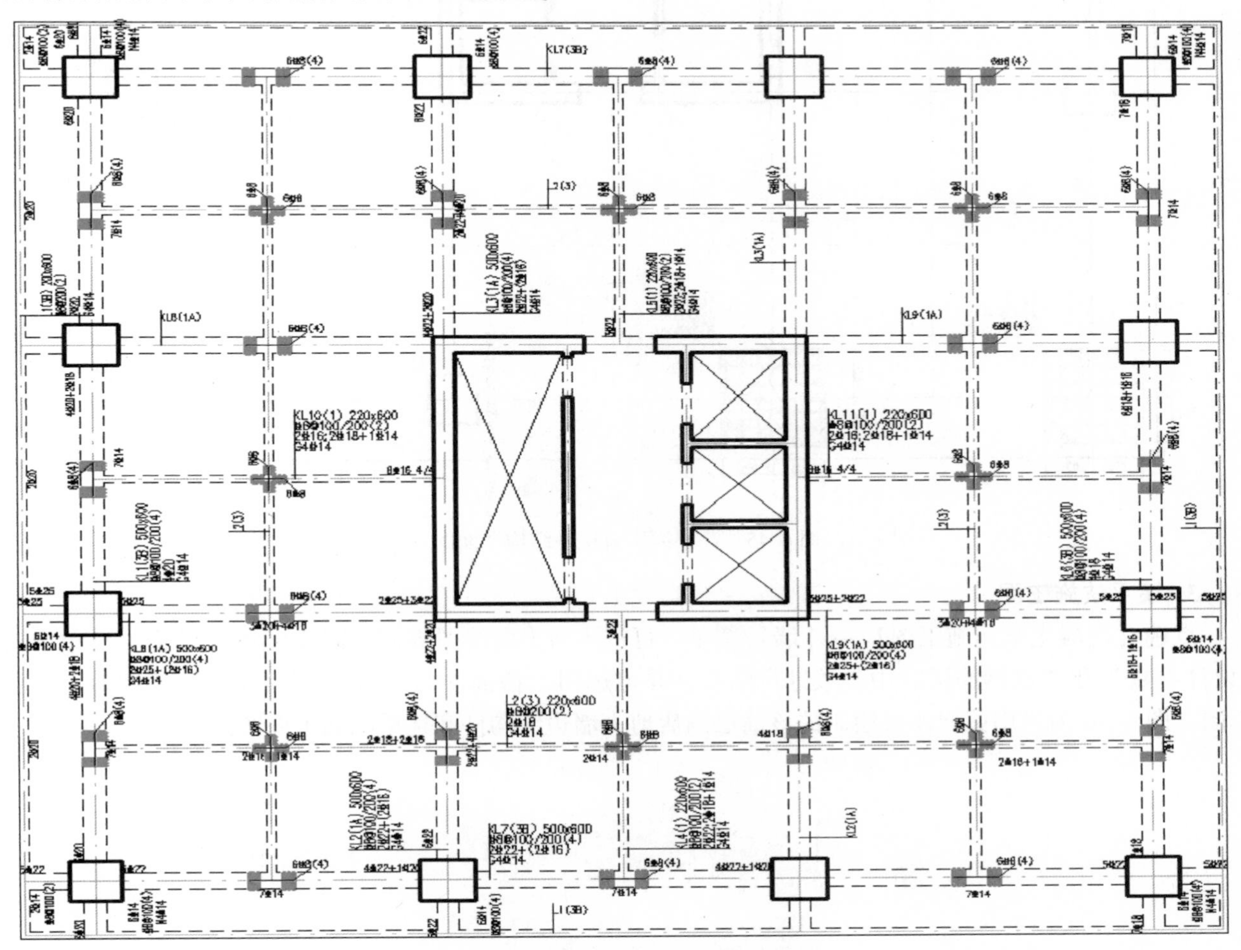

图 6.44　高层酒店首层梁结构平面图

2. 柱平法施工图

点选【混凝土结构施工图】→【柱】菜单，可进入柱绘图界面，在“设置”菜单设计人员可对“设计参数”和“设钢筋层”中参数进行修改，并可选用不同方法绘制柱施工图，该高层酒店首层柱结构平面图如图 6.45 所示。

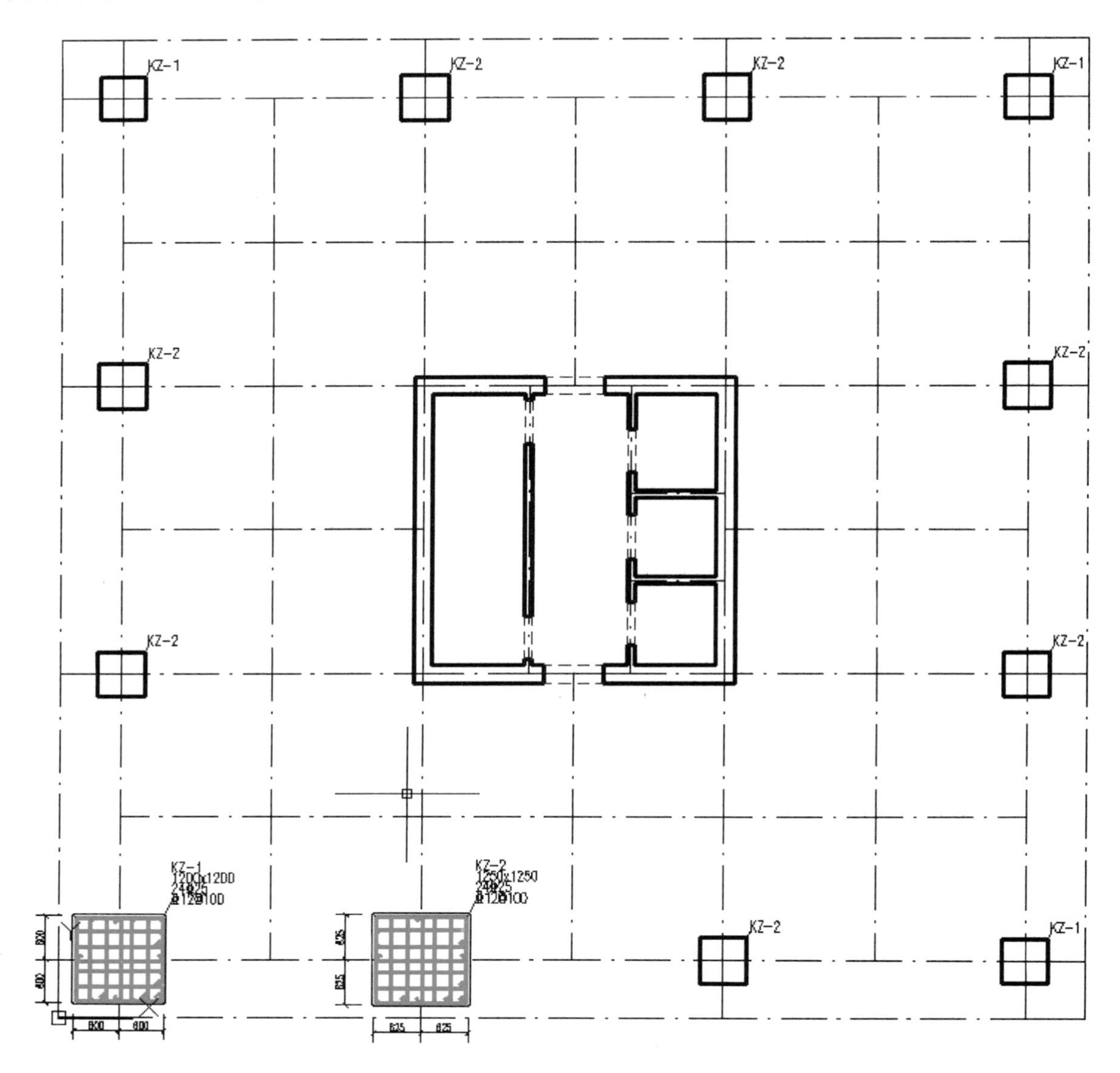

图 6.45　高层酒店首层柱结构平面图

3. 墙平法施工图

点选【混凝土结构施工图】→【墙】菜单，可进入剪力墙绘图界面，同样可在“设置”菜单中对“设计参数”和“设钢筋层”中参数进行修改，并可选用“截面注写”或“列表注写”绘制剪力墙施工图，图 6.46 为采用截面注写绘制的该高层酒店剪力墙边缘构件和连梁配筋平面图。

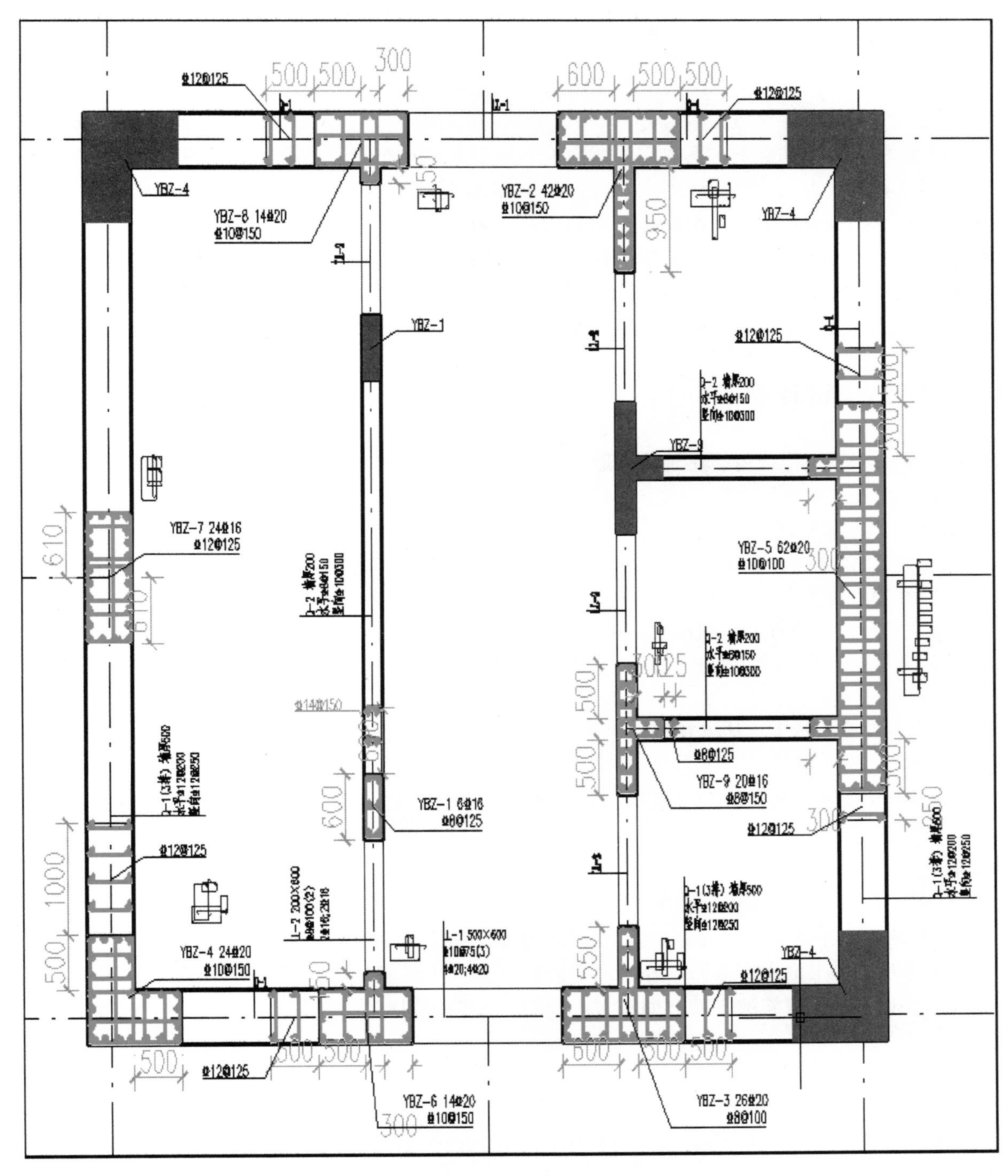

图 6.46　高层酒店首层墙结构局部配筋平面图

第7章　框筒结构设计

由外围框筒和内部框架所组成的结构体系称为框筒体系。框筒是由密排柱和跨高比较小的窗裙梁连接，而形成的密柱深梁框架。形式上框筒由腹板框架和翼缘框架围成，但其受力特点不同于平面框架。框筒属于空间结构，在风荷载和地震作用下，层剪力由平行于水平力作用方向的腹板框架抵抗，倾覆力矩由腹板框架和垂直于水平力作用方向的翼缘框架共同抵抗。因此，框筒具有比普通框架大得多的抗推刚度和承载力，从而能够用来建造框架结构无法实现的许多超高层建筑。但框筒由于采用了密柱深梁，常使建筑外形呆板，窗口小，影响房间的采光。框筒可以是钢结构、钢筋混凝土结构或混合结构。钢—混凝土混合结构一般是指由钢筋混凝土筒体或剪力墙以及钢框架组成的抗侧力体系。由刚度很大的钢筋混凝土部分承受风荷载和地震作用，钢框架主要承受竖向荷载，这样就可以充分发挥两种材料各自的优点，取得较好的技术经济效果。

7.1　框筒结构设计要点

框筒结构的布置应符合高层建筑的一般布置原则。同时还要考虑如何合理布置，以减小其剪力滞后，以便高效而充分发挥所有柱子的作用。

1. 框筒结构布置原则

1）框筒必须做成密柱深梁，一般情况下，柱距为1～3m，不超过4.5m，窗裙梁净跨与高之比不大于3～4。一般窗洞面积不超过建筑面积的60%。

2）框筒平面宜接近方形、圆形或正多边形，如为矩形平面，则长短边的比值不宜超过2。如果建筑平面与上述要求不符，或边长过大时，可以增加横向加劲框架的数量（减小框筒边长），形成束筒结构。

3）结构总高度与宽度之比（H/B）大于3，才能充分发挥框筒作用，在矮而胖的结构中不适合采用框筒结构体系。

4）框筒结构中楼盖构件（包括楼板和梁）的高度不宜太大，要尽量减小楼盖构件与柱子之间的弯矩传递。采用钢结构楼盖时可将楼板梁与柱的连接处理成铰接，以减小梁端弯矩，使框筒结构的空间传力体系更加明确，没有内筒的框筒结构可设置内柱，以减小楼盖梁的跨度。

5）楼盖梁系的布置方式，宜使角柱承受较大竖向荷载，以平衡角柱中的较大拉力。

6）框筒结构的柱截面宜做成正方形、矩形或T形。框筒空间作用产生的梁、柱的弯矩主要是在腹板框架和翼缘框架的平面内，当内、外筒之间只有平板或小梁联系时，框架平面外的柱弯矩较小，矩形柱截面的长边应沿外框架的平面方向布置。当内、外筒之间有较大的梁时，柱在两个方向受弯，可做成正方形或T形柱。

7）角柱截面要适当增大，截面较大可减少压缩变形，一般情况下，角柱面积宜取为中柱面积的1.5倍左右。

8）由于框筒结构柱距较小，在底层往往因设置出入通道而要求加大柱距，必须布置转换层结构。

2. 构件设计要求

1）窗裙梁跨高比小，容易剪坏，首先应按强剪弱弯要求设计窗裙梁配筋，并按连梁要求限制其平均剪应力；当梁的跨高比较小时，可以采用延性较好的交叉配筋方式。

2）框筒结构特别要重视强柱弱梁的设计要求。

3）角柱应按双向弯曲计算并配置钢筋。

4）楼盖的楼板和梁构件除了进行竖向荷载下的抗弯配筋外，要考虑楼板翘曲，楼板四角要配置抗翘曲的板面斜向钢筋，或配置钢筋网。

7.2 框筒结构设计范例

某超高层写字楼，地上 40 层，总高 134m，钢—混凝土混合框筒结构，标准层平面结构布置如图 7.1 所示。首层为办公入口大堂，层高 5.3m，2 ~40 层为办公，其中第 10 层、第 25 层为避难层兼设备层，层高均为 3.3m。抗震设防烈度 7 度，场地类别Ⅱ类，地震分组第一组。基本风压 $0.84kN/m^2$，地面粗糙度为 C 类，丙类建筑。

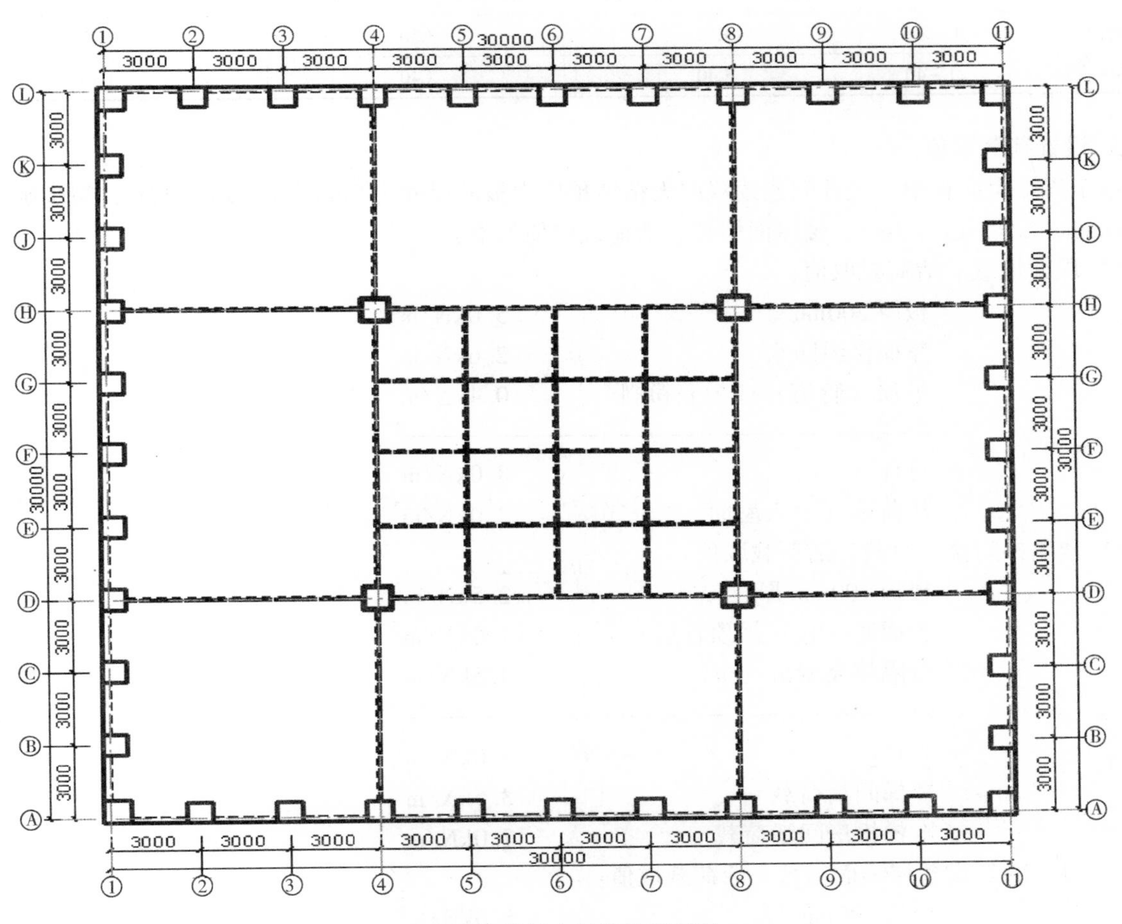

图 7.1　某写字楼结构平面图

1. 设计基本条件

1）建筑结构安全等级：二级

2）结构重要性系数：1.0

3）环境类别：地面以上为一类，地面以下为二 a 类

4）基本风压：$0.84kN/m^2$，地面粗糙度 C 类

5）地震参数

抗震设防烈度：7 度

设计基本地震加速度：$0.1g$

地震分组：第一组

建筑场地类别：Ⅱ类

特征周期 T_g：0.35s

抗震设防类别：标准设防类（丙类）

框筒梁柱抗震等级：二级

2. 主要结构材料

各层梁、板、柱采用的混凝土强度等级和钢筋牌号见表 7.1，其中钢柱选用 Q345 钢。

表 7.1　混凝土强度等级和钢筋牌号

构件名称		柱		梁		双向板
		纵筋	箍筋	纵筋	箍筋	无粘结预应力钢绞线
钢筋牌号		HRB400	HRB400	HRB400	HRB400	
混凝土强度等级	1～20	C50		C50		C40
	21～40	C40		C40		C40

3. 设计荷载取值

本工程楼屋面板中，大开间连续双向无粘结预应力板的尺寸为 9m×9m，9m×12m，初步确定板厚为 200mm，$L/45$（$L=9$m），楼屋面恒载、活荷载取值如下：

1）屋面恒载、活荷载取值：

板厚 200mm	5.0kN/m^2
屋面保温防水	2.6kN/m^2
吊顶（管道）或板底粉刷	0.4kN/m^2
总计	8.0kN/m^2
活荷载（上人屋面）	2.0kN/m^2

2）楼电梯间楼板恒载、活荷载取值：

楼板 100mm 厚	2.5kN/m^2
粉面底（包括吊顶管道）	1.0kN/m^2
分隔填充墙折均布	4.5kN/m^2
总计	8.0kN/m^2
楼梯间活荷载	3.5kN/m^2
电梯机房间活荷载	7.0kN/m^2

3）10、25 层设备层楼面恒载、活荷载取值：

楼板 200mm 厚	5.0kN/m^2
粉面底（包括吊顶管道）	1.0kN/m^2
总计	6.0kN/m^2
活荷载	4.0kN/m^2

4）办公层楼面恒载、活荷载取值：

楼板 200mm 厚	5.0kN/m^2
粉面底（包括吊顶管道）	1.0kN/m^2
室内轻质墙折均布	2.0kN/m^2
总计	8.0kN/m^2
活荷载	2.0kN/m^2

5）浴室、卫生间、盥洗室活荷载：　　4.0kN/m²
6）走廊、门厅活荷载：　　2.5kN/m²

7.3　结构模型建立

点选【结构建模】菜单，设计人员可建立该写字楼结构计算分析模型，如图7.2所示，柱截面尺寸见表7.2。

表7.2　框筒结构模型参数　（单位：mm）

自然层	标准层	层高	框筒边中柱	中心钢柱	角柱	混凝土强度等级
1	1	5300	800×900	1000×1000×60	900×900	C50
2~9	2	3300	800×900	1000×1000×60	900×900	C50
10	3	3300	800×900	1000×1000×60	900×900	C50
11~20	4	3300	650×900	1000×1000×50	900×900	C50
21~24	5	3300	550×900	800×800×40	900×900	C40
25	6	3300	550×900	800×800×40	900×900	C40
26~30	7	3300	550×900	800×800×40	900×900	C40
31~40	8	3300	400×900	600×600×30	900×900	C40

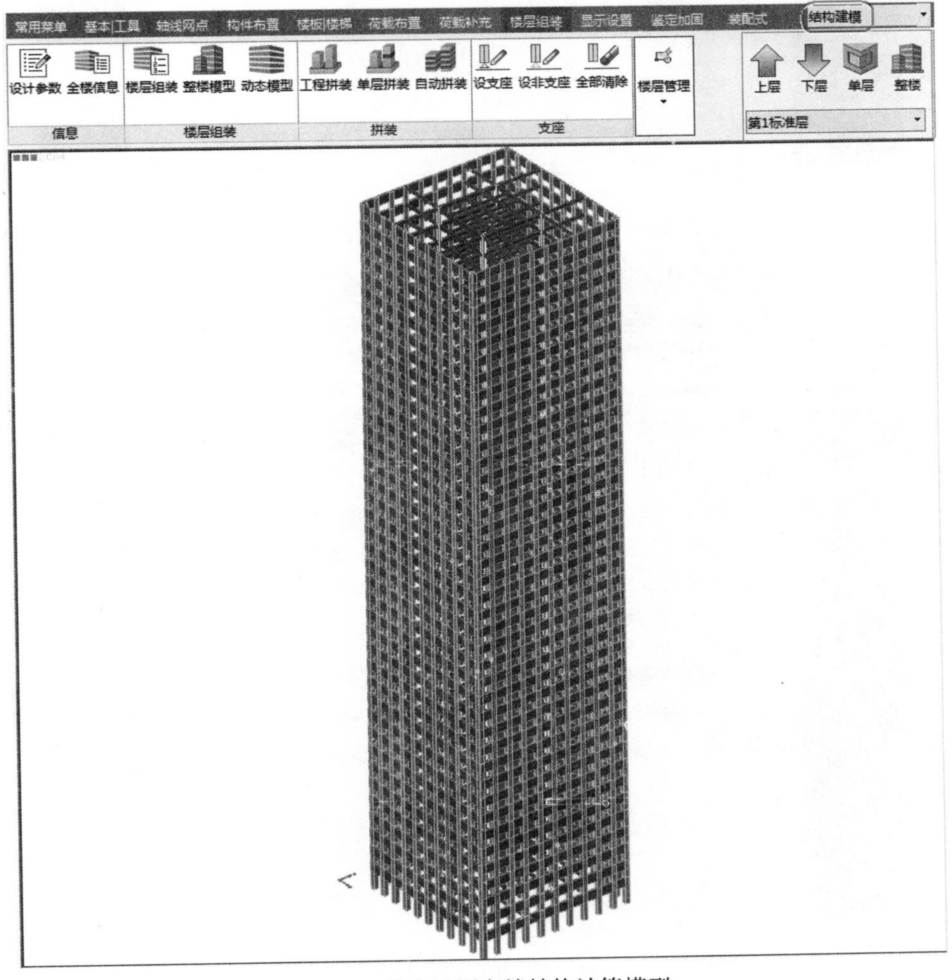

图7.2　某高层写字楼结构计算模型

7.4　设计参数选取

1. 建模设计参数

点选【结构建模】→【楼层组装】→【设计参数】进入设计参数设置界面，包括总信息、材料信息、地震信息、风荷载信息和钢筋信息共五项内容，如图 7.3～图 7.6 所示。

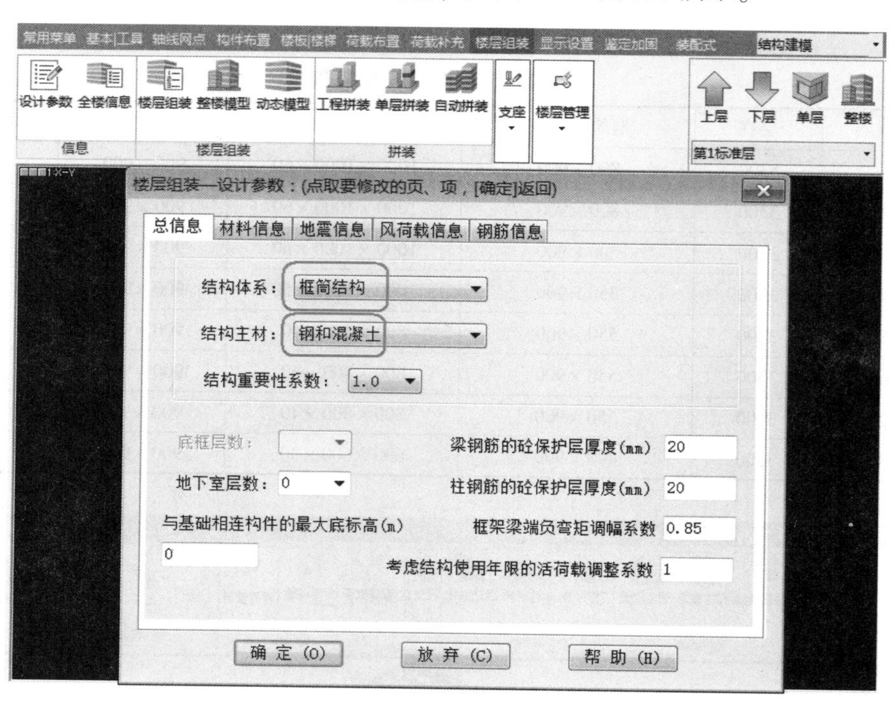

图 7.3　建模总信息

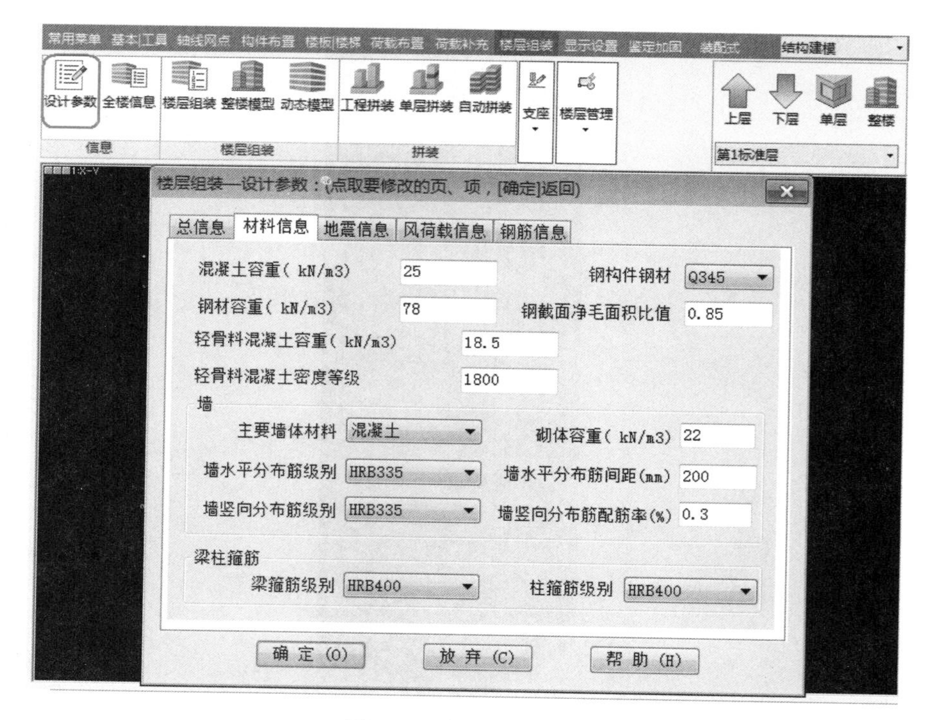

图 7.4　建模材料信息

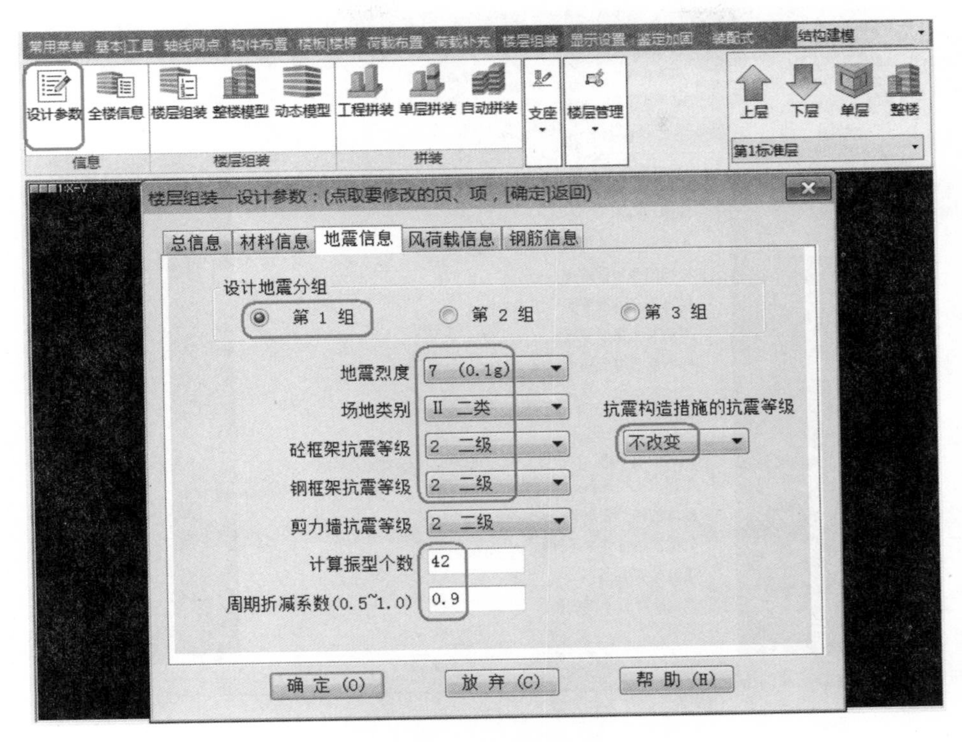

图 7.5　建模地震信息

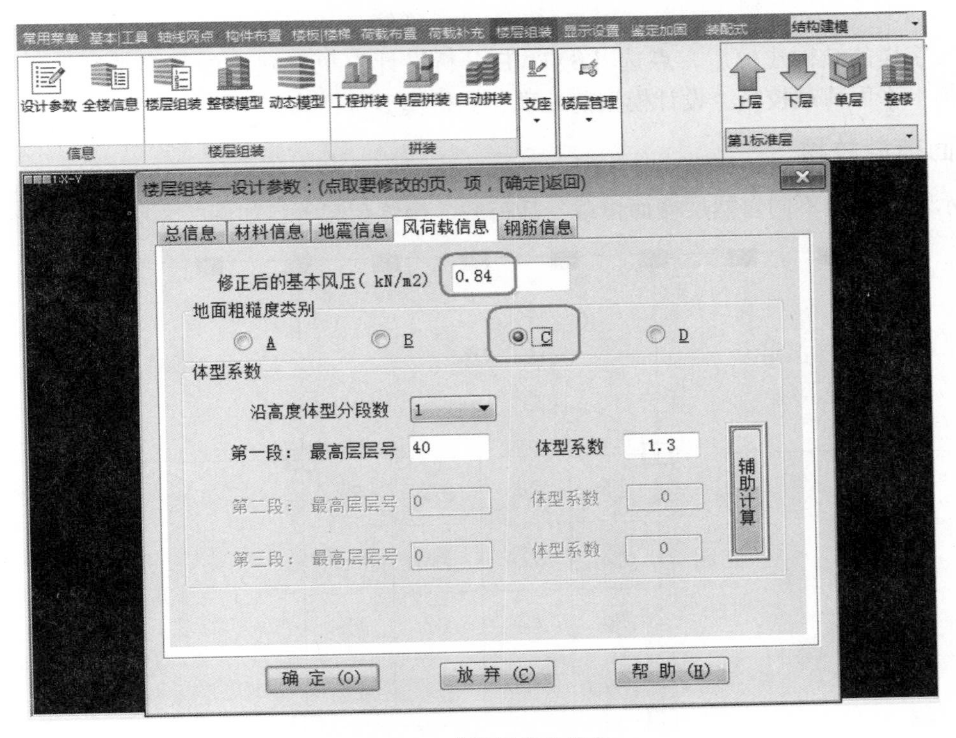

图 7.6　建模风荷载信息

钢筋信息一般采用软件默认值。

2. 本层信息中参数

点选【结构建模】→【楼层组装】→【本层信息】进入本标准层信息设置界面，对于每一个标准层，在本层信息中可以确定板的厚度、钢筋类别、强度等级及本层层高等，如图 7.7 所示。

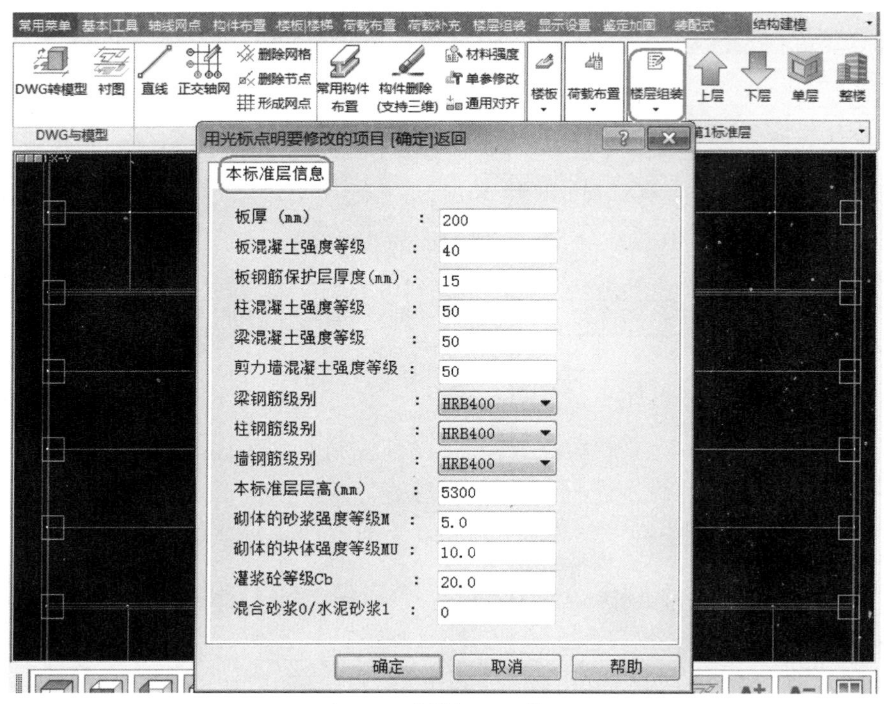

图 7.7　建模标准层信息

7.5　SATWE 分析设计

完成该写字楼的结构建模后，点选【SATWE 分析设计】可对建成的写字楼结构模型进行分析计算，主要包括：平面荷载校核、设计模型前处理、分析模型及计算。

7.5.1　平面荷载校核

可以显示该写字楼不同自然层楼面恒载、活荷载、墙体荷载等，如图 7.8 所示。

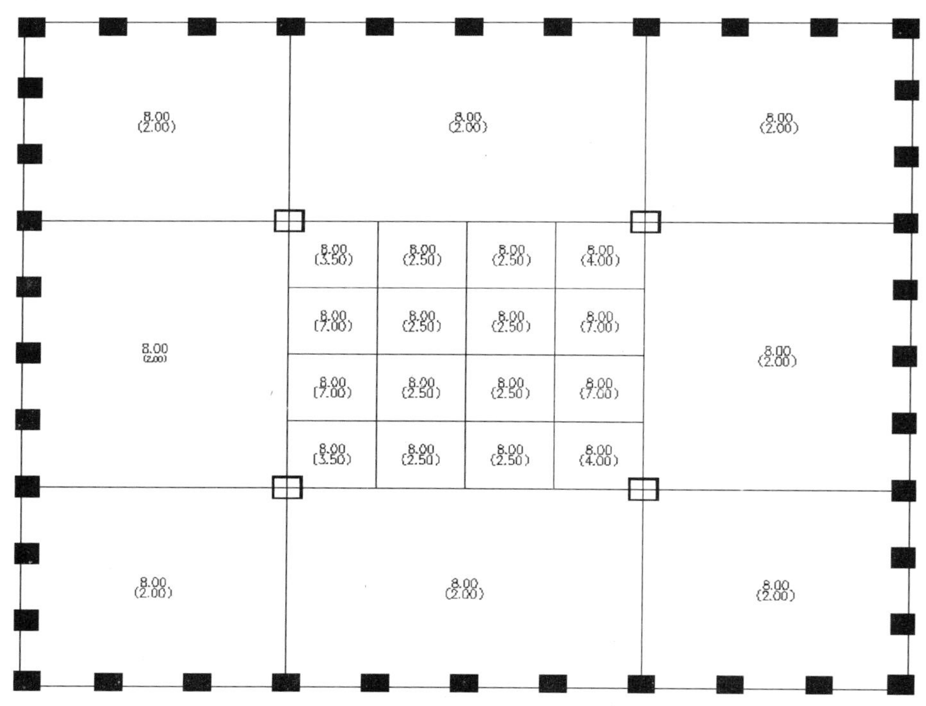

图 7.8　某高层写字楼楼面荷载平面图

7.5.2　设计模型前处理

1. 参数补充定义

点选【SATWE 分析设计】→【设计模型前处理】→【参数定义】菜单，可对该写字楼结构建模中设计参数进行补充完善，各参数的具体含义可参见第 2 章内容。

（1）总信息（图 7.9）

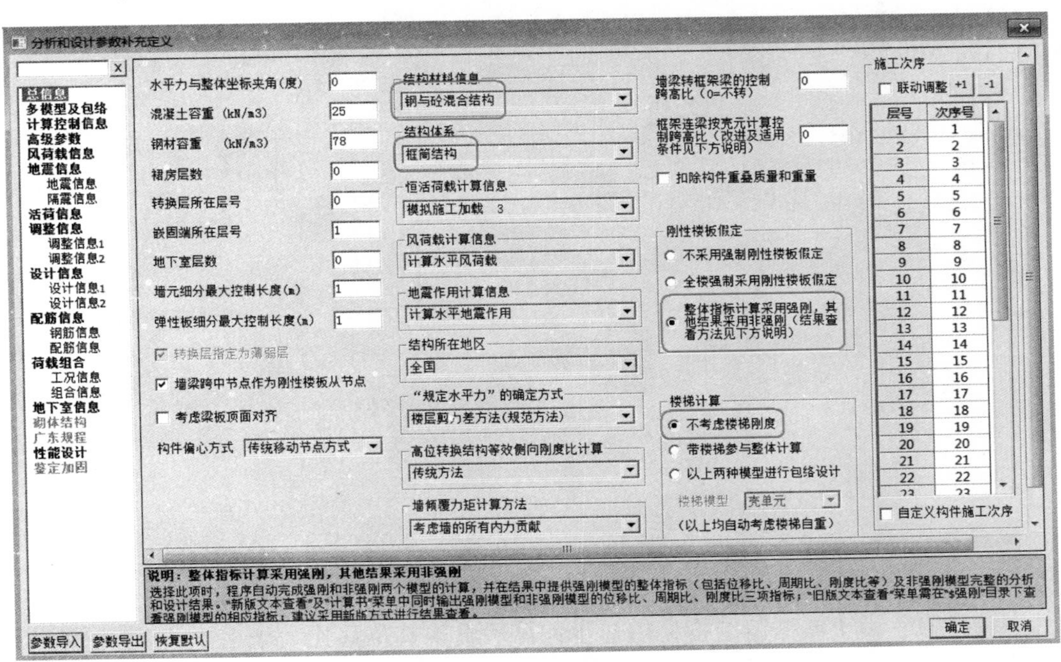

图 7.9　计算总信息

（2）风荷载信息（图 7.10）

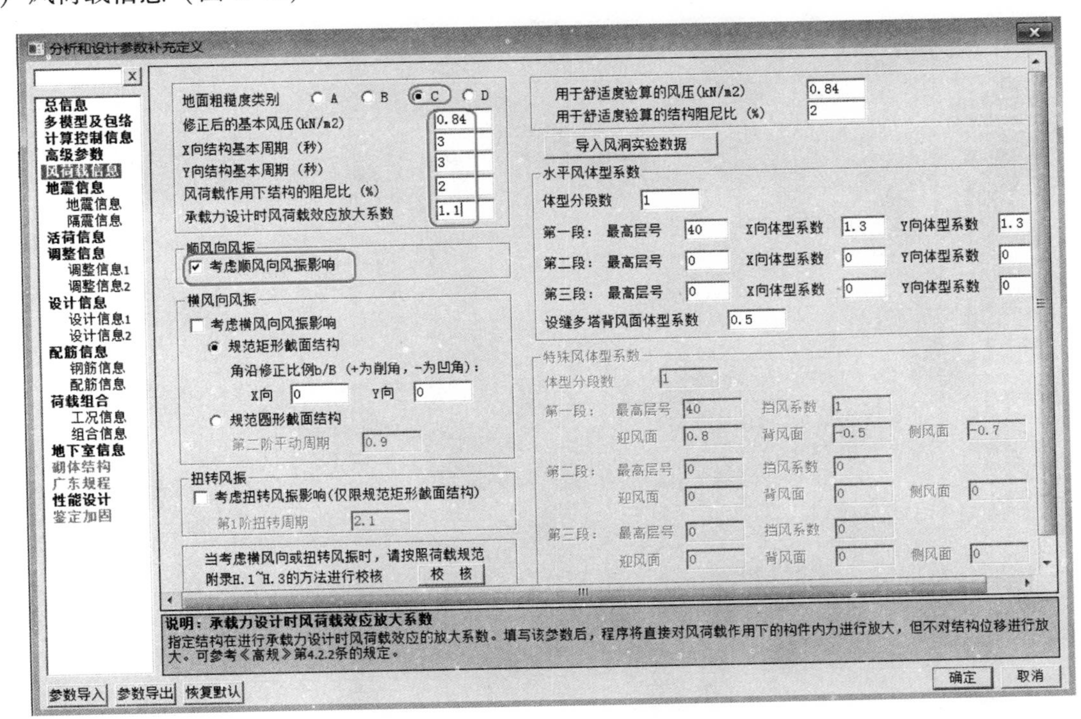

图 7.10　风荷载信息

按照《荷载规范》第 8.4.1 条规定，对于高度大于 30m 且高宽比大于 1.5 的房屋，以及基本自振周期 T_1 大于 0.25s 的各种高耸结构，应考虑风压脉动对结构产生顺风向风振的影响。该写字楼高 134m，高宽比 4.47 >1.5，应考虑顺风向风振的影响，不考虑横风向风振的影响。

（3）地震信息（图 7.11）

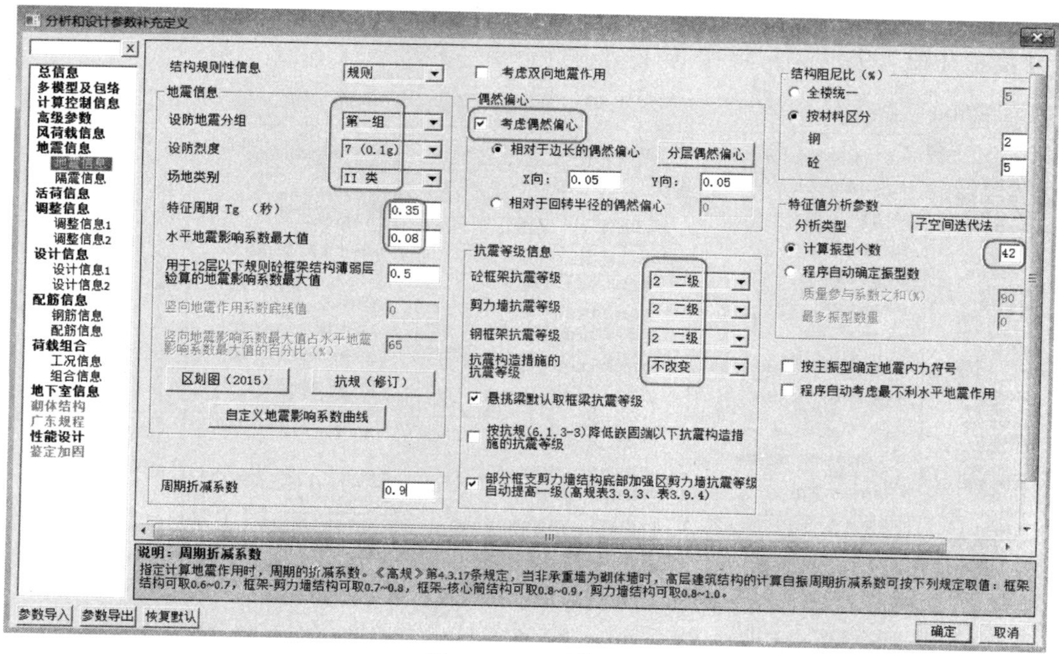

图 7.11　地震信息

设计人员应注意，由于该框筒结构建模初步计算后发现其位移比大于 1.2，属于扭转不规则，因此，在“地震信息”菜单中，必须勾选“考虑双向地震作用”后，重新计算。

（4）活荷载信息（图 7.12）

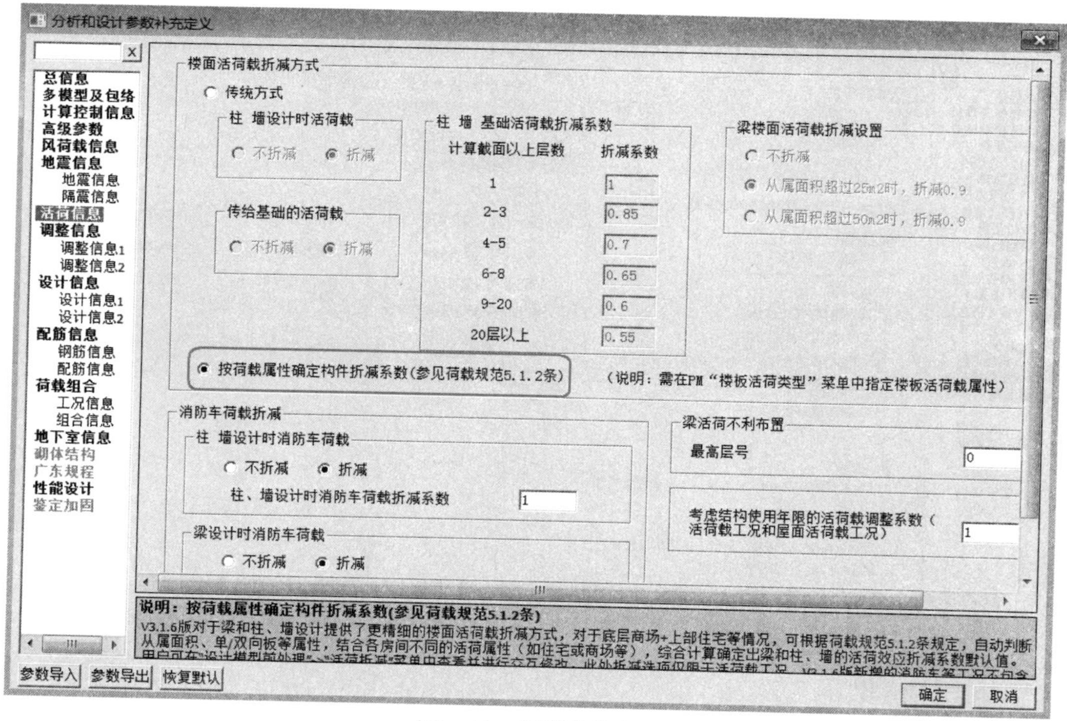

图 7.12　活荷载信息

（5）调整信息1（图7.13）

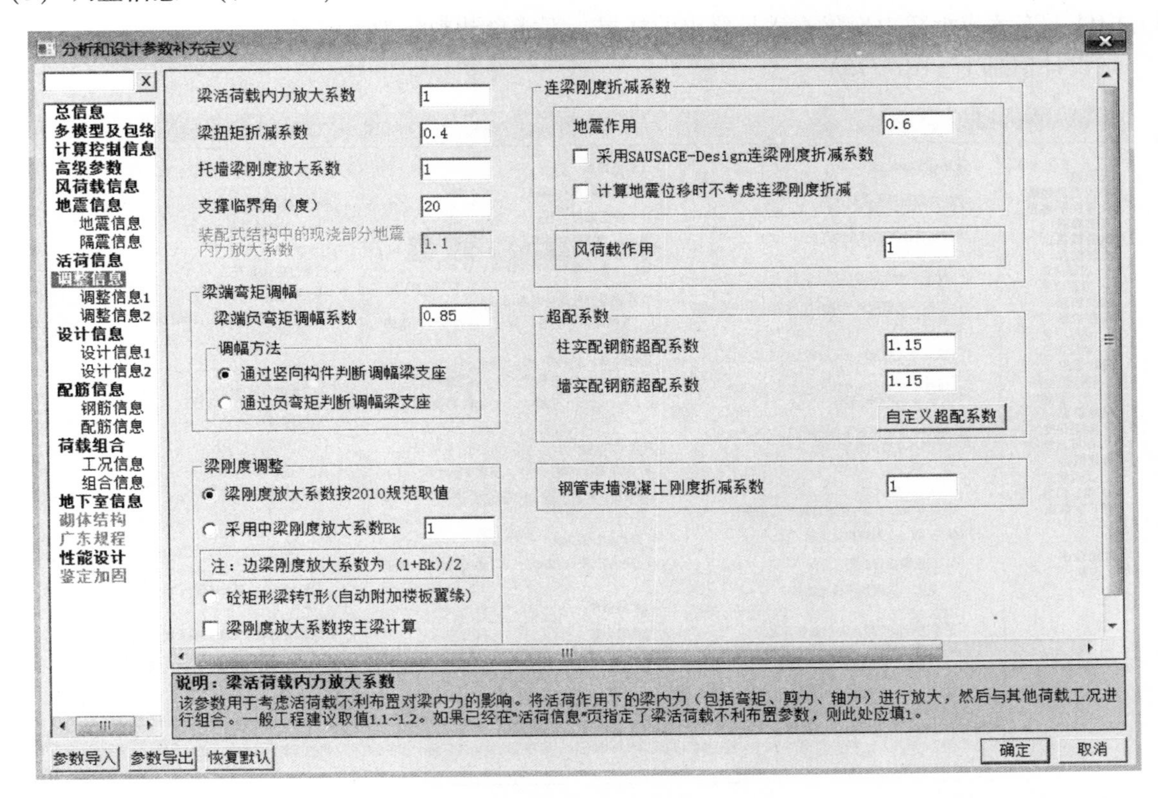

图7.13　调整信息1

（6）调整信息2（图7.14）

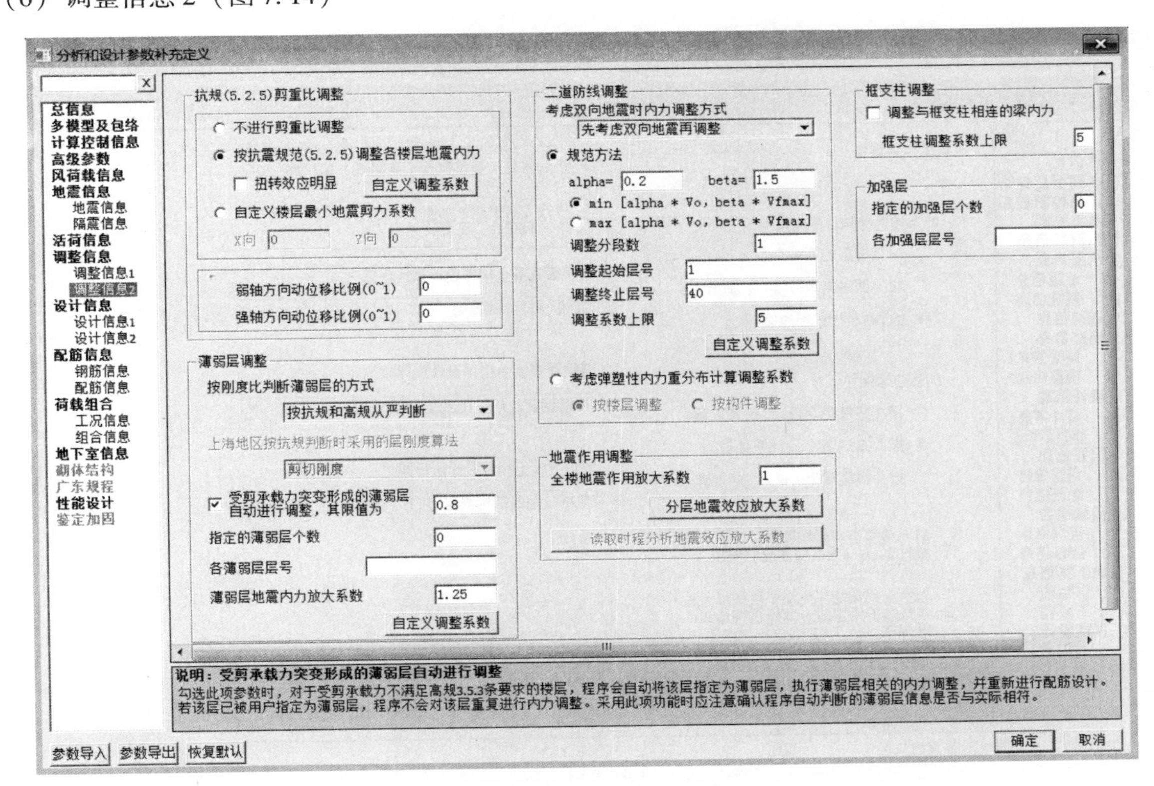

图7.14　调整信息2

设计人员需注意，程序自动按楼层刚度比判断薄弱层并对薄弱层进行地震内力放大，但对于竖向抗侧力构件不连续或承载力变化不满足要求的楼层，不能自动判断为薄弱层。

（7）设计信息 1（图 7.15）

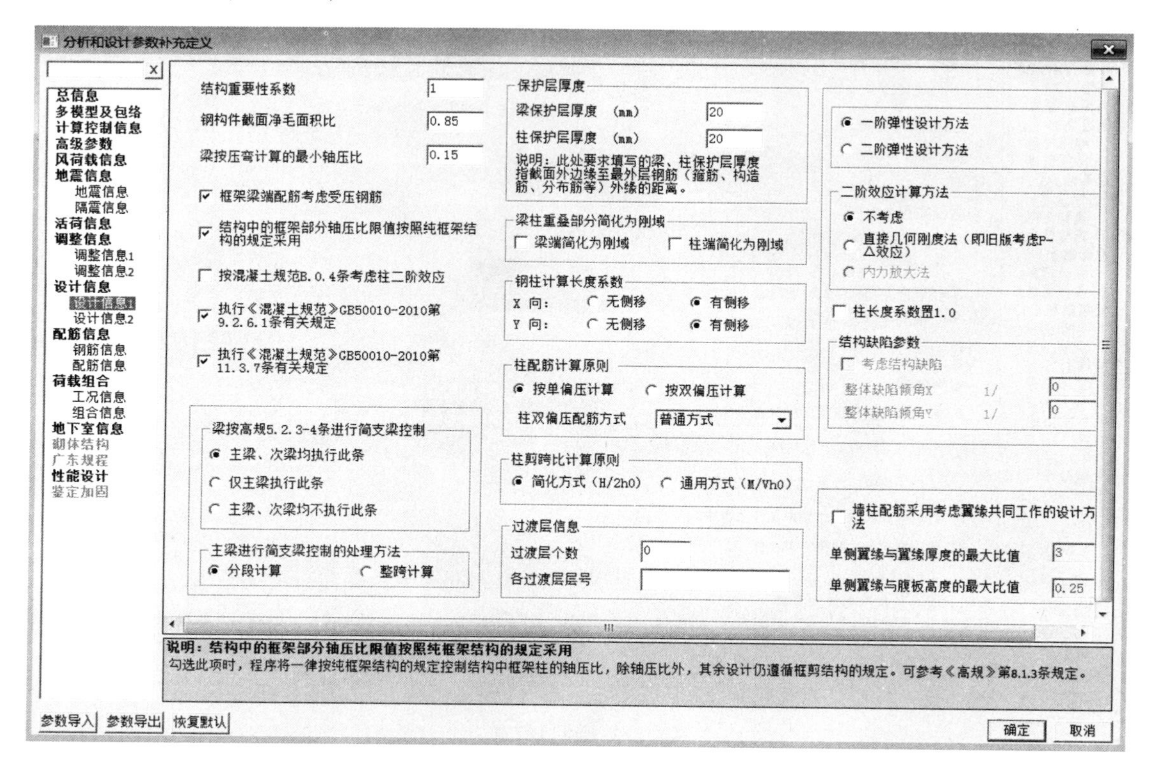

图 7.15　设计信息 1

（8）设计信息 2（图 7.16）

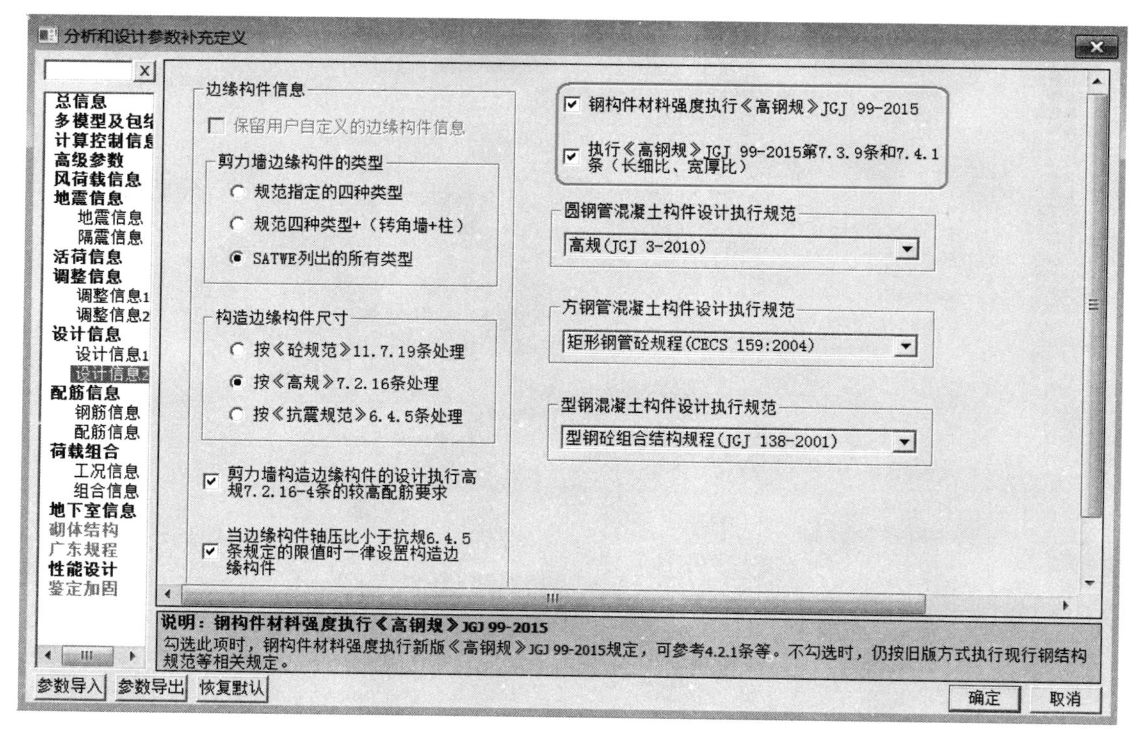

图 7.16　设计信息 2

2. 多塔定义

该写字楼为非多塔结构，可跳过此项菜单，直接点选“设计模型补充”菜单，进行其他操作。

3. 设计模型补充

对一些特殊的梁、柱、墙和板以及温度荷载、特殊风荷载、活荷载折减等，设计人员可在“设计模型补充”菜单中点选任一按钮，选择交互定义，对相应的构件进行修改。

7.5.3 计算结果查看和分析

完成【设计模型前处理】内容后，点选【分析模型及计算】菜单，可对建立的写字楼框筒结构模型进行分析和计算。设计人员可以点选“生成数据 + 全部计算”菜单，完成全部计算，并进入“计算结果”查看菜单页面。

1. 分析结果内容

（1）振型与局部振动

从图 7.17 可以看出，该写字楼前三个振型中第 1、2 振型为平动，第 3 振型为扭转。由于局部振动按钮为灰色，可以确认该结构模型不存在明显的错误或缺陷。

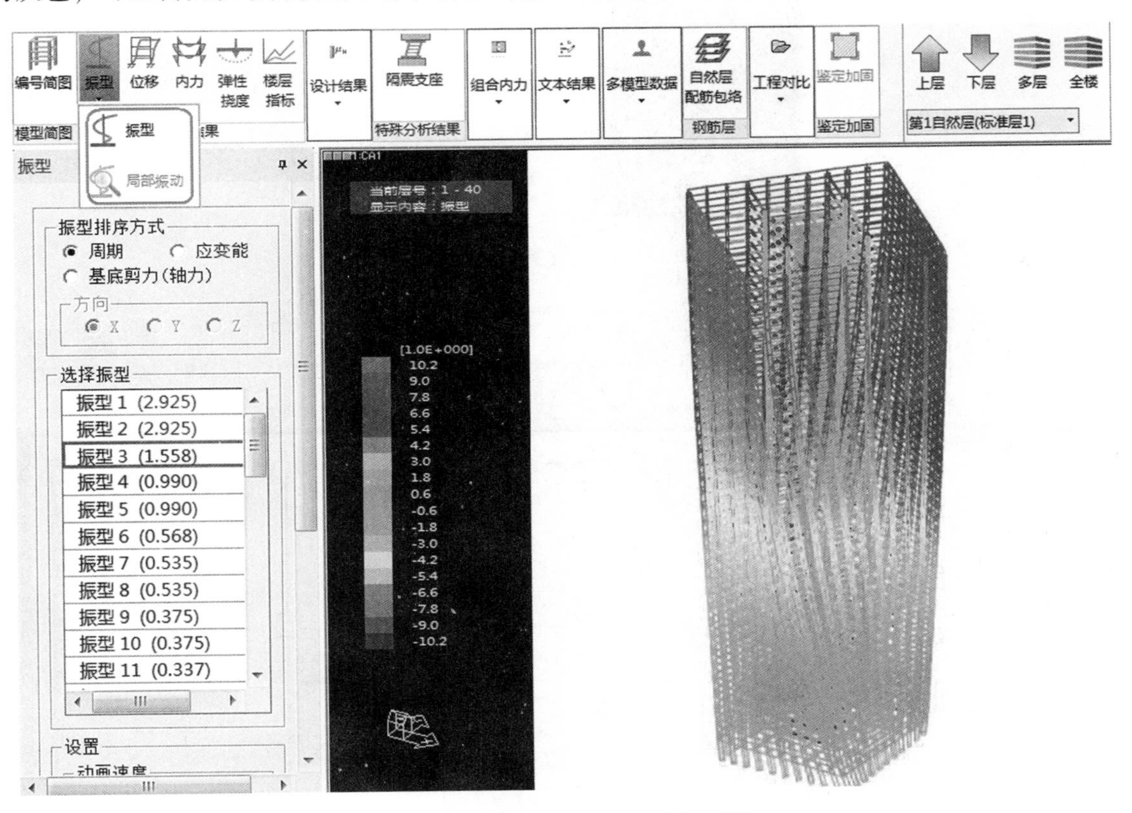

图 7.17　某高层写字楼三维振型图

（2）位移

此项菜单用来查看该写字楼在不同荷载工况作用下结构的空间变形情况，如图 7.18 所示。通过“位移云图”选项可以清楚地显示不同荷载工况作用下结构的变形，校核模型是否存在问题。

（3）内力图

通过此项菜单可以查看写字楼在不同荷载工况下各类构件的内力图，如图 7.19 所示。

（4）弹性挠度

通过此项菜单可查看高层写字楼每一层梁在各个工况下的垂直位移，如图 7.20 所示。

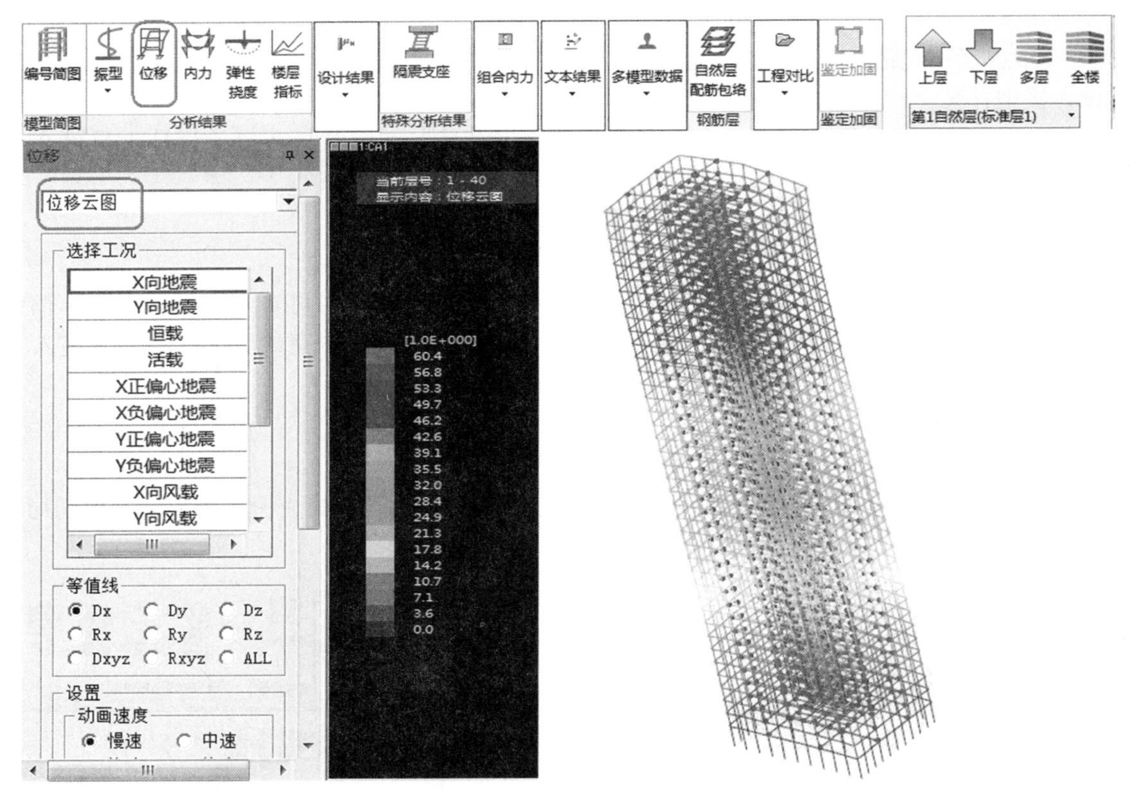

图 7.18　高层写字楼位移云图

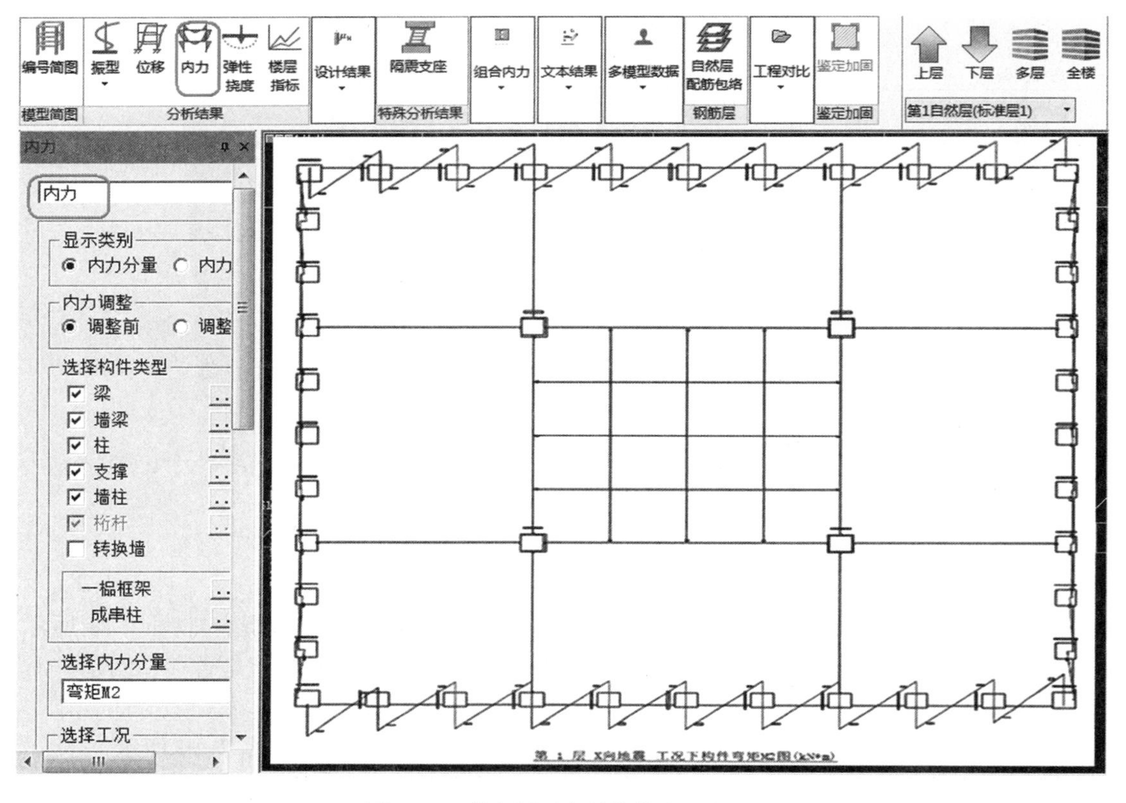

图 7.19　某高层写字楼构件内力简图

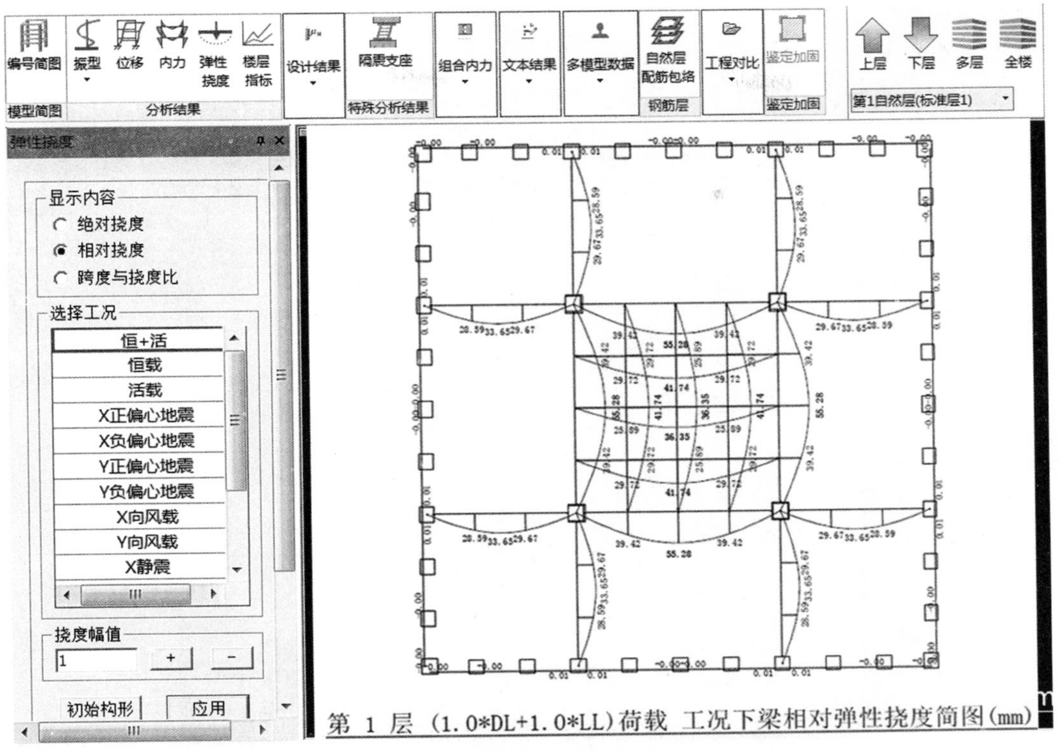

图 7.20　高层写字楼框架梁相对挠度图

（5）楼层指标

此项菜单用于查看地震作用和风荷载作用下高层写字楼的楼层位移、层间位移角、侧向荷载、楼层剪力和楼层弯矩的简图以及地震、风荷载和规定水平力作用下的位移比简图等，如图 7.21 所示。

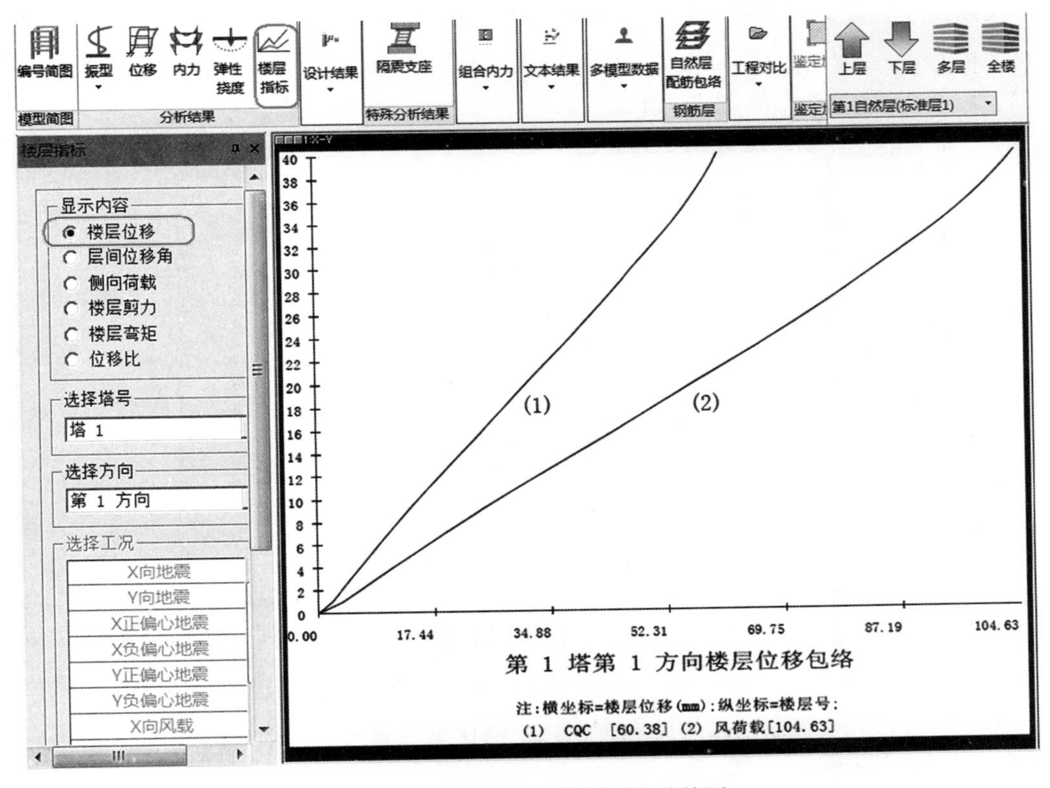

图 7.21　某高层写字楼楼层位移简图

2. 设计结果内容

(1) 轴压比查看

点选“轴压比”选项，可查看该高层写字楼框筒结构柱轴压比，如图 7.22 所示。

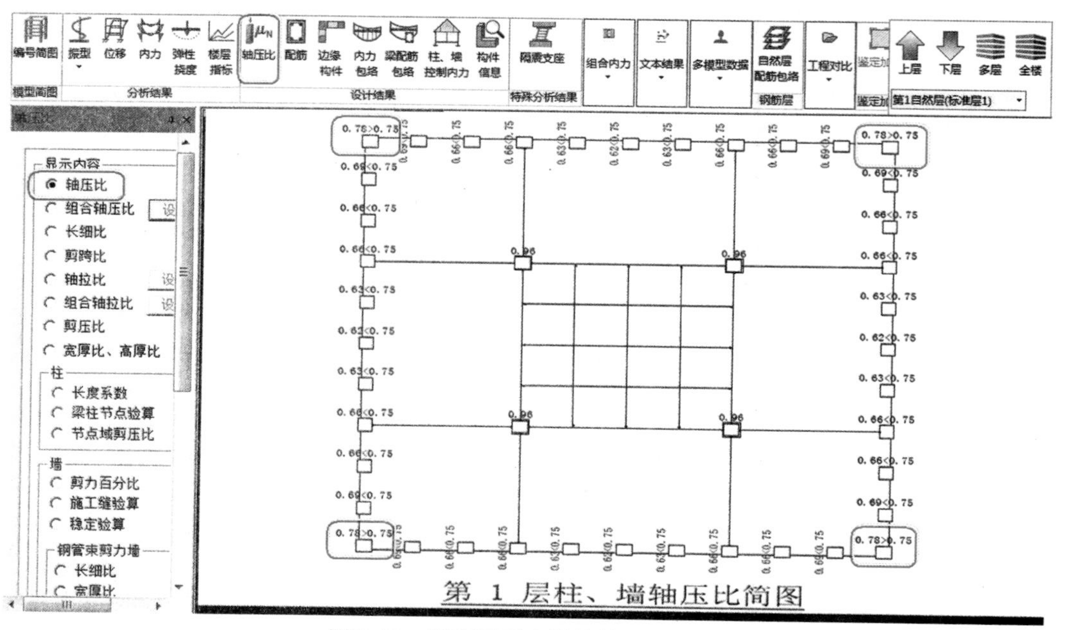

图 7.22　某高层写字楼柱轴压比简图

分析：根据《高规》第 6.4.2 条规定，抗震等级二级框架柱轴压比限值为 0.75，从图 7.22 可以看出，该框筒结构四角柱轴压比不满足要求，应进行调整，可适当增大四角柱截面尺寸。

(2) 长细比查看

点选“长细比”选项，可查看该高层写字楼钢柱长细比，如图 7.23 所示。

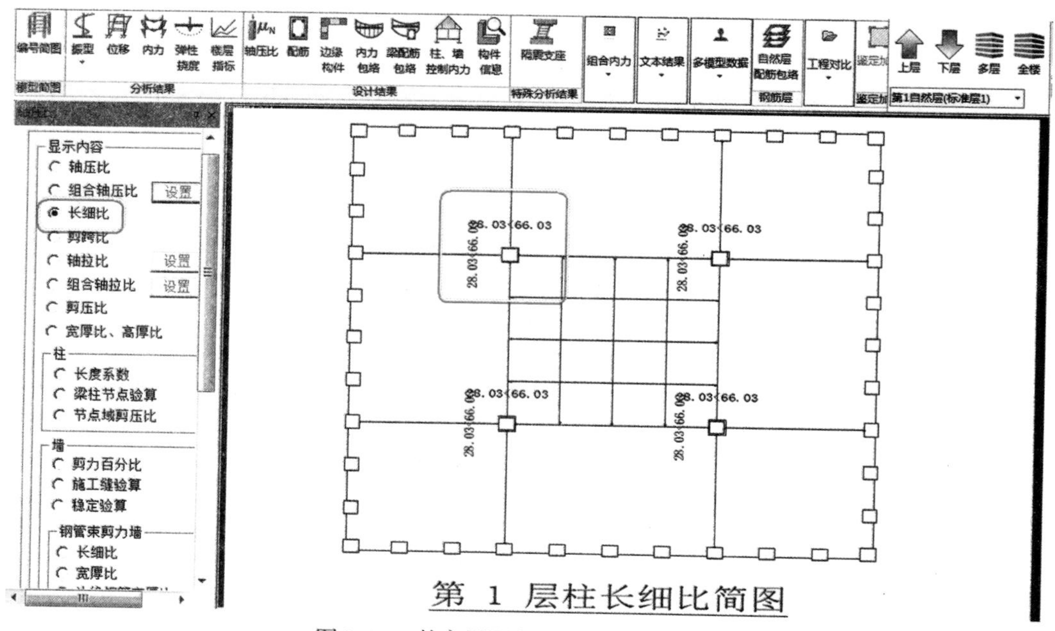

图 7.23　某高层写字楼钢柱长细比简图

从图 7.23 可以看出，该框筒结构中间四个钢柱长细比满足要求，无须进行调整。

(3) 宽厚比、高厚比查看

点选“宽厚比、高厚比”选项，可查看该高层写字楼钢梁截面是否合适，如图 7.24 所示。

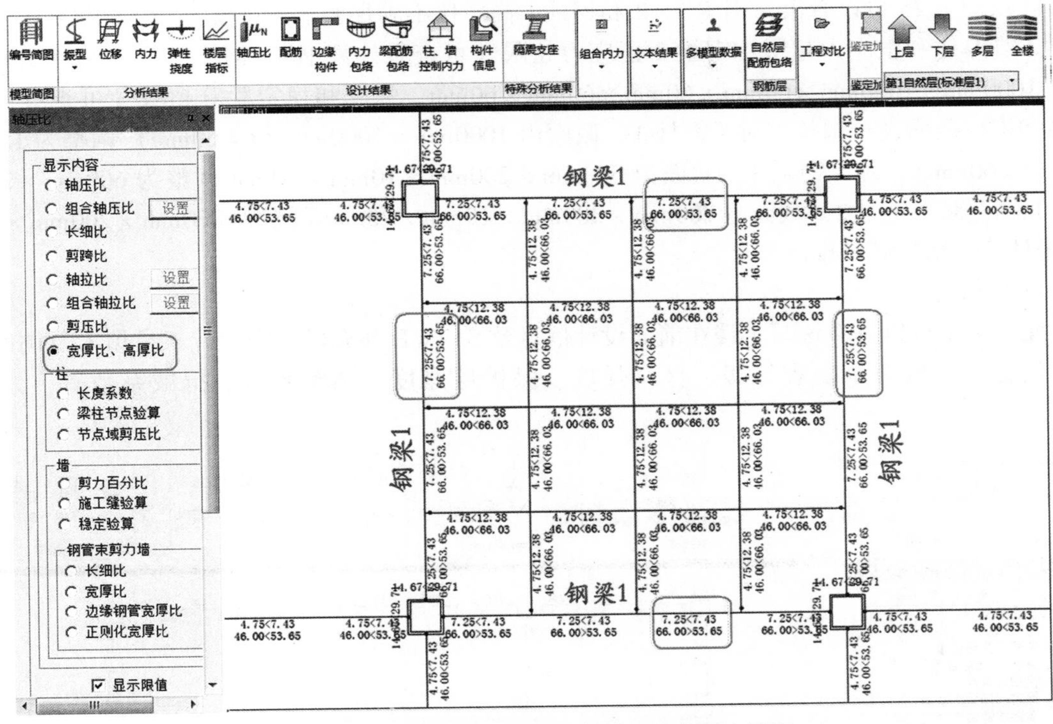

图7.24　某高层写字楼钢梁宽厚比、高厚比简图

分析：从图7.24可以看出，钢梁1高厚比不满足要求。钢梁1采用Q345工字形截面，截面规格700mm×300mm×10mm×20mm，$h/t_w = 66.00 > h/t_{w\_max} = 53.65$，高厚比超限，应进行调整。将钢梁1截面由700mm×300mm×10mm×20mm调整为800mm×200mm×16mm×20mm，经计算，结果满足规范要求。

（4）构件配筋简图

通过此项菜单可以查看该写字楼梁柱的配筋验算结果，如图7.25所示。

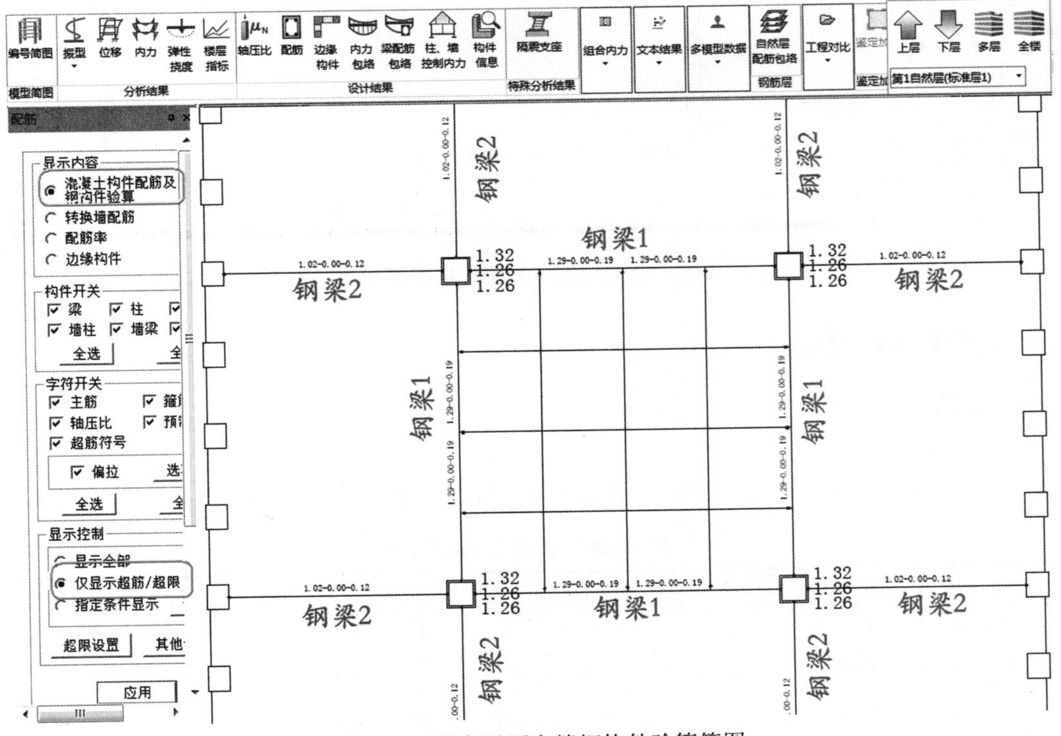

图7.25　某高层写字楼钢构件验算简图

分析：从图 7.25 可以看出，钢梁 1、2 和钢柱 1 高厚比不满足要求。钢梁 1、2 采用 Q345 工字形截面，钢梁 1 高厚比和正应力超限，钢梁 2 正应力超限（可查看计算书）。钢柱 1 采用 Q345 箱形截面，截面规格 1000mm × 1000mm × 60mm × 60mm × 60mm × 60mm，强度和稳定验算超限（可查看计算书），应对钢梁和钢柱截面进行调整。对于钢柱 1，截面由 1000mm × 1000mm（t = 60mm）调整为 1500mm × 1500mm（t = 60mm），对于钢梁 1，截面由 500mm × 200mm × 10mm × 20mm 调整为 600mm × 200mm × 12mm × 20mm，对于钢梁 2，截面由 700mm × 300mm × 10mm × 20mm 调整为 800mm × 200mm × 16mm × 20mm，经计算，结果满足规范要求。

（5）构件信息

通过此项菜单可以查看该写字楼在前面设计信息及 SATWE 补充信息中设计人员填入及调整修改的一些构件信息，如剪力墙抗震等级、材料强度、保护层厚度、调整系数、折减系数等，如图 7.26 所示。

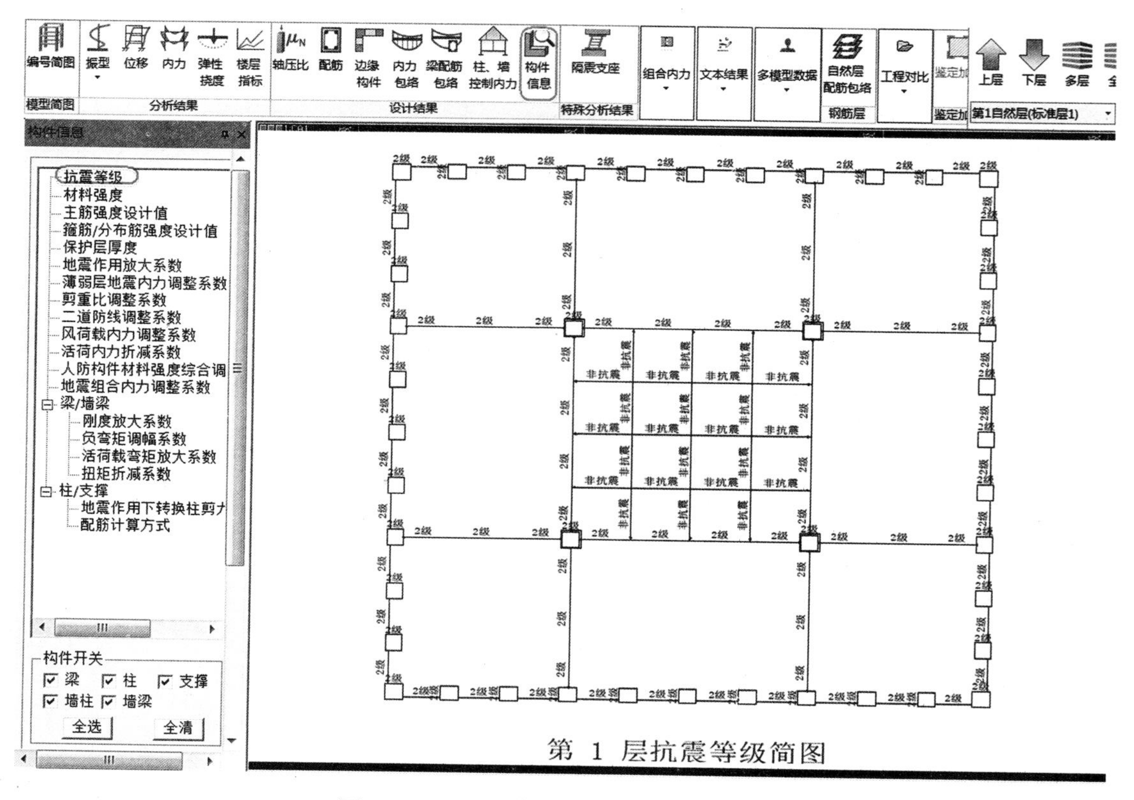

图 7.26　某高层写字楼构件抗震等级简图

7.5.4　计算结果分析对比

1. 建筑质量信息

质量均匀分布判定。

该高层写字楼各层质量分布及质量比详见表 7.3，如图 7.27，图 7.28 所示。

表 7.3　高层写字楼各楼层质量分布　　（单位：t）

层号	恒载质量	活载质量	层质量	质量比	层号	恒载质量	活载质量	层质量	质量比
21	1067.3	90.9	1158.2	0.97	32 ~ 40	1021.8	90.9	1112.7	1.00
12 ~ 20	1101.0	90.9	1191.9	1.00	31	1021.8	90.9	1112.7	1.26
11	1101.0	90.9	1191.9	1.04	27 ~ 30	794.6	90.9	885.5	1.00

（续）

层号	恒载质量	活载质量	层质量	质量比	层号	恒载质量	活载质量	层质量	质量比
10	962.9	181.8	1144.7	0.93	26	794.6	90.9	885.5	0.83
3～9	1144.7	90.9	1235.6	1.00	25	885.5	181.8	1067.3	0.92
2	1144.7	90.9	1235.6	0.88	22～24	1067.3	90.9	1158.2	1.00
1	1304.6	104.9	1409.5	1.00					

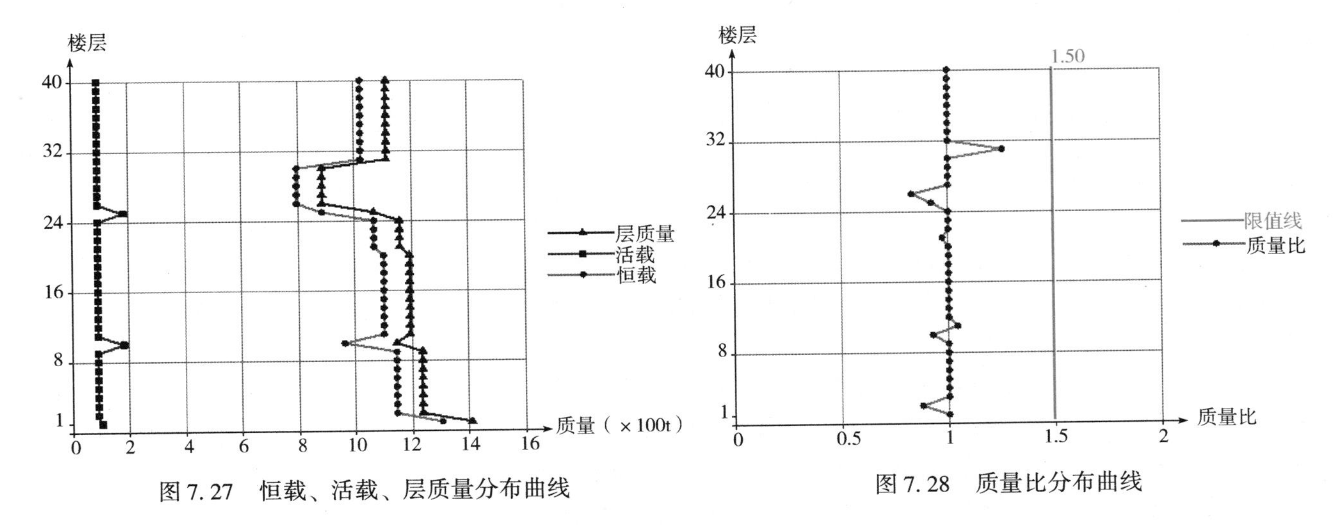

图 7.27　恒载、活载、层质量分布曲线

图 7.28　质量比分布曲线

《高规》第 3.5.6 条规定：楼层质量沿高度宜均匀分布，楼层质量不宜大于相邻下部楼层的 1.5 倍。

判定：从表 7.3 和图 7.27、图 7.28 可以看出，该高层写字楼全部楼层质量比满足规范要求。

2. 立面规则性

（1）刚度比

该高层写字楼框筒结构刚度比 1 和刚度比 2 计算结果详见表 7.4，如图 7.29、图 7.30 所示。

表 7.4　高层写字楼楼层刚度比

层号	Ratx1	Raty1	Ratx2	Raty2	Rat2_min	层号	Ratx1	Raty1	Ratx2	Raty2	Rat2_min
21	1.32	1.32	1.03	1.03	0.90	40	1.00	1.00	1.00	1.00	1.00
20	1.40	1.40	1.09	1.09	0.90	39	2.46	2.46	1.72	1.72	0.90
19	1.39	1.39	1.04	1.04	0.90	38	1.84	1.84	1.29	1.29	0.90
18	1.35	1.35	1.02	1.02	0.90	37	1.65	1.65	1.16	1.16	0.90
17	1.32	1.32	1.02	1.02	0.90	36	1.57	1.57	1.10	1.10	0.90
12～16	1.31	1.31	1.02	1.02	0.90	35	1.48	1.48	1.07	1.07	0.90
11	1.31	1.31	1.03	1.03	0.90	34	1.41	1.41	1.05	1.05	0.90
10	1.38	1.38	1.08	1.08	0.90	33	1.37	1.37	1.04	1.04	0.90
9	1.40	1.40	1.06	1.06	0.90	32	1.34	1.34	1.03	1.03	0.90
8	1.37	1.37	1.03	1.03	0.90	31	1.34	1.34	1.04	1.04	0.90
7	1.34	1.34	1.03	1.03	0.90	30	1.43	1.43	1.11	1.11	0.90
5，6	1.33	1.33	1.03	1.03	0.90	29	1.40	1.40	1.04	1.04	0.90
4	1.34	1.34	1.04	1.04	0.90	28	1.35	1.35	1.02	1.02	0.90
3	1.34	1.34	1.03	1.03	0.90	27	1.31	1.31	1.02	1.02	0.90
2	1.27	1.27	0.98	0.98	0.90	25，26	1.30	1.30	1.02	1.02	0.90
1	*0.86*	*0.86*	*1.11*	*1.11*	1.50	22～24	1.31	1.31	1.02	1.02	0.90

注：1. 刚度比 1（Ratx1，Raty1）：X、Y 方向本层塔侧移刚度与上一层相应塔侧移刚度 70% 的比值或上三层平均侧移刚度 80% 的比值中之较小值（按《抗规》3.4.3；《高规》3.5.2－1）。

2. 刚度比 2（Ratx2，Raty2）：X、Y 方向本层塔侧移刚度与本层层高的乘积与上一层相应塔侧移刚度与上层层高的乘积的比值（《高规》3.5.2－2）。

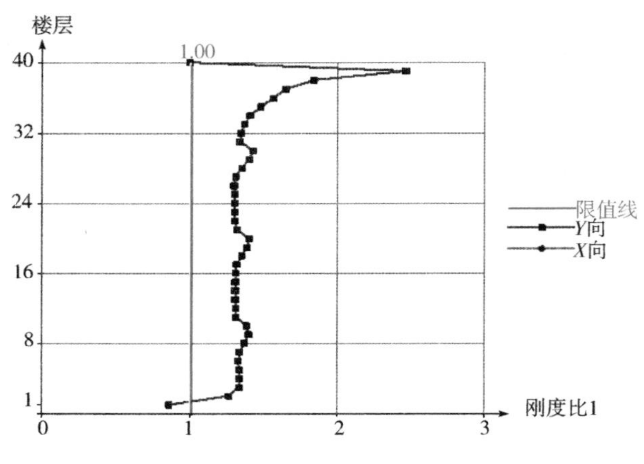

图 7.29　写字楼多方向刚度比 1 简图

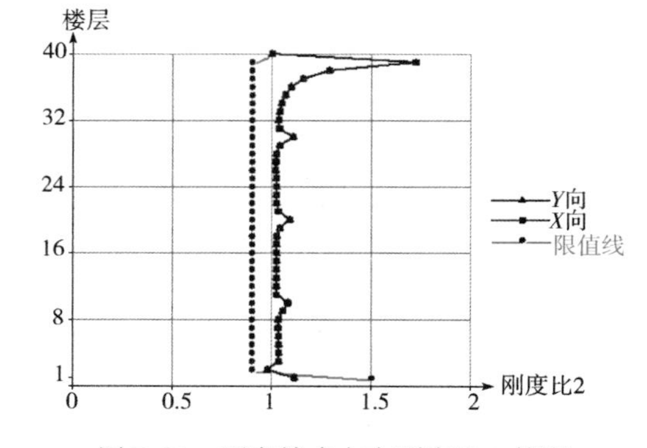

图 7.30　写字楼多方向刚度比 2 简图

《高规》第 3.5.2-2 条规定：对非框架结构，楼层与其相邻上层的侧向刚度比，本层与相邻上层的比值不宜小于 0.9；当本层层高大于相邻上层层高的 1.5 倍时，该比值不宜小于 1.1；对结构底部嵌固层，该比值不宜小于 1.5。

《抗规》第 3.4.3-2 条对于侧向刚度不规则的定义为：该层的侧向刚度小于相邻上一层的 70%，或小于其上相邻三个楼层侧向刚度平均值的 80%。

判定：根据表 7.4 中计算结果和图 7.29、图 7.30 可以看出，该写字楼第 1 楼层刚度比 1 和刚度比 2 不满足规范要求，应进行调整。该框筒结构无侧向刚度不规则的情况，侧向刚度比满足规范要求。

（2）各楼层受剪承载力

该写字楼各楼层受剪承载力及承载力比值结果详见表 7.5，如图 7.31 所示。

表 7.5　各楼层受剪承载力及承载力比值（单位：kN）

层号	V_x	V_y	V_x/V_{xp}	V_y/V_{yp}	比值判断	层号	V_x	V_y	V_x/V_{xp}	V_y/V_{yp}	比值判断
20	97134.45	97134.54	1.46	1.46	满足	40	26650.99	26651.02	1.00	1.00	满足
19	97657.86	97657.98	1.01	1.01	满足	39	28914.91	28914.94	1.08	1.08	满足
18	98017.26	98017.37	1.00	1.00	满足	38	30399.22	30399.26	1.05	1.05	满足
17	98330.70	98330.83	1.00	1.00	满足	37	31813.89	31813.93	1.05	1.05	满足
16	98488.82	98488.95	1.00	1.00	满足	36	33152.41	33152.45	1.04	1.04	满足
15	98164.89	98164.98	1.00	1.00	满足	35	34429.19	34429.22	1.04	1.04	满足
14	97386.95	97387.07	0.99	0.99	满足	34	35630.82	35630.86	1.03	1.03	满足
13	96449.08	96449.18	0.99	0.99	满足	33	36753.22	36753.28	1.03	1.03	满足
12	95369.80	95369.88	0.99	0.99	满足	32	37787.91	37787.98	1.03	1.03	满足
11	94279.85	94279.96	0.99	0.99	满足	31	38711.23	38711.30	1.02	1.02	满足
10	1.19e+5	1.19e+5	1.26	1.26	满足	30	60670.22	60670.30	1.57	1.57	满足
9	1.18e+5	1.18e+5	0.99	0.99	满足	29	61528.11	61528.17	1.01	1.01	满足
8	1.17e+5	1.17e+5	0.99	0.99	满足	28	62361.12	62361.18	1.01	1.01	满足
7	1.16e+5	1.16e+5	0.99	0.99	满足	27	63156.64	63156.74	1.01	1.01	满足
6	1.15e+5	1.15e+5	0.99	0.99	满足	26	63910.93	63910.99	1.01	1.01	满足
5	1.14e+5	1.14e+5	0.99	0.99	满足	25	64558.95	64559.03	1.01	1.01	满足
4	1.13e+5	1.13e+5	1.00	1.00	满足	24	65160.06	65160.14	1.01	1.01	满足
3	1.13e+5	1.13e+5	0.99	0.99	满足	23	65689.75	65689.84	1.01	1.01	满足
2	1.12e+5	1.12e+5	1.00	1.00	满足	22	66144.32	66144.42	1.01	1.01	满足
1	59960.38	59960.43	0.53	0.53	不满足	21	66500.32	66500.40	1.01	1.01	满足

注：V_x、V_y 为楼层受剪承载力（X、Y 方向）；V_x/V_{xp}、V_y/V_{yp} 为本层与上层楼层承载力的比值（X，Y 方向）。

《高规》第 3.5.3 条规定：A 级高度高层建筑的楼层抗侧力结构的层间受剪承载力不宜小于其相邻上一层受剪承载力的 80%，不应小于其相邻上一层受剪承载力的 65%；B 级高度高层建筑的楼层抗侧力结构的层间受剪承载力不应小于其相邻上一层受剪承载力的75%。

判定：通过表7.5及图7.31中各楼层承载力比值可以看出，该高层写字楼第1层在X、Y向受剪承载力比不满足规范规定，需进行调整。

（3）楼层薄弱层调整系数

判定：根据以上第（1）和（2）项可知，该高层写字楼第1楼层刚度比1、刚度比2和受剪承载力不满足规范要求，综合判定该酒店第1楼层为软弱层和薄弱层，程序按照《高规》第3.5.8条规定，对应于地震作用标准值的剪力应乘以1.25的增大系数，详见表7.6。

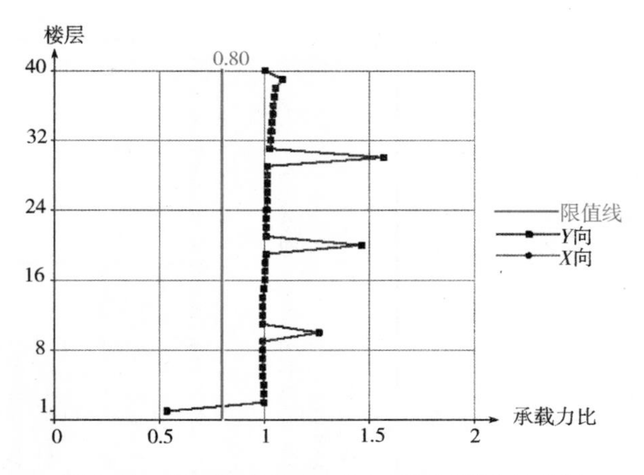

图7.31　高层写字楼X、Y向受剪承载力比简图

表7.6　软弱层、薄弱层调整系数

层　号	方　向	用户指定薄弱层	软弱层	薄弱层	C_def	C_user	C_final
2~40	X, Y				1.00		1.00
1	X, Y		√	√	1.25		**1.25**

3. 抗震分析及调整

（1）结构周期及振型方向

1）地震作用的最不利方向角：−44.42°。

2）综合楼前8个振型结构周期及振型方向见表7.7。

表7.7　结构周期及振型方向

振型号	周期/s	方向角/度	类型	扭振成分	X侧振成分	Y侧振成分	总侧振成分	阻尼比
1	**2.9249**	0.98	X	−0%	100%	0%	100%	4.98%
2	**2.9249**	90.98	Y	−0%	0%	100%	100%	4.98%
3	**1.5583**	90.00	T	100%	0%	0%	0%	4.98%
4	0.9901	160.69	X	0%	89%	11%	100%	4.96%
5	0.9901	70.69	Y	0%	11%	89%	100%	4.96%
6	0.5684	85.42	T	100%	0%	0%	0%	4.98%
7	0.5353	135.78	X	0%	51%	49%	100%	4.95%
8	0.5353	45.78	Y	0%	49%	51%	100%	4.95%

（2）周期比判定

《高规》第3.4.5条规定：结构扭转为主的第一自振周期T_t与平动为主的第一自振周期T_1之比，A级高度高层建筑不应大于0.9，B级高度高层建筑、超过A级高度的混合结构及《高规》第10章所指的复杂高层建筑不应大于0.85。

判定：从表7.7和图7.32可以看出，该写字楼第1、2振型为平动（扭转成分0%），第3振型为扭转（扭转成分100%），周期比为0.533<0.90，满足规范要求，无须调整。

（3）有效质量系数

该高层写字楼各地震方向参与振型的有效质量系数见表7.8。

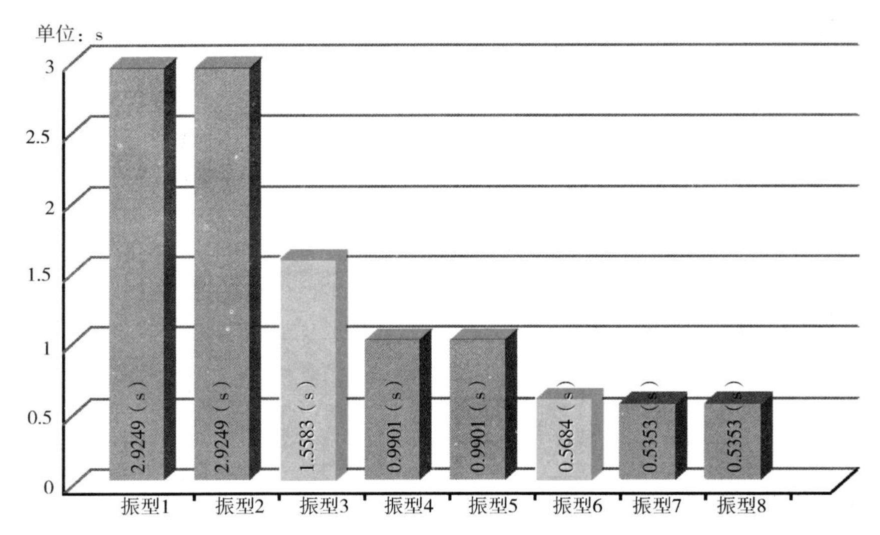

图 7.32　综合楼前 8 个振型周期简图

（注：图中灰色表示侧振成分，红色表示扭振成分）

表 7.8　高层写字楼各地震方向参与振型的有效质量系数

振型号	EX	EY	振型号	EX	EY	振型号	EX	EY	振型号	EX	EY
1	73.38%	0.02%	2	0.02%	73.38%	3	0.00%	0.00%	4	14.31%	1.76%
5	1.76%	14.31%	6	0.00%	0.00%	7	2.42%	2.29%	8	2.29%	2.42%
9	1.80%	0.21%	10	0.21%	1.80%	11	0.00%	0.00%	12	0.91%	0.18%
13	0.18%	0.91%	14	0.00%	0.00%	15	0.53%	0.24%	16	0.24%	0.53%
17	0.26%	0.21%	18	0.21%	0.26%	19	0.00%	0.00%	20	0.23%	0.14%
21	0.14%	0.23%	22	0.00%	0.00%	23	0.14%	0.08%	24	0.08%	0.14%
25	0.10%	0.09%	26	0.09%	0.10%	27	0.00%	0.00%	28	0.07%	0.07%
29	0.07%	0.07%	30	0.00%	0.00%	31	0.06%	0.05%	32	0.05%	0.06%
33	0.00%	0.00%	34	0.05%	0.04%	35	0.04%	0.05%	36	0.00%	0.00%
37	0.03%	0.03%	38	0.03%	0.03%	39	0.03%	0.02%	40	0.02%	0.03%
41	0.00%	0.00%	42	0.02%	0.02%	**合计**	**99.76%**	**99.76%**			

《高规》第 5.1.13 条规定：各振型的参与质量之和不应小于总质量的 90%。

判定： 1）第 1 地震方向 EX 的有效质量系数为 99.76%，参与振型足够。

2）第 2 地震方向 EY 的有效质量系数为 99.76%，参与振型足够。

（4）地震作用下结构剪重比及其调整

该高层写字楼地震作用下计算所得的结构剪重比及其调整系数详见表 7.9、表 7.10，如图 7.33、图 7.34 所示。

表 7.9　EX 工况下结构剪重比和调整系数

层号	V_x/kN	RSW	Coef2	Coef_RSWx	层号	V_x/kN	RSW	Coef2	Coef_RSWx
20	4587.1	2.04%	1.10	1.10	40	498.0	4.48%	1.10	1.10
19	4718.3	2.00%	1.10	1.10	39	949.3	4.27%	1.10	1.10
18	4847.5	1.95%	1.10	1.10	38	1346.5	4.03%	1.10	1.10
17	4974.0	1.91%	1.10	1.10	37	1692.2	3.80%	1.10	1.10
16	5097.3	1.87%	1.10	1.10	36	1993.3	3.58%	1.10	1.10
15	5216.9	1.84%	1.10	1.10	35	2258.1	3.38%	1.10	1.10
14	5332.6	1.80%	1.10	1.10	34	2494.8	3.20%	1.10	1.10
13	5444.3	1.77%	1.10	1.10	33	2710.5	3.05%	1.10	1.10
12	5551.9	1.74%	1.10	1.10	32	2910.9	2.91%	1.10	1.10

（续）

层号	V_x/kN	RSW	Coef2	Coef_RSWx	层号	V_x/kN	RSW	Coef2	Coef_RSWx
11	5655.7	1.70%	1.10	1.10	31	3100.1	2.79%	1.10	1.10
10	5752.1	1.68%	1.10	1.10	30	3242.1	2.70%	1.10	1.10
9	5855.1	1.65%	1.10	1.10	29	3377.7	2.62%	1.10	1.10
8	5958.4	1.62%	1.10	1.10	28	3507.9	2.55%	1.10	1.10
7	6061.7	* 1.59% *	1.10	1.10	27	3632.9	2.48%	1.10	1.10
6	6164.4	* 1.57% *	1.10	1.10	26	3752.3	2.41%	1.10	1.10
5	6266.2	* 1.55% *	1.10	1.10	25	3891.2	2.34%	1.10	1.10
4	6365.0	* 1.53% *	1.10	1.10	24	4038.6	2.27%	1.10	1.10
3	6457.5	* 1.50% *	1.10	1.10	23	4182.1	2.21%	1.10	1.10
2	6539.9	* 1.48% *	1.10	1.10	22	4320.7	2.15%	1.10	1.10
1	6609.7	* 1.45% *	1.10	1.10	21	4454.1	2.10%	1.10	1.10

表 7.10　EY 工况下结构剪重比和调整系数

层号	V_y/kN	RSW	Coef2	Coef_RSWy	层号	V_y/kN	RSW	Coef2	Coef_RSWy
20	4587.1	2.04%	1.10	1.10	40	498.0	4.48%	1.10	1.10
19	4718.3	2.00%	1.10	1.10	39	949.3	4.27%	1.10	1.10
18	4847.5	1.95%	1.10	1.10	38	1346.5	4.03%	1.10	1.10
17	4974.0	1.91%	1.10	1.10	37	1692.2	3.80%	1.10	1.10
16	5097.3	1.87%	1.10	1.10	36	1993.3	3.58%	1.10	1.10
15	5216.9	1.84%	1.10	1.10	35	2258.1	3.38%	1.10	1.10
14	5332.6	1.80%	1.10	1.10	34	2494.8	3.20%	1.10	1.10
13	5444.3	1.77%	1.10	1.10	33	2710.5	3.05%	1.10	1.10
12	5551.9	1.74%	1.10	1.10	32	2910.9	2.91%	1.10	1.10
11	5655.7	1.70%	1.10	1.10	31	3100.1	2.79%	1.10	1.10
10	5752.1	1.68%	1.10	1.10	30	3242.1	2.70%	1.10	1.10
9	5855.1	1.65%	1.10	1.10	29	3377.7	2.62%	1.10	1.10
8	5958.4	1.62%	1.10	1.10	28	3507.9	2.55%	1.10	1.10
7	6061.7	* 1.59% *	1.10	1.10	27	3632.9	2.48%	1.10	1.10
6	6164.4	* 1.57% *	1.10	1.10	26	3752.3	2.41%	1.10	1.10
5	6266.2	* 1.55% *	1.10	1.10	25	3891.2	2.34%	1.10	1.10
4	6365.0	* 1.53% *	1.10	1.10	24	4038.6	2.27%	1.10	1.10
3	6457.5	* 1.50% *	1.10	1.10	23	4182.1	2.21%	1.10	1.10
2	6539.9	* 1.48% *	1.10	1.10	22	4320.7	2.15%	1.10	1.10
1	6609.7	* 1.45% *	1.10	1.10	21	4454.1	2.10%	1.10	1.10

注：V_x，V_y 为地震作用下结构楼层的剪力；RSW 为剪重比；Coef2 为按《抗规》第 5.2.5 条计算的剪重比调整系数；Coef_RSW 为程序综合考虑最终采用的剪重比调整系数。

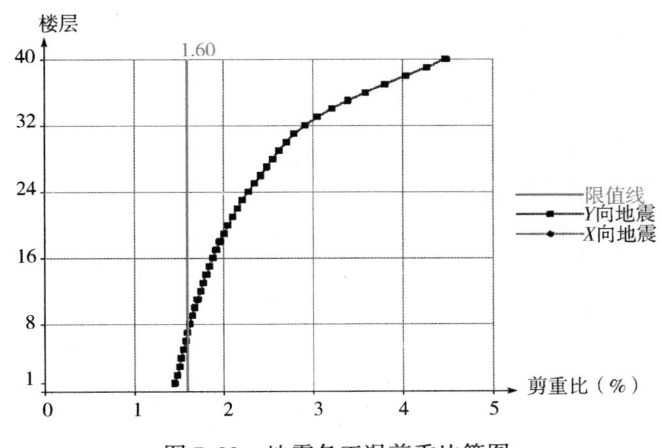

图 7.33　地震各工况剪重比简图

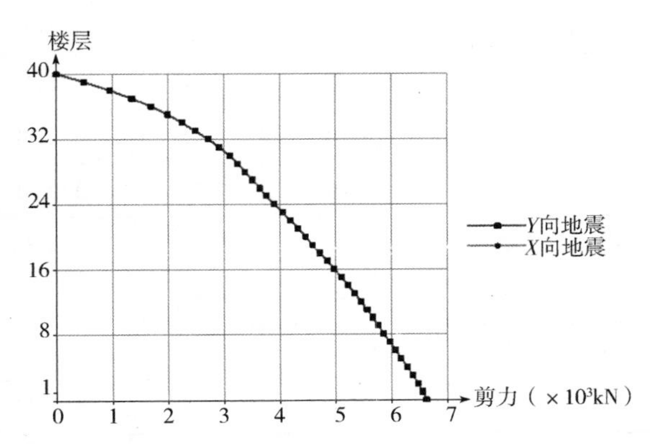

图 7.34　地震各工况楼层剪力简图

《抗规》第5.2.5条规定：7度（0.10g）设防地区，水平地震影响系数最大值为0.08，楼层剪重比不应小于1.60%。

判定：由表7.9、表7.10、图7.33和图7.34可以看出，该高层写字楼框筒结构在EX、EY工况下第1~7层剪重比不满足规范，需进行调整。设计人员可以自定义剪重比调整系数，如果未定义，程序则采用按《抗规》第5.2.5条计算的剪重比调整系数。

4. 变形验算

普通结构楼层位移指标统计。

1）最大层间位移角。该写字楼框筒结构X、Y向地震工况和X、Y向风荷载工况的最大位移、最大层间位移角见表7.11、表7.12，如图7.37所示。

《高规》第3.7.3条规定：对于高度不大于150m的框筒结构，按弹性方法计算的风荷载或多遇地震标准值作用下的楼层层间最大水平位移与层高之比$\Delta u/h$不宜大于1/800，对于高度不小于250m的高层建筑，其楼层层间最大位移与层高之比$\Delta u/h$不宜大于1/500。

判定：结构设定的限值为1/800，该高层写字楼在X、Y向地震工况下最大层间位移角为1/1821（22层），在X、Y向风荷载工况下最大层间位移角为1/1442（21层），结构所有工况下最大层间位移角均满足规范要求。

表7.11 X、Y向地震工况的位移

层号	X向地震工况		Y向地震工况		层号	X向地震工况		Y向地震工况	
	最大位移	最大层间位移角	最大位移	最大层间位移角		最大位移	最大层间位移角	最大位移	最大层间位移角
20	31.43	1/1928	31.43	1/1928	40	60.38	1/3394	60.38	1/3394
19	29.81	1/1949	29.81	1/1949	39	59.44	1/3067	59.44	1/3067
18	28.21	1/1943	28.21	1/1943	38	58.42	1/2781	58.42	1/2781
17	26.59	1/1939	26.59	1/1939	37	57.32	1/2557	57.32	1/2557
16	24.96	1/1936	24.96	1/1936	36	56.13	1/2380	56.13	1/2380
15	23.33	1/1935	23.33	1/1935	35	54.87	1/2239	54.87	1/2239
14	21.69	1/1938	21.69	1/1938	34	53.53	1/2125	53.53	1/2125
13	20.04	1/1943	20.04	1/1943	33	52.13	1/2031	52.13	1/2031
12	18.40	1/1951	18.40	1/1951	32	50.65	1/1953	50.65	1/1953
11	16.76	1/1964	16.76	1/1964	31	49.11	1/1901	49.11	1/1901
10	15.13	1/2088	15.13	1/2088	30	47.53	1/2010	47.53	1/2010
9	13.59	1/2164	13.59	1/2164	29	46.02	1/2002	46.02	1/2002
8	12.09	1/2196	12.09	1/2196	28	44.51	1/1969	44.51	1/1969
7	10.62	1/2227	10.62	1/2227	27	42.96	1/1941	42.96	1/1941
6	9.15	1/2261	9.15	1/2261	26	41.39	1/1915	41.39	1/1915
5	7.71	1/2301	7.71	1/2301	25	39.79	1/1888	39.79	1/1888
4	6.29	1/2346	6.29	1/2346	24	38.17	1/1862	38.17	1/1862
3	4.89	1/2391	4.89	1/2391	23	36.52	1/1839	36.52	1/1839
2	3.51	1/2311	3.51	1/2311	**22**	34.84	**1/1821**	34.84	**1/1821**
1	2.08	1/2544	2.08	1/2544	21	33.14	1/1822	33.14	1/1822

表7.12　X、Y向风荷载工况的位移

层号	X向风荷载工况		Y向风荷载工况		层号	X向风荷载工况		Y向风荷载工况	
	最大位移	最大层间位移角	最大位移	最大层间位移角		最大位移	最大层间位移角	最大位移	最大层间位移角
20	42.00	1/1515	42.00	1/1515	40	78.83	1/2853	78.83	1/2853
19	39.82	1/1524	39.82	1/1524	39	77.67	1/2649	77.67	1/2649
18	37.66	1/1512	37.66	1/1512	38	76.42	1/2457	76.42	1/2457
17	35.47	1/1502	35.47	1/1502	37	75.08	1/2292	75.08	1/2292
16	33.28	1/1494	33.28	1/1494	36	73.64	1/2150	73.64	1/2150
15	31.07	1/1488	31.07	1/1488	35	72.11	1/2027	72.11	1/2027
14	28.85	1/1485	28.85	1/1485	34	70.48	1/1920	70.48	1/1920
13	26.63	1/1484	26.63	1/1484	33	68.76	1/1827	68.76	1/1827
12	24.41	1/1486	24.41	1/1486	32	66.96	1/1744	66.96	1/1744
11	22.19	1/1492	22.19	1/1492	31	65.07	1/1681	65.07	1/1681
10	19.98	1/1581	19.98	1/1581	30	63.10	1/1739	63.10	1/1739
9	17.89	1/1638	17.89	1/1638	29	61.21	1/1707	61.21	1/1707
8	15.88	1/1663	15.88	1/1663	28	59.27	1/1657	59.27	1/1657
7	13.89	1/1689	13.89	1/1689	27	57.28	1/1613	57.28	1/1613
6	11.94	1/1719	11.94	1/1719	26	55.24	1/1572	55.24	1/1572
5	10.02	1/1756	10.02	1/1756	25	53.14	1/1536	53.14	1/1536
4	8.14	1/1799	8.14	1/1799	24	50.99	1/1503	50.99	1/1503
3	6.31	1/1843	6.31	1/1843	23	48.80	1/1475	48.80	1/1475
2	4.52	1/1791	4.52	1/1791	22	46.56	1/1450	46.56	1/1450
1	2.68	1/1980	2.68	1/1980	**21**	44.29	**1/1442**	44.29	**1/1442**

2）规定水平力下位移比和层间位移比。该高层写字楼X、Y向正负偏心静震（规定水平力）工况的位移见表7.13，如图7.35、图7.36所示。

表7.13　X、Y向正负偏心静震（规定水平力）工况的位移

层号	X向正偏心		X向负偏心		Y向正偏心		Y向负偏心	
	位移比	层间位移比	位移比	层间位移比	位移比	层间位移比	位移比	层间位移比
38~40	1.03	1.01	1.03	1.01	1.03	1.01	1.03	1.01
32~37	1.03	1.02	1.03	1.02	1.03	1.02	1.03	1.02
31	1.03	1.03	1.03	1.03	1.03	1.03	1.03	1.03
25~30	1.03	1.02	1.03	1.02	1.03	1.02	1.03	1.02
19~24	1.03	1.03	1.03	1.03	1.03	1.03	1.03	1.03
8~18	1.04	1.03	1.04	1.03	1.04	1.03	1.04	1.03
6，7	1.04	1.04	1.04	1.04	1.04	1.04	1.04	1.04
3~5	1.05	1.04	1.05	1.04	1.05	1.04	1.05	1.04
2	1.06	1.04	1.06	1.04	1.06	1.04	1.06	1.04
1	1.06	1.06	1.06	1.06	1.06	1.06	1.06	1.06

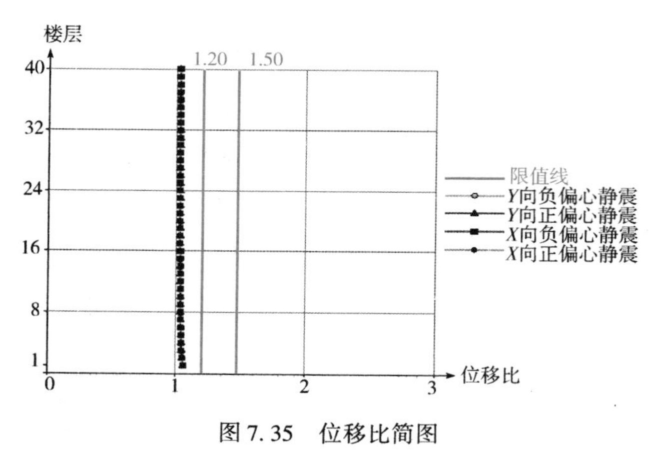

图 7.35　位移比简图

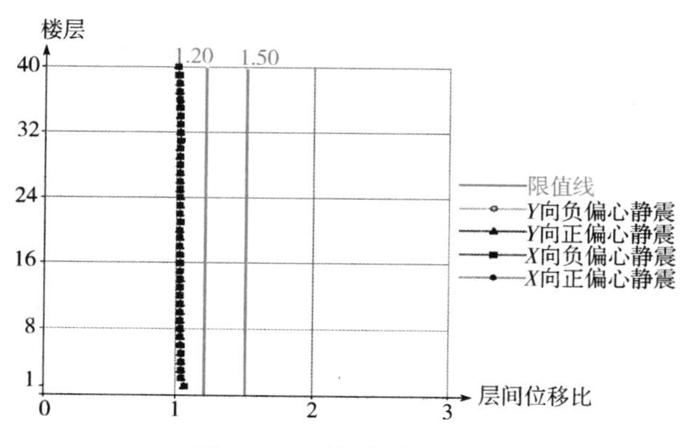

图 7.36　层间位移比简图

判定：结构设定的判断扭转不规则的位移比为 1.20，位移比的限值为 1.50，从表 7.13 可以看出，该写字楼最大位移比为 1.06 < 1.2，所有工况下位移比、层间位移比均满足规范要求。

5. 抗倾覆和稳定验算

（1）抗倾覆验算

该高层写字楼抗倾覆验算结果见表 7.14。

《高规》第 12.1.7 条规定：在重力荷载与水平荷载标准值或重力荷载代表值与多遇水平地震标准值共同作用下，高宽比大于 4 的高层建筑，基础底面不宜出现零应力区；高宽比不大于 4 的高层建筑，基础底面与地基之间零应力区面积不应超过基础底面面积的 15%。

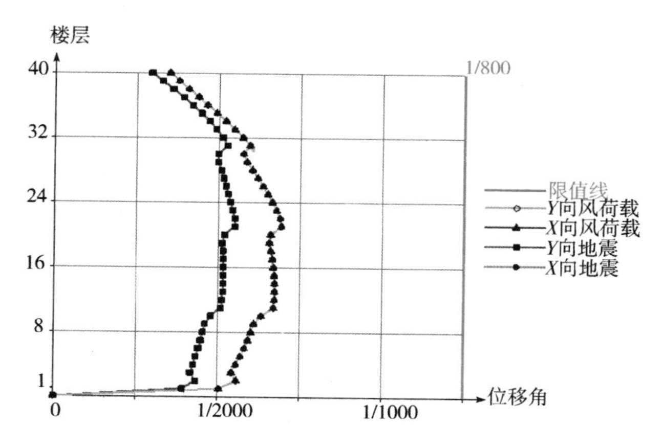

图 7.37　最大层间位移角简图

表 7.14　高层写字楼抗倾覆验算

工况	抗倾覆力矩 M_r/(kN·m)	倾覆力矩 M_{ov}/(kN·m)	比值 M_r/M_{ov}	零应力区（%）
EX	6.75e+6	6.52e+5	10.35	0.00
EY	6.75e+6	6.52e+5	10.35	0.00
WX	6.98e+6	8.34e+5	8.37	0.00
WY	6.98e+6	8.34e+5	8.37	0.00

判定：该高层写字楼高宽比为 4.47 >4.0，基础底面零应力区面积比为 0.00%，符合规范要求。

（2）整体稳定刚重比验算

该高层写字楼在地震作用和风荷载作用下的刚重比验算见表 7.15。

表 7.15　基于地震作用和风荷载作用的刚重比验算

工况（地震作用）	验算公式	验算值	工况（风荷载）	验算公式	验算值
EX	EJ_d/GH^2	3.80	WX	EJ_d/GH^2	**3.53**
EY	EJ_d/GH^2	3.80	WY	EJ_d/GH^2	3.53

判定：从表 7.15 验算值可以看出，该高层写字楼最小剪重比为 3.53，可以得出以下结论：①该高层写字楼框筒结构刚重比 EJ_d/GH^2 大于 1.4，能够通过《高规》第 5.4.4-1 的整体稳定验算；②该高

层写字楼框筒结构刚重比 EJ_d/GH^2 大于 2.7，可以不考虑重力二阶效应。

6. 指标汇总信息

该高层写字楼整体计算指标汇总见表 7.16。

表 7.16　高层写字楼整体计算指标汇总

指标项		汇总信息
总质量/t		45612.76
质量比		1.26 < [1.5] (31 层 1 塔)
最小刚度比 1	X 向	0.86 < [1.00] (1 层 1 塔)
	Y 向	0.86 < [1.00] (1 层 1 塔)
最小刚度比 2	X 向	0.98 > [0.90] (2 层 1 塔)
	Y 向	0.98 > [0.90] (2 层 1 塔)
最小楼层受剪承载力比值	X 向	0.53 < [0.80] (1 层 1 塔)
	Y 向	0.53 < [0.80] (1 层 1 塔)
最小刚度比 1 (强刚)	X 向	0.86 < [1.00] (1 层 1 塔)
	Y 向	0.86 < [1.00] (1 层 1 塔)
最小刚度比 2 (强刚)	X 向	0.98 > [0.90] (2 层 1 塔)
	Y 向	0.98 > [0.90] (2 层 1 塔)
结构自振周期/s		T_1 = 2.9249 (X)
		T_3 = 2.9249 (Y)
		T_5 = 1.5583 (T)
有效质量系数	X 向	99.76% > [90%]
	Y 向	99.76% > [90%]
最小剪重比	X 向	1.45% < [1.60%] (1 层 1 塔)
	Y 向	1.45% < [1.60%] (1 层 1 塔)
结构自振周期 [强刚] /s		T_1 = 2.9249 (X)
		T_3 = 2.9249 (Y)
		T_5 = 1.5583 (T)
最大层间位移角	X 向	1/1442 < [1/800] (21 层 1 塔)
	Y 向	1/1442 < [1/800] (21 层 1 塔)
最大位移比	X 向	1.06 < [1.50] (1 层 1 塔)
	Y 向	1.06 < [1.50] (1 层 1 塔)
最大层间位移比	X 向	1.06 < [1.20] (1 层 1 塔)
	Y 向	1.06 < [1.20] (1 层 1 塔)
最大层间位移角 (强刚)	X 向	1/1442 < [1/800] (21 层 1 塔)
	Y 向	1/1442 < [1/800] (21 层 1 塔)
最大位移比 (强刚)	X 向	1.06 < [1.50] (1 层 1 塔)
	Y 向	1.06 < [1.50] (1 层 1 塔)
最大层间位移比 (强刚)	X 向	1.06 < [1.20] (1 层 1 塔)
	Y 向	1.06 < [1.20] (1 层 1 塔)

7.6　框筒结构方案评议

1. 结构方案

1）从表 7.16 可以看出，该写字楼第 1 层最小刚度比 1 和最小剪重比不满足规范要求。

2）写字楼第 1 层最小楼层受剪承载力比值不满足规范要求。

3）角柱轴压比超限，写字楼框筒中心钢梁和钢柱验算参数不满足要求。

4）地震作用的最不利方向角大于 15°（－44.42°）

2. 优化建议

1）调整四周角柱截面尺寸，满足轴压比要求。

2）调整中间钢柱截面尺寸，满足强度和稳定要求。

3）剪重比太小，说明写字楼结构刚度偏柔，应进行调整，设计人员可自定义剪重比调整系数。

4）该写字楼框筒结构存在软弱层和薄弱层，应采取加强措施。

5）有斜交抗侧力构件的结构，当相交角度大于 15°时，应分别计算各抗侧力构件方向的水平地震作用。

7.7 框筒结构施工图

完成该写字楼框筒结构模型的建立、结构分析和计算后，当确认整体指标满足规范要求，构件截面及配筋适当，没有超限信息时，可切换到【混凝土结构施工图】模块下，进行框筒结构的施工图绘制工作。其绘图流程同前面各章有关内容。

1）该写字楼一层梁配筋平面图如图 7.38 所示。

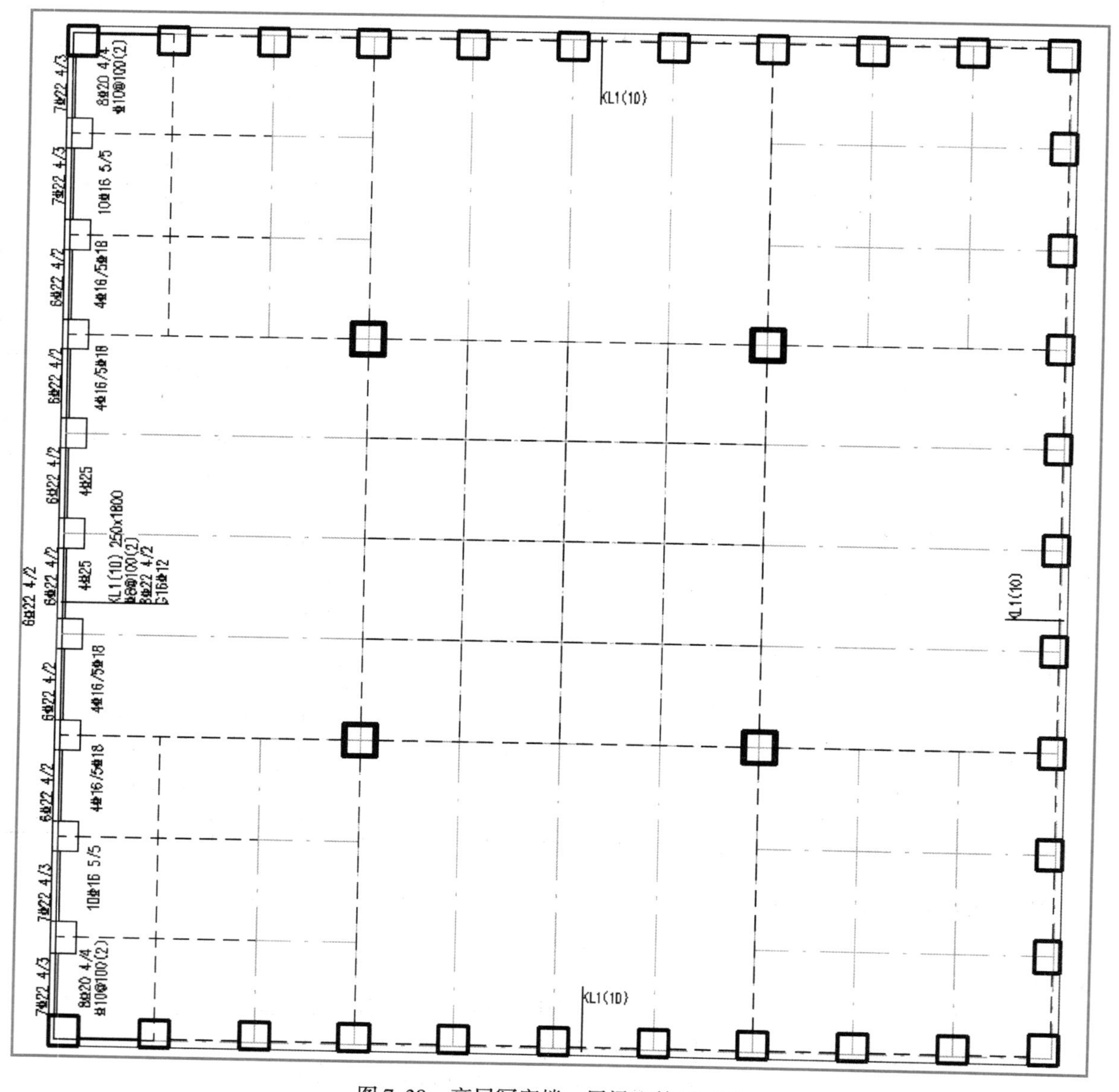

图 7.38 高层写字楼一层梁配筋平面图

2）该高层写字楼一层柱配筋平面图如图 7. 39 所示。

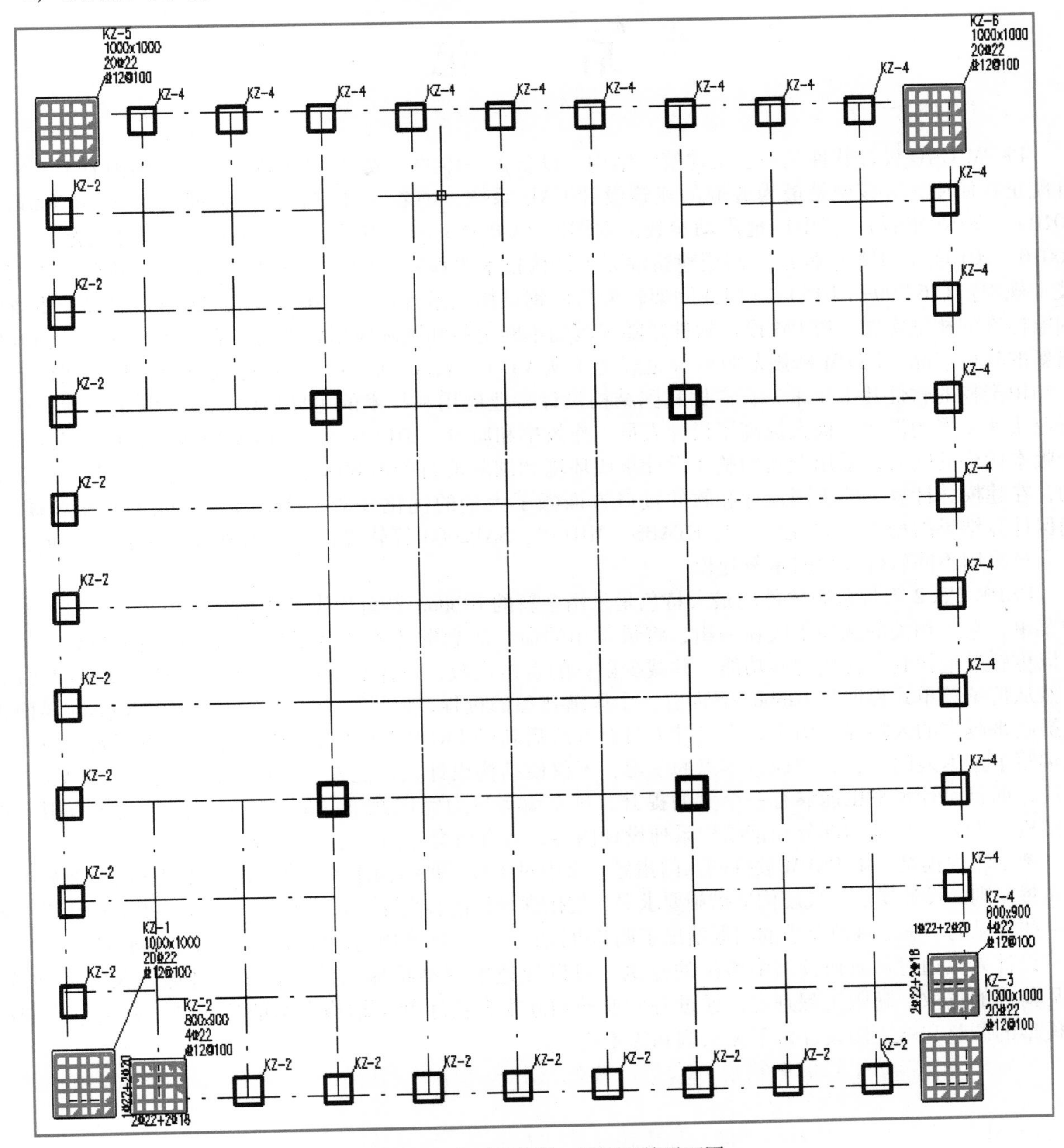

图 7. 39　高层写字楼一层柱配筋平面图

后　　记

PKPM CAD 设计软件是一套集建筑、结构、设备于一体的集成化 CAD 系统，目前国内有上万家设计院正在使用，应该说是最为普遍的建筑设计 CAD 系统。随着《建筑抗震设计规范》（GB 50011—2010）（2016 年版）、《中国地震动参数区划图》（GB 18306—2015）、《混凝土结构设计规范》（GB 50010—2010）（2015 年版）、《高层建筑混凝土结构技术规程》（JGJ 3—2010）、《高层民用建筑钢结构技术规程》（JGJ 99—2015）、《门式刚架轻型房屋钢结构技术规范》（GB 51022—2015）等几个重要的国家标准的相继实施，PKPM 设计软件紧随规范的不断更新和国际应用软件的发展，及时推陈出新开发出新的软件产品。PKPM 新规范版软件也经历了从 V1. 1、V2. 2 到 V3. 2 的跨越式更新换代。使国产自主知识产权的软件几十年来一直占据我国结构设计行业应用和技术的主导地位，同时满足了我国建筑行业快速发展的需要，极大提高了设计人员工作效率和质量。2017 年发布的 PKPM V3. 2 版在保持前几个版本优势的同时，采用全新的整体设计集成环境和国际流行的 Ribbon 界面，以及全新的菜单组织架构，在建模、计算、施工图设计和软件接口方面做了大量的优化改造。结构计算功能上紧扣新规范，确保计算结果的稳定，并提供了与 ETABS、MIDAS、SAP2000 等软件的数据转换及模型接口，免去设计人员采用不同软件校核时重复建模。

PKPM V3. 2 新规范版软件的最大特色是采用全新的 Ribbon 界面替代了传统的菜单栏、工具栏和下拉菜单，它将相关的选项组成在一组，将最常用的命令放到资源管理器用户界面的最突出位置，用户可以更轻松地找到并使用这些功能，并减少鼠标的点击次数，总体来说比起之前的下拉菜单效率要高。虽然从传统菜单式界面到 Ribbon 界面有一个逐渐熟悉的过程，但是一个不争的事实是，Ribbon 界面正在被越来越多的人接受。由于许多设计人员对升级后新的 PKPM V3. 2 版结构设计软件还不太适应，为此编写了这本入门书，希望通过本书的学习，不仅使结构设计人员能在短期内快速掌握 PKPM V3. 2 的使用，而且设计水平也能够有一个大的提升，这是编者尽力完成此书的最大心愿。限于篇幅有限，本书结构范例未包括基础部分和钢结构系列设计内容，待有机会专门论述。

本书不仅仅是一本 PKPM 软件的入门指导，书中对于每一种结构体系结合规范条文深入浅出地分析了其布置原则，设计要点，抗震构造措施要求等，把概念设计内容贯穿于每个章节中。每一章中对计算结果中一些常见的不满足规范要求的问题给出了调整办法，并对一些常用的设计数据进行了归纳整理。

设计人员通过认真研读书中给出的范例，可以快速掌握结构体系的选择，构件截面尺寸的估算，常见荷载的选取，超限工程判定，通过各专业的相互配合快速判定结构方案的可行性，避免给后期结构模型的调整和施工图设计留下无法调和的矛盾。

最后，需要告诫年轻的结构设计人员，若想在未来几年内成长为一名合格的结构工程师，需要牢记：

1）计算机只是一种工具，不能全部依赖计算机去完成工程设计所有任务。结构设计要重视概念设计和总体布置，注重结构构造措施，不必过分追求计算精度，计算结果应有一定的安全裕度。

2）从结构的初学者成长为一名优秀的结构工程师，是一个循序渐进的过程，不是一蹴而就的，不要贪多贪大。对于初学者来说，不要只追求做超高层、大跨度项目，从普通框架做起，更有利于自己水平的稳步提高，尽自己最大努力把复杂工程做到经济合理，简单工程做到富有创意才是真本事。

3）应重视施工图绘制的质量和深度。有些年轻工程师图样质量意识淡薄，存在着“重分析、轻绘图”的现象。现实中因图样上一个小小的失误，而付出惨重代价的事件时有发生，设计人员应吸取这方面血的教训。

参考文献

[1] 傅学怡．实用高层建筑结构设计［M］．2版．北京：中国建筑工业出版社，2010.
[2] 中华人民共和国住房和城乡建设部．建筑工程抗震设防分类标准：GB 50223—2008［S］．北京：中国建筑工业出版社，2008.
[3] 中华人民共和国住房和城乡建设部．建筑结构荷载规范：GB 50009—2012［S］．北京：中国建筑工业出版社，2012.
[4] 中华人民共和国住房和城乡建设部．建筑抗震设计规范：GB 50011—2010［S］．2016年版．北京：中国建筑工业出版社，2016.
[5] 中华人民共和国住房和城乡建设部．混凝土结构设计规范：GB 50010—2010［S］．2015年版．北京：中国建筑工业出版社，2015.
[6] 中华人民共和国住房和城乡建设部．高层建筑混凝土结构技术规程：JGJ 3—2010［S］．北京：中国建筑工业出版社，2010.
[7] 中华人民共和国住房和城乡建设部．钢结构设计规范：GB 50017—2003［S］．北京：中国计划出版社，2003.
[8] 中华人民共和国住房和城乡建设部．建筑地基基础设计规范：GB 50007—2011［S］．北京：中国建筑工业出版社，2011.
[9] 中华人民共和国住房和城乡建设部．高层民用建筑钢结构技术规程：JGJ 99—2015［S］．北京：中国建筑工业出版社，2015.
[10] 中华人民共和国住房和城乡建设部．建筑结构可靠度设计统一标准：GB 50068—2001［S］．北京：中国建筑工业出版社，2009.
[11] 中华人民共和国住房和城乡建设部．中国地震动参数区划图：GB 18306—2015［S］．北京：中国标准出版社，2015.
[12] 王文栋．混凝土结构构造手册［M］．3版．北京：中国建筑工业出版社，2003.
[13] 陈岱林，等．PKPM多高层结构计算软件应用指南［M］．北京：中国建筑工业出版社，2010.
[14] 住房和城乡建设部工程质量安全监管司．全国民用建筑工程设计技术措施2009（结构）［M］．北京：中国计划出版社，2009.
[15] 刘铮．建筑结构设计误区与禁忌实例［M］．北京：中国电力出版社，2009.
[16] 方鄂华，等．高层建筑结构设计［M］．北京：中国建筑工业出版社，2003.
[17] 郁彦．高层建筑结构概念设计［M］．北京：中国铁道出版社，1999.
[18] 高立人，等．高层建筑结构概念设计［M］．北京：中国计划出版社，2005.
[19] 马尔科姆·米莱．建筑结构原理［M］．童丽萍，等译．北京：中国水利水电出版社，2002.
[20] 李永康，等．PKPM2010结构CAD软件应用与结构设计实例［M］．北京：机械工业出版社，2012.
[21] 江见鲸，等．建筑概念设计与选型［M］．北京：机械工业出版社，2004.
[22] 孙芳垂，等．建筑结构设计优化案例分析［M］．北京：中国建筑工业出版社，2011.
[23] 深泽义和．建筑结构设计精髓［M］．刘云俊，译．北京：中国建筑工业出版社，2011.
[24] 李永康，等．建筑工程施工图常见问题—结构专业［M］．2版．北京：机械工业出版社，2013.
[25] 杨海荣，等．建筑结构选型与实例解析［M］．郑州：郑州大学出版社，2011.
[26] 国振喜，等．实用建筑结构静力计算手册［M］．北京：机械工业出版社，2009.
[27] 中南建筑设计院．建筑工程设计文件编制深度规定［M］．北京：中国建材工业出版社，2017.